高等学校仪器分析方法
通则及校准规范
（一）

曾艳　侯贤灯　主编

中国标准出版社

北　京

图书在版编目(CIP)数据

高等学校仪器分析方法通则及校准规范.一/曾艳,
侯贤灯主编.—北京:中国标准出版社,2021.3
ISBN 978-7-5066-9797-2

Ⅰ.①高…　Ⅱ.①曾…②侯…　Ⅲ.①高等学校-
分析仪器-分析方法-规则-中国②高等学校-分析仪器-
校验-规范-中国　Ⅳ.①TQ056.1-65

中国版本图书馆 CIP 数据核字(2021)第 043183 号

中国标准出版社出版发行
北京市朝阳区和平里西街甲 2 号(100029)
北京市西城区三里河北街 16 号(100045)

网址 www.spc.net.cn
总编室:(010)68533533　发行中心:(010)51780238
读者服务部:(010)68523946
中国标准出版社秦皇岛印刷厂印刷
各地新华书店经销
*
开本 787×1092 1/16　印张 30.5　字数 700 千字
2021 年 3 月第一版　2021 年 3 月第一次印刷
*
定价 265.00 元

高等学校仪器分析方法通则及校准规范（一）
编委会

编　审：　王海舟(中国钢铁研究总院)　　杨中民(华南理工大学)

　　　　　张　勇(厦门大学)　　　　　莫卫民(浙江工业大学)

　　　　　梅建平(东南大学)　　　　　张　兰(福州大学)

　　　　　崔育新(北京大学)　　　　　董　林(南京大学)

　　　　　方江邻(南京大学)　　　　　尹平河(暨南大学)

　　　　　佟艳春(中国钢铁研究总院)　冯玉红(海南大学)

　　　　　栾天罡(中山大学)

审　定：　党建伟(教育部教育装备研究与发展中心)

　　　　　杨　兵(四川省教育厅)

　　　　　张耀东(教育部教育装备研究与发展中心)

秘　书：　孔　蓟(教育部科技发展中心)

　　　　　朱晓翠(教育部教育装备研究与发展中心)

　　　　　孙　震(教育部教育装备研究与发展中心)

前　言

自 20 世纪 80 年代以来,我国对高等教育的投入逐年增加,高校科研设施与仪器规模持续增长,在服务教学科研的同时,也对社会开放检验检测服务,为经济社会发展做出了贡献。制定仪器分析方法通则是保证仪器分析结果准确、可靠的前提,也是制定专业领域分析方法的基础。党的十八大以来,习近平总书记多次强调实施标准化战略、发挥标准化的重要作用,并明确指出:"标准决定质量,有什么样的标准就有什么样的质量,只有高标准才有高质量。"

标准和计量作为我国质量基础设施的重要组成部分,其重要性不言而喻。1985 年,国家颁布了《中华人民共和国计量法》,规定凡对外出具公证数据的检验检测机构,应取得"计量认证"合格证书,1991 年,教育部开始了高校分析测试中心"计量认证"试点工作。1992 年,原国家教委颁布了《高等学校实验室工作规程》,规定"重点高等学校综合性开放的分析测试中心等检测实验室,凡对外出具公证数据的,都要按照国家教委及国家技术监督局的规定,进行计量认证。"2000 年,教育部发布《高等学校仪器设备管理办法》,规定"高校仪器设备要按照国家技术监督局有关规定,定期对仪器设备的性能、指标进行校检和标定。"

1997 年,经原国家教委条件装备司组织专家编写、全国教学仪器标准化委员会审定,原国家教委条件装备司发布了一套由 26 个标准规程组成的《现代分析仪器分析方法通则及计量检定规程》。这套标准成为高校、科研院所开展仪器分析、对社会提供检验检测服务的重要依据。

如今,随着新技术、新方法、新仪器的快速发展与广泛应用,上述标准已经远远不能满足高校仪器分析的需要,因此,对新仪器标准的制定以及旧仪器标准的修订工作显得尤为迫切。

此次出版的《高等学校仪器分析方法通则及校准规范(一)》收录了 30 种高校常用的分析仪器标准,系在《现代分析仪器分析方法通则及计量检定规程》(1997 年)的基础上制修订,在教育部高教司的指导下,2015 年由全国教育装备标准化技术委员会(下称"标委会")立项,由教育部科技发展中心、高校分析测试中心研究会组织编写的。标准制修订工作历时 4 年,共计 41 所高校 143 位仪器专家参与,在标委会的指导下,经过了标准编写、向社会公开征求意见、专家函评、多次会议评审、反复修改等环节,共收到社会意见和专家意见 2 126 条,采纳意见 1 019 条,最后共计 30 项标准获得标委会评审通过。

2019 年 12 月 5 日,教育部高教司在北京大学组织了标准终审会。会议邀请了钢铁研究总院王海舟院士等 12 位专家对系列标准进行了发布前审定,编写组根据专家意见再次完善了标准报批稿,并委托中国标准出版社对系列标准逐一进行了文字格式统校,形成标准发布稿。2020 年 9 月 29 日,教育部正式发布了《〈电热原子吸收光谱分析方法通则〉等 30 个教育行业标准的通知》(教高函〔2020〕7 号),系列标准于 2020 年 12 月 1 日正式实施。

该系列标准的发布，除了要感谢工作主管部门教育部高教司的大力支持，还要感谢编委会专家和标准评审专家的无私奉献，从最初的工作提议，到后来建立队伍、筹集经费、申报立项、召开研讨会以及和主管部门沟通协调等大量繁琐的工作，无不凝聚了编委和专家们的大量心血。

我们相信，该系列仪器分析方法标准的发布，将为高校仪器开放共享，技术规范，更好地服务教学、科研、社会经济发展提供标准支撑，为提升科研质量、对外服务质量提供保障。随着科学技术的不断发展，已发布的标准也会与时俱进、不断更新，欢迎各位专家、同行多提宝贵意见。

编　者

2020 年 11 月 11 日

目 录

ICS 03.180
Y 51

中华人民共和国教育行业标准

JY/T 0565—2020
代替 JY/T 023—1996

电热原子吸收光谱分析方法通则

General rules for electrothermal atomic absorption spectrometry

2020-09-29 发布   2020-12-01 实施

中华人民共和国教育部   发 布

1

前　　言

本标准按照 GB/T 1.1—2009 给出的规则起草。

本标准代替 JY/T 023—1996《石墨炉原子吸收分光光度方法通则》，与 JY/T 023—1996 相比，除编辑性修改外，本标准主要技术变化如下：

——标准名称修改为《电热原子吸收光谱分析方法通则》；

——修改了标准的适用范围（见第 1 章，1996 年版的第 1 章）；

——增加了规范性引用文件（见第 2 章）；

——增加了与本标准相关的术语和定义（见第 3 章）；

——"方法原理"修改为"分析方法原理"，修改了方法原理（见第 4 章，1996 年版的第 3 章）；

——增加了测试环境要求（见第 5 章）；

——增加了试剂和材料的内容（见第 6 章，1996 年版的第 4 章）；

——修改了"仪器"部分的相关内容（见第 7 章，1996 年版的第 5 章）；

——修改了"样品"部分的相关内容；增加了"样品的保存"（见 8.1）、"取样"（见 8.2）和"样品的制备"（见 8.3）（见第 8 章，1996 年版的第 6 章）；

——"分析步骤"修改为"定量分析"，并加以完善；增加了"质量控制"（见第 9 章，1996 年版的第 7 章）；

——增加了结果报告，增加了结果报告的"基本信息"（见 10.1），修改了"分析结果的表述"（见 10.2，10.3），增加了"测量不确定度的评定"（见 10.3.4）（见第 10 章，1996 年版的第 8 章）；

——完善了"安全使用注意事项"（见第 11 章，1996 年版的第 9 章）。

与 GB/T 15337—2008 相比，本标准适用于所有电热原子吸收光谱仪，而不仅限于石墨炉原子吸收光谱仪，分析方法原理、样品和定量分析更加全面。

本标准由中华人民共和国教育部提出。

本标准由全国教育装备标准化技术委员会化学分技术委员会（SAC/TC 125/SC 5）归口。

本标准起草单位：四川大学、东北师范大学、南京大学。

本标准主要起草人：侯贤灯、吴曦、程光磊、蒋小明、王爱霞、龚惠娟。

本标准所代替标准的历次版本发布情况为：

——JY/T 023—1996。

电热原子吸收光谱分析方法通则

1 范围

本标准规定了电热原子吸收光谱分析方法原理、测试环境要求、试剂和材料、仪器、样品、定量分析、结果报告和安全使用注意事项。

本标准适用于利用电热原子吸收光谱仪对样品中微量和痕量的化学元素进行定量分析。

2 规范性引用文件

下列文件对于本文件的应用是必不可少的。凡是注日期的引用文件,仅注日期的版本适用于本文件。凡是不注日期的引用文件,其最新版本(包括所有的修改单)适用于本文件。

GB/T 602 化学试剂 杂质测定用标准溶液的制备

GB/T 603 化学试剂 试验方法中所用制剂及制品的制备

GB/T 3358.2—2009 统计学词汇及符号 第2部分:应用统计

GB/T 4842—2017 氩

GB/T 6682—2008 分析实验室用水规格和试验方法

GB/T 8979—2008 纯氮、高纯氮和超纯氮

GB/T 13966—2013 分析仪器术语

GB/T 15337—2008 原子吸收光谱分析法通则

GB/T 27411—2012 检测实验室中常用不确定度评定方法与表示

JJF 1059.1—2012 测量不确定度评定与表示

3 术语和定义

GB/T 4470—1998、GB/T 13966—2013、GB/T 15337—2008 和 GB/T 27411—2012 界定的以及下列术语和定义适用于本文件。

3.1

原子吸收光谱分析法 atomic absorption spectrometry;AAS

基于测量待测元素的基态自由原子对光源特征电磁辐射的吸收强度,以测量该元素含量的分析方法。

3.2

电热原子吸收光谱分析法 electrothermal atomic absorption spectrometry;ETAAS

利用电加热方式将试样中待测元素转化为原子蒸气,通过测量蒸气中该元素的基态自由原子对特征电磁辐射的吸收,以确定其含量的分析方法。

3.3

化学改进剂　chemical modifier

在 ETAAS 分析的样品溶液中,加入某种化学试剂以提高待测元素的稳定性或增加样品基体的挥发性,从而可以通过提高灰化温度而消除/减小基体干扰或改善原子化过程。加入的这种化学试剂(或多于一种)统称为化学改进剂。

3.4

化学蒸气发生　chemical vapor generation;CVG

将难挥发的元素通过化学作用生成其易挥发的物质(分子或冷原子蒸气形式)。

3.5

氢化物发生　hydride generation;HG

将试样中待测元素还原生成其氢化物的方法。该法仍是目前最常用的化学蒸气发生方法。

3.6

检出限　limit of detection;LOD

仪器能确切响应的输入量的最小值。通常定义为两倍或三倍噪声与灵敏度之比。
[GB/T 13966—2013,定义 2.73]

3.7

准确度　accuracy

测试结果或测量结果与真值间的一致程度。

注1:在实际中,真值用接受参考值代替。

注2:术语"准确度",当用于一组测试或测量结果时,由随机误差分量和系统误差分量即偏倚分量组成。

注3:准确度是正确度和精密度的组合。
[GB/T 3358.2—2009,定义 3.3.1]

3.8

精密度　precision

在规定条件下,所获得的独立测试/测量结果间的一致程度。

注1:精密度仅依赖于随机误差的分布,与真值或规定值无关。

注2:精密度的度量通常以表示"不精密"的术语来表达,其值用测试结果或测量结果的标准差来表示。标准差越大,精密度越低。

注3:精密度的定量度量严格依赖于所规定的条件,重复性条件和再现性条件为其中两种极端情况。
[GB/T 3358.2—2009,定义 3.3.4]

3.9

正确度　trueness

测试结果或测量结果期望与真值的一致程度。

注1:正确度的度量通常用偏倚表示。

注2:正确度有时被称为"均值的准确度",但不推荐这种用法。

注3:在实际中,真值用接受参考值代替。
[GB/T 3358.2—2009,定义 3.3.3]

3.10

不确定度 uncertainty

根据所用到的信息,表征赋予被测量的量值分散性的非负参数。

[GB/T 27411—2012,定义3.3]

4 分析方法原理

试样中待测元素在电热原子化器中产生原子蒸气,蒸气中的待测元素的基态自由原子吸收来自光源的该元素特征电磁辐射;在一定试验条件下,吸光度值与试样中待测元素的浓度关系符合吸收(比尔)定律见式(1):

$$A = \lg \frac{I_0}{I} = KlC \qquad \cdots\cdots\cdots\cdots\cdots\cdots\cdots\cdots\cdots (1)$$

式中:

A ——吸光度;

I_0 ——入射电磁辐射强度;

I ——透过原子蒸气吸收层的电磁辐射强度;

K ——吸收系数,在一定条件下为常数;

l ——吸收光程长度,在一定条件下为定值;

C ——待测元素的浓度。

利用此定律可进行电热原子吸收光谱分析法元素定量分析。

5 测试环境要求

温度、湿度、震动和电磁干扰等环境条件、电源以及排风等要求应满足该仪器说明书的规定;一般实验室温度应控制在 20 ℃±5 ℃,湿度≤75%。

6 试剂和材料

6.1 水

进行微量分析时,测试用水应符合 GB/T 6682—2008 中二级水规格;进行痕量分析时,测试用水应符合 GB/T 6682—2008 中一级水规格。

6.2 气体

常用氩气(或氮气)作为测试过程中的保护气,保护气应不含有待测元素。使用的氩气应符合 GB/T 4842—2017 中高纯氩气的规格;使用的氮气应符合 GB/T 8979—2008 中高纯氮气的规格。

6.3 常用试剂

无机酸是常用试剂,应注意其中杂质元素的影响。进行痕量分析时,无机酸和其他试剂应使用优级纯或优级纯以上规格,必要时可进行提纯处理。必要时,其他常用制剂可按 GB/T 603 制备。

6.4 标准溶液

6.4.1 标准储备溶液

可使用有证标准储备溶液(通常为 1 000 $\mu g/mL$ 或 100 $\mu g/mL$)。

标准储备溶液也可用高纯度的金属(纯度大于或等于 99.95%)、氧化物或盐类(基准物质或高纯试剂)按 GB/T 602 配制。

6.4.2 标准系列溶液

将标准储备溶液(6.4.1)稀释成不同浓度的标准系列溶液,最终溶液中一般应含体积分数为 0.1%～2%的无机酸,酸浓度应与试样的酸浓度一致。

7 仪器

7.1 仪器的主要部件

电热原子吸收光谱仪主要由进样系统、光源、电热原子化器、光学系统、检测器、背景校正系统、控制与数据采集处理系统等主要部件组成。

7.1.1 进样系统

电热原子吸收光谱仪一般采用微量进样,进样的误差对测试结果的精密度影响较大,所以一般采用自动进样装置;手动进样精密度较差。氢化物发生等化学蒸气发生和悬浮液进样(甚至固体直接进样)也可作为电热原子吸收光谱仪的进样方式。

7.1.2 光源

光源在一定条件下稳定地发射出被测元素的特征辐射。光源通常是空心阴极灯或无极放电灯(锐线辐射),也可以是激光以及配有高分辨率分光系统的连续光源。

7.1.3 电热原子化系统

通过精确控制电热原子化器的电流、电压等参数,把电热原子化器加热到原子化过程各阶段所需温度,将试样溶液干燥、灰化,最后使待测元素形成基态原子(即原子化)。电热原子化器常用石墨、金属钨等耐熔材料制成。

7.1.4 光学系统

一般由入射狭缝、准光镜、分光系统等组成。从光源发射的电磁辐射中分离出测量待测元素所需的电磁辐射。分光系统能将不同波长复合而成的光,按照波长依次展开获得光谱。光谱仪中常见的分光元件主要是光栅。

7.1.5 检测器

用于光电转换的电子装置,由光电转换器件将光强度转换成电信号,再积分放大后,通过输出装置给出对应波长的信号强度等信息。目前常用的检测器有光电倍增管(photomultiplier tube,PMT)和电荷耦合器件(charge coupled device,CCD)等。

7.1.6 背景校正系统

一般采用连续光源(例如:氘灯)、塞曼效应、自吸效应或邻近吸收线等背景校正技术。

7.1.7 控制与数据采集处理系统

主要由计算机、控制硬件、软件组成,实现对仪器的各种参数调节和控制操作,以及数据信号的采集和处理等。

7.2 仪器性能要求

波长示值误差、波长重复性、光谱通带宽度偏差、检出限、精密度以及背景校正能力等仪器性能指标应满足实际测试工作要求。电热原子吸收光谱仪在投入使用前,需要按规定对其进行检定或校准。在使用过程中,还需按计划对仪器的整体状态进行检定或校准,以确认其是否满足检测分析的要求。

8 样品

8.1 样品的保存

在样品、试样或试料的保存过程中,要采取必要的措施,防止其特性发生变化。例如,易挥发性样品,应密封冷藏保存;光敏样品要避光保存;容易发生水解的样品,应酸化后保存。

8.2 取样

供分析用的样品,应按取样代表性的要求进行取样,取样时应避免玷污以及考虑是否受光照等影响。测量某些痕量元素时应当选择适当材质的器具。当样品允许时,一般应取 2~3 份平行样。取样量的大小应根据分析方法的灵敏度、精密度以及对分析结果的精确度要求确定。

8.3 样品的制备

样品制备过程应避免玷污及损失。

8.3.1 液体样品

液体样品一般分为直接测定、适当稀释或浓缩和消解处理后再进行测定三类:
——直接分析。一般待测组分含量在校准曲线线性范围内、基体简单的澄清无机溶液样品可直接进样,或酸化后直接进样测定;若含有悬浮物时,如地下水、自来水、地表水等,经 0.45 μm 水相滤膜过滤后再进样测定。

——稀释或浓缩后测定。若样品中待测元素含量过高,超出线性范围,应将其进行适当稀释后测定;若样品中待测元素含量低于方法检出限时,可采取蒸发、萃取或离子交换等适当的方法进行浓缩富集后测定。

——消解处理后测定。测定含有机物或其他特殊介质或悬浮物液体样品中待测元素含量时,需将样品经湿法常压消解、湿法压力消解(例如:微波消解)或干法消解等方法处理后进行测定。

8.3.2 固体样品

测定固体样品中可溶态元素含量时,用一定体积的适当溶剂进行浸泡或提取处理后,浸泡液或提取液可参考液体样品(8.3.1)进行测定。

测定固体样品中待测元素总量时,一般需经湿法、微波或干法消解等方法预处理后进行测定。进行易挥发元素(例如:As、Hg 等)或痕量元素分析时,宜采用密闭消解。鉴于固体样品种类的多样性,应根据样品中待测元素和样品基体物质的特性选择合适的处理方法(可参考国家标准中类似样品的处理方法,并进行必要的实验条件优化)。必要时,根据样品分析的实际需要也可选用经过验证的固体直接进样方法或悬浮液进样方法。

8.3.3 气体样品

根据气体样品中待测元素及组分的特点,选用合适的吸收液或气体采样滤膜,对气体样品中的待测元素进行吸收或富集,对吸收液或滤膜进行处理后测定。

8.3.4 实验全程序空白

用实验全程序空白评价和扣除样品制备过程中可能的污染和背景影响。实验全程序空白的制备过程应与样品处理过程完全一致,相同试剂、相同体积、相同的处理条件和步骤。试样的测定结果应扣除对应的实验全程序空白。

9 定量分析

9.1 开机

按照仪器说明书和操作规程启动仪器。

9.2 测定条件选择

9.2.1 分析线

根据待测元素选择不受其他谱线干扰、吸光度适度的谱线作为分析线;进行痕量分析时,一般选用待测元素的共振吸收线作为分析线。

9.2.2 光源的电磁辐射强度

在仪器足够稳定的前提下,应选用信噪比最好的入射电磁辐射强度。例如:使用空心阴极灯锐线光源时,一般通过改变灯电流来选择。

9.2.3 光谱通带宽度

在痕量分析时,通常选择能获得最大吸光度的光谱通带宽度;当可能有光谱干扰时,则应选择较窄的光谱通带宽度。

9.2.4 吸光度读数范围

为减小吸光度测量误差,必要时可通过调节溶液的浓度、增大或缩小光程长度或扩展量程,将吸光度范围控制在 0.1～0.5。

9.2.5 干燥温度(或电流)和时间

选择的干燥温度(或电流)和时间应能充分除去试样的溶剂,又能避免试样液滴飞溅。起始温度应略低于溶剂沸点的温度,最好用斜坡升温方式。干燥时间与干燥温度随试样的性质不同而有所不同,可以通过优化实验确定。

9.2.6 灰化温度(或电流)和时间

灰化的目的是使有机物分解或使基体中盐类挥发,以减轻或消除原子化时的背景吸收和元素间的相互干扰。在保证被测元素不损失的前提下,应尽量选择较高的灰化温度(或电流)。灰化温度(或电流)和灰化时间可由优化实验确定。当被测元素与基体挥发性接近时,可使用化学改进剂。

9.2.7 原子化温度(或电流)和时间

原子化的目的是使试样中待测元素充分原子化为基态自由原子。原子化温度(或电流)和时间可由优化实验确定。在保证待测元素能充分原子化的前提下,尽可能选用较低的原子化温度(或电流),以延长原子化器的使用寿命。

9.2.8 空烧温度(或电流)和时间

空烧的目的是除掉残留在原子化器中的被分析物,消除记忆效应。空烧温度(或电流)要高于原子化温度(或电流),空烧时间可由优化实验确定。

9.2.9 保护气的种类和流量

要求选用的保护气可保护原子化器不被氧化,不含有待测元素,常用氩气(或氮气)作为保护气(见 6.2)。流量应根据试样的性质、待测元素的灵敏度及稳定性等通过优化实验来确定。

9.3 减小或消除干扰的方法

9.3.1 电离干扰

基态原子电离造成的干扰。可在试样中加入电离缓冲剂减小或消除电离干扰。

9.3.2 物理干扰

基于溶液黏度、密度等物理性质的差异引起的干扰,可使校准溶液与试样溶液的组成保持一致以消除其干扰。在试样组成未知或无法匹配时,可采用标准加入法或稀释法来减小或消除物理干扰;也可采用内标法消除物理干扰和基体影响。

9.3.3 化学干扰

基于待测元素与共存组分发生化学反应引起的干扰,减小或消除化学干扰的方法主要有:
  a) 添加化学改进剂;
  b) 进行基体匹配;
  c) 加入过量的干扰元素,使干扰效应达到饱和点,以消除或减小干扰;
  d) 将待测元素与干扰组分进行化学分离。

9.3.4 光谱干扰

主要有谱线重叠干扰和背景吸收干扰。

谱线重叠干扰是指待测元素与基体中干扰元素吸收谱线重叠引起的干扰。当存在光谱重叠干扰时,应尽量选择无干扰的谱线作为分析线或采用窄的光谱通带宽度以消除或减小干扰。

背景吸收干扰主要是由于气态分子吸收和固体微粒对光的折射与散射产生。可采用邻近非共振线校正背景,连续光源(例如氘灯)校正背景,塞曼效应校正背景,自吸效应校正背景等。

9.3.5 基体效应

基体效应通常是指源于样品的各种干扰的综合表现。减小或消除基体干扰的方法主要有:优化分析条件、稀释试样溶液、加入化学改进剂、基体匹配法、标准加入法和化学分离基体等方法。

9.4 定量方法

9.4.1 校准曲线法

在仪器最佳条件下,一般在实验当天配制五个或五个以上不同浓度的系列标准溶液,用溶剂空白作零点,按浓度从低到高依次测定其吸光度值,然后计算回归方程(绘制校准曲线),一般采用一元线性回归(有时根据标准溶液浓度和不同待测元素的特点也可采用非线性回归）。用峰高或峰面积法（推荐用峰面积法）测定试样溶液中待测元素的吸光度值,试样溶液中待测元素的浓度由式（2）计算得出（在校准曲线上查得对应的浓度）。当试样溶液中待测元素浓度高于校准曲线线性范围时,应将样品稀释至校准曲线范围内重新测定。一般每个试样的吸光度应平行测量三次取平均值。试样中待测元素含量应扣除全程序空白值。

$$c_x = \frac{A - a}{b} \quad \cdots\cdots\cdots\cdots\cdots\cdots\cdots\cdots\cdots（2）$$

式中：

c_x ——试样溶液中待测元素质量浓度;

A ——试样溶液中待测元素吸光度;

a ——回归方程参数中的截距;

b ——回归方程参数中的斜率。

此方法适用于无基体干扰情况下的测定,在使用校准曲线法时应注意：

a) 尽量消除试样溶液中的干扰;

b) 标准溶液与试样溶液基体尽可能保持一致;

c) 如果存在基体干扰,可用 9.3.5 的方法减小或消除基体对测定的影响。

9.4.2 基体匹配法

配制五个或五个以上的含试样相同基体的系列标准溶液,按照校准曲线法测定出试样中待测元素的浓度。基体匹配法适用于试样基体成分已知,且基体成分对待测元素有干扰的定量分析。一般每个试样的吸光度应平行测量三次取平均值。

9.4.3 标准加入法

当缺少样品基体信息难以进行基体匹配,或样品的基体效应不能通过进一步稀释或难以进行基体分离来减小或消除时,可以使用标准加入法进行测定。分别吸取等量的试样溶液 n 份,一份不加标准溶液,其余 $n-1$ 份溶液分别按比例加入不同浓度标准溶液,溶液浓度通常分别为 c_x、$c_x + c_0$、$c_x + 2c_0$ $\cdots$ $c_x + (n-1)c_0$,在优化的仪器条件下,依次测定这 n 份溶液待测元素的吸光度值,以加入标准溶液浓度为横坐标,相应的待测元素吸光度值为纵坐标绘制校准曲线,曲线反向延伸与浓度轴的交点的绝对值即为试样溶液中待测元素的浓度 c_x,见图 1。一般每个试样的吸光度应平行测量三次取平均值。可用校准曲线法单独测定全程序空白值,在计算样品中待测元素含量时予以扣除。

使用标准加入法时应注意：

a) 此方法只适用于浓度与吸光度呈线性的区域;

b) 应采用不少于 4 点来绘制外推关系曲线,同时首次加入标准溶液浓度值应和试样溶液浓度值大致相同,即 $c_x \approx c_0$;

c) 如有背景吸收,应扣除背景吸收(一般通过软件控制直接完成;如仪器没有背景校正系统,可利用邻近吸收线,单独测出背景吸收后扣除)。

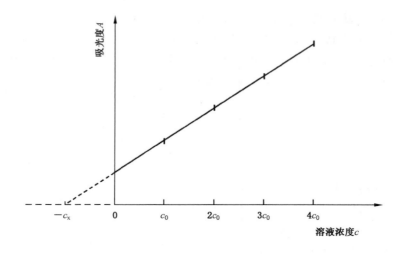

图 1 标准加入法校准曲线

9.5 质量控制

为确保分析结果的正确度,可在样品分析过程中添加质控样品。质控样品可采用与样品具有相同或相似基质的标准参考物质(Certified Reference Materials,CRM),将其在相同条件下进行平行分析,并将所得结果与已知浓度进行比较,以评定分析结果的正确度。

9.6 测试完毕

测试完毕后,应按照仪器说明书规定,进行进样系统和原子化器的清洗,然后关闭仪器、气体和电源。

10 结果报告

10.1 基本信息

结果报告中可包括:委托单位信息、样品信息、仪器设备信息、环境条件、制样方法、检测方法(依据标准)、检测结果、检测人、校核人、批准人、检测日期等。必要和可行时,可给出定量分析方法和结果的评价信息。

10.2 分析结果的表述

由 9.4 确定试样溶液中待测元素的浓度之后,可根据不同分析方法计算出样品中该元素的含量(非单次测定时,应为多次测定结果的平均值)并以质量分数(%,mg/kg,μg/g)或质量浓度(mg/L,μg/L,μg/mL)等表示。

例如:试样溶液中元素 x 的含量,一般用 x 的质量浓度 ρ_x[可按式(3)计算]表示;样品中元素 x 的含量用其质量分数 ω_x[可按式(4)计算]表示。常用的单位分别是毫克每升(mg/L)、微克每克(μg/g)及相应的倍数单位或分数单位(倍数单位的选取,一般应使量的数值处于 0.1～1 000）。

$$\rho_x = c_x D - c_{Blk} \quad \cdots\cdots\cdots\cdots\cdots\cdots\cdots（3）$$

$$\omega_x = \frac{(c_x D - c_{Blk}) \times V_x}{m_s} \quad \cdots\cdots\cdots\cdots\cdots\cdots（4）$$

式中：

ρ_x ——试样溶液中待测元素 x 的质量浓度，常用的单位为毫克每升（mg/L）；

c_x ——稀释后用于测定的溶液中待测元素 x 的质量浓度，常用的单位为毫克每升（mg/L）；

D ——试样溶液稀释倍数；

c_{Blk} ——全程序空白溶液中待测元素 x 的质量浓度，常用的单位为毫克每升（mg/L）；

V_x ——试样溶液的体积，常用的单位为毫升（mL）；

m_s ——样品的取样量，常用的单位为克（g）；

ω_x ——试样中待测元素 x 的质量分数，常用的单位为微克每克（μg/g）。

10.3 分析方法与测量结果的评价

分析方法用方法检出限、精密度和准确度（正确度与精密度）来评定，测量结果一般用测量不确定度评定。

10.3.1 方法检出限

方法检出限一般是采用样品独立全流程空白溶液连续 11 次测定值的 3 倍标准偏差获得对应的分析物浓度或质量。

10.3.2 精密度

精密度通常用多次重复测量同一量时的标准偏差 SD［可按式（5）计算］或相对标准偏差 RSD［可按式（6）计算］来表示。精密度与浓度有关，报告精密度时应指明获得该精密度的被测元素的浓度。同时，也要标明在相同实验条件下重复测量次数（$n =$ 测量次数）。

$$SD = \sqrt{\frac{1}{n-1}\sum_{i=1}^{n}(x_i - \bar{x})^2} \quad \cdots\cdots\cdots\cdots\cdots（5）$$

$$RSD = \frac{SD}{\bar{x}} \times 100\% \quad \cdots\cdots\cdots\cdots\cdots（6）$$

式中：

x_i ——第 i 次测量值；

n ——测量次数；

$\bar{x}$ —— n 次测量平均值。

10.3.3 准确度（正确度和精密度）

用"正确度"和"精密度"两个术语来描述一种测量方法的准确度。精密度反映了偶然误差的分布，而与真值或规定值无关；正确度反映了测量值与真值的系统误差，用绝对误差或相对误差表示。在实际工作中,可用标准参考物质或标准分析方法进行对照试验,计算误差;或加入被测定组分的纯物质进行回收试验,计算回收率 R,并按式(7)计算。

$$R = \frac{c_i - c_0}{c_a} \times 100\% \quad \cdots\cdots\cdots\cdots\cdots\cdots\cdots\cdots\cdots\cdots\cdots (7)$$

式中:

c_i——加入 c_a 后的测定值;

c_0——初始测定值;

c_a——加入量。

10.3.4 测量不确定度的评定

按 GB/T 27411 和 JJF 1059.1 中的评定方法和原则进行分析结果测量不确定度的必要评定与表示。

11 安全使用注意事项

11.1 应按高压钢瓶安全操作规定使用高压氩气或氮气钢瓶。

11.2 仪器室排风良好,原子化器产生的废气或者有毒蒸气应及时排除。

11.3 仪器应有单独的地线,并符合安装要求。

11.4 注意用电、用水安全。

11.5 实验中产生的废液应按规定收集和统一处理。

ICS 03.180
Y 51

中华人民共和国教育行业标准

JY/T 0566—2020

原子荧光光谱分析方法通则

General rules for atomic fluorescence spectrometry

2020-09-29 发布   2020-12-01 实施

中华人民共和国教育部   发 布

前　言

本标准按照 GB/T 1.1—2009 给出的规则起草。

本标准由中华人民共和国教育部提出。

本标准由全国教育装备标准化技术委员会化学分技术委员会(SAC/TC 125/SC 5)归口。

本标准起草单位:中国科学技术大学、四川大学、南京师范大学。

本标准主要起草人:刘文齐、孙梅、蒋小明、周俊、黄鹤勇、吴曦。

原子荧光光谱分析方法通则

1 范围

本标准规定了用原子荧光光谱仪进行定量分析的分析方法原理、分析环境要求、试剂或材料、仪器、分析样品、分析步骤、结果报告和安全注意事项。

本标准适用于利用原子荧光光谱仪对易形成氢化物、气态组分或冷蒸气的元素进行微量和痕量的定量分析。

2 规范性引用文件

下列文件对于本文件的应用是必不可少的。凡是注日期的引用文件，仅注日期的版本适用于本文件。凡是不注日期的引用文件，其最新版本（包括所有的修改单）适用于本文件。

GB/T 4842—2017 氩

GB/T 6682 分析实验室用水规格和试验方法

3 术语和定义

下列术语和定义适用于本文件。

3.1

屏蔽气 shield gas

以一定速率通入仪器中用于保护样品并隔绝干扰的气体。

3.2

氢化物发生原子荧光光谱分析法 hydride generation atomic fluorescence spectrometry

基于待测元素还原生成氢化物，经加热原子化为该元素的基态自由原子，通过测量蒸气相中该元素的基态原子经特征电磁辐射激发所产生的原子荧光强度，以确定该元素含量的方法。

3.3

冷蒸气发生原子荧光光谱分析法 cold vapor generation atomic fluorescence spectrometry

将试样中的待测元素还原成基态自由原子，通过测量蒸气相中该元素的基态原子经特征电磁辐射激发所产生的原子荧光强度，以确定该元素含量的方法。

3.4

电热原子荧光光谱分析法 electrothermal atomic fluorescence spectrometry

用电热方式将试样中的待测元素还原成基态自由原子，通过测量蒸气相中该元素的基态原子经特征电磁辐射激发所产生的原子荧光强度，以确定该元素含量的方法。

3.5

火焰原子荧光光谱分析法 flame atomic fluorescence spectrometry

用火焰方式将试样中的待测元素还原成基态自由原子,通过测量蒸气相中该元素的基态原子经特征电磁辐射激发所产生的原子荧光强度,以确定该元素含量的方法。

3.6

延迟时间 delay time

从进样至开始读取原子荧光信号所需时间。

4 分析方法原理

处于基态的原子蒸气吸收光源发出的特定波长的辐射后被激发到较高能级激发态,然后受激原子又跃迁回基态或者较低能级激发态,同时辐射出与原激发波长相同或不同的荧光信号。在一定实验条件下,所辐射出荧光的强度值与试样中待测元素的浓度值之间存在正比关系。

5 分析环境要求

仪器在使用时,对环境(温度、湿度等)和电源的要求应满足该仪器说明书的规定,一般具体要求如下:

   a) 环境温度 15 ℃～30 ℃,相对湿度≤75%;
   b) 仪器室要有良好的排通风装置,保证测试过程中产生的废气或者有毒蒸气及时排出;
   c) 仪器室供电电源电压 220 V±22 V,频率 50 Hz±1 Hz,同时电源必须有良好接地。

6 试剂和材料

6.1 基本要求

在原子荧光分析中仅使用分析纯或优于分析纯的试剂,在使用前应检查试剂空白,保证不对测试结果的准确性产生影响。

6.2 水

进行原子荧光分析时,所用水应至少达到 GB/T 6682 中二级水的规格。

6.3 试剂

6.3.1 无机酸

无机酸是原子荧光光谱分析法中常用试剂,常含有痕量金属以及非金属元素杂质,使用前应严格检查,杂质含量符合分析要求方可使用。

6.3.2 其他试剂

其他原子荧光光谱分析法中所用试剂都应当达到分析纯级别,并应在使用前检查试剂空白,试剂空白值应符合要求。还原剂不宜采用玻璃瓶存放。

6.4 标准溶液

标准溶液可自行配制或直接购买有证标准物质,标准溶液配制应符合如下要求:

a) 应选用合适的溶剂,配制成的标准溶液不应有不溶物析出,溶液应保存于洁净适宜的容器中。

b) 配制标准溶液的试剂,应采用纯度高、组成准确符合化学式、性质稳定的物质。如果用高纯金属配制时,金属在溶解之前,应用酸清洗以除去表面的氧化层。

c) 标准贮备溶液的质量浓度一般为 1 mg/mL,有些元素的标准溶液需加入少量的无机酸,以利于贮存。质量浓度小于 1 μg/mL 的标准溶液,一般应现用现配,浓度大于 1 μg/mL 的标准溶液可保持数天或更长时间,不同元素其保存时间有所不同。

d) 标准溶液和标准贮备溶液应存放于适宜的容器中,以防浓度改变或受污染,某些见光容易分解的溶液应贮存于棕色玻璃瓶中。必要时应存放于清洁、低温和避光处,以防浓度发生变化。

6.5 辅助设备与器具

实验中所用设备和材料应符合如下要求:

a) 分析天平:准确度级别应达到 1 级,实际标尺分度值应达到 0.1 mg;

b) 经计量检验合格的容量瓶、移液管等;

c) 所有玻璃或其他材质的器皿都应前处理使其不含干扰成分并用水洗净。

6.6 气体

载气、屏蔽气、燃气和助燃气均应不含待测元素,并使用符合 GB/T 4842—2017 规定的气体产品(例如,氩气,一般纯度应大于或等于 99.99%)。使用压缩空气时应充分除去尘埃和水分。

7 仪器

7.1 仪器类型

原子荧光光谱仪从结构上可以分为两种类型:色散型原子荧光光谱仪和非色散型原子荧光光谱仪。

7.2 仪器组成

主要由光源、进样系统、原子化系统、光学系统、检测系统和数据处理系统组成。原子荧光光谱分析法根据进样系统和原子化系统的不同,可以分为:氢化物发生原子荧光光谱分析法、冷蒸气发生原子荧光光谱分析法、电热原子荧光光谱分析法和火焰原子荧光光谱分析法等。

7.2.1 光源

常用光源有空心阴极灯、无极放电灯和激光器等。当前仪器一般采用智能型高强度空心阴极灯。在保证仪器达到或高于目前原子荧光光谱仪各项性能的条件下,也可使用其他光源。所采用的光源应达到以下几点要求:

 a) 有窄的谱线半宽度;
 b) 有足够的辐射强度;
 c) 发射线应是或者包含待测元素的共振线;
 d) 发射光应满足光谱纯度高、背景低、稳定性好,能满足分析需求。

7.2.2 进样系统

进样系统是将样品以适当形式引入原子化系统的装置。类型很多,包括:氢化物发生装置、冷蒸气发生装置、化学蒸汽发生装置和固体进样装置等。

7.2.3 原子化系统

原子化系统是原子荧光光谱仪中一个直接影响元素分析的灵敏度和检出限的关键部件,其主要作用是将试样中的被测元素原子化形成基态自由原子蒸气。

7.2.3.1 氢化物发生原子化系统

氢化物发生原子化系统由石英炉原子化器组成,它是由石英炉、加热器构成,将载气导入的待测元素氢化物原子化的装置。

7.2.3.2 冷蒸气发生原子化系统

将试样进行必要预处理,使汞转变成易于气化的化学形态,以使汞完全蒸发出来的装置。在此,实际上进样系统与原子化系统合二为一。

7.2.3.3 电热原子化系统

电热原子化系统通过分段或连续地加热电热原子化器的发热体到需要的温度,通过温控程序将试样干燥、灰化,最后使待测元素形成基态自由原子的装置。

7.2.3.4 火焰原子化系统

燃烧器产生的火焰将试样转化成的气溶胶或易挥发组分中的待测元素转变成基态自由原子的装置。

7.2.4 光学系统

原子荧光光谱仪可采用非色散光学系统,即不需要单色器。当前仪器一般采用非色散光学系统。在保证仪器达到或高于目前原子荧光光谱仪各项性能的条件下,也可使用色散光学系统。

7.2.5 检测系统

检测系统中的光电转换器为光电倍增管。在保证达到或高于目前仪器各项性能的条件下,也可使用其他检测系统。

7.2.6 数据处理系统

控制与数据处理系统由计算机和相应软件组成。数据处理系统一般包含于原子荧光光谱仪的控制软件中。实现对仪器的操作、各种参数的调节和控制以及数据的测定和处理等。系统对获得的荧光信号强度值进行计算处理,得出所需要的结果(例如,试样浓度值、校正曲线和相关系数等)。

7.3 仪器检定校准

原子荧光光谱仪性能指标主要包括:基线稳定性、检出限、测量重复性、校正曲线的线性等,应能满足实际测试工作要求等。原子荧光光谱仪在投入使用前,需要按规定对其进行检定或校准。在使用过程中,还需按计划对仪器的整体状态进行检定或校准,以确认其是否满足检测分析的要求。检定或校准应按照相应仪器检定规程或校准规范进行检定或校准,并符合相应检测要求。

8 样品

8.1 液体样品

根据其组分、介质、含量可分为直接分析、稀释或浓缩后分析和消解处理后再进行分析三种方式。

8.1.1 直接分析

待测组分含量在仪器分析线性范围内的无机水溶液样品,可直接进样测定;若含有悬浮物时,如地下水、自来水、地表水等,经 0.45 μm 水相滤膜过滤后再进样测定。

8.1.2 稀释或浓缩后分析

若水溶液样品中待测元素含量过高,超出仪器的分析线性范围,应将其进行适当稀释后测定;若样品中待测元素含量低于方法检出限时,可采取蒸发、萃取或离子交换等适合的方法进行浓缩富集后测定。

8.1.3 消解处理后分析

当液体样品为非水溶液或为含有机物或其他特殊介质的水溶液样品时,需将样品经湿法消解、干法消解或微波消解等方法处理后,将样品中的待测元素转变成可测量的水溶液进行测定。

8.2 固体样品

测定固体样品中待测元素总量时,样品需采用适当方法消解处理后再配制成适量浓度的水溶液进行分析。若固体样品中待测元素可溶性好、易于浸出或提取出时,也可通过适当溶剂进行浸泡或提取,浸泡液或提取液可参考液体样品(见8.1)进行分析。鉴于固体样品种类的多样性,应根据样品的特性选择合适的前处理方法,前处理过程不应造成待测元素的损失或沾污,以及对测定过程产生干扰,也不应对后续进样系统有腐蚀。取样量的大小应根据分析方法的精密度和分析结果的正确度要求来确定。

8.3 实验全程序空白

实验全程序空白的制备过程应与样品前处理过程完全一致,所加入的试剂种类和体积均相同。实验全程序空白是用来评价样品制备过程中可能的污染和背景干扰的。测定所得的样品分析结果应扣除相应的实验全程序空白。

9 定量分析

9.1 前期准备工作

确认有足够的氩气(或燃气与助燃气)用于测试工作,废液收集桶有足够的空间用于收集废液。检查排风系统是否工作正常。测试开始前需要对仪器的外观和各部件进行工作正常性检查,若检查时发现外观异常、关键部件受到损坏或污染,应及时进行校正和清洗。

9.2 开机

打开计算机、仪器主机电源,仪器平衡稳定后准备实验。

9.3 分析条件选择

9.3.1 一般要求

在样品分析前,需要打开仪器操作软件设置好相应测试参数,建立分析方法。测试参数主要包括:光源灯电流、原子化器温度、原子化器高度、光电倍增管负高压、气体流量、读数时间、延迟时间和狭缝宽带等参数。实验中根据仪器类型、进样方式、原子化方式的不同以及具体分析需求,有选择性地优化实验参数,最终所选择的实验参数通过优化实验确定。

9.3.2 选择原则

分析条件选择原则如下:

a) 在满足分析要求的前提下,尽量不要将灯电流和光电倍增管负高压值设置太高；

b) 实验过程中要综合考虑各个可调节的测试参数，使整体分析条件达到最优化，以获得最佳的分析性能；

c) 如果所用原子荧光光谱仪还包含有其他测定条件的设定（例如进样量等），也应根据测定需要，选取最佳值。

9.4 干扰消除方法

9.4.1 化学干扰消除

通常采取化学分离等手段对干扰进行消除。

9.4.2 光谱干扰消除

可采用经过调制的光源和检测系统等方法来消除这类干扰。若使用色散光学系统，还可通过减小光谱通带，选用其他的狭光分析线来消除这类干扰。

9.4.3 荧光淬灭干扰消除

可采用提高原子化效率、降低待测粒子浓度防止自吸收，减少溶液中干扰粒子的浓度（例如将样品中的有机物要消解彻底）等方法来消除这类干扰。

9.5 定量分析方法

根据得到的荧光强度值，按以下方法计算出试样溶液中被测元素的浓度值。无论采用下述哪一种方法，荧光强度值和浓度的关系曲线（校正曲线）的绘制必须与试样溶液的测定同时进行。如果浓度值是由仪器软件自动计算得出，必须确保软件的计算原理与以下方法一致。

9.5.1 校准曲线法

配制 5 份或 5 份以上不同浓度的校准溶液（多个校准溶液之间应当浓度值分布合理），用溶剂调零，测量试剂空白溶液的荧光强度值以作空白校正，在相同条件下，按照浓度从低到高依次测定其荧光强度值，并绘制校准曲线。同时配制适当浓度的试样溶液，在上述条件下测定其荧光强度值，再根据测得荧光强度值，通过校准曲线计算出试样溶液中待测元素的浓度（见图 1）。待测元素的浓度值应在校准曲线的线性范围内。此方法只适用于无基体干扰情况下的测定。

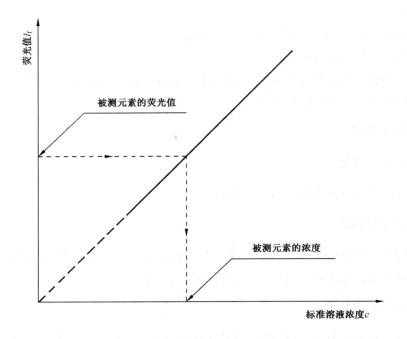

图 1　校准曲线法校准曲线

在使用校准曲线法时应注意：

a)　尽量消除试样溶液中的干扰；

b)　校准溶液与试样溶液基体尽可能保持一致；

c)　如果存在基体干扰，应采用标准加入法。

9.5.2　标准加入法

分别吸取等量的待测试样溶液 5 份。1 份不加校准溶液，其他 4 份分别按比例加入不同浓度校准溶液，通常溶液浓度分别为：c_x、c_x+c_0、c_x+2c_0、c_x+3c_0、c_x+4c_0。在规定仪器条件下，用溶剂调零，测量试剂空白溶液的荧光强度值，以作空白校正。在相同条件下，按照浓度从稀到浓依次测定荧光强度值，用加入校准溶液浓度为横坐标，相应的荧光强度值为纵坐标绘制荧光强度值与浓度关系曲线，曲线反向延伸与浓度轴的交点 c_x，即为试样溶液中待测元素的浓度。

使用标准加入法时应注意：

a)　此方法只适用于浓度与荧光强度值成线性区域；

b)　至少应采用 4 点（包括试样溶液本身）来绘制外推关系曲线，同时首次加入校准溶液浓度值应和试样溶液浓度值大致相同，即 $c_x \approx c_0$。

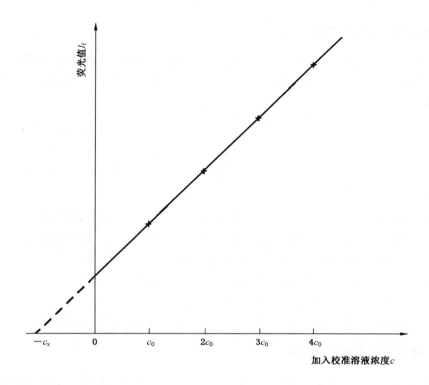

图 2　标准加入法校准曲线

9.6　质量控制

为确保分析结果的正确度,可在样品分析过程中添加质控样品。质控样品可采用与分析样品具有相同或相似基质的标准物质,将其在相同条件下进行平行分析,并将所得结果与已知浓度进行比较,以控制分析正确度。

9.7　进样系统清洗

分析完毕后,先用 5‰盐酸清洗进样系统 3 min~5 min,再用水(见 6.2)冲洗进样系统 5 min~10 min,使仪器处于待机或关机状态。

10　结果报告

10.1　报告的基本信息

结果报告中可包括:委托单位信息、样品信息、仪器设备信息、环境条件、制样方法、检测方法(依据标准)、检测结果、检测人、校核人、批准人、检测日期等。必要和可行时可给出定量分析方法和结果的评价信息。

10.2 被测元素含量的计算

由 9.5 确定试样溶液中被测元素的浓度之后,按照分析方法的规定,计算出样品中该元素的含量,并以质量分数(mg/kg,μg/kg)或质量浓度(mg/L,μg/L)表示。含量计算见式(1)、式(2):

$$X_1 = \frac{(c_x - c_0) \times V}{S \times 1\,000} \quad\cdots\cdots\cdots\cdots\cdots\cdots\cdots\cdots(1)$$

$$X_2 = \frac{(c_x - c_0) \times V \times 1\,000}{S \times 1\,000} \quad\cdots\cdots\cdots\cdots\cdots(2)$$

式中:

X_1——样品中被测元素的含量,单位为毫克每千克(mg/kg)或毫克每升(mg/L);

X_2——样品中被测元素的含量,单位为微克每千克(μg/kg)或微克每升(μg/L);

c_x ——试样溶液中被测元素的浓度,单位为微克每升(μg/L);

c_0 ——空白溶液中被测元素的浓度,单位为微克每升(μg/L);

V ——试样溶液的体积,单位为毫升(mL);

S ——测量过程中所取用的样品的总量,单位为克(g)或毫升(mL)。

10.3 分析方法与检测结果的评定

分析方法用方法检出限、精密度和正确度来评定,其中用精密度和正确度来描述一种测量方法的准确度,检测结果一般用测量不确定度评定。

10.3.1 方法检出限

方法检出限一般是采用样品独立全流程空白溶液连续 11 次测定值的 3 倍标准偏差所获得的分析物浓度或质量。

10.3.2 精密度

精密度反映了偶然误差的分布,而与真值或规定值无关。通常用标准偏差 SD 或相对标准偏差 RSD 来表示。精密度与被测组分浓度有关,报告精密度时应指明测量精密度时所用被测元素的浓度,同时,也要标明测量次数。对于同一实验室室内重复性精密度可在同一台仪器相同测定条件下,由同一人进行多次测定的情况下,确定相对标准偏差,见式(3)、式(4)。

$$SD = \sqrt{\frac{1}{n-1}\sum_{i=1}^{n}(x_i - \bar{x})^2} \quad\cdots\cdots\cdots\cdots\cdots(3)$$

$$RSD = \frac{SD}{\bar{x}} \times 100\% \quad\cdots\cdots\cdots\cdots\cdots(4)$$

式中:

x_i ——第 i 次测量值;

n ——测量次数;

$\bar{x}$ ——n 次测量平均值。

10.3.3　正确度

正确度反映了与真值的系统误差,用绝对误差或相对误差表示。在实际工作中,可用标准物质或标准方法进行对照试验,计算误差;或加入被测定组分的纯物质进行回收试验,计算回收率,见式(5)。当用回收试验来估计正确度时,以回收率 R 表征正确度。

$$R = \frac{c_i - c_0}{c_a} \times 100\% \qquad \cdots\cdots\cdots\cdots\cdots\cdots\cdots\cdots\cdots\cdots\cdots\cdots (5)$$

式中:

c_i——加入 c_a 后的测定值,单位为微克每升($\mu g/L$);

c_0——初始测定值,单位为微克每升($\mu g/L$);

c_a——加入量,单位为微克每升($\mu g/L$)。

10.3.4　测量不确定度评定

按 GB/T 27411 和 JJF 1059.1 中的评定方法和原则进行分析结果测量不确定度的必要评定与表示。如需要,测量不确定度可与结果连在一起表示。表示形式可以写成:

结果:$X \pm U$(单位),$k=2$。

其中,X 为被测元素含量,U 为扩展不确定度,k 为包含因子,通常取 2。

11　安全注意事项

11.1　实验室人员必须认真遵守实验室操作规范、仪器使用规范,熟练掌握实验与仪器操作过程。

11.2　遵守化学品使用规范。

11.3　应按高压钢瓶安全操作规定使用高压气体钢瓶。

11.4　仪器应有单独的地线,并符合安装要求。

11.5　注意用电安全。

11.6　实验中产生的废液应集中收集,并清楚做好标记、贴上标签,按规定交由有资质的处置单位进行统一处理。

参 考 文 献

[1]　GB/T 4470—1998　火焰发射、原子吸收和原子荧光光谱分析法术语

[2]　GB/T 13966—2013　分析仪器术语

[3]　GB/T 14666—2003　分析化学术语

[4]　GB/T 15337—2008　原子吸收光谱分析法通则

[5]　GB/T 21191—2007　原子荧光光谱仪

[6]　GB/T 27411—2012　检测实验室中常用不确定度评定方法与表示

[7]　JJG 939—2009　原子荧光光度计

[8]　JJF 1059.1—2012　测量不确定度评定与表示

[9]　刘明钟,汤志勇,刘霁欣,等.原子荧光光谱分析[M].北京:化学工业出版社,2008

[10]　邓勃.应用原子吸收与原子荧光光谱分析[M].北京:化学工业出版社,2003

[11]　倪晓丽.化学分析测量不确定度评定指南[M].北京:中国计量出版社,2008

ICS 03.180
Y 51

中华人民共和国教育行业标准

JY/T 0567—2020
代替 JY/T 015—1996

电感耦合等离子体发射光谱分析方法通则

General rules for inductively coupled plasma-optical emission spectrometry

2020-09-29 发布　　　　　　　　　　2020-12-01 实施

中华人民共和国教育部　　发　布

前　言

本标准按照 GB/T 1.1—2009 给出的规则起草。

本标准代替 JY/T 015—1996《感耦等离子体原子发射光谱方法通则》，与 JY/T 015—1996 相比，除编辑性修改外，本标准主要技术变化如下：

——标准名称修改为"电感耦合等离子体发射光谱分析方法通则"；

——修改了标准的适用范围（见第 1 章，1996 年版的第 1 章）；

——增加了规范性引用文件（见第 2 章）；

——精简了与本标准相关的术语和定义（见第 3 章）；

——方法原理修改为"分析方法原理"，修改了"分析方法原理"（见第 4 章，1996 年版的第 4 章）；

——精简了试剂和材料的内容（见第 5 章）；

——增加了"仪器的主要部件"（见 6.1）和"仪器检定或校准"（见 6.3），更新了仪器类型（见 6.2）；

——简化了样品的处理过程（见第 7 章）；

——修改并完善了"分析测试"（见第 8 章），增加了"开机预热"（见 8.1）、"干扰的消除"（见 8.3）、"定性分析"（见 8.4）、"定量分析"（见 8.5）、"质量控制"（见 8.6）和"测试完毕"（见 8.7）等步骤；

——完善了"结果报告"（见第 9 章），增加了"基本信息"（见 9.1）、"定性分析的结果表述"（见 9.2.1）和"分析方法与测定结果的评价"（见 9.3）；

——增加了"安全使用注意事项"（见第 10 章）。

与 GB/T 23942—2009 相比，本标准适用范围更广，分析方法原理和分析步骤更加全面详细。

本标准由中华人民共和国教育部提出。

本标准由全国教育装备标准化技术委员会化学分技术委员会（SAC/TC 125/SC 5）归口。

本标准起草单位：清华大学、东华大学、四川大学、上海交通大学、北京大学、昆明理工大学。

本标准主要起草人：邢志、杨明、吴曦、朱邦尚、邓宝山、何素芳。

本标准所代替标准的历次版本发布情况为：

——JY/T 015—1996。

电感耦合等离子体发射光谱分析
方法通则

1 范围

本标准规定了样品中的金属和部分非金属元素的电感耦合等离子体发射光谱分析方法。本标准规定了电感耦合等离子体发射光谱(inductively coupled plasma-optical emission spectrometry,ICP-OES)分析方法的分析方法原理、试剂和材料、仪器、样品、分析步骤、分析结果的表述和安全使用注意事项。

本标准适用于电感耦合等离子体发射光谱仪对样品中常量至痕量元素的定性、定量分析。本标准不适用于固体进样方式。

2 规范性引用文件

下列文件对于本文件的应用是必不可少的。凡是注日期的引用文件,仅注日期的版本适用于本文件。凡是不注日期的引用文件,其最新版本(包括所有的修改单)适用于本文件。

GB/T 602 化学试剂杂质测定用标准溶液的制备

GB/T 622 化学试剂 盐酸

GB/T 626 化学试剂 硝酸

GB/T 4842—2017 氩

GB/T 6682 分析实验室用水规格和试验方法

GB/T 13966—2013 分析仪器术语

GB/T 23942—2009 化学试剂 电感耦合等离子体原子发射光谱法通则

GB/T 27411—2012 检测实验室中常用不确定度评定方法与表示

JJG 768—2005 发射光谱仪检定规程

CSM 01 01 01 04 电感耦合等离子体发射光谱法测量结果不确定度评定规范

3 术语和定义

GB/T 13966—2013、GB/T 23942—2009 和 GB/T 27411—2012 界定的以及下列术语和定义适用于本文件。

3.1

电感耦合等离子体 inductively coupled plasma;ICP
将高频功率加载到与等离子体炬管耦合的线圈上所形成的炬焰。

3.2

等离子体炬管 plasma torch

维持电感耦合等离子体(ICP)稳定放电的装置,一般由三层同心石英管组成。炬管外管进冷却气,中间管进辅助气,内管进载气。

［GB/T 23942—2009,定义 3.2］

3.3

观测高度 observation height

从耦合线圈的上端到光轴的距离,用以表明等离子体炬曝光部位的高度。

3.4

载气 carrier gas

炬管内管的气流,其作用为液体雾化成气溶胶,并载带气溶胶进入等离子体。

［GB/T 23942—2009,定义 3.7］

4 分析方法原理

试样通过一定的形式由载气(氩)带入等离子体炬焰中,在高温和惰性气氛中被充分蒸发、原子化、激发和电离,发射出所含元素的特征谱线。根据特征谱线的存在与否,鉴别样品中是否含有某种元素(定性分析);根据特征谱线强度确定样品中相应元素的含量(定量分析)。

5 试剂和材料

5.1 氩气

符合 GB/T 4842—2017 中纯氩的要求(即氩的体积分数≥99.99%)。

5.2 常用试剂

5.2.1 水

实验用水应符合 GB/T 6682 中二级水规格;进行痕量元素分析时,应符合 GB/T 6682 中一级水规格。

5.2.2 盐酸

应符合 GB/T 622 中优级纯或优级纯以上规格,或经亚沸蒸馏制备。

5.2.3 硝酸

应符合 GB/T 626 中优级纯或优级纯以上规格,或经亚沸蒸馏制备。

5.2.4 其他试剂

分析过程中所用的其他试剂要求分析纯或分析纯以上。无机酸为常用试剂,使用前应检查杂质含量,确保其不影响分析结果。必要时可经亚沸蒸馏提纯制备。

5.3 标准溶液

5.3.1 标准储备溶液

5.3.1.1 单元素标准储备溶液

可使用有证单元素标准溶液(通常为 1 000 $\mu g/mL$ 或 100 $\mu g/mL$)。

单元素标准储备溶液也可用高纯度的金属(纯度大于或等于 99.99%)、氧化物或盐类(基准或高纯试剂)按 GB/T 602 配制。

5.3.1.2 多元素标准储备溶液

可使用有证多元素标准溶液,也可通过单元素标准储备溶液(见 5.3.1.1)混合配制。

注意在使用单元素标准储备溶液混合配制时要考虑溶液中阴离子的影响,避免生成难溶、微溶物质。

5.3.2 系列标准溶液

将单元素标准储备溶液(见 5.3.1.1)或多元素标准储备溶液(见 5.3.1.2)稀释成不同浓度的系列标准溶液,最终溶液中一般应含体积分数为 1%～5% 的硝酸(见 5.2.3)或盐酸(见 5.2.2)。

6 仪器

6.1 仪器的主要部件

电感耦合等离子体发射光谱仪主要由进样系统、激发源、分光系统、检测器、控制与数据处理系统五部分组成。

6.1.1 进样系统

进样系统是将样品引入仪器激发光源的装置,主要有液体、气体和固体进样三种方式。通常采用液体进样方式,其主要组成部分为蠕动泵、雾化器和雾化室。

6.1.2 激发源

激发源的作用是提供试样蒸发、原子化、激发所需的能量。等离子体激发源主要由射频发生器、耦合线圈、等离子体炬管和供气系统等几部分构成。射频发生器主要有自激式和它激式两种。

6.1.3 分光系统

分光系统的作用是将由不同波长辐射复合而成的光按照波长依次展开获得光谱。电感耦合等离子体发射光谱仪中常见的分光系统主要有棱镜、光栅。

6.1.4 检测器

用于光电转换的电子装置,由光电转换器件将光强度转换成电信号,在积分放大后,通过输出装置给出定性或定量分析结果。目前常用的有真空光电检测器(光电倍增管,PMT)和固态光电检测器两类,其中固态检测器分电荷耦合型检测器、电荷注入型检测器或互补金属氧化物半导体类型检测器等。

6.1.5 控制与数据处理系统

控制与数据处理系统由计算机和相应软件组成,实现对仪器的操作、各种参数调节和控制、测定及数据处理等。

6.2 仪器类型

6.2.1 顺序(扫描)型电感耦合等离子体发射光谱仪。

6.2.2 固定通道(多通道)型电感耦合等离子体发射光谱仪。

6.2.3 基于固态检测器全波长范围即时读取型电感耦合等离子体发射光谱仪。

6.3 仪器检定或校准

仪器在投入使用前,应采用检定或校准等方式,对检测分析结果的准确性或有效性有显著影响的设备,包括用于测量环境条件等辅助测量设备有计划地实施检定或校准,以确认其是否满足检测分析的要求。检定或校准应按有关检定规程、校准规范或校准方法进行。

6.4 仪器性能

电感耦合等离子体发射光谱仪的性能指标应满足 JJG 768—2005 的要求。

7 样品

7.1 液体样品

液体样品根据其组分、介质含量分为直接分析、适当稀释或浓缩、消解处理后再进行分析三种方式。

7.1.1 直接测定

待测组分含量在仪器分析线性范围内的无机溶液样品,可直接进样测定;若含有悬浮物时,如地下水、自来水、地表水等,过滤后再进样测定。

对于有机溶液,若仪器配备有机物进样系统,可直接进样测定。若仪器未配备有机物进样系统,则样品需经过处理(可参考国家标准中类似样品的处理方法)后才能进样测定。

7.1.2 稀释或浓缩后测定

若样品中待测元素含量过高,超出仪器的分析线性范围,应将其进行适当稀释后测定;若样品中待测元素含量低于方法检出限时,可采取蒸发、萃取或离子交换等适当的方法进行浓缩富集后测定。

7.1.3 消解处理后测定

测定含有机物或其他特殊介质或悬浮物液体样品中待测元素总量时,需将样品经湿法消解、干法消解或微波消解等方法消解处理后进行测定。

7.2 固体样品

测定固体样品中可溶性元素含量时,通过一定体积的适当溶剂进行浸泡或提取处理后,浸泡液或提取液可参考液体样品(见7.1)进行分析。

测定固体样品中待测元素总量时,样品需采用适当方法消解处理后进行分析。鉴于固体样品种类的多样性,应根据样品的特性选择合适的处理方法(可参考国家标准中类似样品的处理方法,并进行必要的优化)。取样量的大小应根据分析方法的精密度和分析结果的正确度要求确定。

7.3 气体样品

根据检测对象的特点,选用合适的吸收液或气体采样滤膜,对气体样品中的待测元素进行吸收或富集,对吸收液或滤膜进行处理后测定。

7.4 实验全程序空白

实验全程序空白是用来评价样品制备过程中可能的污染和背景光谱干扰的。实验全程序空白应与样品处理过程完全一致,相同试剂、相同体积、相同的处理步骤。样品的分析结果应扣除相应的实验全程序空白。

8 分析测试

8.1 开机预热

首先应确认有足够的氩气用于连续工作,废液收集桶有足够的空间用于收集废液。打开通风系统,调节氩气压力输出,使其满足仪器正常工作的要求。打开水冷却循环系统,打开仪器主机和计算机电源,仪器开始自检,待仪器自检完成显示正常后,点燃等离子体,待等离子体炬焰稳定后开始测定。

> 注:分光系统需要工作在恒温或真空条件下的仪器,需要按照仪器操作手册要求,进行系统恒温或抽真空。

8.2 分析条件选择

在样品分析前,应建立分析方法。根据分析需求选择功率、气体流量、蠕动泵转速、积分时间、分析元素及其谱线、观测方式、背景扣除方式、标准溶液的浓度值及干扰系数等参数。选择的原则是保证同时测量的大多数元素信号强、精密度高、干扰少;也可按仪器说明书要求进行仪器信背比(分析线强度/背景强度)试验或检出限试验,以确定仪器的最佳工作条件。

元素分析谱线的选择通常可以遵循以下原则：

a) 尽量选择没有干扰或干扰小的谱线,对于干扰的大小可以通过分析线和干扰线的强度及在样品中的相对含量来判断。

b) 选择灵敏度高的谱线。

c) 选择自吸收效应小的谱线,当分析元素含量较高时更应如此;如果被测元素是样品中的大量或主量元素时,可以选择次灵敏线,甚至可以选用非灵敏线。

d) 选择背景小的谱线。

e) 选择对称性和峰形好的谱线。

通常可以通过仪器自带的谱线库,按照其推荐的谱线选定分析谱线。

8.3 干扰的消除

8.3.1 物理干扰

物理干扰可用内标法、基体匹配法或标准加入法进行校正。

8.3.2 电离干扰

电离干扰可通过合适的分析条件,如观测高度、功率、载气压力及流量等,进行抑制;也可用基体匹配法或标准加入法进行校正。

8.3.3 光谱干扰

光谱干扰可采用干扰系数法进行校正,也可用高分辨的分光系统来减小谱线重叠干扰,或选择没有干扰的谱线。

8.3.4 基体效应

抑制或减小基体效应的方法主要有优化分析条件、稀释试样溶液、基体匹配法、标准加入法、内标法和化学分离基体等。

8.3.5 记忆效应

在分析某些样品时,样品中待测元素沉积并滞留在管路、雾化器、雾室、炬管等位置上会导致记忆干扰,可通过延长样品间的清洗时间来避免这类干扰的发生,或清洗进样系统以消除记忆干扰。

8.4 定性分析

采集试样在仪器波长范围内的光谱图。判断试样中是否存在某种元素,必须由其灵敏线决定,一般需在试样光谱图中找到两条及两条以上该元素灵敏线,才能确定存在某种元素;只要某元素的最灵敏线不存在,就可认为试样中该元素不存在。

由于固定通道型 ICP-OES 可测量的谱线数量有限,一般不用于定性分析。

8.5 定量分析

样品测定前,先用稀硝酸溶液冲洗系统,直到信号降至最低,待信号稳定后可以开始测定。依次测定标准溶液和试样溶液的仪器响应值,按如下方法求出试样溶液中的被测元素浓度,但无论采取下列哪种方法,每次分析均应绘制相应的校准曲线。

8.5.1 校准曲线法

配制 5 个或 5 个以上浓度的系列标准溶液,在仪器最佳条件下按浓度从低到高依次测定,每个校准浓度至少积分或测定 3 次取平均值,绘制校准曲线、计算回归方程,扣除背景或以干扰系数法修正干扰。试样溶液中待测元素浓度由式(1)计算得出(见图1)。当试样中待测元素浓度高于校准曲线范围时,应将试样稀释至校准曲线范围内重新测定。

$$c_{检} = \frac{I_{检} - b}{a} \qquad \cdots\cdots\cdots\cdots\cdots\cdots\cdots\cdots\cdots\cdots\cdots\cdots (1)$$

式中:

$c_{检}$ ——试样溶液中待测元素浓度;

$I_{检}$ ——试样溶液中待测元素响应信号;

a, b——回归方程参数。

此方法只适用于无基体干扰或干扰可以忽略情况下的测定,在使用校准曲线法时应注意:

a) 尽量消除试样溶液中的干扰;

b) 标准溶液与试样溶液基体尽可能保持一致;

c) 如果存在基体干扰,应采用内标法、基体匹配法或标准加入法。

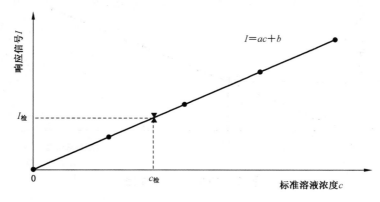

图 1　校准曲线法校准曲线

8.5.2 内标法

配制 5 个或 5 个以上含一定质量浓度的内标元素的系列标准溶液,在仪器最佳条件下按浓度从低到高依次测定标准溶液中待测元素和内标元素的响应信号,每个校准浓度至少积分或测定 3 次取平均值。以标准溶液浓度为横坐标,以标准溶液中待测元素归一化响应信号为纵坐标,绘制内标法校准曲线,计算回归方程,扣除背景或以干扰系数法修正干扰。各溶液归一化响应信号 I 归按式(2)计算得出。试样溶液中待测元素浓度由式(3)计算得出(见图 2)。当试样中待测元素浓度高于校准曲线范围时,应将试样稀释至校准曲线范围内重新测定。

$$I_{归} = I \times \frac{I_R}{I_{R空白}} \qquad \cdots\cdots\cdots\cdots\cdots\cdots\cdots(2)$$

式中:

I ——溶液中待测元素响应信号;

$I_{R空白}$——校准空白溶液中内标元素响应信号;

I_R ——溶液中内标元素响应信号。

$$c_{检} = \frac{I_{归检} - b}{a} \qquad \cdots\cdots\cdots\cdots\cdots\cdots\cdots(3)$$

式中:

$c_{检}$ ——试样溶液中待测元素浓度;

$I_{归检}$——试样溶液中待测元素归一化响应信号;

a , b——回归方程参数。

在使用内标法时应注意:

a) 试样溶液中应不含有内标元素或内标元素含量很低以至于可忽略;

b) 各标准溶液与试样溶液中内标元素的含量应一致;

c) 内标标准溶液可直接加入标准溶液和试样溶液中,也可在标准溶液和试样溶液雾化之前通过蠕动泵在线自动加入。

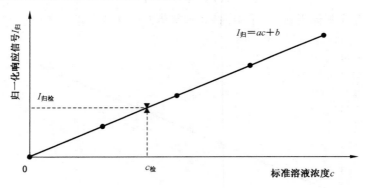

图 2 内标法校准曲线

8.5.3 基体匹配法

配制 5 个或 5 个以上的含试样相同基体的系列标准溶液,按照标准曲线法测定出试样中待测元素的浓度。基体匹配法适用于试样基体成分已知,且基体成分对待测元素有干扰的定量分析。

溶液中待测元素的测定步骤和浓度计算方法同 8.5.1。

8.5.4 标准加入法

当缺少样品基体信息无法进行基体匹配,或样品的基体效应不能通过进一步稀释、内标法或基质分离来避免时,可以使用标准加入法进行测定。分别吸取等量的试样溶液 n 份,一份不加标准溶液,其余 $n-1$ 份溶液分别按比例加入不同浓度标准溶液,溶液浓度通常分别为 $c_检$、$c_检 + c_0$、$c_检 + 2c_0 \cdots c_检 + (n-1)c_0$,在优化的仪器条件下,依次测定这 n 份溶液待测元素响应信号值,以加入标准溶液浓度为横坐标,相应的待测元素响应信号为纵坐标绘制校准曲线,曲线反向延伸与浓度轴的交点的绝对值即为试样溶液中待测元素的浓度 $c_检$(见图 3)。

使用标准加入法时应注意:

a) 此方法只适用于浓度与响应信号成线性区域;

b) 至少应采用 5 点(包括试样溶液本身)来绘制外推关系曲线,同时首次加入标准溶液浓度值应和试样溶液浓度值大致相同,即 $c_检 \approx c_0$。

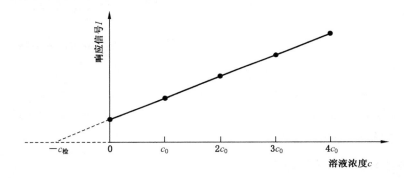

图 3　标准加入法校准曲线

8.6　质量控制

为确保分析结果的正确度,可在样品分析过程中添加质控样品。质控样品可采用与分析样品具有相同或相似基质的标准物质,将其在相同条件下进行平行分析,并将所得结果与已知浓度进行比较,以控制分析正确度。

8.7　测试完毕

测试完毕后,先用稀硝酸清洗进样系统,再用水(见 5.2.1)冲洗进样系统。按照仪器说明书操作使仪器处于待机状态或关机状态。

9　结果报告

9.1　基本信息

结果报告中可包括:委托单位信息、样品信息、仪器设备信息、环境条件、制样方法、检测方法(依据标准)、检测结果、检测人、校核人、批准人、检测日期等。必要和可行时可给出定量分析方法和结果的评价信息。

9.2 分析结果表述

9.2.1 定性分析的结果表述

根据试样光谱中特征谱线的存在与否(例如:Ca 317.9 nm 和 Ca 396.8 nm),表述为:可认为样品中含有或不含有相应的元素(例如:Ca 元素)。

9.2.2 定量分析的结果表述

试样中待测组分 B 的含量一般用 B 的质量浓度 c_B[可按式(4)计算得出]或 B 的质量分数 ω_B[可按式(5)计算得出]来表示。常用的单位分别是毫克/升(mg/L)、微克/克(μg/g)及相应的倍数单位或分数单位(倍数单位的选取,一般应使量的数值处于 0.1～1 000)。

$$c_B = \frac{m_B}{V_{试样}} \qquad \cdots\cdots\cdots\cdots\cdots\cdots\cdots (4)$$

$$\omega_B = \frac{c_B \times V_{试样}}{m_{试样}} \qquad \cdots\cdots\cdots\cdots\cdots\cdots (5)$$

式中:

m_B ——待测组分 B 的质量;

$m_{试样}$ ——试样的质量;

$V_{试样}$ ——试样的体积。

9.3 分析方法与测定结果的评价

分析方法可用方法检出限、精密度来评定,分析结果一般用准确度和测量不确定度评定。

9.3.1 方法检出限

方法检出限一般是采用实验全程序空白溶液连续 11 次测定值的 3 倍标准偏差所获得的分析物浓度或质量。

9.3.2 精密度

精密度应独立测定,且一般测定次数大于或等于 7 次。通常用标准偏差 SD 或相对标准偏差 RSD 来表示,按式(6)、式(7)计算。精密度与浓度有关,报告精密度时应指明获得该精密度的被测元素的浓度。

$$SD = \sqrt{\frac{\sum_{i=1}^{n}(x_i - \bar{x})^2}{n-1}} \qquad \cdots\cdots\cdots\cdots\cdots (6)$$

$$RSD = \frac{SD}{\bar{x}} \times 100\% \qquad \cdots\cdots\cdots\cdots\cdots (7)$$

式中：

x_i —— 第 i 次测量值；

n —— 测量次数；

$\bar{x}$ —— n 次测量结果平均值。

9.3.3 准确度

准确度用绝对误差或相对误差表示。在实际工作中,用标准物质或标准方法进行对照试验,或加入被测定组分的纯物质进行回收试验来确定或估计准确度。当用回收试验来估计准确度时,以回收率 R 表征准确度,用式(8)计算。

$$R = \frac{c_i - c_0}{c_a} \times 100\% \qquad \cdots\cdots\cdots\cdots\cdots\cdots\cdots\cdots(8)$$

式中：

c_0 —— 试样中待测元素的测定值,单位为微克每升($\mu g/L$)；

c_a —— 标准加入量,单位为微克每升($\mu g/L$)；

c_i —— 加入标准 c_a 后待测元素的测定值,单位为微克每升($\mu g/L$)。

9.3.4 测量不确定度

按 GB/T 27411—2012 和 CSM 01 01 01 04 中的评定方法和原则进行分析结果测量不确定度的必要评定与表示。

10 安全使用注意事项

10.1 应按高压钢瓶安全操作规定使用高压气体钢瓶。

10.2 仪器室排风良好,等离子体炬焰中产生的废气或者有毒蒸气应及时排出。

10.3 仪器应有单独的地线,并符合安装要求。

10.4 实验室环境温湿度应满足仪器使用要求。

10.5 注意用电安全。

10.6 关闭仪器时,应在仪器处于待机状态时关闭电源,再切断气体供应。

10.7 实验中产生的废液应集中收集,并清楚做好标记、贴上标签,按规定交由有资质的处置单位进行统一处理。

ICS 03.180
Y 51

中华人民共和国教育行业标准

JY/T 0568—2020

电感耦合等离子体质谱分析方法通则

General rules for inductively coupled plasma-mass spectrometry

2020-09-29 发布　　　　　　　　　　2020-12-01 实施

中华人民共和国教育部　　发 布

前　言

本标准按照 GB/T 1.1—2009 给出的规则起草。

本标准由中华人民共和国教育部提出。

本标准由全国教育装备标准化技术委员会化学分技术委员会(SAC/TC 125/SC 5)归口。

本标准起草单位:中山大学、四川大学、华中科技大学、北京大学、南京大学、海南大学、山东理工大学。

本标准主要起草人:刘洪涛、吴莉、鲁照玲、梁敏思、邓宝山、胡忻。

电感耦合等离子体质谱分析方法通则

1 范围

本标准规定了电感耦合等离子体质谱分析方法的分析方法原理、分析环境要求、试剂和材料、仪器、样品、分析测试、结果报告及安全注意事项。

本标准适用于采用电感耦合等离子体质谱法对微量和痕量元素或核素的定性分析、半定量分析、定量分析及同位素比值测定。

2 规范性引用文件

下列文件对于本文件的应用是必不可少的。凡是注日期的引用文件,仅注日期的版本适用于本文件。凡是不注日期的引用文件,其最新版本(包括所有的修改单)适用于本文件。

GB/T 6379.1—2004 测量方法与结果的准确度(正确度与精密度) 第 1 部分:总则与定义

GB/T 6682 分析实验室用水规格和试验方法

GB/T 8170 数值修约规则与极限数值的表示和判定

GB/T 20001.4—2015 标准编写规则 第 4 部分:试验方法标准

JJF 1059.1 测量不确定度评定与表示

JJF 1159 四极杆电感耦合等离子体质谱仪校准规范

JJF 1267—2010 同位素稀释质谱基准方法

3 术语和定义

GB/T 6379.1—2004、GB/T 20001.4—2015、JJF 1267—2010 界定的以及下列术语和定义适用于本文件。

3.1

等离子体炬管 plasma torch

可实现电感耦合等离子体(inductively coupled plasma,ICP)稳定放电的部件。

注:一般由三层同心石英管组成,炬管外管通冷却气,中间管通辅助气,内管通载气。

3.2

冷却气 cool gas

由炬管外管通入的,用于冷却炬管和维持等离子体的气流。

3.3

辅助气 auxiliary gas

由炬管中间管通入的,用于支撑等离子体在炬管口稳定形成并保护内管的气流。

3.4

载气　carrier gas

由炬管内管通入,用于将试液雾化成气溶胶,并携载其进入等离子体的气流。

注:也称雾化气(nebulizer gas)。

3.5

同量异位素干扰　isobaric interference

两个元素的同位素具有相近质量时,不能被质量分析器分辨时所引起的质谱干扰。

3.6

多原子离子干扰　polyatomic ion interference

由两个或两个以上原子结合而成的复合离子,具有和待测元素相近的质荷比,不能被质量分析器分辨时所引起的干扰。

3.7

双电荷离子干扰　double charged ion interference

失去两个电子的离子,具有和待测元素相近的质荷比,不能被质量分析器分辨时所引起的干扰。

3.8

物理干扰　physical interference

待测样品溶液与标准溶液的黏度、表面张力和溶解性总固体等物理因素的差异所引起的干扰。

3.9

同位素稀释质谱法　isotope dilution mass spectrometry

在试样中加入已知量的、与待测元素或物质相同但同位素丰度不同的稀释剂,混合均匀达到同位素组成的平衡后,用质谱法测量混合样品中待测元素的同位素比值,由此计算出待测元素或物质含量的方法。

注:改写 JJF 1267—2010,名词术语 2.6。

3.10

死时间　dead time

离子计数检测器在脉冲模式下检测时,为确保两个脉冲信号均能被检测器检测而对两个脉冲信号之间最小时间间隔的要求。

3.11

准确度　accuracy

测试结果或测量结果与真值间的一致程度。

[GB/T 20001.4—2015,术语和定义 3.4]

3.12

正确度　trueness

由大量测试结果得到的平均数与接受参照值间的一致程度。

[GB/T 6379.1—2004,定义 3.7]

3.13

精密度　precision

在规定条件下,所获得的独立测试/测量结果间的一致程度。

[GB/T 20001.4—2015,术语和定义3.3]

4 分析方法原理

试样以一定形式由载气带入高频等离子体炬焰中,在高温和惰性气氛中充分电离,产生的部分离子经接口进入质量分析器,质量分析器根据离子的质荷比进行分离,检测器检测离子信号。通过全质量范围内质谱图质荷比信息,结合同一元素不同同位素响应信号比值与理论丰度比值的匹配度进行定性分析;通过元素电离度和同位素丰度信息,结合仪器的质荷比—灵敏度响应曲线进行半定量分析;在一定浓度范围内,通过指定元素质量数所对应的信号响应值与元素浓度成正比进行定量分析。

5 分析环境要求

未有特殊说明,仪器环境(温度、湿度等)和电源应满足该仪器说明书的规定。特殊应用领域应根据实际需求监控分析环境,例如半导体行业检测超低含量样品时,需对洁净度进行要求以满足实际需求;高精度同位素比值测定时,需对温度变化进行要求以达到同位素比值测定精度要求(通常要求实验室温度变化<1 ℃/h)。

6 试剂和材料

6.1 氩气

氩气的体积分数≥99.99%。

6.2 超纯水

电阻率>18.0 MΩ·cm,其余满足 GB/T 6682 中的一级水规格。

6.3 常用试剂

6.3.1 浓硝酸

$\rho(HNO_3)=1.42$ g/mL,优级纯或更高级别,必要时经纯化处理。

6.3.2 浓盐酸

$\rho(HCl)=1.19$ g/mL,优级纯或更高级别,必要时经纯化处理。

6.3.3 氢氟酸

$\rho(HF)=1.16$ g/mL,优级纯或更高级别,必要时经纯化处理。

6.3.4 高氯酸

$\rho(HClO_4)=1.67$ g/mL,优级纯或更高级别。

6.4 其他试剂

分析过程中所用的其他试剂纯度要求优级纯或更高级别，必要时经纯化处理。

6.5 标准储备溶液

6.5.1 单元素标准储备溶液

各分析元素标准储备溶液可用光谱纯金属或金属盐类（基准物质）配制成浓度为1 000 mg/L的标准储备溶液，根据各元素的性质选用合适的介质，也可购买有证标准物质。

6.5.2 混合标准储备溶液

混合标准储备溶液可根据元素间相互干扰的情况、标准溶液的性质（是否形成沉淀或微溶物）以及待测元素的含量，将元素分组配制，也可以购买有证标准物质。所有元素的标准储备液配制后应保存于聚合物器皿（聚乙烯、聚丙烯、聚四氟乙烯等）中，如实验证实聚合物器皿对元素的吸附作用较玻璃容器强时，可采用玻璃材质器皿，但需留意可能带来的污染。含元素Ag的溶液应避光保存。元素Hg和易水解的不稳定元素溶液应现用现配。

6.6 标准溶液系列

依次配制一系列不同浓度的待测元素标准溶液（5个浓度点以上，包括校准空白），现配现用，宜用体积分数为1%～3%的硝酸溶液进行配制。测试前应预先了解所测样品基本性质，根据样品中待测元素含量的大致范围确定工作曲线浓度范围，应涵盖大部分样品中待测元素含量范围。不稳定元素应加入适当稳定剂，如Sb应该加入体积分数为1%的盐酸起稳定作用。

6.7 质谱调谐液

可购买有证标准物质，也可用单元素标准储备溶液进行配制。该溶液需含有高、中、低质量数离子，可按仪器厂商要求或仪器检定规程要求选择元素、溶液介质及浓度。

6.8 实验器皿

实验所用器皿以聚乙烯或聚丙烯或聚四氟乙烯材质为宜，使用玻璃器皿时应留意可能带来的污染。实验器皿在使用前用20%硝酸溶液浸泡至少24 h，或用50%硝酸溶液煮沸并放置15 min后，用超纯水冲洗干净后方可使用。

7 仪器

7.1 仪器类型

目前商用电感耦合等离子体质谱仪按质量分析器类型及检测器个数分为电感耦合

等离子体四极杆质谱仪(四极杆质量分析器＋单个检测器)、电感耦合等离子体串联质谱仪(三重四极杆＋单个检测器)、电感耦合等离子体高分辨质谱仪(双聚焦扇形磁场质量分析器＋单个检测器)、多接收电感耦合等离子体质谱仪(双聚焦扇形磁场质量分析器＋多个检测器)、电感耦合等离子体飞行时间质谱仪(飞行时间质量分析器＋单个检测器)。

7.2 仪器组成

电感耦合等离子体质谱仪主要由进样系统、冷却系统、电离源、质量分析器、真空系统、接口系统、离子透镜系统、检测器、控制与数据处理系统等部分组成,另有选配附件碰撞/反应系统、自动进样系统、有机进样系统等。

7.2.1 进样系统

进样系统的作用是将样品或试液引入仪器,根据样品状态的不同可以分为以液体、气体或固体进样。通常采用液体进样方式,其主要组成部分为蠕动泵、雾化器和雾化室。

7.2.2 电离源

电感耦合等离子体质谱仪采用ICP作为电离源,使经炬管进入等离子体炬焰中的样品气溶胶在高温和惰性气氛中充分电离。

7.2.3 质量分析器

质量分析器将具有一定能量的离子束按质荷比大小进行分离。电感耦合等离子体质谱仪常用质量分析器为四极杆质量分析器、双聚焦扇形磁场质量分析器和飞行时间质量分析器,质荷比范围一般在 4 amu～290 amu 范围内。

7.2.3.1 四极杆质量分析器

四极杆质量分析器(quadrupole mass analyzer,QMS)由四根精密加工的棒状电极组成,在四极上施加直流电压和射频电压在极间产生双曲线形射频电场,通过改变直流电压、射频电压使不同质荷比的离子顺序通过射频电场,到达检测器进行检测。

7.2.3.2 双聚焦扇形磁场质量分析器

双聚焦扇形磁场质量分析器(double focusing sector field mass analyzer,double focusing SFMS)由扇形电场和扇形磁场串联而成的质量分析器,通过扇形电场选择动能相近的离子以实现能量聚焦,通过不同质荷比的离子在扇形磁场中运动轨迹的不同,改变扇形磁场磁感应强度实现不同质荷比离子的分离。

7.2.3.3 飞行时间质量分析器

飞行时间质量分析器(time of flight mass analyzer,TOF)根据相同初始动能的离子在通过固定距离时,每个离子的飞行时间与其质量的平方根成正比的原理进行不同质荷比的离子分离。

7.2.4 真空系统

真空系统由机械泵、分子涡轮泵、密封圈及真空管道等组成,提供质量分析器及检测系统所需真空条件。

7.2.5 接口系统

接口系统由采样锥、截取锥及扩散室组成,实现由常压到真空环境的过渡和等离子体气流的提取。

7.2.6 离子透镜系统

离子透镜系统的作用是将来自截取锥的离子聚焦到质量分析器,并阻止中性粒子进入和减少来自等离子体的光子的通过量。

7.2.7 检测器

检测器用于收集和/或放大经质量分析器分离后的离子信号。常用检测器有电子倍增管、离子计数器、法拉第杯。

7.2.8 控制与数据处理系统

控制与数据处理系统由计算机和相应软件组成,通过控制系统实现对质谱仪的操作、各种参数调节和控制及数据的测量和处理等。

7.2.9 碰撞/反应系统

碰撞/反应系统是四极杆电感耦合等离子体质谱仪降低多原子离子干扰的特有系统,是在四极杆分析器之前加入一个碰撞/反应池,通入适当气体(如 H_2、He、O_2、NH_3、CH_4 等单种气体或混合气体)与多原子离子进行碰撞或反应以消除干扰。

7.2.10 附属或联用设备

根据需要可附加自动进样系统、有机进样系统、耐氢氟酸系统、膜去溶装置、激光剥蚀系统、液相色谱、离子色谱、气相色谱等附属或联用设备。

7.3 仪器性能指标

四极杆电感耦合等离子体质谱仪性能应符合 JJF 1159 的规定,其他质量分析器的电感耦合等离子体质谱仪性能指标宜包含质量范围、背景噪声、氧化物产率、双电荷产率、检出限、灵敏度、丰度灵敏度、质谱分辨率、质量偏差、质量稳定性、冲洗时间、同位素丰度比测量精度、短期稳定性、长期稳定性等,性能指标要求应以满足实际分析需求为原则。

7.4 检定或校准

设备在投入使用前,应采用检定或校准等方式,对检测分析结果的准确性或有效性有显著影响的设备,包括用于测量环境条件等辅助测量设备有计划地实施检定或校准,以确认其是否满足检测分析的要求。检定或校准应按有关检定规程、校准规范或校准方法进行。

8 样品

8.1 液体样品

8.1.1 直接分析

不含有机物及其他特殊介质且待测组分含量在仪器的线性范围内的样品,用 0.45 μm 微孔滤膜过滤样品,收集所需体积的滤液,滤液中加入浓硝酸酸化至 pH<1,直接进样测定。

含有机介质的溶液,若仪器配备有机物进样系统,可直接进样测定;如果仪器未配备有机物进样系统,则样品应经过处理后才能进样测定。

8.1.2 经稀释或浓缩后分析

不含有机物及其他特殊介质的液体样品,如果经 0.45 μm 微孔滤膜过滤后的样品中待测组分含量超出仪器线性范围,或总溶解固体(TDS)质量浓度高于 0.2%,应将样品进行适当稀释后测定;如果样品中待测组分含量低于仪器的检出限,可采用蒸发浓缩或萃取、离子交换等富集方法将待测组分富集后再进行测定。

8.1.3 消解处理后分析

无法进行直接进样的液体样品,应采用消解处理后分析,消解方法包括湿法消解、干法消解或微波消解等。如果样品中待测组分含量低于仪器的检出限或者需对干扰组分进行分离时,可采用蒸发浓缩、共沉淀、萃取、离子交换等方法分离富集再进行测定。

8.2 固体样品

测定固体样品中可溶态元素含量时,通过一定体积的、适当的溶剂对样品进行浸泡或提取后,对浸泡液或提取液进行测定。浸泡液或提取液是否需要进行样品消解处理,应根据浸泡液或提取液性质决定,可参考液体样品处理方法(见8.1)。

测定固体样品中待测元素总量时,应采用消解处理后再进行测定,包括湿法消解、微波消解、高压釜消解和干法消解等。消解后的样品配制成酸性溶液(pH<1),最终样品溶液的 TDS 质量浓度一般应低于 0.2%。如果样品中待测组分含量低于仪器的检出限或者需对干扰组分进行分离时,可采用共沉淀、萃取、离子交换等方法分离富集后再进行测定。

8.3 空白溶液

8.3.1 校准空白

酸度及介质与标准溶液系列一致的空白溶液,参与建立分析校准曲线。采用内标法时,应包含内标元素。

8.3.2 实验全程序空白

实验全程序空白用以评价样品制备过程中可能的污染和干扰。实验全程序空白的制备过程应与样品处理过程完全一致（相同试剂、相同体积、相同处理步骤）。测定样品的分析结果应扣除相应的实验全程序空白。

9 分析测试

9.1 仪器操作

按照仪器生产商提供的操作指引开机，等离子体点燃后至少稳定 30 min，再用调谐溶液（见 6.7）调节仪器灵敏度、信噪比、分辨率、稳定性、氧化物产率和双电荷产率等，使各项指标达到检测要求。

9.2 分析条件选择

根据分析需要优化 ICP 各项参数（ICP 功率、等离子体气流速、辅助气流速、载气流速、采样位置、溶液提升量等）和质谱各项参数（至少包括：离子透镜参数、质谱测量方式、各通道积分时间/采样频率、质谱分辨率等），使同时测量的大多数元素信号强、精密度高、干扰少。

9.3 干扰的消除

9.3.1 物理干扰

物理干扰可用内标法或标准加入法进行校正。内标元素的选择原则见 9.6.2，内标元素的选择参见附录 A。

9.3.2 同量异位素干扰

通过选择测定不受干扰的同位素或数学公式干扰校正可减少或消除同量异位素干扰。常见的干扰校正方程参见附录 B。干扰校正方程可根据实验及样品实际情况进行编辑、使用，在使用前必须验证其正确性。

9.3.3 多原子离子干扰

多原子离子干扰很大程度上受仪器操作条件的影响（常见的多原子离子干扰参见附录 C），减少或消除多原子离子干扰方法可采用以下一种或几种方法：
- a) 优化选择合适的操作条件；
- b) 采用适当的样品分离方法去除干扰基质；
- c) 采用干扰校正方程进行校正；
- d) 采用碰撞/反应技术进行干扰消除。

9.3.4 双电荷离子干扰

双电荷离子干扰受仪器操作条件的影响，减少或消除双电荷离子干扰可采用以下一种或几种方法：

    a) 优化选择合适的操作条件；
    b) 采用适当的样品分离方法去除干扰基质；
    c) 采用干扰校正方程进行校正。

9.3.5 丰度灵敏度

丰度较大的同位素会产生拖尾峰,影响相邻质量峰的测定。可以将质谱仪的分辨率调节为高分辨率或者采用强拖尾过滤技术等方式来减少或消除这种干扰。

9.3.6 记忆效应

在分析某些样品或标准品时,样品中待测元素沉积并滞留在管路、雾化器、雾室、炬管、接口等位置上会导致记忆干扰,可通过延长样品间的洗涤时间或加入干扰消除剂来避免这类干扰的发生,或事先在样品及标样中加入合适试剂以降低记忆效应(如测汞时加入金溶液)。

9.4 定性分析

采集全质量范围内质谱信号,通过质谱图质荷比信息,结合同一元素不同同位素所对应响应信号比值与理论丰度比值的匹配度进行定性分析。在进行响应信号比值与理论丰度比值匹配验证的过程中应考虑干扰的情况以避免误判。判定标准应同时满足下列条件：

    a) 同一元素丰度排序前 2 到 3 位的同位素质荷比能在质谱图中找到响应峰；
    b) 同位素所对应响应信号比值与理论丰度比值相近。

9.5 半定量分析

电感耦合等离子体质谱法可以通过元素电离度和同位素丰度信息,结合仪器的质荷比—灵敏度响应曲线(见图 1)进行半定量分析。分析时选取覆盖高、中、低质量范围的 6～8 个元素,配制已知浓度的标准溶液,在优化的仪器条件下测定该标准溶液仪器响应值,建立相应的质荷比—灵敏度曲线,样品中的大部分元素浓度可根据该响应曲线求出。

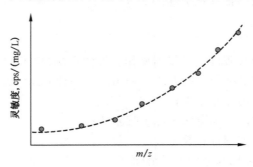

图 1 质荷比—灵敏度响应曲线

9.6 定量分析

样品测定前,先用 $1‰\sim3‰$ 的硝酸溶液冲洗系统使分析信号降至最低,待分析信号稳定后方可测定。测定标准溶液和试样溶液的仪器响应值,按如下方法求出试样溶液中的待测元素浓度,但无论采取下列哪种方法,每次分析应绘制相应的校准曲线。对于可能含有高浓度待测元素的样品,可用半定量分析法扫描样品,确定其中的高浓度元素,根据获取的信息选择适当的检测方法或稀释后测定,以减小检测器的损耗以及降低记忆效应,同时鉴别浓度超过线性范围的元素。

9.6.1 标准曲线法

配制 5 个浓度以上的标准溶液系列(包括校准空白),在优化的仪器条件下依次测定分析校准空白溶液、标准溶液系列和试样溶液,绘制校准曲线、计算回归方程,试样溶液中待测元素浓度由校准曲线查出,本方法也称外标法(见图 2)。

此方法只适用于无基体效应情况下的测定,在使用标准曲线法时应注意:

a) 尽量消除试样溶液中的干扰;

b) 标准溶液与试样溶液基体尽可能保持一致;

c) 待测元素浓度应在校准曲线线性范围内;

d) 有基体效应时,应采用内标法或标准加入法。

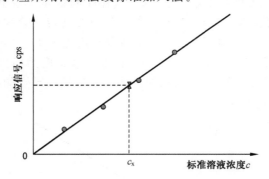

图 2 标准曲线法校准曲线

9.6.2 内标法

配制 5 个浓度以上的标准溶液系列(包括校准空白),在优化的仪器条件下依次测定分析校准空白溶液、多元素校正标准溶液、实验全程序空白溶液和试样溶液中的待测元素的响应强度及内标元素响应强度,以校准空白溶液中内标元素响应强度为归一化因子,以标准溶液浓度为横坐标,以标准溶液中待测元素归一化响应信号为纵坐标,绘制内标法校准曲线,计算回归方程,试样溶液中待测元素浓度由待测元素归一化响应信号在内标法校准曲线查出,见图 3。

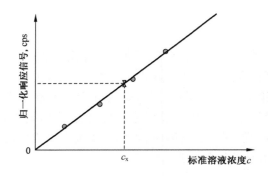

图 3　内标法校准曲线

在使用内标法时应注意:

a)　内标元素的质量数、电离能应与所测元素接近;

b)　内标元素不与待测元素形成稳定化合物,不干扰待测元素测定;

c)　试样溶液中应不含有内标元素或内标元素含量低至可以忽略;

d)　加入校准溶液与试样溶液中内标元素的含量应一致。

9.6.3　标准加入法

当缺少样品基体信息无法进行基体匹配,或样品的基体效应不能通过进一步稀释、内标法或基质分离来避免时,可以使用标准加入法进行测定。分别吸取等量的试样溶液 n 份,其中 1 份不加标准溶液,其余 $n-1$ 份溶液分别按比例加入不同浓度校准溶液,依次测定这 n 份溶液待测元素响应信号值,以加入标准溶液浓度为横坐标,相应的待测元素响应信号为纵坐标绘制校准曲线,曲线反向延伸与浓度轴的交点的绝对值即为试样溶液中待测元素的浓度 c_x(见图 4)。

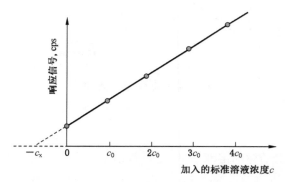

图 4　标准加入法校准曲线

在使用标准加入法时应注意:

a)　此法只适用于响应信号与浓度呈正比的区域;

b)　包括试样溶液本身在内,至少采用四点来绘制外推关系曲线,即 $n \geq 4$;

c)　加入的标准溶液最小浓度宜与试样溶液浓度 c_x 大致相同,通常采用响应信号预测方式进行确定。

9.6.4 同位素稀释质谱法

采用同位素稀释质谱法对样品中元素含量进行测定时,按照 JJF 1267—2010 进行。
在使用同位素稀释质谱法时应注意:

a) 应选择合适的同位素比测量对及稀释比例,按 JJF 1267—2010 要求进行;

b) 应消除质谱测量中的干扰;

c) 应进行质量歧视效应校正,校正方法按 JJF 1267—2010 进行;

d) 如果电感耦合等离子体质谱仪采用离子计数器在脉冲模式下进行检测时,应对检测器死时间进行校正。死时间的校正见式(1):

$$c_{corr} = \frac{c_{obs}}{1 - c_{obs} \cdot \tau} \quad \cdots\cdots\cdots\cdots\cdots\cdots\cdots\cdots (1)$$

式中:

c_{corr}——经过死时间校正后的同位素计数率;

c_{obs}——检测器死时间设定为零时观测到的同位素计数率;

τ　——检测器死时间,单位为秒(s)。

9.6.5 内部质量控制

9.6.5.1 标准曲线法、内标法内部质量控制

实验室应采取 a)、b)、c)方法进行内部质量控制,必要时可增加 d)、e)方法进行内部质量控制:

a) 每次分析均应绘制校准曲线。通常情况下,校准曲线的相关系数应达到 0.999 以上。

b) 每制备批样品或每 20 个样品应至少做两个以上全程序空白,所测元素的空白值太高时须查找原因。

c) 每制备批样品或每 20 个样品应分析一次校准曲线中间浓度点,其检测结果与实际浓度值相对偏差应≤10%,否则应查找原因或重新建立校准曲线。每制备批样品或每 20 个样品分析完毕后,应进行一次曲线最低点的分析,其检测结果与实际浓度值相对偏差应≤30%。

d) 内标法中,试样中归一化的内标响应值应介于 80%~120%,否则查找原因进行重新分析。如果发现存在基体效应,需要进行稀释后测定;如果发现样品中含有内标元素,则需更换内标或提高内标浓度。

e) 实验过程控制样品可每制备批样品或每 20 个样品做一次,应按通常遇到的基体准备,其浓度应与校准曲线中间浓度相当,按照整个步骤进行预处理和测定,其加标回收率应在 80%~120%。也可以使用有证标准物质/样品代替加标,其检测值应在标准要求的范围内。

9.6.5.2 同位素稀释质谱法内部质量控制

采用同位素稀释质谱法进行定量分析时,质量控制按照 JJF 1267—2010 中规定的质量控制实施。

9.7 同位素比值测定

电感耦合等离子体质谱的另一个功能是元素的同位素比值测定。同位素稀释质谱法即是基于同位素比值测定的一种定量方法。电感耦合等离子体质谱法在测定同位素比值时的注意事项参见 9.6.4。

9.8 数据处理

9.8.1 数值修约

检测结果数值修约按 GB/T 8170 规定进行修约。

9.8.2 结果计算

9.8.2.1 液体样品结果计算

直接进样方式的样品浓度与检测浓度一致,稀释进样或经化学处理的液体样品中元素含量(μg/L)按照式(2)进行计算。

$$c = (c_x - c_B) \times f \quad \cdots\cdots\cdots\cdots\cdots\cdots\cdots(2)$$

式中:

c ——样品中待测元素浓度,单位为微克每升(μg/L);

c_x——样品溶液所测得的待测元素浓度,单位为微克每升(μg/L);

c_B——空白样品所测得的待测元素浓度,单位为微克每升(μg/L);

f ——稀释倍数。

9.8.2.2 固体样品结果计算

固体样品中元素含量(μg/g)按照式(3)进行计算。

$$X = \frac{(c_x - c_B) \times V}{1\,000 \times m} \quad \cdots\cdots\cdots\cdots\cdots\cdots\cdots(3)$$

式中:

X ——样品中待测元素含量,单位为微克每克(μg/g);

c_x ——样品溶液所测得的待测元素浓度,单位为微克每升(μg/L);

c_B ——空白样品所测得的待测元素浓度,单位为微克每升(μg/L);

V ——定容体积或可溶态元素测定时的提取液体积,单位为毫升(mL);

m ——样品质量,单位为克(g)。

9.9 分析方法和测量结果的评价

9.9.1 检出限和定量限

检出限和定量限可按下面方式进行计算:

a) 实验全程序空白测定 11 次,计算标准偏差,3 倍标准偏差对应的样品浓度为该方法对该元素的检出限;

b) 实验全程序空白测定 11 次,计算标准偏差,10 倍标准偏差对应的样品浓度为该方法对该元素的定量限。

9.9.2 准确度（精密度和正确度）

9.9.2.1 精密度

精密度反映了偶然误差的分布，与真值或规定值无关。在实际工作中，精密度可用标准偏差 SD 或相对标准偏差 RSD 来表示，用式（4）、式（5）计算。精密度与待测组分浓度有关，在报出精密度结果时，应指明测量精密度时所用的浓度，同时标明测量次数 n。

$$SD = \sqrt{\frac{1}{n-1}\sum_{i=1}^{n}(x_i - \bar{x})^2}$$

$$\cdots\cdots\cdots\cdots\cdots\cdots\cdots\cdots\cdots\cdots\cdots\cdots\cdots（4）$$

$$RSD = \frac{SD}{\bar{x}} \times 100\% \qquad \cdots\cdots\cdots\cdots\cdots\cdots\cdots\cdots\cdots（5）$$

式中：

SD ——标准偏差；

RSD——相对标准偏差；

x_i ——第 i 次检测值；

n ——检测次数；

$\bar{x}$ ——n 次检测平均值。

9.9.2.2 正确度

正确度反映了测量值与真值的系统误差，用绝对误差或相对误差表示。在实际工作中，正确度可用标准物质或标准方法进行对照试验，或加入待测定组分的纯物质进行回收试验来确定或估计正确度。当用回收试验来估计正确度时，以回收率 R_c 表征，用式（6）计算。

$$R_c = \frac{c_i - c_0}{c_a} \times 100\% \qquad \cdots\cdots\cdots\cdots\cdots\cdots\cdots\cdots（6）$$

式中：

R_c ——回收率；

c_0 ——初始测定值；

c_a ——加入量；

c_i ——加入 c_a 后的测定值。

当用标准物质进行对照实验时，可用式（7）计算 E_n 值对正确度进行评判，E_n 值的绝对值小于或等于 1 时，正确度满意。

$$E_n = \frac{x - X}{\sqrt{U_{lab}^2 + U_{ref}^2}} \qquad \cdots\cdots\cdots\cdots\cdots\cdots\cdots（7）$$

式中：

x ——检测值；

X ——证书值；

U_{lab} ——检测值的扩展不确定度;

U_{ref} ——证书值的扩展不确定度。

9.9.3 不确定度评定

按 JJF 1059.1 中的评定方法和原则进行。

10 结果报告

10.1 基本信息

结果报告中可包括:委托单位信息、样品信息、仪器设备信息、环境条件、制样方法、检测方法(依据标准)、检测结果、检测人、校核人、批准人、检测日期等。必要和可行时可给出定量分析方法和结果的评价信息。

10.2 结果表示

测定结果小数位数与不确定度保持一致,不确定度位数按 JJF 1059.1 所规定规则保留。报告未检出或小于检出限或定量限时,应报告方法的检出限或定量限。

11 安全注意事项

11.1 高压气体钢瓶及杜瓦瓶应按相应安全操作规定使用。

11.2 仪器室排风良好,等离子体炬焰中产生的废气应及时排出。

11.3 仪器应有单独的地线,并符合安装要求。

11.4 实验室环境温湿度应满足仪器使用要求。

11.5 注意用电安全。

11.6 关闭仪器时,应在等离子体熄灭情况下方可切断气体供应。

11.7 对于一些特殊样品的处理应考虑实验安全因素,例如,可挥发性有机物含量较高的样品,应把有机物挥发去除后,进行后续样品处理,以避免消解反应剧烈引起爆炸。

11.8 实验中产生的废液应集中收集,并清楚做好标记、贴上标签,按规定交由有资质的处置单位进行统一处理。

附　录　A

（资料性附录）

内标元素选择参考

内标元素选择参考见表 A.1。

表 A.1　内标元素选择参考

元素	质量数	内标	元素	质量数	内标	元素	质量数	内标
锂	7	^{6}Li	硒	77	Ge	钕	146	In
铍	9	^{6}Li	铷	85	Y	钐	147	In
硼	11	^{6}Li	锶	88	Y	铕	151	In
钠	23	Sc	钇	89	Ge	钆	157	In
镁	24	Sc	锆	90	Y		158	In
铝	27	Sc	铌	93	Rh	铽	159	In
钾	39	Sc	钼	95	Rh	镝	163	In
钙	44	Sc		98	Rh	钬	165	In
钪	45	Ge	钌	102	Rh	铒	166	In
钛	48	Sc	铑	103	In	铥	169	In
钒	51	Sc	银	107	Rh	镱	172	Re
铬	52	Sc	钯	108	Rh	镥	175	Re
铬	53	Sc	镉	111	Rh	钨	184	Re
锰	55	Sc		114	In	铼	187	Bi
铁	57	Sc	铟	115	Rh	铱	193	Re
钴	59	Sc	锡	118	In	铂	195	Re
镍	60	Sc		120	In	金	197	Re
磷	60	Ge	锑	121	In	铊	205	Re
铜	63	Ge	碲	126	In	铅	208	Re
	65	Ge	铯	133	In	铋	209	Re
锌	66	Ge	钡	135	In	钍	232	Re
镓	69	Ge	镧	139	In	铀	238	Re
锗	74	Y	铈	140	In			
砷	75	Ge	镨	141	In			

附　录　B

（资料性附录）

常用干扰校正方程

常用干扰校正方程见表 B.1。

表 B.1　常用干扰校正方程

同位素	干扰校正方程
^{51}V	$^{51}M-3.127\times(^{53}M-0.113\times{}^{52}M)$
^{75}As	$^{75}M-3.127\times[^{77}M-0.815\times(^{82}M-1.009\times{}^{83}M)]$
^{82}Se	$^{82}M-1.009\times{}^{83}M$
^{98}Mo	$^{98}M-0.146\times{}^{99}M$
^{111}Cd	$^{111}M-1.073\times(^{108}M-0.712\times{}^{106}M)$
^{114}Cd	$^{114}M-0.027\times{}^{118}M-1.63\times{}^{108}M$
^{115}In	$^{115}M-0.016\times{}^{118}M$
^{208}Pb	$^{206}M+{}^{207}M+{}^{208}M$
注：干扰校正方程系数可根据实验进行确定，干扰校正方程使用前应进行验证。	

附　录　C

（资料性附录）

常见多原子离子干扰

常见多原子离子干扰见表 C.1。

表 C.1　常见的多原子离子干扰

分子离子	质量数	受干扰元素		分子离子	质量数	受干扰元素
NH^+	15	—	溴化物	$^{81}BrH^+$	82	Se
OH^+	17	—		$^{79}BrO^+$	95	Mo
OH_2^+	18	—		$^{81}BrO^+$	97	Mo
C_2^+	24	Mg		$^{81}BrOH^+$	98	Mo
CN^+	26	Mg		$Ar^{81}Br^+$	121	Sb
CO^+	28	Si	氯化物	$^{35}ClO^+$	51	V
N_2^+	28	Si		$^{35}ClOH^+$	52	Cr
N_2H^+	29	Si		$^{37}ClO^+$	53	Cr
NO^+	30	—		$^{37}ClOH^+$	54	Cr
NOH^+	31	P		$Ar^{35}Cl^+$	75	As
O_2^+	32	S		$Ar^{37}Cl^+$	77	Se
O_2H^+	33		硫酸盐	$^{32}SO^+$	48	Ti
$^{36}ArH^+$	37	Cl		$^{32}SOH^+$	49	—
$^{38}ArH^+$	39	K		$^{34}SO^+$	50	V,Cr
$^{40}ArH^+$	41	—		$^{34}SOH^+$	51	V
CO_2^+	44	Ca		SO_2^+,S_2^+	64	Zn
CO_2H^+	45	Sc		$Ar^{32}S^+$	72	Ge
ArC^+,ArO^+	52	Cr		$Ar^{34}S^+$	74	Ge
ArN^+	54	Cr	磷酸盐	PO^+	47	Ti
$ArNH^+$	55	Mn		POH^+	49	Ti
ArO^+	56	Fe		PO_2^+	63	Cu
$ArOH^+$	57	Fe		ArP^+	71	Ga
$^{40}Ar^{36}Ar^+$	76	Se	主族金属	$ArNa^+$	63	Cu
$^{40}Ar^{38}Ar^+$	78	Se		ArK^+	79	Br
$^{40}Ar_2^+$	80	Se		$ArCa^+$	80	Se
			基本氧合物	TiO^+	62～66	Ni,Cu,Zn
				ZrO^+	106～112	Ag,Cd
				MoO^+	108～116	Cd
				NbO^+	109	Ag

（左栏类别：本底分子离子；右栏上部类别：基本分子离子）

参 考 文 献

［1］ 李冰,杨红霞.电感耦合等离子体质谱原理和应用［M］.北京:地质出版社,2005

［2］ 王小如.电感耦合等离子体质谱应用实例［M］.北京:化学工业出版社,2005

［3］ 刘虎生,邵宏翔.电感耦合等离子体质谱技术与应用［M］.北京:化学工业出版社,2005

［4］ 赵墨田,曹永明,陈刚,等.无机质谱概论［M］.北京:化学工业出版社,2006

［5］ United States Environmental Protection Agency.EPA6020 Inductively Coupled Plasma-Mass Spectrometry

［6］ United States Environmental Protection Agency.EPA200.8 Determination of Trace Elements in Water and Wastes by Inductively Coupled Plasma-Mass Spectrometry

［7］ HJ 700—2014 水质 65 种元素的测定 电感耦合等离子体质谱法

ICS 03.180
Y 51

中华人民共和国教育行业标准

JY/T 0569—2020
代替 JY/T 016—1996

波长色散 X 射线荧光光谱分析方法通则

General rules for wavelength dispersive X-ray fluorescence
spectrometry

2020-09-29 发布 2020-12-01 实施

中华人民共和国教育部 发 布

前　言

本标准按照 GB/T 1.1—2009 给出的规则起草。

本标准代替 JY/T 016—1996《波长色散型 X 射线荧光光谱方法通则》，与 JY/T 016—1996 相比，除编辑性修改外主要技术变化如下：

——修改标准名称为"波长色散 X 射线荧光光谱分析方法通则"；

——修改了标准的适用范围：增加了"Be、B、C、N 和 O 的检测"，适用范围由"$^9F\sim{}^{92}U$"（见 1996 年版的第 1 章）修改为"$^4Be\sim{}^{92}U$"（见第 1 章）；

——增加了"规范性引用文件"（见第 2 章）；

——删除了"X 射线管"（见 1996 年版的 2.5）和"参比谱线"（见 1996 年版的 2.9）的定义；

——修改了"波长色散"（见 3.2）、"分光晶体"（见 3.3）、"基体效应"（见 3.11）、"准直器"（见 3.22）、"顺序型 X 射线荧光光谱仪"（见 3.23）和"同时型 X 射线荧光光谱仪"（见 3.24）的术语和定义；

——增加了"X 射线荧光""分析线""X 射线强度""净强度""能量分辨率""基体""标准样品""漂移校正""监控样品""漂移校正因子""基本参数法""理论 α 系数法""经验系数法""内标法""标准加入法"和"探测器"等术语和定义（见第 3 章）；

——修改和补充了"试剂和材料"（见 1996 年版的第 4 章）部分的内容（见第 5 章）；

——修改了"仪器"（见 1996 年版的第 5 章）中的部分文字与内容，将一级目次"仪器"修改为"仪器和制样设备"（见第 5 章）；

——修改了"环境条件"（见 6.4，1996 年版 5.4）中的规定内容；

——修改了目次"6 样品"（见 1996 年版的第 6 章）为"7 样品制备"，并修改了相关内容（见第 7 章）；

——修改了"仪器性能"（见 6.5，1996 年版的 5.3）；

——增加了"检定或校准"（见 6.6）；

——修改了"分析步骤"为"分析测试"（见第 8 章，1996 年版的第 7 章），修改了其中的部分内容，简化了"开机"和"测量前的准备"中的文字描述，增加了"定性分析流程图"（见 8.3.3 图 1）；

——修改了"制作校准曲线"中的校正数学模型（见 8.4.3，1996 年版的 7.4.2）；

——针对新技术的使用，删除"半定量分析"（见 1996 年版的 7.3.2）中标准对比法的半定量方法内容，修改为"使用仪器自带的半定量分析软件或自行编制扫描程序进行半定量分析"（见 8.5）；

——增加了"不确定度的评定"（见 8.7），规定了"不确定度评定的一般方法"；

——修改目次"分析结果的表述"（见 1996 年版的第 8 章）为"结果报告"（见第 9 章），并对其中"定性分析结果""定量分析和半定量分析结果"内容进行了修改，增加了基本信息内容；

——修改了"安全注意事项"(见第10章,1996年版的第9章)。

本标准由中华人民共和国教育部提出。

本标准由全国教育装备标准化技术委员会化学分技术委员会(SAC/TC 125/SC 5)归口。

本标准起草单位:华南理工大学、北京化工大学、西南科技大学、山东理工大学、武汉大学。

本标准主要起草人:曾小平、程斌、刘海峰、王志国、张勋高。

本标准所代替标准的历次版本发布情况为:

——JY/T 016—1996。

波长色散 X 射线荧光光谱分析
方法通则

1 范围

本标准规定了波长色散 X 射线荧光光谱分析方法的分析方法原理、试剂和材料、仪器和制样设备、样品制备、分析测试、结果报告和安全注意事项。

本标准适用于波长色散型 X 射线荧光光谱仪对样品中 ^{4}Be～^{92}U 之间质量分数为 μg/g～100％范围的所有元素进行定性、定量分析。

2 规范性引用文件

下列文件对于本文件的应用是必不可少的。凡是注日期的引用文件，仅注日期的版本适用于本文件。凡是不注日期的引用文件，其最新版本（包括所有的修改单）适用于本文件。

GB/T 8170　数值修约规则与极限数值的表示和判定

GB/T 16597—2019　冶金产品分析方法　X 射线荧光光谱法通则

GB 18871—2002　电离辐射防护与辐射源安全基本标准

JJF 1059.1　测量不确定度评定与表示

JIS K0119—2008　X 射线荧光光谱测定法总则

3 术语和定义

GB/T 16597—2019、JIS K0119—2008 界定的以及下列术语和定义适用于本文件。

3.1

X 射线荧光　X-ray fluorescence

物质受初级 X 射线或 γ 射线等照射，受激产生的次级特征 X 射线。

[JIS K0119—2008，定义 3.1]

3.2

波长色散　wavelength dispersion

利用色散元件将 X 射线束按其波长在空间展开。

3.3

分光晶体　analyzing crystal

将 X 射线束进行波长色散的元件，又称为晶体分光器或单色器。

3.4

θ 角　angle θ

布拉格衍射角，即入射线与晶体衍射面之间的夹角。

3.5

2θ 角　angle 2θ

衍射线与非偏转入射线之间的夹角。

3.6

分析线　analytical line

选作定性、定量分析的特征谱线。一般选择强度大、干扰少、背景低的特征谱线作为定量分析的分析线。

［GB/T 16597—2019,定义 3.4］

3.7

X 射线强度　X-ray intensity

单位时间内探测器接收到的 X 射线的光子数,单位为 cps 或 kcps。

3.8

净强度　net intensity

分析线强度除去叠加背底后的强度。

3.9

能量分辨率　energy resolution

脉冲高度分布的半高宽与平均脉冲高度之比,用百分数表示。

［GB/T 16597—2019,定义 3.1］

3.10

基体　matrix

多元素样品的 X 射线荧光光谱分析中,分析元素谱线强度受其他元素影响,这些其他元素的总和称为分析元素的基体。多元素样品中,元素之间互为基体。

3.11

基体效应　matrix effect

基体的化学组成和物理-化学状态对分析元素荧光 X 射线强度的影响,主要表现为吸收-增强效应、颗粒度效应、表面光洁度效应、化学状态效应等。

［GB/T 16597—2019,定义 3.7］

3.12

标准样品　reference sample

用于绘制校准曲线或进行校正的一套已知组成和含量的样品。标准样品可以是有证国家标准物质,也可以是可靠方法赋值的与被测样品组成相近的物质。

3.13

漂移校正　drift correction

用监控样品校正仪器 X 射线荧光强度到初次测量值的过程。

3.14

监控样品　monitor sample

用于漂移校正时对仪器计数率进行补偿测试的样品。

3.15

漂移校正因子　drift correction coefficient

监控样品测量计数率与建立校准曲线时首次测量计数率的比值。

3.16

基本参数法 fundamental parameter method

以初级 X 射线的光谱分布、质量吸收系数、荧光产额、吸收突变比、仪器几何因子等基本参数计算出纯元素分析线的理论强度,将测量强度代入基本参数法数学模型中,用迭代法计算至达到所要求的精度,得到分析元素含量的理论计算方法。

[GB/T 16597—2019,定义 3.9]

3.17

理论 α 系数法 theoretical α coefficient method

在直接利用基本参数方程的基础上,选取特定浓度范围的设定标准样品,由二元或三元体系,应用一定的模型计算理论校正系数的方法。

3.18

经验系数法 empirical coefficient method

用经验的数学校正公式,依靠一系列标准试料以实验方法确定某种共存元素对分析线的吸收-增强影响系数和重叠干扰系数而加以校正的方法。

[GB/T 16597—2019,定义 3.8]

3.19

内标法 internal standard method

利用待测元素与加入样品中内标元素特征谱线强度之比或利用待测元素分析线强度与散射线强度之比制取校准曲线,以求得样品中待测元素含量的方法。

3.20

标准加入法 standard addition method

在样品内加入已知含量的待测元素,通过比较加入前后 X 射线荧光强度来求得待测元素浓度的方法。

3.21

探测器 detector

将 X 射线光信号转换成电脉冲信号的装置,用于记录 X 射线的强度。

3.22

准直器 collimator

波长色散型 X 射线荧光光谱仪中截取 X 射线,使其中近于平行的射线进入分光晶体或探测器的装置,它由间隔平行的金属箔片组成。准直器又叫 Soller 狭缝。分光晶体前的准直器,称为初级准直器。分光晶体与探测器之间的准直器,称为次级准直器。

3.23

顺序型 X 射线荧光光谱仪 sequential X-ray fluorescence spectrometer

一种单通道、扫描型、晶体色散型 X 射线荧光光谱仪。

3.24

同时型 X 射线荧光光谱仪 simultaneous X-ray fluorescence spectrometer

又称多通道(multichannel)X 射线荧光光谱仪。它基本上相当于一系列单通道仪器的组合,每一个通道都有自己的晶体、准直器和探测器。这些通道环绕一个共用的 X 射线管(端窗型)和样品,呈辐射状排列。每一个探测器都有单独的放大器、脉高分析器、计数器和定标器。测量通道基本上是固定的,被设定在指定的 2θ 角度分析线上。但有些谱仪也配有 $1\sim2$ 个扫描通道。

4 分析方法原理

一种元素的特征 X 射线,是由该元素原子内层电子跃迁而产生的。当某元素的原子内层轨道电子被逐出,而较外层轨道电子通过辐射跃迁至这一空位时,便产生该元素的特征 X 射线。该特征 X 射线是由一系列表示发射元素特征的、不连续的独立谱线波所组成。因此,其波长是该种元素的属性,是定性分析的基础。特征谱线的强度与该元素的含量有关,是定量分析的基础。

X 射线荧光光谱法,即 X 射线发射光谱法,是一种非破坏性的仪器分析方法。利用 X 射线管(激发源)发射的一次(初级)X 射线照射样品,激发其中每一个化学元素,使它们各自辐射出二次谱线(特征 X 射线)。这种二次射线,又称荧光 X 射线。这些射线被准直器准直后,到达分光晶体的表面,按照布拉格定律($n\lambda = 2d\sin\theta$)发生衍射,使二次线束色散成按波长顺序排列的光谱。不同波长的谱线由探测器在不同的衍射角度(2θ)上接收,并由计数器等部件读出和记录。根据各待测元素的特征 X 射线波长即可进行定性分析,根据谱线的强度进行定量分析。

5 试剂和材料

5.1 试剂

5.1.1 熔剂

四硼酸锂($Li_2B_4O_7$)、偏硼酸锂($LiBO_2$)、四硼酸锂($Li_2B_4O_7$)与偏硼酸锂($LiBO_2$)的混合熔剂等。

5.1.2 氧化剂

硝酸锂($LiNO_3$)、硝酸铵(NH_4NO_3)等。

5.1.3 脱模剂

溴化锂($LiBr$)、碘化铵(NH_4I)、碘化锂(LiI)、氟化锂(LiF)等。

5.1.4 助磨剂

纤维素、硬脂酸、乙醇、正乙烷、乙二醇、三乙醇胺等。

5.1.5 粘结剂

甲基纤维素、微晶纤维素、硼酸、石蜡、淀粉、低压聚乙烯、硬脂酸、聚乙烯醇、聚苯乙烯等。

5.1.6 稀释剂

锂、钠的硼酸盐或碳酸盐、碳粉、石英粉及有机化合物如淀粉、聚苯乙烯、甲基或乙基纤维素等。

5.1.7 试剂纯度

5.1.1～5.1.6所述试剂均为分析纯或以上。

5.2 材料

5.2.1 熔融坩埚与熔融成型模具

选用铂黄金(95％Pt＋5％Au)材质的坩埚与模具。坩埚与模具的内表面应保持光洁,成型模具内底面平整。

5.2.2 样品环

塑料环、铝环或铝杯、钢环等。

5.2.3 样品盒与薄膜

用于放置液体、粉末或小型样品,薄膜可选用聚酯、聚丙烯、聚酰亚胺等材质。

5.2.4 滤纸或滤膜

用于液体或气体中分散颗粒物等的分析。

5.2.5 P10气体

氩气(Ar)和甲烷(CH_4)的混合气体,其中Ar占90％、CH_4占10％,纯度大于99.9％,用作流气式正比探测器中X射线的探测气体。

5.2.6 氦气/氮气

在分析液体或粉末样时用作样品室和光谱室气氛,纯度大于99.9％。

6 仪器和制样设备

6.1 仪器类型

波长色散型X射线荧光光谱仪主要分为顺序型(扫描型)、同时型(多通道)两种类型。

6.2 仪器组成

6.2.1 X射线发生系统

X射线发生系统由X射线管、高压发生器及冷却部分等组成,其作用是发射出稳定的、有足够能量和强度的初级 X 射线。

6.2.2　X 射线分光系统

6.2.2.1　X 射线分光系统由准直器、分光晶体、晶体转换器、定位装置、样品室和换气系统组成。

6.2.2.2　样品受初级 X 射线激发后发射的次级 X 射线经初级准直器准直后,再经分光晶体衍射形成不同波长顺序排列的 X 射线荧光光谱。

6.2.2.3　换气系统包括真空系统、氦气/氮气系统,并有稳定的维持其压力的装置,其作用是减少大气对长波 X 射线的吸收。

6.2.3　测量和记录系统

6.2.3.1　测量和记录系统包括次级准直器、探测器、脉冲信号放大器、脉高分析器、定标器等组成。

6.2.3.2　探测器在不同的 2θ 角度上对荧光光谱进行探测,将 X 射线光信号转换成电脉冲输出。经脉高分析器分离出来的脉冲,由定标器输出。

6.2.3.3　常用的探测器有 3 种:流气式正比计数器、封闭式正比计数器、闪烁计数器。应用时根据被测元素波长、能量范围和仪器配置选择相应探测器。

6.2.4　操控和数据处理系统

操控和数据处理系统包括仪器控制中心处理单元和计算机及其软件,用于仪器操控和数据处理。

6.3　制样设备

6.3.1　研磨设备

研磨设备包括粉碎机、球磨机、研钵等。根据样品的硬度和可能带入杂质的影响而选择不同的研磨设备及附件。

6.3.2　压片机

压片机可选用手动、半自动或自动型压片机。

6.3.3　熔样机

熔样机可选用电加热型、高频加热型或燃气型专用玻璃体熔样机,也可选择一般的马弗炉。

6.3.4　表面加工设备

表面加工设备可选用车床、铣床、砂带或砂纸抛光机、砂轮、锉刀等,主要用于金属样品的表面加工。

6.3.5 超声波清洗仪

用于清洗铂黄金坩埚、模具等。

6.3.6 分析天平

感量不大于 0.1 mg。

6.4 环境条件

环境温度、相对湿度、电源电压遵照仪器安装与使用要求。

6.5 仪器性能

按照波长色散型 X 射线荧光光谱仪检定规程或校准规范进行检定或校准,并符合相应检测要求。

6.6 检定或校准

仪器在投入使用前,应采用检定或校准等方式,对检测分析结果的准确性或有效性有显著影响的设备,包括用于测量环境条件等辅助测量设备有计划地实施检定或校准,以确认其是否满足检测分析的要求。检定或校准应按有关检定规程、校准规范或校准方法进行。

7 样品制备

7.1 固体制样法

7.1.1 对于金属、合金、铸铁、镀层、矿石、玻璃、塑料、橡胶等块状样品,进行切割和表面处理使其测量面达到测量要求。

7.1.2 对于其他如丝、棒、片等各种材料的小型样品,可进行拼接、粉碎、熔融、镶嵌或转化成溶液等处理。

7.1.3 对于宝玉石、贵金属饰品等不宜进行加工处理的样品,可置于合适的容器中进行测量。

7.2 粉末制样法

7.2.1 对于颗粒、粉末以及组成不均匀的块状样品,应预先进行粉碎、研磨、干燥使其达到测量要求。必要时可适量添加助磨剂或粘结剂等。

7.2.2 处理后的样品,可选择合适的模具及材料(塑料环、铝环、钢环等),用压片机压制成片,得到表面平整的样品。

7.2.3 为降低或消除颗粒及矿物效应的影响,可采用四硼酸锂、偏硼酸锂等作为熔剂将样品制备成玻璃体熔片,依据样品情况可适量添加助熔剂和脱模剂。必要时再对玻璃体熔片粉碎加压成型。

7.2.4 气体中分散颗粒物等物质可用特殊的滤膜吸附、收集,对于不宜压片和熔融处理的粉末样品也可直接装入液体样品盒内进行测量。

7.3 液体制样法

液体样品可直接装入液体样品盒内进行测量,应避免样品挥发、产生气泡及沉淀。对于元素含量低、直接分析困难的液体样品,可滴加在滤纸、薄膜等基片上待干燥后放在仪器内进行测量。

8 分析测试

8.1 开机

按照仪器操作说明书规定的开机程序进行。

8.2 测量前的准备

测量前检查室内环境和仪器状态面板上各种显示值是否处于正常状态,包括 P10 气和氦气的气流量、机内温度、室内温度和湿度、内外循环水流量、内循环水电导率等。

8.3 定性分析

8.3.1 编制扫描程序

按照需要测量样品中是否存在某个指定元素或对未知样品中全元素进行定性分析的要求,确定测量条件(X 射线管电压和电流、分光晶体、光路介质、滤光片、准直器、探测器)和扫描条件(2θ 角度、速度、步长等),编制扫描程序。对带有定性半定量分析程序软件的仪器,无需再编制扫描程序。

8.3.2 扫描谱图

对制备好的样品进行扫描,并获得谱线强度与 2θ 角度扫描图。

8.3.3 谱图分析

根据谱线峰值处的 2θ 角度值,在 X 射线光谱表上,查出样品中所含元素。再根据各谱线强度,分析样品中存在的主量、次量和微量元素。分析步骤参见图 1。

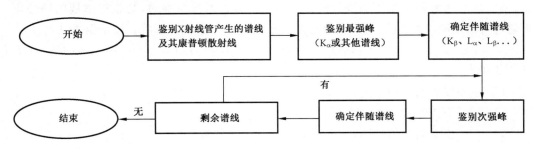

图 1 定性分析流程图

8.4 定量分析

8.4.1 建立分析程序

8.4.1.1 制备样品

在测试前需制备样品,包含内容如下:

a) 准备好样品制备所需的试剂和材料(见第5章);

b) 根据样品的化学组成、物理形态、表面结构及对分析精度的要求,决定采用何种制样方法;

c) 样品与标准样品的制备条件应相同,标准样品浓度范围需覆盖待测样品的范围。

8.4.1.2 选择和设定测量条件

需要选择和设定的测量条件有:X射线管的电压与电流、分光晶体、滤光片、样品杯和准直器面罩、分析线、准直器、探测器、峰位及背景、计数时间、脉冲高度分布的基线和窗宽等。

8.4.2 建立漂移校正程序

8.4.2.1 在标准样品测量前,按照8.4.1.2的条件,用监控样品建立仪器的漂移校正程序,校正仪器X射线强度的漂移。如果只做一次定量分析,可以不建立漂移校正程序。

8.4.2.2 测量监控样品,获得第一次测量值。以后每次测量值与第一次测量值进行比较,求出当次的漂移校正因子,以使未知样测量时,补偿到初始测量标准样品时的强度水平。

8.4.2.3 监控样品在使用期间应保持稳定,每种元素的含量应达到测量条件计数统计误差的设定要求。

8.4.3 制作校准曲线

建立一组标准样品浓度文件,对样品进行测量获得各元素的分析线谱峰强度,绘制其强度与浓度的回归分析曲线。样品中存在的基体效应可通过经验系数法、理论 α 系数法、基本参数法等数学校正法进行校正。当存在分析谱线重叠时,为获得谱线的净强度,可通过解谱或拟合来消除干扰,或用比例法计算干扰系数,扣除干扰。校正模式见式(1)。

$$C_i = D_i + E_i R_i (1 + M_i) - \sum L_{ij} C_j \quad\cdots\cdots\cdots\cdots\cdots\cdots(1)$$

式中:

C_i ——校准曲线的浓度;

C_j ——干扰元素 j 的含量;

D_i ——校准曲线的截距;

E_i ——校准曲线的斜率;

R_i ——谱线强度;

L_{ij}——干扰元素 j 对分析元素 i 的谱线重叠校正系数；

M_i——基体效应校正项。

注：经过基体校正，标准样品中某一分析元素的含量 C_i 就可从 X 射线的强度 R_i 转换得到，制得的校准曲线即可存在计算机中备用。

8.4.4 样品分析

8.4.4.1 每次样品测量前先测量监控样品，进行仪器漂移校正。检查校准曲线漂移情况，当漂移校正因子大于 1.3 或小于 0.7 时（强度最大漂移±30%），应重新制定校准曲线。

8.4.4.2 将制备好的样品，装入样品杯并送入样品室，在与校准曲线制作时相同的工作条件下进行测量。

8.4.4.3 测量完毕，计算机进行数据处理，打印出分析结果。

注：除上述常用的校准曲线法外，为了有效地降低和消除基体效应的影响，还可采用内标法、标准加入法等方法进行定量分析。

8.5 半定量分析

使用仪器自带的半定量分析软件或自行编制扫描程序进行半定量分析。在进行数据处理时应关注所用熔剂、粘结剂的种类和稀释比、已知浓度组分（如 Li_2O、B_2O_3、烧失量等其他分析手段测得的浓度）和样品厚度以及是否使用支撑膜和氦气系统，是否将浓度总和归一化等。

8.6 关机

仪器在维护、检修等特殊情况下才按照仪器操作规程整机停机，平时应处在测量等待状态。为了延长 X 射线管及 X 射线管冷却部分的使用寿命，在测量结束后，应降低电压电流至 20 kV、10 mA 或仪器厂家指导的电压电流状态。

8.7 不确定度的评定

需要时，进行方法不确定度的评定。引起 X 射线荧光光谱定量分析方法不确定度的因素主要有取样、样品处理、强度测量、数据处理过程以及标准样品的不确定度等。找出影响因素后按 JJF 1059.1 中的评定方法和原则进行分析结果测量不确定度的必要评定与表示。

9 结果报告

9.1 基本信息

结果报告中可包括：委托单位信息、样品信息、仪器设备信息、环境条件、制样方法、检测方法（依据标准）、检测结果、检测人、校核人、批准人、检测日期等。必要和可行时可给出定量分析方法和结果的评价信息。

9.2 分析结果的表述

9.2.1 定性分析结果

将样品中各检出元素依次列在分析报告中,必要时附上 X 射线谱线强度和 2θ 角度扫描图。

9.2.2 定量分析和半定量分析结果

9.2.2.1 样品为固体时,分析结果以质量分数(w)表示;样品为液体时,分析结果以质量浓度(ρ)表示;单位为国家法定计量单位。

9.2.2.2 测量数值按照 GB/T 8170 的修约规则修约。

9.2.2.3 定量分析结果,对于质量分数大于或等于 0.1% 的元素,精确至小数点后 2 位;对于质量分数小于 0.1% 的元素,保留 2 位有效数字。质量浓度的分析结果参照质量分数方法。

9.2.2.4 半定量分析结果,应注明结果为半定量分析所得。

9.2.2.5 需要时,对定量分析结果给出扩展不确定度、包含因子及相应的置信概率。

10 安全注意事项

10.1 辐射安全

X 射线荧光光谱仪为射线装置,X 射线是一种电离辐射,会危害人体健康,在仪器显著位置应贴有辐射警告标志。使用该设备的人员应进行上机前安全培训,定期进行被照射剂量的测试,并按放射工作的有关安全条例定期进行身体健康检查。使用 X 射线荧光光谱仪时应遵守相关法律法规及使用单位的相关制度和仪器供应商的申明,而且测量时应严格执行 GB 18871—2002 中有关环境与个人的安全防护规定。

10.2 用电安全

应遵守大功率实验设备安全用电规范。为防止 X 射线管高压发生器的电击,仪器的接地电阻应小于 10 Ω 或遵从仪器制造商规定,并接触良好。

10.3 样品安全

测量前应对样品的性质有所了解,样品可能有毒、有腐蚀性,在处理样品前需详细了解,并做好个人防护。同时避免磁性、酸性、腐蚀性样品直接上机测试,对仪器造成损害。

注:本标准未提出使用此标准过程中会碰到的所有安全问题,使用人有责任在使用本标准前,作好一切必要的安全准备。

ICS 03.180
Y 51

中华人民共和国教育行业标准

JY/T 0570—2020
代替 JY/T 022—1996

紫外和可见吸收光谱分析方法通则

General rules for ultraviolet and visible absorption spectrometry

2020-09-29 发布   2020-12-01 实施

中华人民共和国教育部   发 布

前　　言

本标准按照 GB/T 1.1—2009 给出的规则起草。

本标准代替 JY/T 022—1996《紫外和可见吸收光谱方法通则》，与 JY/T 022—1996 相比，除编辑性修改外主要技术变化如下：

——标准名称修改为"紫外和可见吸收光谱分析方法通则"；

——修改了标准的适用范围（见第 1 章，1996 年版的第 1 章）；

——"引用标准"修改为"规范性引用文件"（见第 2 章，1996 年版的第 2 章）；

——增加了"术语和定义"（见第 3 章）；

——"方法原理"修改为"分析方法原理"，增加"局域等离子体共振和漫反射"的相关内容（见第 4 章，1996 年版的第 3 章）；

——"试剂"修改为"试剂与材料"，增加了样品池的内容（见第 5 章，1996 年的第 4 章）；

——"紫外和可见吸收光谱仪"修改为"仪器"，修改了仪器的组成的内容，简化了仪器的性能和技术指标的内容，增加了"检定或校准"（见第 6 章，1996 年的第 5 章）；

——"样品和溶液"修改为"样品"，增加胶体、悬浊液、块状、薄膜、粉末样品的相关内容（见第 7 章，1996 年版的第 6 章）；

——简化了"仪器准备"的内容（见 8.1，1996 年版的 7.1）；

——将测定步骤内容修改为"透射光路测定步骤"（见 8.2.1，1996 年版的 7.2）；

——增加了"漫反射光路测定步骤"（见 8.2.2）；

——增加了"镜面反射附件测定步骤"（见 8.2.3）；

——将"定性分析"内容简化为"有机化合物定性分析"部分的相关内容（见 8.3.1，1996 年版的 7.3）；

——增加了"无机配位化合物定性分析"和"贵金属纳米样品定性分析"（见 8.3.2 和 8.3.3）；

——"定量测定方法"改为"定量分析"（见 8.4，1996 年版的 7.4）；

——将原 7.4 与 7.4.1 之间的两段简化为总则，增加了"标准加入法"的内容（见 8.4.1）；

——修改了"多组分同时测定"部分的相关内容（见 8.4.2，1996 年版的 7.4.2）；

——删除了"光度滴定法"（见 1996 年版的 7.4.4）；

——删除了"导数光谱的测定步骤"（见 1996 年版的 7.4.5）；

——将"分析结果的表述"修改为"结果报告"（见第 9 章，1996 年版的第 8 章）；

——增加了"基本信息"（见 9.1）；

——增加了"分析方法与测定结果的评价"的内容（见 9.3）；

——增加了"分析方法与测定结果的评价"中"方法检出限"和"不确定度评定"的内容（见 9.3.1 和 9.3.4）；

——"准确度"修改为"正确度"(见9.3.3,1996年版的8.2.3);

——删除了"置信区间"(见1996年版的8.2.4);

——修改了"安全注意事项"的相关内容(见第10章,1996年第9章)。

本标准由中华人民共和国教育部提出。

本标准由全国教育装备标准化技术委员会化学分技术委员会(SAC/TC 125/SC 5)归口。

本标准起草单位:南京师范大学、扬州大学、苏州大学、华南理工大学。

本标准主要起草人:冯玉英、胡茂志、王梅、黄鹤勇、徐昕荣。

本标准所代替标准的历次版本发布情况为:

——JY/T 022—1996。

紫外和可见吸收光谱分析方法通则

1 范围

本标准规定了紫外和可见吸收光谱分析方法及原理、试剂与材料、仪器、样品、分析步骤、结果报告和安全注意事项。

本标准适用于单光束、双光束和双波长紫外和可见吸收光谱仪,波长在紫外和可见光区的物质的定性和定量分析。

2 规范性引用文件

下列文件对于本文件的应用是必不可少的。凡是注日期的引用文件,仅注日期的版本适用于本文件。凡是不注日期的引用文件,其最新版本(包括所有的修改单)适用于本文件。

GB/T 602 化学试剂 杂质测定用标准溶液的制备

GB/T 603 化学试剂 试验方法中所用制剂及制品的制备

GB/T 6682—2008 分析实验室用水规格和试验方法

GB/T 8322 分子吸收光谱法 术语

GB/T 9721 化学试剂 分子吸收分光光度法通则(紫外和可见光部分)

GB/T 14666 分析化学术语

GB/T 26798 单光束紫外可见分光光度计

GB/T 26813 双光束紫外可见分光光度计

JJF 1001 通用计量术语及定义

JJF 1059.1 测量不确定度评定与表示

3 术语和定义

下列术语和定义适用于本文件。

3.1

漫反射 diffuse reflection
投射在粗糙表面上的光向各个方向反射的现象。
[GB/T 13962—2009,2.45]

3.2

镜面反射 specular reflection
符合光的反射定律,不考虑漫反射的一种反射。

3.3

消光光谱　extinction spectrum

待测物浓度和消光池厚度不变时,消光度(或消光度的任意函数)对应波长(或波长的任意函数)的曲线。

3.4

等离子体共振吸收　plasmon resonance absorption

当入射电磁波照射到金属上时,金属中的自由电子在电场的驱动下相对于正离子的晶格以一定的频率发生相干振荡而产生的吸收。

[GB/T 24369.1—2009]

4　分析方法原理

待测物中的价电子能够选择性地吸收紫外或可见光,从基态跃迁到激发态,形成紫外和可见吸收光谱,根据待测物中各组分紫外和可见吸收光谱中吸收峰的形状、数目和吸收系数的大小可以对待测组分进行定性分析。

若待测物为透明溶液时,吸光度与待测组分的浓度和厚度的关系符合朗伯-比尔定律,见式(1):

$$A = \lg \frac{I_0}{I} = \lg \frac{1}{T} = \varepsilon l c \quad \cdots\cdots\cdots\cdots\cdots\cdots\cdots (1)$$

式中:

A ——吸光度;

I_0 ——入射的单色光强度;

I ——透射的单色光强度;

T ——物质的透射比;

ε ——物质的摩尔吸收系数;

l ——被测物质的厚度;

c ——被测物质的物质的量浓度。

当被测物质的厚度和吸收系数一定时,吸光度与溶液中待测物的浓度成正比,利用此定律进行定量分析。

若待测物为贵金属纳米样品时,因样品的局域等离子体共振对入射光产生吸收,同时发生散射,此时测得消光光谱,可根据消光光谱得到贵金属纳米样品的种类、粒径、形状、结构和局域传导率等性质。

若待测物为悬浊液、表面粗糙的块状或粉末时可采用漫反射附件测定其漫反射率。漫反射光是入射光进入样品内部,经过多次反射、折射、衍射和吸收后返回样品表面的光,它与样品内部分子发生作用,因此负载了样品的结构和组成信息,可用于物质的定性分析。漫反射光谱经过 Kublka-Munk 方程校正后可进行定量分析,具体内容参见附录 A。

5 试剂与材料

5.1 水

配制溶液的水应符合 GB/T 6682 中二级水的规格。如用于痕量测定,则需用一级水。

5.2 其他试剂

实验中所用的制剂和溶液应按 GB/T 602 和 GB/T 603 中所规定的方法配制。在使用有机溶剂时,选择有机溶剂的原则为:对试验样品有良好的溶解能力和选择性;溶剂不与待测组分发生化学反应;溶剂本身在测定波段无明显吸收,而待测组分在溶剂中有良好的吸收峰;尽量选取挥发性小、不易燃、无毒性且价格更便宜的溶剂。在需要调节试验溶液 pH 值时,可根据需要选择适宜的缓冲溶液。

5.3 样品池

样品池分为液体吸收池和粉末样品池,其使用注意事项如下:
a) 液体吸收池不得有裂纹,透光面应清洁,无划痕和斑点;试验溶液的吸收波长在紫外区时用石英吸收池,吸收波长在可见区时用石英或玻璃吸收池,在没有特别规定吸收池厚度时,使用厚度为 1 cm 的吸收池。
b) 粉末样品池使用后选择适宜的溶剂清洗并用干燥空气或氮气吹干。

6 仪器

6.1 仪器的组成

6.1.1 光源

紫外和可见吸收光谱仪常用光源为氘灯和钨灯。在保证仪器达到或高于目前仪器各项性能的条件下,也可使用其他光源。

6.1.2 分光系统

分光系统是由分光元件、入射狭缝、出射狭缝以及若干块反射镜组成。从光源发射的连续光谱中分离出所需的单色光。

6.1.3 样品室

样品室由样品池、样品架和可组装附件的样品架组成。

6.1.4 检测器

紫外和可见光区常用检测器为光电倍增管。在保证仪器达到或高于目前仪器各项性能的条件下,也可使用其他检测器。

6.1.5 控制与数据处理系统

控制与数据处理系统一般包含计算机和仪器的控制软件,实现对仪器的操作和数据的处理等功能。也可不采用软件,采用人工计算方式来获得所需要的结果。

6.1.6 附属设备

根据需要可附加不改变、不影响仪器原理、结构和基本检测方法的设备,例如漫反射附件、镜面反射附件和变温附件等。

6.2 仪器的性能

紫外和可见吸收光谱仪性能指标如波长准确度、波长重复性、光谱带宽、透射比准确度、透射比重复性、基线平直度、杂散光等参数应达到或优于 GB/T 26798 和 GB/T 26813 中的规定。

6.3 检定或校准

仪器的各项性能和指标应定期进行检定或校准,必要时在测试前对波长准确度、波长重复性、透射比准确度、透射比重复性等指标进行校验。检定或校准应按照仪器检定规程或校准方法进行。

7 样品

7.1 试验样品

用于紫外和可见吸收光谱测定的样品要求如下:
a) 试验样品应具有充分的代表性,并按分析化学中常规方法处理,在处理过程中,应防止样品被污染和待测组分的丢失;
b) 无机样品用合适的酸、混酸溶解或用碱熔融,有时需先经湿法或干法消化样品,然后再根据需要选择加入显色剂、酸或碱、缓冲液、掩蔽剂或稳定剂等,选择加热或放置,最后加入溶剂,定容,配制成澄清透明的试验溶液;
c) 有机样品用合适的有机溶剂溶解或抽提,制备成供测定用的澄清透明试验溶液;
d) 胶体和悬浊液应分散均匀,不能有气泡;
e) 块状样品质地均匀,尺寸合适,易于固定;
f) 薄膜样品应分散均匀,尺寸合适,易于固定,必要时选择在测定波段无吸收的材料作为衬底;
g) 粉末样品的用量要铺满样品池底部,若样品量不够,可在样品中加入适量的稀释剂例如硫酸钡和氧化镁等与之混合均匀后填充样品池,粉末样品还可压片或用易挥发溶剂溶解后涂膜制样。

7.2 空白试验样品

空白试验溶液的配制方法与试验溶液相同,但不含待测组分。

漫反射附件测定样品时,采用标准高反射性材料如硫酸钡、氧化镁等作为空白对照。镜面反射附件测定样品时,采用标准反射镜如铝镜作为空白对照。

7.3 标准溶液

在进行定量测定时,必须配制标准溶液。为保证量值的溯源,应尽可能使用标准物质来制备标准溶液。无标准物质可供使用时,采用能满足具体工作要求的相应纯物质配制标准溶液。

8 分析测试

8.1 仪器准备

8.1.1 开机

按仪器说明书要求的顺序开机。

8.1.2 仪器测定参数的选择

光谱扫描时根据需要对仪器的下列参数进行设置:测定方式、波长范围、扫描速度、步长、光谱带宽和停留时间。单波长测定时对测定方式、光谱带宽和读取次数进行设置。

8.2 测定步骤

8.2.1 透射光路测定步骤

透射光路的测定步骤如下:
a) 按照7.1要求配制试验溶液或准备透明固体样品;
b) 按照8.1要求准备好仪器、吸收池和样品架;
c) 设置测定参数,先用空气进行基线校准,测定溶剂或空白试验样品,确保其质量符合实际工作的要求,然后用溶剂或空白试验溶液进行基线或零点校准;
d) 透明固体样品可用空气进行基线校准,有衬底的透明固体样品用衬底进行基线校准;
e) 选择合适的测定条件进行测定。

8.2.2 漫反射光路测定步骤

漫反射光路的测定步骤如下:
a) 按照7.1要求准备好粉末样品或块状样品;
b) 按照8.1要求准备好仪器和漫反射附件;
c) 设置测定参数,用标准白板,例如硫酸钡、氧化镁和聚四氟乙烯等,对仪器进行基线或零点校准;

d)　将样品固定在漫反射附件样品窗口位置；

e)　选择合适的测定条件进行测定。

8.2.3　镜面反射光路测定步骤

镜面反射光路的测定步骤如下：

a)　按照7.1要求准备好平整光滑的块状样品；

b)　按照8.1要求准备好仪器和镜面反射附件；

c)　设置测定参数，用标准反射镜如铝镜对仪器进行基线或零点校准；

d)　将样品放置在镜面反射附件的样品位置；

e)　选择合适的测定条件进行测定。

8.3　定性分析

8.3.1　有机化合物定性分析

从有机化合物的紫外和可见吸收光谱的吸收峰位置、形状和摩尔吸收系数可以推断该有机化合物结构中是否含有不饱和基团及不饱和基团的数量和种类，具体内容参见附录B。

8.3.2　无机配位化合物定性分析

无机配位化合物的价电子跃迁分为电荷迁移跃迁和配位体场跃迁，电荷迁移跃迁为电子从给予体向接受体的轨道上跃迁，最大吸收波长处摩尔吸收系数大于 10 000 L/(cm·mol)；配位体场跃迁为 f→f 或 d→d 跃迁，最大吸收波长处摩尔吸收系数小于 100 L/(cm·mol)。

8.3.3　贵金属纳米样品定性分析

从贵金属纳米样品的消光光谱可推断该贵金属纳米样品的种类、粒径、形状、结构和局域传导率等性质。

8.4　定量分析

8.4.1　总则

根据朗伯—比尔定律建立的各种吸收光谱分析方法广泛用于常量组分、微量组分和痕量组分的测定。在进行定量测定时，一般选择最大吸收峰波长进行吸光度测定，但干扰组分在该处也有吸收则不宜选择此波长。吸光度值应在合适的范围内，通常控制在 0.2～0.8，必要时可通过调节浓度和吸收池厚度使试验溶液的吸光度满足要求。

8.4.2　单组分定量测定

单组分定量测定常用标准曲线法，根据标准溶液的吸光度和浓度数据，绘制标准曲线，用最小二乘法进行线性回归分析，求得回归方程，如式(2)：

$$A = a + bc \qquad\qquad\qquad\cdots\cdots\cdots\cdots\cdots\cdots\cdots(2)$$

式中：

a ——回归方程的常数；

b ——回归方程的常数。

它们按式（3）和式（4）计算：

$$b=\frac{\sum\limits_{i=1}^{n}c_{i}A_{i}-\left(\sum\limits_{i=1}^{n}c_{i}\right)\left(\sum\limits_{i=1}^{n}A_{i}\right)\Big/n}{\sum\limits_{i=1}^{n}c_{i}^{2}-\left(\sum\limits_{i=1}^{n}c_{i}\right)^{2}\Big/n}\qquad\cdots\cdots\cdots\cdots\cdots\cdots\cdots（3）$$

$$a=\frac{\sum\limits_{i=1}^{n}A_{i}}{n}-\frac{b\sum\limits_{i=1}^{n}c_{i}}{n}\qquad\cdots\cdots\cdots\cdots\cdots\cdots\cdots（4）$$

式中：

n ——标准溶液数；

c_{i} ——第 i 个标准溶液物质的量浓度；

A_{i} ——第 i 个标准溶液的吸光度。

在相同仪器条件下，测定试验溶液的吸光度值，由回归方程（2）计算或从标准曲线查出试验溶液的浓度。根据试验溶液的吸光度 A 和 c 由式（1）可计算摩尔吸收系数 ε，ε 的大小反映被测物质定量测定的灵敏度。

当试验溶液基体吸收较大时，可采用标准加入法进行定量分析。可分别往 5 份相同体积的试验溶液中加入 0 份、1 份、2 份、3 份和 4 份相同体积的标准溶液，测定各溶液的吸光度值，由加入标准溶液浓度对吸光度作图，将得到的曲线反向延伸与浓度轴的交点的绝对值即为试验溶液中待测组分的浓度。

8.4.3 多组分同时测定

多组分定量测定定量依据是朗伯-比尔定律和吸光度的加和性。若样品厚度为 1 cm 时，吸光度与各组分物质的量浓度表示如下：

$$A_{i}=\sum\limits_{j=1}^{n}\varepsilon_{i,j}c_{j}\quad i=1,2,3\cdots m\ \cdots\cdots\cdots\cdots\cdots\cdots\cdots（5）$$

式中：

A_{i} ——波长 i 处的吸光度；

c_{j} ——第 j 个组分的物质的量浓度；

$\varepsilon_{i,j}$ ——第 j 个组分在波长 i 处的摩尔吸收系数；

n ——组分数；

m ——测定的波长数。

将式（5）变换为矩阵形式，见式（6）：

$$\begin{bmatrix}A_{1}\\A_{2}\\\vdots\\A_{m}\end{bmatrix}=\begin{bmatrix}\varepsilon_{11}\varepsilon_{12}\cdots\varepsilon_{1n}\\\varepsilon_{21}\varepsilon_{22}\cdots\varepsilon_{2n}\\\vdots\ \ \vdots\ \ \vdots\ \ \vdots\\\varepsilon_{m1}\varepsilon_{m2}\cdots\varepsilon_{mn}\end{bmatrix}\begin{bmatrix}c_{1}\\c_{2}\\\vdots\\c_{n}\end{bmatrix}\qquad\cdots\cdots\cdots\cdots\cdots\cdots（6）$$

对于线性关系较好的简单体系,配置不同浓度的标准混合溶液,根据浓度和吸光度矩阵可计算出摩尔吸收系数矩阵,再根据未知溶液的吸光度矩阵计算出样品的浓度。

然而,在较复杂的多组分混合体系中,常用多元校正进行定量分析,其步骤如下:

a) 选取成分和浓度已知的校正集和验证集样品;

b) 采集校正集和验证集样品光谱;

c) 初步剔除异常样品或极为相似的样品;

d) 选择参考方法,测定校正集和验证集的参考值;

e) 利用化学计量学软件建立校正模型,并对其进行评价、优化和验证;

f) 采集未知样品的光谱;

g) 根据校正模型和未知样品的光谱对未知样品的成分和浓度进行预测。

8.4.4 差示吸收光谱法

当试验溶液浓度过高或过低,均会使误差增大。若改用标准溶液作为参比溶液来调节仪器的 100% 或 0% 透过率,测定试验溶液对标准溶液的透过率,这种方法称为差示吸收光谱法。根据参比溶液的不同有 3 种测定方法:

a) 高吸收法:当试验溶液浓度过高时,用一个比试验溶液浓度稍低的标准溶液作参比溶液,调节仪器的透过率为 100%,然后测定试验溶液的吸光度;

b) 低吸收法:当试验溶液浓度过低时,用一个比试验溶液浓度稍高的标准溶液作参比溶液,调节仪器的透过率为 0%,再测定试验溶液的吸光度;

c) 高精密法:选择两份不同浓度的标准溶液,试验溶液的浓度介于两者之间。先用比试验溶液浓度高的标准溶液作参比,调节透过率为 0%;再用一个比试验溶液浓度低的标准溶液作参比,调节透过率为 100%,然后测定试验溶液的吸光度。

8.4.5 导数吸收光谱法

紫外和可见光谱是峰形较宽的光谱,多组分溶液容易产生重叠吸收,痕量组分则显示微小的"肩"形,限制了这些组分的定量测定。导数光谱可以大大提高谱图的分辨率,提高检测灵敏度,其定量依据式(7):

$$\frac{d^n A}{d\lambda^n} = \frac{d^n \varepsilon}{d\lambda^n} lc \qquad \cdots\cdots\cdots\cdots\cdots\cdots\cdots (7)$$

由式(7)可知,在一定条件下吸光度 A 的 n 阶导数值与待测物浓度 c 成正比。从导数光谱的标准曲线和相同条件下试验溶液的导数值,可求得试验溶液的浓度。导数值的量取有切线法、峰谷法和峰零法。

8.4.6 双波长吸收光谱法

双波长吸收光谱法是利用双波长紫外和可见吸收光谱仪进行吸收光谱测定,得到不同波长下的吸光度差值,吸光度差值与溶液浓度之间具有以下关系,见式(8):

$$\Delta A = (\varepsilon_{\lambda,2} - \varepsilon_{\lambda,1}) lc \qquad \cdots\cdots\cdots\cdots\cdots\cdots\cdots (8)$$

式中：

ΔA ——吸光度差值；

λ_1 ——参比波长；

λ_2 ——测定波长；

$\varepsilon_{\lambda,2}$ ——待测组分在波长为 λ_2 下的摩尔吸收系数；

$\varepsilon_{\lambda,1}$ ——待测组分在波长为 λ_1 下的摩尔吸收系数。

利用 ΔA 与 c 的正比关系进行定量测定。

进行双波长吸收光谱测定要选择 λ_1 和 λ_2，根据波长选择的不同，双波长吸收光谱法分等吸收点法和系数倍频法等。常用等吸收点法进行分析，该法要求在 λ_1 和 λ_2 波长下干扰组分应有相同的吸光度，而待测组分在这两个波长下的吸光度差值要足够大。一般 λ_2 选择待测组分的最大吸收峰处，λ_1 选择干扰组分的等吸收点处。

9 结果报告

9.1 基本信息

结果报告中可包括：委托单位信息、样品信息、仪器设备信息、环境条件、制样方法、检测方法（依据标准）、检测结果、检测人、校核人、批准人、检测日期等。必要和可行时可给出分析方法和结果的评价信息。

9.2 分析结果表述

9.2.1 定性分析的结果表述

给出样品的吸收光谱图，标出吸收光谱各吸收峰的波长、吸光度、透过率或反射率，根据吸收峰位置、形状、数目以及强度判断待测组分的性质。

9.2.2 定量分析的结果表述

根据试验溶液的吸光度，从标准溶液的回归方程或校准曲线，得到试验溶液的浓度，按式（9）计算试验溶液的平均值，最后计算出待测组分的含量。

$$\bar{c} = \frac{1}{n} \sum_{i=1}^{n} c_i \qquad \cdots\cdots\cdots\cdots\cdots\cdots\cdots（9）$$

式中：

$\bar{c}$ —— n 次重复测定的平均浓度值；

n ——重复测定的次数；

c_i ——单次测定的浓度值。

9.3 分析方法与测定结果的评价

9.3.1 方法检出限

方法检出限一般是采用样品独立全流程空白溶液连续 11 次测定值的 3 倍标准偏差所获得的分析物浓度。

9.3.2 精密度

精密度通常用标准偏差或相对标准偏差表示,精密度与浓度有关,报告精密度时应指明获得该精密度时分析物的浓度。精密度计算方法如下:

$$S = \sqrt{\frac{\sum\limits_{i=1}^{n} (c_i - \bar{c})^2}{(n-1)}} \quad \cdots\cdots\cdots\cdots\cdots\cdots\cdots\cdots (10)$$

$$RSD = \frac{S}{\bar{c}} \times 100\% \quad \cdots\cdots\cdots\cdots\cdots\cdots\cdots\cdots (11)$$

式中:

S ——标准偏差;

RSD——相对标准偏差。

9.3.3 正确度

正确度用绝对误差或相对误差表示。在实际工作中,用标准物质或标准方法进行对照试验,或加入待测组分的纯物质进行回收试验来估计正确度。当用回收试验来估计正确度时,正确度以回收率(R)表示,回收率按式(12)计算:

$$R = \frac{c_t - c_0}{c_a} \times 100\% \quad \cdots\cdots\cdots\cdots\cdots\cdots\cdots\cdots (12)$$

式中:

c_0——初始检出量;

c_a——加入量;

c_t——加入 c_a 检出量。

9.3.4 不确定度评定

按 JJF 1059.1 中的评定方法和原则进行分析结果测量不确定度的必要评定与表示。

10 安全注意事项

10.1 环境

仪器应安放在无灰尘、无腐蚀性气体、无震动、无电磁干扰的环境中,温度保持在 20 ℃±5 ℃,湿度保持在 75% 以下。

10.2 供电

仪器应有单独地线,使用时应保证正常供电。

10.3 仪器维护

仪器的光学系统切勿轻易拆卸,要保持内部干燥、洁净、绝缘良好。样品室应保持干燥,防止试样交叉污染。试样不宜长时间放置在样品室。挥发性试样应在吸收池上部加盖。

10.4　安全防护

　　仪器运行中切勿打开光源上方的盖子,如需检查光源需做防护措施避免紫外光照射到皮肤和眼睛。

10.5　废弃物处理

　　实验中产生的废液和废固应集中收集,并做好标记贴上标签,交由有资质的处置单位进行统一处理。

附　录　A

（资料性附录）

紫外和可见漫反射定量原理

　　光的反射分为镜面反射和漫反射,发生镜面反射时入射光只发生在样品的表层,未与样品内部分子发生作用,因此它没有负载样品的结构和组成信息,发生漫反射时入射光进入样品内部后,经过多次反射、折射、衍射、吸收后返回表面,漫反射光是与样品内部分子发生作用,因此负载了样品的结构和组成信息,可用于物质的定性分析。紫外和可见漫反射光谱可以用来分析浑浊溶液、悬浊溶液、块状及粉末样品。将漫反射谱经过Kublka-Munk 方程校正后可进行定量分析,见式（A.1）：

$$F(R'_\infty) = \frac{K}{S} = \frac{(1-R'_\infty)^2}{2R'_\infty} \quad\cdots\cdots\cdots\cdots\cdots\cdots（A.1）$$

式中：

K　　　　——吸收系数；

S　　　　——为散射系数；

R'_∞　　　——无限厚样品的反射系数；

$F(R'_\infty)$——减免函数或 Kublka-Munk 函数。

　　R'_∞ 不易测定,实际测定的是相对漫反射率,硫酸钡等高反射性材料在紫外和可见光区 $R'_\infty \approx 1$ 即 $K \approx 0$,选它们为参比样品,可得到待测样品无穷厚度的相对漫反射率,可简称为漫反射率,见式（A.2）：

$$R_\infty = \frac{R'_{\infty(样品)}}{R'_{\infty(参比)}} \quad\cdots\cdots\cdots\cdots\cdots\cdots（A.2）$$

式中：

$R'_{\infty(样品)}$　　——无限厚试验样品的反射系数；

$R'_{\infty(参比)}$　　——无限厚参比样品的反射系数；

R_∞　　　——无限厚试验样品的相对反射率。

　　R_∞ 与试验样品中的组分浓度不成线性关系,常用与组分含量成线性关系的漫反射光谱函数有两种,即 Kublka-Munk 函数和漫反射吸光度,将 R_∞ 代入 Kublka-Munk 函数得式（A.3）：

$$F(R_\infty) = \frac{(1-R_\infty)^2}{2R_\infty} = \frac{K}{S} \quad\cdots\cdots\cdots\cdots\cdots\cdots（A.3）$$

式中：

$F(R_\infty)$——使用相对反射率时减免函数或 Kublka-Munk 函数。

　　对于只有一种组分的样品,当样品浓度不高时吸光系数与样品浓度成比例,若 S 为常数,式（A.3）可变化为式（A.4）：

$$F(R_\infty) = \frac{(1-R_\infty)^2}{2R_\infty} = \frac{K}{S} = bc \quad\cdots\cdots\cdots\cdots\cdots\cdots（A.4）$$

式中：

b ——与摩尔吸收系数和散射系数相关的常数；

c ——样品浓度。

如将相对反射率转换为漫反射吸光度，结合式（A.3）得式（A.5）：

$$A = \log\left(\frac{1}{R_\infty}\right) = -\log\left[1 + \frac{K}{S} - \sqrt{\left(\frac{K}{S}\right)^2 + 2\left(\frac{K}{S}\right)}\right]$$ ············（ A.5 ）

式中：

A ——漫反射吸光度。

A 与 $\frac{K}{S}$ 的关系是一条通过零点的曲线，见图 A.1，在一定浓度范围内 A 与 $\frac{K}{S}$ 的关系可近似看成一条直线，式（A.5）可用截距不等于零的一条直线来近似表达，若 S 为常数，得式（A.6）：

$$A = a + b'c$$ ·····················（ A.6 ）

式中：

a ——常数；

b' ——常数。

但在多组分体系中，漫反射吸光度不具有加和性，具有加和性的是 Kublka-Munk 函数 $F(R_\infty)$，见图 A.1。

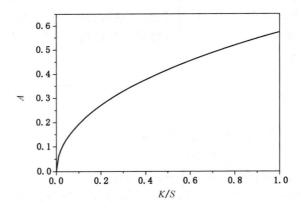

图 A.1 漫反射吸光度 A 与 K/S 的关系曲线

附　录　B
（资料性附录）
有机化合物紫外和可见光谱解析的依据

有机化合物紫外和可见吸收光谱定性分析的一般规律为：

a)　如果该化合物在 220 nm～800 nm 波长范围内无吸收，$\varepsilon<1$ L/(cm • mol)，则该化合物不含直链或环状共轭体系，也不含有醛基、酮基或溴和碘。

b)　如果该化合物在 270 nm～350 nm 波长范围内出现一低强度的吸收峰，ε 在 10 L/(cm • mol)～100 L/(cm • mol)，而且在 200 nm 附近无其他吸收，则该化合物含有一个简单的、非共轭的并含有 n 电子的生色团。

c)　如果该化合物在 250 nm～300 nm 波长范围内出现中等强度的吸收峰，ε 在 1 000 L/(cm • mol)～10 000 L/(cm • mol)，并含有振动跃迁的精细结构，说明化合物中有苯环存在。当吸收峰的 $\varepsilon>$ 10 000 L/(cm • mol)时，则苯环上有一个取代的共轭生色团。

d)　如果该化合物在 210 nm～250 nm 波长范围内有一强吸收峰，表明该化合物是含有两个双键的共轭体系。如果 ε 在 10 000 L/(cm • mol)～20 000 L/(cm • mol)，说明是一简单的不饱和酮或二烯。如果在 260 nm、300 nm 或 330 nm 附近有高强度吸收峰，表示化合物可能是具有 3 个、4 个或 5 个双键的共轭体系。

e)　如果该化合物出现许多吸收峰，它可能含有一长链共轭或多环芳烃生色团。

参 考 文 献

[1]　GB/T 29858　分子光谱多元校正定量分析通则

[2]　GB/T 13962—2009　光学仪器术语

[3]　GB/T 24369.1—2009　金纳米棒表征　第 1 部分：紫外/可见/近红外吸收光谱方法

[4]　HG/T 2955　分子吸收光谱分析方法标准编写格式

[5]　褚小立.化学计量学方法与分子光谱分析技术［M］.北京：化学工业出版社，2011

[6]　罗庆尧，邓延倬，等.分光光度分析［M］.北京：科学出版社，1992

[7]　严衍禄.近红外光谱分析基础和应用［M］.北京：中国轻工业出版社，2005

[8]　S.Kawata，V.M.Shalaev.Nanophotonics with surface plasmons［M］.Amsterdam：Elsevier，2007

ICS 03.180
Y 51

中华人民共和国教育行业标准

JY/T 0571—2020
代替 JY/T 025—1996

荧光光谱分析方法通则

General rules for fluorescence spectrometry

2020-09-29 发布

2020-12-01 实施

中华人民共和国教育部   发 布

前　言

本标准按照 GB/T 1.1—2009 给出的规则起草。

本标准代替 JY/T 025—1996《光栅型荧光分光光度方法通则》。本标准与 JY/T 025—1996 相比,除编辑性修改外主要技术变化如下:

——标准名称修改为"荧光光谱分析方法通则";

——修改了适用范围(见第 1 章,1996 年版的第 1 章);

——增加了规范性引用文件(见第 2 章);

——修改和增加了与本标准相关的术语和定义,包括荧光、荧光寿命、磷光、磷光寿命、荧光量子产率、荧光偏振、内滤效应、检出限、准确度、精密度、不确定度(见第 3 章,1996 年版的第 2 章);

——修改和扩充了"方法原理"部分内容,增加了荧光量子产率分析、荧光偏振分析、荧光寿命和时间分辨荧光光谱分析的原理(见第 4 章,1996 年版的第 3 章);

——增加了分析测试环境要求(见第 5 章);

——增加了试剂和材料的内容,按照溶剂、常规试剂和常规材料分类(见第 6 章);

——修改了仪器组成,增加了"瞬态荧光光谱仪和校准"的内容(见第 7 章,1996 年版的第 5 章);

——补充并修改了试样制备方法的分类及相应内容,完善了"样品"中固体样品的内容(见第 8 章,1996 年版的第 6 章);

——修改并完善了"分析测试"部分内容,增加了"测试前准备工作",具体测试按照定性分析、定量分析、量子产率测试、寿命测试和时间分辨发射光谱测试分类(见第 9 章,1996 年版的第 7 章);

——修改并完善了"结果报告"部分内容,按照基本信息、定性分析、定量分析、荧光寿命分析和分析方法与测定结果的评价分类(见第 10 章,1996 年版的第 8 章);

——修改完善了"安全注意事项"(见第 11 章,1996 年版的第 9 章);

——在附录中增加了"荧光寿命测试原理"。

本标准由中华人民共和国教育部提出。

本标准由全国教育装备标准化技术委员会化学分技术委员会(SAC/TC 125/SC 5)归口。

本标准起草单位:四川大学、北京大学、东华大学、兰州大学。

本标准主要起草人:吴鹏、陈明星、徐洪耀、巨正花、蒋小明、田云飞。

本标准所代替标准的历次版本发布情况为:

——JY/T 025—1996。

荧光光谱分析方法通则

1 范围

本标准规定了用荧光光谱仪进行定性或定量分析荧光物质的测试或分析方法原理、分析测试环境要求、试剂和材料、仪器、样品制备、分析步骤、结果报告和安全注意事项。

本标准适用于波长范围为 200 nm～1 700 nm 的荧光光谱和荧光寿命分析,本标准不包含原子荧光光谱。

2 规范性引用文件

下列文件对于本文件的应用是必不可少的。凡是注日期的引用文件,仅注日期的版本适用于本文件。凡是不注日期的引用文件,其最新版本(包括所有的修改单)适用于本文件。

GB/T 3358.2—2009　统计学词汇及符号　第 2 部分:应用统计

GB/T 13966—2013　分析仪器术语

GB/T 19267.3—2008　刑事技术微量物证的理化检验　第 3 部分:分子荧光光谱法

GB/T 27411—2012　检测实验室中常用不确定度评定方法与表示

JJG 537　荧光分光光度计试行检定规程

JJF 1059.1　测量不确定度评定与表示

《中华人民共和国药典》(2015 年版,四部)0405 荧光分光光度法

3 术语和定义

GB/T 27411—2012 和 GB/T 13966—2013 规定的以及下列术语和定义适用于本文件。

3.1

荧光　fluorescence

物质吸收合适波长的光辐射后,电子可跃迁到激发态,以光辐射的形式再返回基态时,所发射的光。

3.2

荧光寿命　fluorescence lifetime

τ

当物质吸收合适波长的光辐射后,该物质电子从其基态跃迁到某一激发态上,再以辐射跃迁的形式回到基态发出荧光。当激发停止后,物质的荧光强度降到激发时最大强度的 1/e 所需的时间,通常称为激发态的荧光寿命。

3.3

磷光　phosphorescence

物质吸收合适波长的光辐射后，电子可跃迁到激发单重态，经系间窜越至亚稳的激发三重态能级，然后经辐射跃迁返回至基态时所发出的光。

注：与荧光寿命类似，磷光寿命定义为当激发停止后，物质的磷光强度降到激发时最大强度的1/e所需的时间。与荧光相比，磷光更容易受到氧等的淬灭。

3.4

校正荧光光谱　corrected fluorescence spectrum

由于荧光仪器自身的特性（包括光源的能量分布、单色器的衍射效率和检测器的响应性能等）随波长变化而变化，同一荧光物质在不同仪器上会得到不同且失真的光谱，且彼此之间无类比性。要使同一荧光物质在不同仪器上能得到具有相同特性的荧光光谱，则需要对仪器的上述特性进行校正，经过校正后的荧光光谱称为校正荧光光谱。在缺少自动校正的仪器上，可使用标准灯（已知光谱分布）和标准荧光物质进行校正。本标准下文中如无特殊说明，所有的光谱均指校正荧光光谱。

3.5

荧光量子产率　fluorescence quantum yield

荧光物质吸收合适波长的光辐后所发射的荧光光子数与所吸收的激发光光子数之比，通常情况下总是小于1。

3.6

荧光偏振　fluorescence polarization

当用偏振光（一定方向传播的光）激发荧光物质时，荧光物质发射偏振光的现象。这种偏振发射是由荧光物质对激发光子取向的选择和发射光子的取向引起的。

3.7

内滤效应　inner filter effect

当荧光物质浓度较大或与其他吸光物质共存时，由于荧光物质或其他吸光物质对于激发光或发射光的吸收而导致荧光减弱的现象。

3.8

检出限　limit of detection（LOD）

仪器能确切响应的输入量的最小值。通常定义为两倍或三倍噪声与灵敏度之比。

［GB/T 13966—2013，定义 2.73］

3.9

准确度　accuracy

测试结果或测量结果与真值间的一致程度。

注1：在实际中，真值用接受参考值代替。

注2：术语"准确度"，当用于一组测试或测量结果时，由随机误差分量和系统误差分量即偏倚分量组成。

注3：准确度是正确度和精密度的组合。

［GB/T 3358.2—2009，定义 3.3.1］

3.10

精密度   precision

在规定条件下,所获得的独立测试/测量结果间的一致程度。

注 1：精密度仅依赖于随机误差的分布,与真值或规定值无关。

注 2：精密度的度量通常以表示"不精密"的术语来表达,其值用测试结果或测量结果的标准差来表示。标准差越大,精密度越低。

注 3：精密度的定量度量严格依赖于所规定的条件,重复性条件和再现性条件为其中两种极端情况。

［GB/T 3358.2—2009,定义 3.3.4］

3.11

不确定度   uncertainty

根据所用到的信息,表征赋予被测量的量值分散性的非负参数。

［GB/T 27411—2012,定义 3.3］

4   测试或分析方法原理

4.1   荧光定性定量分析原理

荧光分析主要是指利用某些物质在特定波长光的激发下,产生特定波长和特定强度荧光等的特性进行物质的定性和定量的分析方法。

注：定量分析仅限于稀溶液样品,一般不直接用于固体样品定量分析。

4.1.1   定性分析

常采用直接比较法,将样品的激发和发射光谱峰的数目、位置、强度以及光谱形状(极值和拐点)、发射光谱寿命等特征,与标准物的谱图作比较,以确定物质种类。

4.1.2   定量分析

定量分析原理参见 GB/T 19267.3 和《中华人民共和国药典》(2015 年版,四部)0405荧光分光光度法,包括标准对照法和标准曲线法。

注：在实际应用中,应考虑内滤效应对荧光强度的影响。

4.2   荧光量子产率分析原理

荧光量子产率的测定有参比法和绝对法两种。

4.2.1   参比法

也称相对法,是用已知量子产率的荧光标准物质作为参比对待测荧光试样进行量子产率的测试。在相同激发条件下,分别测定待测荧光试样和参比荧光标准物质两种稀溶液的积分荧光强度(即校正荧光光谱所包括的面积),以及对该激发波长入射光的吸光度,再将这些值分别代入式(1)进行计算：

$$QY_U = QY_{ST} \times \frac{F_U \times A_{ST}}{F_{ST} \times A_U} \quad \cdots\cdots\cdots\cdots\cdots (1)$$

式中：

QY_U ——待测物质的荧光量子产率；

QY_{ST} ——参比物质的荧光量子产率；

F_U ——待测物质的积分荧光强度；

F_{ST} ——参比物质的积分荧光强度；

A_U ——待测物质在特定激发波长的入射光的吸光度；

A_{ST} ——比物质在特定激发波长的入射光的吸光度。

注：运用参比法测定荧光量子产率只适用于液体样品，一般要求吸光度 A_{ST}、A_U 低于0.05，在选择参比标准样时，应选择与待测荧光物质激发光谱和发射光谱相近的参比物质，且激发和发射谱不重叠。

4.2.2 绝对法

采用积分球对荧光量子产率进行测量，适用于液体、固体、薄膜和粉末样品，目前一般测试波长范围为 300 nm～800 nm。待测样品各个方向的发射光经过积分球均匀化后从出射口出来，并经过单色器最后被检测器所检测。测定时，分别测定待测荧光试样和空白试样的荧光峰面积和激发峰面积（均为校正后）再将这些值分别代入式（2）进行计算：

$$QY = \frac{F_U - F_B}{A_B - A_U} \quad\quad\quad\cdots\cdots\cdots\cdots\cdots\cdots\cdots（2）$$

式中：

QY ——待测物质的绝对荧光量子产率；

F_U ——待测物质的积分荧光强度；

F_B ——空白样品的积分荧光强度；

A_B ——空白样品的激发积分强度；

A_U ——待测物质的激发积分强度。

注：运用绝对法测试时，必须加上积分球的校正曲线。测试液体样品时，一般要求待测物质在其最大吸收波长处吸光度低于0.1，以尽可能降低荧光内滤效应影响。

4.3 荧光偏振分析原理

荧光偏振（P）和荧光各向异性（r）定义为式（3）和式（4）。

$$P = \frac{I_{/\!/} - I_\perp}{I_{/\!/} + I_\perp} \quad\quad\quad\cdots\cdots\cdots\cdots\cdots\cdots\cdots（3）$$

$$r = \frac{I_{/\!/} - I_\perp}{I_{/\!/} + 2I_\perp} \quad\quad\quad\cdots\cdots\cdots\cdots\cdots\cdots\cdots（4）$$

式中：

$I_{/\!/}$ ——激发偏振器与发射偏振器取向互相平行时所测得的垂直偏振发射光强度；

$I_\perp$ ——激发偏振器与发射偏振器取向互相垂直时所测得的水平偏振发射光强度。

由于单色器和光电倍增管等对垂直和水平两个偏振成分的敏感度可能不同，因而严格的测定需要引入校正因子 G，定义 G 为水平偏振光激发样品时，仪器对垂直偏振光的响应强度与对水平偏振光响应强度之比见式（5）。

$$G = I_{HV}/I_{HH} \qquad \cdots\cdots\cdots\cdots\cdots\cdots\cdots (5)$$

式中：

I_{HV}——激发侧偏振器水平取向而发射侧偏振器垂直取向时测得的荧光强度；

I_{HH}——激发侧偏振器和发射侧偏振器均为水平取向时测得的荧光强度。

仪器或者波长不同，G 值都可能不同，应分别测定，部分仪器带有 G 因子自动校正功能。

经校正后的荧光偏振度用式（6）计算。

$$P = \frac{I_{/\!/} - G I_{\perp}}{I_{/\!/} + G I_{\perp}} \qquad \cdots\cdots\cdots\cdots\cdots\cdots (6)$$

经校正后的荧光各向异性用式（7）计算。

$$r = \frac{I_{/\!/} - G I_{\perp}}{I_{/\!/} + 2 G I_{\perp}} \qquad \cdots\cdots\cdots\cdots\cdots\cdots (7)$$

4.4 荧光寿命分析原理

荧光寿命的测试一般采用时间相关单光子计数法（time correlated single photon counting），简称"TCSPC"法；或相调制技术，也称为"频域法（frequency-domain method）"；或频闪分时法，简称"STROBE"法。TCSPC、频域法和 STROBE 的具体原理参见附录 A。在当今实际应用中，TCSPC 法和 STROBE 方法互为补充。

4.5 时间分辨荧光光谱分析原理

获得时间分辨激发/发射光谱（time-resolved excitation/emission spectra，TRES）的常用技术有：

——采用多波长扫描获得一系列的衰减曲线，而后对应特定时间宽度做时间切片后，获得时间分辨激发/发射光谱；对应的测试技术有 boxcar（取样积分技术）、TCSPC 等。

——直接测量方法，采用可以采集光谱的多道检测器，比如 ICCD（intensified charge-coupled device）、条纹相机、微通道板（multiple channel tube，MCP）等，经过光谱仪色散后，直接获得一系列设定时间宽度的瞬时光谱。

5 分析测试环境要求

荧光光谱仪实验室应满足如下环境条件指标：

a) 仪器工作台：应平稳地放置在工作台上，无振动和强光直射仪器；

b) 环境温度：所处环境温度应在 20 ℃±5 ℃；

c) 相对湿度：不大于 70%；

d) 电源：电源稳定 220 V±22 V，频率为 50 Hz±0.5 Hz，具有良好接地的独立地线，接地电阻不超过仪器厂家要求；

e) 其他：无强磁场、电场干扰；无振动，无强气流影响。

6 试剂和材料

6.1 溶剂

6.1.1 用纯净水测量仪器的信噪比,纯净水的电阻率应不小于 18 MΩ·cm。

6.1.2 其他溶剂参见 GB/T 19267.3 和《中华人民共和国药典》(2015 年版,四部)0405 荧光分光光度法。

6.2 常规试剂

6.2.1 硫酸奎宁

CAS 号:530-66-5,1.00×10^{-5} g/mL(配置在 0.05 mol/L 硫酸中),用于可见区波长($\lambda_{ex} = 350$ nm,$\lambda_{em} = 450$ nm)和绝对荧光量子产率($\lambda_{ex} = 350$ nm,QY 约为 54%)确认。

6.2.2 硅溶胶(Ludox)

30%硅胶水溶液,用于荧光寿命测试中仪器响应函数(IRF)测定。

6.2.3 1,4-双(5-苯基-2-恶唑)苯(POPOP)

1,4-双(5-苯基-2-恶唑)苯(CAS 号 1806-34-4)的甲醇溶液,用于荧光寿命测试确认($\lambda_{ex} = 280$ nm~390 nm,$\lambda_{em} = 425$ nm,τ 约为 1.32 ns)。

6.2.4 氯化铕(Ⅲ)(EuCl$_3$)

CAS 号 10025-76-0,用于磷光寿命测试确认($\lambda_{ex} = 394$ nm,$\lambda_{em} = 592.3$ nm,τ 约为 117.5 μs)。

6.3 常规材料

6.3.1 钇铝石榴石晶体(Nd-YAG)

用于近红外区发射波长($\lambda_{ex} = 557$ nm,$\lambda_{em} = 1\,064$ nm)和寿命(237.3 μs)确认。

6.3.2 毛玻璃

作为散射体提供散射光,可以作为激发波长和发射波长精度的确认。

6.3.3 滤光片、衰减片

根据波长截止需要(如消除光栅的二级衍射),选择低通、高通或带通滤光片;根据强度衰减需要,选择不同衰减能力的衰减片。

6.3.4 截止滤光片(低通、高通、带通)

根据波长截止需要(如消除光栅的二级衍射),选择低通、高通或带通滤光片。

7 仪器

7.1 稳态荧光光谱仪

通常使用的稳态荧光光谱仪为光栅型,其光源与检测器成直角方式排列,具体构成包括光源、单色器、样品室、检测器等。

7.1.1 光源

稳态荧光光谱仪的光源有高压汞蒸气灯、氙弧灯、连续激光器、LED(light-emitting diode)灯等。氙弧灯能发射出强度较大的连续光谱,故较常用。

7.1.2 单色器

置于光源和样品室之间的为激发单色器,置于样品室和检测器之间的为发射单色器。常采用光栅分光单色器,根据不同测试需求,可配备单光栅单色器或双光栅单色器。也有一些仪器配备滤光片作为单色器进行较为粗略的分光。

7.1.3 样品室

通常由液体样品架及石英比色皿(液体样品用)或可调角度固体样品支架及前表面样品架(粉末或片状样品)等组成。测量液体样品时,激发光路和发射光路分别垂直通过比色皿相邻面;测量固体样品时,固体样品支架需偏转一定角度(如测试面与探测器成30°或60°夹角),达到尽量使荧光信号通过而避开瑞利散射信号干扰的目的。绝对荧光量子产率测试需配备积分球,磷光样品需要仪器配有斩波器或者门控装置,测试时根据样品的性质不同需通惰性气体保护或除氧。

7.1.4 检测器

一般用光电倍增管(photomultiplier tube,PMT)或CCD(charge-coupled device)作检测器。PMT检测器有模拟信号方式和光子计数方式,并可扩展TCSPC功能。

7.1.5 参比检测器(非必须)

可以对激发光的能量变化进行实时监控,满足激发光谱测试需要,也用于动态测试过程中减少光源能量的波动对测试的影响。

7.2 瞬态荧光光谱仪

瞬态荧光光谱仪的组成与稳态荧光光谱仪类似,具体构成包括光源、样品室、检测器和单色器。

7.2.1 光源

具有脉冲发射的光源,常用脉冲激光、闪烁氙灯、脉冲LED灯、纳秒闪光灯、微秒闪光灯等光源。对于脉冲激光和LED光源,在进行荧光寿命测试时应根据所测荧光寿命的长短选择合适的脉冲频率。

7.2.2 样品室

同 7.1.3。

7.2.3 检测器

采用时间相关单光子计数（TCSPC）检测器或 STROBE 技术的检测器，可进行多通道扫描。

7.2.4 单色器

同 7.1.2。

7.3 校准

荧光光谱仪性能指标主要包括波长准确度、波长重复性、信噪比等，应能满足实际测试工作要求。荧光光谱仪在投入使用前，需要按规定对其进行校准。在使用过程中，还需按计划对仪器的整体状态进行校准，以确认其是否满足检测分析的要求。对于可见区测试，需用纯净水的拉曼峰位置和强度，来校准仪器的状态；对于近红外区测试，需用 Nd-YAG 进行波长确认；对于寿命测试，需用 POPOP（荧光寿命）或者 $EuCl_3$ 溶液（磷光寿命）以确认其是否满足检测分析的要求。检定或校准应按有关检定规程（如 JJG 537）、校准规范或校准方法进行。

8 样品

8.1 液体样品

测定荧光光谱应在透明溶液中进行，根据用户提供的技术指标，检查浓度范围是否合适，如果需要稀释，应考虑所需溶剂类型和稀释倍数（溶剂选择参见 GB/T 19267.3）。测试绝对荧光量子产率液体样品用溶剂作为空白。

8.2 固体样品

均匀粉末、片状（包含膜样品）或具有光滑平面的块状样品，均可直接测定。测试绝对荧光量子产率固体样品应使用特制的聚四氟样品或石英片作为空白。

8.2.1 粉末样品

测定时将粉末样品用称量纸移至样品槽内，使槽内充满粉末并用药匙压平，保持测试面与检测器成 30°或 60°夹角即可测定。

8.2.2 膜样品

片状和膜样品可直接置于样品架上进行测定，保持测试面与检测器成 30°或 60°夹角即可测定。

9 分析测试

9.1 测试前准备工作

根据说明书要求启动仪器和计算机,检测前仪器应预热至少 20 min,且应在 20 天内进行至少一次激发校准和发射校准。根据样品的特性及荧光强度,选择合适的仪器工作条件(如狭缝宽度、PMT 增益、CCD 积分时间等)。如发射波长范围包含激发波长的 n($n=2,3,4\cdots\cdots$)倍处,需选择合适滤光片,以消除倍频影响。

9.2 测定

9.2.1 定性分析

荧光定性分析按以下步骤:

a) 荧光激发光谱:设置仪器参数,扫描找到最大发射波长 λ_{em},并以此扫描样品得到激发光谱。

b) 荧光发射光谱:设置仪器参数,扫描找到最大激发波长 λ_{ex},并以此扫描样品得到发射光谱。

c) 磷光光谱与荧光光谱方法类似,但测试磷光需要仪器配备闪烁氙灯作为激发源,或在一般仪器激发端配备斩波器。磷光测试时,先进行荧光寿命和磷光寿命表征,参考寿命数据进行门控时间或斩波器设置,从而进行磷光测试。

d) 荧光偏振测试:将偏振片放置于光路上(或者将偏振附件拨到指定位置),设置参数后进行测试,运用仪器软件自动计算。

e) 同步荧光测试:选择同步荧光模式,设置 $\Delta\lambda$(激发和发射波长的差值)进行同步扫描,即可得到同步荧光光谱。

f) 三维荧光光谱测试:设置仪器参数,在不同激发波长位置连续扫描发射光谱。CCD 采谱技术也是获取三维荧光光谱的方法。

9.2.2 定量分析

荧光定量分析包括标准对照法和校准曲线法,一般分析步骤参见 GB/T 19267.3 和《中华人民共和国药典》(2015 年版,四部)0405 荧光分光光度法,使用仪器为稳态荧光光谱仪。同时,在测量溶液的荧光强度时,通常应注意溶剂的散射光(瑞利散射和拉曼散射)、胶粒的散射光(丁铎尔效应)以及容器表面的散射光的影响。除拉曼散射以外,上述几种散射光均具有与激发光相同的波长。拉曼散射光的波长与激发波长不同,通常要比激发波长稍长一些,且随激发波长的改变而改变,但与激发波长维持一定的频率差(随溶剂变化而变化)。散射光的干扰常是提高荧光灵敏度的主要限制因素,在实际工作中要注意加以克服。选择适当的激发波长和测定波长,可以大大降低或排除散射光的影响。在测量微弱的荧光强度时,常要加大狭缝宽度以获得足够的荧光强度测量值,但狭缝加大后散射光的影响也将加大,因而实际测定时应选择合适的狭缝宽度。通过空白测定,可对散射光的影响进行校正。

校准曲线法需配制 5 个浓度以上的系列标准溶液,在仪器最佳条件下按浓度从低到高依次测定,每个校准浓度至少测定 3 次取平均值,绘制校准曲线、计算回归方程,扣除背景信号或以干扰系数法修正干扰。试样溶液中待测物质浓度由式(8)计算得出,见图 1。当试样中待测物质浓度高于校准曲线范围时,应将样品稀释至校准曲线范围内重新测定。

$$c_{检} = \frac{I_{检} - b}{a} \quad\quad\quad\quad\quad\quad\quad\quad\quad\quad\quad (8)$$

式中:

$c_{检}$ ——试样溶液中待测物质浓度;

$I_{检}$ ——试样溶液中待测物质响应信号;

a , b ——回归方程参数。

注:此方法只适用于无基体干扰情况下的测定,在使用校准曲线法时应注意:
    a) 尽量消除试样溶液中的干扰;
    b) 标准溶液与试样溶液基体尽可能保持一致;
    c) 如果存在基体干扰,应采用其他方法进行检测。

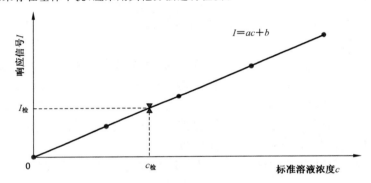

图 1　标准曲线法校准曲线

9.2.3　荧光量子产率的测定

荧光量子产率的测定按以下步骤:
    a) 相对荧光量子产率:在相同激发条件下,分别测定待测荧光试样和参比荧光标准物质两种稀溶液的积分荧光强度(即校正荧光光谱所包括的面积),以及对该激发波长入射光的吸光度;
    b) 绝对荧光量子产率:安装积分球,设置合适的参数,测试包含瑞利散射峰在内的空白和样品光谱图,并且应进行光谱校正。

      注:对于发光偏弱的样品,应考虑结合使用衰减片(中性密度滤光片)将瑞利散射和样品发射分开扫描来进行测试;对于使用不同检测器来进行荧光量子产率测试时,还需要计算不同检测器之间的响应系数,绝对荧光量子产率由仪器软件或手工计算得到。

9.2.4　荧光寿命测试

设置合适的参数,包括设置 λ_{ex},λ_{em},调节光源频率,仪器狭缝,选择检测通道数,时间范围,设置停止条件,然后采集数据。寿命接近光源衰减的样品还需要做 IRF(instrument response function),以便后续的数据处理。

9.2.5 时间分辨发射光谱测试

用脉冲时间或时间门检测;通过时间相关单光子计数(TCSPC)获得;一般由波长依赖型衰变得到 TRES,设置仪器参数,在预设的激发和发射波长范围内进行一系列的衰减测试。

10 结果报告

10.1 基本信息

至少应包括:委托单位信息、样品信息、仪器设备信息、环境条件、制样方法、检测方法(依据标准)、检测结果、检测人、校核人、批准人、检测日期等。

一般分析结果需记录以下内容:

a) 检测项目;

b) 检测依据;

c) 使用仪器的名称和型号;

d) 仪器主要工作参数,如激发波长和发射波长范围;

e) 室内的温度、湿度;

f) 检测前后的仪器状况。

10.2 定性分析

根据用户要求,需给出荧光激发光谱、发射光谱、荧光偏振、同步荧光光谱、磷光激发和发射光谱、反 Stokes 荧光光谱,这些谱图由软件直接给出,三维荧光光谱由仪器软件以等角三维投影图或等高线光谱等形式图像化表现。

10.3 定量分析

根据标准对照法或标准曲线法(参见 GB/T 19267.3 和《中华人民共和国药典》(2015 年版,四部)0405 荧光分光光度法,得到未知溶液浓度。同时需给出线性范围、线性方程、测试步骤即测量过程、测试结果。除了定量分析结果外,标准对照法需给出标准和用户样品的测试谱图,标准曲线法需给出相应的标准曲线。荧光量子产率的相对法和绝对法均需给出测试时得到的谱图。

10.4 荧光寿命分析

荧光寿命由仪器软件拟合(一般为解卷积运算)得到,对于远大于光源衰减的寿命可以忽略光源衰减影响;对于接近光源衰减的寿命,需要结合仪器 IRF 进行拟合。通过拟合可得到荧光寿命、各个荧光寿命的权重以及各个寿命对光强的贡献百分比等。时间分辨发射光谱由仪器的数据处理系统绘出;波长依赖型衰变得到的 TRES 由计算机软件以等高线视图模式显示或进行“裁剪”。荧光寿命测试需要给出激发波长、发射波长、衰减谱图、以及拟合后的寿命值及其权重、以及各寿命对光强的贡献百分比。

10.5 分析方法与测定结果的评价

分析方法用方法检出限、精密度和准确度（正确度与精密度）来评定，测量结果一般用测量不确定度评定。

10.5.1 方法检出限

方法检出限一般是采用样品独立全流程空白溶液连续 11 次测定值的 3 倍标准偏差所获得的分析物浓度。

10.5.2 精密度

精密度通常用多次重复测量同一量时的标准偏差 S（可按式（9）计算出）或相对标准偏差 RSD（可按式（10）计算出）来表示。精密度与浓度有关，报告精密度时应指明获得该精密度的被测元素的浓度。同时，也要标明在相同实验条件下重复测量次数（n＝测量次数）。

$$S = \sqrt{\frac{\sum\limits_{i=1}^{n}(c_i - \bar{c})^2}{(n-1)}} \quad \cdots\cdots\cdots\cdots\cdots\cdots \quad (9)$$

$$RSD = \frac{S}{\bar{c}} \times 100\% \quad \cdots\cdots\cdots\cdots\cdots\cdots\cdots \quad (10)$$

式中：

c_i ——第 i 次测量值；

n ——测量次数；

$\bar{c}$ ——n 次测量平均值。

10.5.3 准确度（正确度和精密度）

用"正确度"和"精密度"两个术语来描述一种测量方法的准确度。精密度反映了偶然误差的分布，而与真值或规定值无关；正确度反映了与真值的系统误差，用绝对误差或相对误差表示。在实际工作中，可用标准物质或标准方法进行对照试验，计算误差；或加入被测定组分的纯物质进行回收试验，计算回收率 R，并按式（11）计算。

$$R = \frac{c_t - c_0}{c_a} \times 100\% \quad \cdots\cdots\cdots\cdots\cdots\cdots \quad (11)$$

式中：

c_0 ——初始检出浓度；

c_a ——加入量；

c_t ——加入 c_a 检出浓度。

10.5.4 不确定度评定

按 JJF 1059.1 中的评定方法和原则进行分析结果测量不确定度的必要评定与表示。

11 安全注意事项

11.1 开机时,应先点亮光源后,再启动计算机;关机时,应先关闭氙灯光源待氙灯冷却后再关电源。

11.2 打开样品室更换样品时,应关好检测器端的光闸,保护仪器。

11.3 如果仪器配备了纳秒闪光灯,实验过程中可能用到氢气,应确保实验室内无明火,且排气扇必须打开。

11.4 激光或脉冲 LED 等光源的光易对人眼造成损伤,实验时应严格执行安全规则,避免激光或脉冲 LED 等光源的光直接射入眼睛。对于脉冲激光和 LED 光源,在进行荧光寿命测试时应根据所测荧光寿命的长短选择合适的脉冲频率。

11.5 应遵守仪器说明书上的规定。

附 录 A

（资料性附录）

TCSPC、相调制和 STROBE 方法测定荧光寿命的原理

TCSPC 的基本原理是，在某一时间 t 检测到发射光子的概率，与该时间点的荧光强度成正比。具体的检测原理是当脉冲光源激发样品后，样品发出荧光光子信号，每次脉冲后只记录某一波长单个光子消失的时间 t，经过多次计数和累计，测得荧光光子出现的概率分布 $P(t)$，也就是荧光发射光子在时间轴上的分布概率曲线，即荧光衰减曲线（见图 A.1）。

相调制与 TCSPC 不同之处在于样品被正弦调制的激发光激发，发射光是激发光的受迫响应，因此发射光和激发光有着相同的圆频率（ω），但是由于激发态的微小时间停滞—荧光寿命，调制发射波在相上滞后激发波一个相角。另外，相对于激发波，发射波被部分解调，其振幅比激发波的振幅小。利用实验测定的相角和解调参数 m（发射波振幅与激发波振幅之比）可计算出相寿命（τ_p）和调制寿命（τ_m），对于单指数衰减，τ_p 与 τ_m 相等。

在 STROBE 中，样品被脉冲光源激发，与脉冲光源同步，电压脉冲启动或按一定方式延迟启动光电倍增管，光电倍增管按预设时间门检测样品的荧光强度（见图 A.2）。相调制技术测定速度比 TCSPC 快，但实验所能选择的频率数有限，因此测量精度较差。

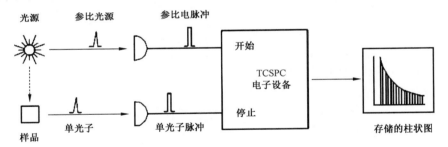

图 A.1　时间相关单光子计数（TCSPC）法的原理图

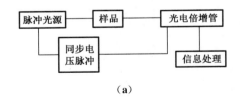

（a）

图 A.2　频闪分时（STROBE）法的原理图

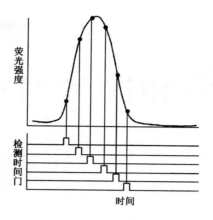

图 A.2（续）

ICS 03.180
Y 51

中华人民共和国教育行业标准

JY/T 0572—2020
代替 JY/T 026—1996

圆二色光谱分析方法通则

General rules for circular dichroism spectrometry

2020-09-29 发布

2020-12-01 实施

中华人民共和国教育部　　发　布

前　　言

本标准按照 GB/T 1.1—2009 给出的规则起草。

本标准代替 JY/T 026—1996《圆二色谱方法通则》,与 JY/T 026—1996 相比,除编辑性修改外主要技术变化如下:

——标准名称修改为"圆二色光谱分析方法通则";

——修改了适用范围(见第 1 章);

——删除了引用标准(1996 年版第 2 章),增加了规范性引用文件(见第 2 章);

——删除了方法原理中关于波长的定义(1996 年版 3.1),修改线偏振光为平面偏振光(见 3.1)、增加椭圆偏振光定义(见 3.3),手性定义(见 3.5),摩尔吸收系数定义(见 3.6),修改圆二色为圆二色性(见 3.7),将圆二色相关公式及圆二色光谱定义放入附录 A 中(见附录 A);

——方法原理修改为分析方法原理,并修改了方法原理内容(见第 4 章);

——增加了分析环境要求(见第 5 章);

——增加了试剂和材料的内容(见 6.1 和 6.2);

——修改了仪器组成(见 7.2),删除了仪器性能(1996 年版 6.2);

——增加了粉末样品内容(见 8.2.2);

——分析步骤修改为分析测试,并删除了分析步骤中高灵敏度测量内容(1996 年版 8.5)和数据的整理部分内容(1996 年版 8.7);

——修改并完善了分析步骤中关于仪器检查(见 9.1.1),开机预热(见 9.1.2),测试方法选择内容(见 9.1.3)以及测试条件的选择(见 9.2);

——补充了"空白样品选择原则"(见 9.3.1),补充了样品具体测试步骤(见 9.3.2～9.3.5);

——将"测定结果的分析"(1996 年版第 9 章)更名为"结果报告"(见第 10 章),补充了"基本信息"(见 10.1),修改了测试结果的分析(见 10.2 和 10.3);

——补充了安全注意事项(见第 11 章)。

本标准由中华人民共和国教育部提出。

本标准由全国教育装备标准化技术委员会化学分技术委员会(SAC/TC 125/SC 5)归口。

本标准起草单位:上海交通大学、南京师范大学、江南大学、扬州大学。

本标准主要起草人:王瑞斌、张林群、张银志、胡茂志。

本标准所代替标准的历次版本发布情况为:

——JY/T 026—1996。

圆二色光谱分析方法通则

1 范围

本标准规定了圆二色光谱分析方法的术语和定义、分析方法原理、分析环境要求、试剂和材料、仪器、样品、分析测试、结果报告和安全注意事项。

本标准适用于对紫外、可见波段有吸收的手性分子的圆二色光谱分析。

2 规范性引用文件

下列文件对于本文件的应用是必不可少的。凡是注日期的引用文件，仅注日期的版本适用于本文件。凡是不注日期的引用文件，其最新版本（包括所有的修改单）适用于本文件。

GB/T 6682　分析实验室用水规格和试验方法

GB/T 9721—2006　化学试剂　分子吸收分光光度法通则（紫外和可见光部分）

3 术语和定义

GB/T 9721—2006 界定的以及下列术语和定义适用于本文件。为了便于使用，以下重复列出了 GB/T 9721—2006 中的某些术语和定义。

3.1

平面偏振光　plane polarized light

在光的传播方向上，光矢量只沿一个固定的方向振动，这种光称为平面偏振光，由于光矢量端点的轨迹为一直线，又叫作线偏振光（linearly polarized light）。

3.2

圆偏振光　circularly polarized light

垂直于光传播方向的固定平面内，光矢量的大小不变，但随时间以角速度 ω 旋转，电矢量末端在垂直于光传播方向的平面上呈圆形，这种光叫作圆偏振光。在垂直于光传播方向的平面内，若圆偏振光的光矢量随时间变化是顺时针旋转的，则这种圆偏振光叫作右旋圆偏振光；逆时针旋转的，叫作左旋圆偏振光。

3.3

椭圆偏振光　elliptically polarized light

在垂直于光传播方向的固定平面内，光矢量的方向和大小都在随时间改变，光矢量的端点描出一个椭圆，这样的偏振光叫作椭圆偏振光。

3.4

光的折射与吸收　refraction and absorption of light

一束光通过物质后，其电场矢量传播速度的减小称为折射，用折射率 n 表示；其电场矢量振幅的减小称为吸收,可用摩尔吸收系数 ε 表示。

3.5

手性 chirality

物体不能与其镜像相重叠,这种性质称为手性。手性分子是指不能与其镜像相重叠的分子(chiral molecule)。

3.6

摩尔吸收系数 molar absorptivity

ε

厚度以厘米(cm)表示,浓度以摩尔每升(mol·L^{-1})表示的吸收系数 ε,单位为 L·cm^{-1}·mol^{-1}。

[GB 9721—2006,定义 3.15]

3.7

圆二色性 circular dichroism;CD

如果一个物质对左旋圆偏振光和右旋圆偏振光的吸收不同,使左、右圆偏振光通过该物质后不再是平面偏振光,而是椭圆偏振光,那么称该物质具有圆二色性。

4 分析方法原理

圆二色性使通过物质的平面偏振光变为椭圆偏振光,所形成的椭圆偏振光的椭圆度为 θ,考虑到比色皿的厚度和物质的浓度,物质对左旋圆偏振光和右旋圆偏振光的摩尔吸收系数是不同的,即 $\varepsilon_L \neq \varepsilon_R$,其吸收的差值 $\Delta\varepsilon = \varepsilon_L - \varepsilon_R$。不同波长下的 θ 或 $\Delta\varepsilon$ 值(纵坐标)与波长 λ(横坐标)之间的关系曲线,即为圆二色光谱曲线,参见附录 A。

手性分子和很多生物大分子具有圆二色性,对左、右旋圆偏振光的吸收不同,圆二色光谱方法是研究手性分子、生物大分子立体构型的一个重要方法,广泛应用于有机化学、生物化学、配位化学和药物化学等领域。

5 分析环境要求

在使用仪器时,环境(温度、湿度等)和电源的要求应满足仪器说明书的规定,仪器应安放在无腐蚀性气体、无震动、无电磁干扰、干燥和洁净的环境中。温度一般控制在 20±5 ℃,湿度≤75%。

6 试剂和材料

6.1 试剂

6.1.1 水

实验用水应符合 GB/T 6682 中二级水规格。

6.1.2 有机溶剂

实验用有机溶剂需要分析纯或优于分析纯,需保证在测试波段无干扰吸收;不与待测物发生化学反应,可将待测物配制成透明溶液。

6.1.3 缓冲溶液

缓冲溶液配制用到的化学试剂均为分析纯或优于分析纯,需保证在测试波段,所用试剂无干扰吸收,按缓冲溶液标准规定进行配制。

6.2 材料

6.2.1 比色皿

选用干净,无裂纹、划痕和斑点,透光率高的石英比色皿(参见附录B)。

6.2.2 石英片

选用干净,无裂纹、划痕和斑点,透光率高的石英片。

6.2.3 氮气

按仪器要求选用纯度≥99.99％的氮气进行吹扫。

7 仪器

7.1 仪器类型

主要有光栅型圆二色光谱仪和棱镜型圆二色光谱仪。

7.2 仪器组成

由光源系统、偏振系统、样品室、检测系统以及仪器控制和数据处理系统构成。

7.2.1 光源系统

紫外、可见波段使用的光源为氙灯。

7.2.2 偏振系统

由分光系统(单色器、起偏器)将光变成单色的平面偏振光,然后经过起偏器将单色的平面偏振光交替地变化为左、右旋圆偏振光。

7.2.3 样品室

样品支架的装配不能干扰仪器的光路。根据需要可在样品室内附加不同的样品支架系统(如积分球样品支架、固体压片样品支架及薄膜样品支架等)、自动滴定、程序变温等装置,外加磁场系统、旋光光谱系统(参见附录C)等。

7.2.4 检测系统

由光电倍增管检测器或者雪崩二极管检测器收集经过样品吸收的左、右圆偏振光强度,将光信号转成电信号后,经过调制放大器进一步放大处理后得到圆二色信号。

7.2.5 控制与数据处理系统

控制与数据处理系统由计算机和相应软件组成,实现对圆二色光谱仪的操作、各种参数调节及数据的处理等。

7.3 检定或校准

仪器的各项性能和指标应按检定规程或校准规范定期进行检定或校准,并符合相应检测要求。必要时在测试前对波长准确度、基线平直度、圆二色准确度以及数据重现性等指标进行校正,校正应按照仪器检定规程或校准规范和仪器说明书进行。

8 样品

8.1 液体样品

液体样品应该均匀、透明、没有气泡,如有悬浮或沉淀,则需过滤或离心予以去除;在测试的波长范围内,吸光度值范围宜在 0.1～2.0,最大不应超出 3.0。

8.2 固体样品

8.2.1 单晶以及薄膜样品

单晶(需要足够大)和薄膜样品可以选用合适样品支架直接测试;在测试的波长范围内,吸光度值范围在 0.1～3.0 的单晶以及薄膜样品可以使用透射法测试;吸光值过高的样品,可以使用积分球反射法进行测试。

8.2.2 粉末样品

粉末样品可以采用溴化钾(或氯化钾)压片或者石蜡油分散后使用透射法测试,在测试的波长范围内,吸光度值范围宜在 0.1～2.0,最大不应超出 3.0;也可以采用纯固体粉末或者加入适量的硫酸钡粉末后使用积分球反射法进行测试。

9 分析测试

9.1 检测前准备工作

9.1.1 仪器检查

启动仪器前检查室内环境(温度和湿度)和仪器是否处于正常状态,并做好检测器更换、气瓶压力检查和开启循环水等准备工作。

9.1.2 开机预热

按仪器说明书中氮气流量要求,进行氮气吹扫 10 min～15 min 后开机,预热 15 min～30 min 后进行测试。

9.1.3 测试方法的选择

根据样品特性与不同的测试要求,可选用下述测试方法或附件进行测试:
a) 适合液体样品的测试方法;
b) 适合固体样品的测试方法;
c) 积分球附件;
d) 旋光光谱附件;
e) 磁圆二色光谱附件;
f) 程序变温附件。

9.2 测试条件的选择

9.2.1 波长范围

根据待测样品的测试要求选择合适的测试波长范围。有机化合物一般选择紫外区和可见光区进行全波长范围扫描,蛋白质测试通常分为远紫外和近紫外两个区域进行扫描。

9.2.2 扫描次数

根据测试和提高图谱信噪比的需要,选择合适的扫描次数。推荐扫描不少于三次,取其平均值。

9.2.3 狭缝

选用较宽狭缝可以提高信噪比,但狭缝过宽将降低光谱准确度和光谱分辨率。通常测定时选用狭缝为 1 nm～2 nm,对于高吸收样品可以在 2 nm～5 nm 范围内调整,低吸收样品可以在 0.25 nm～2 nm 范围内调整。

9.2.4 数据点步长

根据测试需要,选择合适的数据点步长。一般选用 0.5 nm～1 nm 步长。对于分辨率要求高的样品,应选择较低的数据点步长。

9.3 测试步骤

9.3.1 空白样品选择原则

各类样品在测试前,需选择适当的空白样品,在与样品相同的测试条件下做基线扫描,扣除基线后获得样品本身的圆二色光谱图。按照下列原则选择空白样品：

a) 液体样品常用的空白样品一般为溶剂或者缓冲溶液等；

b) 经压片制备的固体样品,常选择纯溴化钾(或氯化钾)压片作为空白样品；

c) 用反射法测试的样品常选择硫酸钡粉末和特氟龙白板作为空白样品；

d) 单晶、薄膜样品常用空气作为空白样品；

e) 镀膜样品常选择基底板作为空白样品。

9.3.2 液体样品测试步骤

按照下列步骤测试液体样品：

a) 样品进行称量、溶解,配制成样品溶液；

b) 准备合适厚度的比色皿；

c) 选择合适的测试条件；

d) 使用溶剂、缓冲溶液进行基线扫描；

e) 相同测试条件下进行样品扫描。

9.3.3 单晶、薄膜样品的测试步骤

按照下列步骤测试单晶和薄膜样品：

a) 选择合适的测试条件；

b) 用空气进行基线扫描；

c) 相同测试条件下进行样品扫描。

9.3.4 固体粉末样品透射法的测试步骤

按照下列步骤透射法测试固体粉末样品：

a) 采用溴化钾(或氯化钾)作为稀释剂将粉末样品压片；

b) 选择合适的测试条件；

c) 使用空白溴化钾(或氯化钾)压片进行基线扫描；

d) 相同测试条件下进行样品扫描。

9.3.5 固体粉末样品反射法的测试步骤

按照下列步骤反射法测试固体粉末样品：

a) 准备积分球附件；

b) 更换反射检测器；

c) 使用硫酸钡粉末、特氟龙白板或样品本身的基底板进行基线扫描；

d) 相同测试条件下进行样品扫描。

9.3.6 关机

测试完成后,取出样品,依次关闭光源、软件和仪器开关,5 min后关氮气。

10 结果报告

10.1 基本信息

结果报告中可包括：委托单位信息、样品信息、仪器设备信息、环境条件、制样方法、检测方法(依据标准)、检测结果、检测人、校核人、批准人、检测日期等。

10.2 定性分析

10.2.1 判断样品手性

如果圆二色光谱图上有圆二色信号，可以判断样品有手性。

10.2.2 生物大分子的构象分析

圆二色光谱法对生物大分子(蛋白质、核酸、酶、糖等)的构象变化非常敏感，如果一个生物大分子的构象发生了变化，在圆二色光谱图上可以灵敏地体现出来。

10.3 半定量分析

采用单值法、线性回归法、凸面限制法和多级线性回归等算法对蛋白质远紫外区的圆二色光谱图进行拟合计算，可得到蛋白质的二级结构信息。

11 安全注意事项

应按压力容器安全操作规定使用氮气。

附　录　A

（资料性附录）

圆二色光谱原理

A.1　平面偏振光与椭圆偏振光的关系

平面偏振光可分解为振幅、频率相同，旋转方向相反的两束圆偏振光。两束振幅、频率相同，旋转方向相反的圆偏振光也可以合成为一束平面偏振光。如果两束圆偏振光的振幅（强度）不相同，则合成的将是一束椭圆偏振光。

A.2　圆二色光谱定义

平面偏振光通过物质时，其对组成平面偏振光的左旋圆偏振光和右旋圆偏振光的吸收是不同的，即 A_L、A_R 不同，其光吸收的差值 $\Delta A = A_L - A_R$，记录这一光吸收差值随波长的变化就是圆二色光谱。圆二色性的存在使通过该物质的平面偏振光变为椭圆偏振光，所形成的椭圆偏振光的椭圆度为 θ，考虑到比色皿的厚度和物质的浓度，物质对左旋圆偏振光和右旋圆偏振光的摩尔吸收系数是不同的，即 $\varepsilon_L \neq \varepsilon_R$，其吸收的差值 $\Delta\varepsilon = \varepsilon_L - \varepsilon_R$，不同波长下的 θ 或 $\Delta\varepsilon$ 值（纵坐标）与波长 λ（横坐标）之间的关系曲线，即为圆二色光谱曲线。$\Delta\varepsilon$ 和 ΔA 的关系为式（A.1）：

$$\Delta\varepsilon = \varepsilon_L - \varepsilon_R = \frac{\Delta A}{c \times l} \qquad \cdots\cdots\cdots\cdots\cdots\cdots（A.1）$$

圆二色性的存在使通过该物质传播的平面偏振光变为椭圆偏振光，所形成的椭圆偏振光的椭圆度 θ 和光吸收的差值的关系为式（A.2）：

$$\Delta A = A_L - A_R = \frac{\theta}{32.982} \qquad \cdots\cdots\cdots\cdots\cdots\cdots（A.2）$$

也可以用摩尔椭圆度 $[\theta]$ 来表示，它与摩尔吸收系数的关系是式（A.3）和式（A.4）：

$$[\theta] = \frac{100 \times \theta}{c \times l} \qquad \cdots\cdots\cdots\cdots\cdots\cdots（A.3）$$

$$[\theta] = 3\,298.2 \times \Delta\varepsilon \approx 3\,300 \times \Delta\varepsilon \qquad \cdots\cdots\cdots\cdots\cdots\cdots（A.4）$$

以上公式中：

l　　　——比色皿厚度，单位为厘米（cm）；

c　　　——为物质的量浓度，单位为摩尔每升（mol·L⁻¹）；

A_L、A_R　——分别为物质对左、右圆偏振光的吸收值；

ε_L、ε_R　——分别为物质对左、右圆偏振光的摩尔吸收系数，单位为升每厘米每摩尔（L·cm⁻¹·mol⁻¹）；

θ　　　——椭圆度，单位为度（deg 或°），一般仪器测得的椭圆度的单位为毫度（mdeg 或 m°）；

$[\theta]$　　——摩尔椭圆度，单位为度升每厘米每摩尔（deg·L·cm⁻¹·mol⁻¹）。

附　录　B

（资料性附录）

比色皿的选择与清洗

B.1　比色皿的选择

根据具体实验需要选择合适的比色皿，参考条件如下：

a) 选用石英比色皿；

b) 选用适合旋光性测试、无双折射现象、透光率高的比色皿；

c) 比色皿透光面必须非常干净，不得有裂纹、划痕和斑点；

d) 根据测试样品的不同，选择与溶液、单晶、薄膜、粉末、固体样品相匹配的比色皿；

e) 在远紫外区(180 nm～250 nm)测试样品多用厚度为 1 mm 或者 0.5 mm 的比色皿，在近紫外区(250 nm～400 nm)测试样品可用厚度 10 mm 及其他厚度的比色皿；

f) 若样品溶液含有易挥发的有机溶剂时，比色皿应加盖，防止挥发；

g) 测试含有酸、碱等强腐蚀性溶液时，应尽快测试，测试后迅速洗涤比色皿。

B.2　比色皿的清洗

为了不损坏比色皿、不影响比色皿透光性能，比色皿清洗注意事项如下：

a) 将比色皿浸泡在含有少量洗洁精(阴离子表面活性剂)的 2%(质量分数)碳酸钠水溶液中约10 min，必要时可加热至 40 ℃～50 ℃，用水洗净后，在过氧化氢和硝酸(体积比为 5∶1)混合溶液中浸泡 30 min，再用水冲净，倒放在滤纸上，存放在干燥器中；

b) 清洗顽固污渍或者残留蛋白质时，可以使用浓硝酸、王水或者其他酸清洗，不能用碱、氢氟酸和磷酸清洗；

c) 可用市场上可购买的比色皿复合清洗剂按说明进行清洗；

d) 铬酸洗液不宜用于洗涤比色皿；

e) 不可使用毛刷、硬布等进行刷洗；

f) 洗净后的比色皿，避免接触、碰触其表面，指纹可能导致数据的变化。

附　录　C

（资料性附录）

旋光光谱原理

C.1　旋光定义

如果左、右圆偏振光在某种介质中的折射率不同，即 $n_L \neq n_R$，则它们通过介质的速度不同，因而由它们叠加产生的平面偏振光的振动方向也会改变，这样的介质称为光学活性物质（optical activity substance）。

平面偏振光通过光学活性物质时，因为左、右圆偏振光在这种介质中的折射率不同（$n_L \neq n_R$），通过这种光学活性物质后平面偏振光振动方向的改变，即平面偏振光原有的振动平面通过物质后旋转了一定的角度 α，这种现象称为旋光（optical rotation），偏振面旋转的角度 α 称为旋光度。能使偏振光的偏振面按顺时针方向旋转的称为右旋体，用"（＋）－"表示；反之，称为左旋体，用"（－）－"表示。

我国药典规定：偏振光透过长度为 1 dm，且每 1 mL 中含有旋光性物质 1 g 的溶液，使用光谱波长为钠光 D 线（589.3 nm），测试温度为 20 ℃时，测得的旋光度称为该物质的比旋度（specific rotation）。

$$[\alpha]_D^t = \frac{100 \times \alpha}{c \times l} \qquad \cdots\cdots\cdots\cdots\cdots\cdots\cdots\cdots (\,C.1\,)$$

公式（C.1）中：

$[\alpha]$——比旋度；

D　——钠光谱的 D 线；

t　——测试时的温度，单位为摄氏度（℃）；

α　——测得的旋光度，单位为度（°）；

l　——旋光管长度，单位为分米（dm）；

c　——每 100 mL 溶液中有效组分的质量浓度，单位为克每 100 毫升（g/100 mL）。

C.2　旋光光谱定义

用波长连续变化的平面偏振光来测量光学活性物质的旋光度 α，并以 α 作纵坐标，波长为横坐标，得到的图谱就叫旋光色散谱（optical rotatory dispersion，ORD），亦称为旋光光谱。

旋光色散谱和圆二色光谱都来源于偏振光与物质的相互作用，在圆二色光谱仪上安装一个旋光色散附件，就可以进行旋光色散谱的测试。

参 考 文 献

[1]　GB/T 26798—2011　单光束紫外可见分光光度计

[2]　GB/T 9721—2006　化学试剂　分子吸收分光光度法通则(紫外和可见光部分)

[3]　GB/T 613—2007　化学试剂　比旋光本领(比旋光度)测定通用方法

[4]　中华人民共和国药典　2015版　四部

[5]　郭尧君.旋光色散和圆二色性[J].分析测试通报,1985,4(4),53-56

[6]　丁岚,高红旗.圆二色光谱技术应用和实验方法[J].实验技术与管理,2008,25(10),48-52

[7]　Miles,A.J.,Wien,F.,Lees,J.G.,Rodger,A.,Janes,R.W.,Wallace,B.A.,Calibration and standardization of synchrotron radiation circular dichroism and conventional circular dichroism spectrophotometers[J].Spectroscopy,2003,17(4),653-661

[8]　Kelly, S. M., Jess, T. J., Price, N. C., How to study proteins by circular dichroism[J].Biochimica Et Biophysica Acta Proteins & Proteomics,2005,1751(2),119-139

[9]　Schippers, P. H., Dekkers, H. P. J. M., Chem, A., Direct determination of absolute circular dichroism data and calibration of commercial instruments [J]. Analytical Chemistry,1981 53(6),778-782

ICS 03.180
Y 51

中华人民共和国教育行业标准

JY/T 0573—2020
代替 JY/T 002—1996

激光拉曼光谱分析方法通则

General rules for laser Raman spectrometry

2020-09-29 发布
2020-12-01 实施

中华人民共和国教育部　　发　布

前　　言

本标准按照 GB/T 1.1—2009 给出的规则起草。

本标准代替 JY/T 002—1996《激光喇曼光谱分析方法通则》,与 JY/T 002—1996 相比,除编辑性修改外主要技术变化如下:

——修改了标准名称及标准内容中"Raman"中文译名,"喇曼"改为"拉曼";

——修改了标准的适用范围(见第 1 章,1996 年版的第 1 章);

——更新了规范性引用文件(见第 2 章,1996 年版的第 2 章);

——删除了有关"波长""杂散光""激光的激发波长"和"激光功率"的术语和定义(见 1996 年版的 3.1、3.5、3.10、3.11);

——修改了有关"拉曼位移"的术语和定义(见 3.4,1996 年版的 3.3);

——修改了有关"分辨率"的术语和定义(见 3.12,1996 年版的 3.6);

——修改了有关"波数精度"的定义,术语修改为"波数测量准确度"(见 3.13,1996 年版的 3.7);

——修改了"波数重复性"的定义,术语修改为"波数测量精密度"(见 3.14,1996 年版的 3.8);

——增加了有关"拉曼散射""瑞利散射""斯托克斯线(带)、反斯托克斯线(带)""简正振动""振动-转动拉曼散射""转动拉曼散射""激光伴线""色散率"和"宇宙针刺线"的术语及定义(见第 3 章);

——简写了"方法原理"部分的内容,删除了其中的量子理论(见第 5 章,1996 年版第 5 章);

——补充了"试剂与材料"部分的内容,标题改为"校准用器具及材料"(见第 5 章,1996 年版第 5 章);

——增加了"仪器环境"部分(见第 6 章);

——修改了"双联、三联式大拉曼光谱仪组成框图"为"色散型激光拉曼光谱仪组成框图"(见 7.1,1996 年版的第 6 章);

——修改了"主要技术指标"(见 1996 年版的 6.2 表 1)为"色散型显微拉曼光谱仪各部件常见参数和规格"(见 7.2 表 2);

——调整、补充了"试样与试样制备"的内容(见第 8 章,1996 年版的第 7 章),标题改为"试样的制备";

——调整、补充了分析测试内容(见第 9 章,1996 年版的第 8 章);

——删除了"拉曼散射的经典理论"(见 1996 年版的附录 A);

——修改了"拉曼光谱仪主要组成部分若干参量"(见 1996 年版的附录 B)中的内容,作为附录 A(见附录 A);

——删除了"拉曼光谱定量分析"(见 1996 年版的附录 C),其主要内容补充到正文"分析测试"部分,对定量分析方法的公式做了简化处理(见 9.6)。

本标准由中华人民共和国教育部提出。

本标准由全国教育装备标准化技术委员会化学分技术委员会(SAC/TC 125/SC 5)归口。

本标准起草单位:武汉理工大学、中国科学技术大学、四川大学、北京服装学院、北京师范大学。

本标准主要起草人:薛理辉、左健、田云飞、龚龚、吴正龙、祁琰媛。

本标准所代替标准的历次版本发布情况为:

——JY/T 002—1996。

激光拉曼光谱分析方法通则

1 范围

本标准规定了用色散型显微激光拉曼光谱仪检测物质拉曼光谱的方法原理、校准用器具及材料、仪器环境、仪器、试样的制备、分析测试,以及安全、维护注意事项。

本标准适用于色散法激光拉曼光谱的常规分析。

2 规范性引用文件

下列文件对于本文件的应用是必不可少的。凡是注日期的引用文件,仅注日期的版本适用于本文件。凡是不注日期的引用文件,其最新版本(包括所有的修改单)适用于本文件。

GB/T 13962 光学仪器术语

JJF 1001—2011 通用计量术语及定义

JJF 1544—2015 拉曼光谱仪校准规范

ASTM E131-05 分子光谱学相关标准术语

ASTM E1683-02(Reapproved 2014) 扫描型拉曼光谱仪性能测试的标准实施规范

ASTM E1840-96(Reapproved 2014) 光谱仪校准用拉曼位移标准的标准指南

JIS K0137:2010 拉曼光谱分析通则

3 术语和定义

GB/T 13962、JJF 1001—2011、JJF 1544—2015、ASTM E 131-05、JIS K0137:2010 规定的以及下列术语和定义适用于本文件。

3.1

拉曼散射 Raman scattering

物质与入射单色光相互作用有能量交换,可同时产生反映物质振/转动量子化能级及玻尔兹曼(Boltzmann)分布特征的、峰位对称分布于入射线两侧的散射谱线(带)的一种非弹性散射现象。

> 注:单色光照射在物质上,产生同时包含有斯托克斯和反斯托克斯散射光的非弹性散射光的光谱,称拉曼光谱。拉曼光谱以拉曼散射效应的发现人—印度物理学家拉曼(C.V.Raman,1888—1970)—来命名。

[ASTM E 131-05,Raman Spectrum]

3.2

瑞利散射 Rayleigh scattering

物质与入射单色光相互作用没有能量交换,产生与入射光能量相同的谱线的一种弹性散射现象。

3.3

斯托克斯线（带）和反斯托克斯线（带）　Stokes line（band）& anti-Stokes line（band）

在拉曼散射所产生的对称分布于入射线两侧的散射谱线（带）中，强度较高而能量比入射线小的称为斯托克斯线（带），强度较低而能量比入射线大的称为反斯托克斯线（带）。

注：反斯托克斯线（带）的强度随着拉曼位移的增加而迅速减弱。

［ASTM E 131-05，Stokes line（band），anti-Stokes line（band）］

3.4

拉曼位移　Raman shift

拉曼谱线（带）与入射线的能量差，常用拉曼散射谱线（带）的中心峰位的波数减去入射光波数的差值表示。单位为 cm^{-1}。

注：拉曼位移为正值的为斯托克斯线（带），负值的为反斯托克斯线（带），通常只检测斯托克斯线（带）。

［ASTM E 131-05，Raman shift］

3.5

波数　wavenumber

波长的倒数，即每厘米内包含的波长数目。单位为 cm^{-1}。

3.6

拉曼散射强度　intensity of Raman scattering

量度拉曼散射光强弱的物理量。在特定检测条件下，可用某拉曼散射谱线（带）的峰高或峰面积，即绝对强度来计量；一般都采用相对强度，即拉曼谱峰与一参照拉曼谱峰的绝对强度之比来表示。

［JJF 1544—2015，3.6］

3.7

简正振动　normal vibration

物质结构基元（晶体原胞，或气体、溶液中的分子）中的基本振动模式之一。简正振动具有独立的量子化能级结构，振动时结构基元的质心不变，整体不转动，所有原子都作同相运动，即都在同一瞬间通过各自的平衡位置或达到其最大位移。

注 1：简正振动又称简正振动模式或简正模，可用一个单一的质量加权坐标（坐标的变化量与结构基元中各原子的质量有关）来表示，这种坐标称简正坐标，简正坐标变化时结构基元作简正振动。

注 2：简正振动过程中结构基元若有极化度的变化，能产生拉曼散射，即有拉曼活性。

3.8

振动—转动拉曼散射　vibrational-rotational Raman scattering

能级跃迁发生在分子的两个振—转能级之间的拉曼散射。

［JIS K0137：2010，3.5］

注：振动—转动拉曼散射一般只发生在气体或液体物质中。

3.9

转动拉曼散射　rotational Raman scattering

能级跃迁发生在分子的两个转动能级之间的拉曼散射。

[JIS K0137:2010,3.6]

注：纯转动拉曼散射只能在气体物质中观察到。

3.10

激光伴线　laser satellite line

激光谐振腔中发射的、激光线以外的较弱谱线。

3.11

色散率　dispersion

光谱在空间分离的程度,常以阵列探测器中的单个像元所覆盖的波数宽度来表示。单位为 cm^{-1}/像元。

3.12

分辨率　resolution

两条刚能分辨光谱线(带)的波数差 $\Delta\bar{\nu}$,或波数差 $\Delta\bar{\nu}$ 与谱线(带)的波数平均值 $\bar{\nu}$ 之比 $\Delta\bar{\nu}/\bar{\nu}$。应用中常以仪器实测某波数原子谱线的半高宽表示。单位为 cm^{-1}。

注：分辨率与光栅的总条数、衍射级次、焦长、狭缝宽度和检测谱区等有关。

[JJF 1544—2015,3.8;ASTM E 131-05,resolving power,resolution]

3.13

波数测量准确度　wavenumber measurement accuracy

波数的检测值与真值间的一致程度,也称波数准确度(wavenumber accuracy)。

注：概念"波数测量准确度"不是一个量,不给出有数字的量值。当检测误差较小时就说该检测是
　　较准确的。

[JJF 1001—2011,5.8]

3.14

波数测量精密度　wavenumber measurement precision

在规定条件下,波数重复检测值间的一致程度,也称波数精密度(wavenumber preci-sion)。

注：波数精密度通常用不精密度程度以数字形式表示,如在规定检测条件下的标准偏差、方差或变
　　差系数。

[JJF 1001—2011,5.10]

3.15

90°散射配置　90° scattering geometry

与入射光传播方向呈 90°夹角的散射光检测配置。

3.16

180°背向散射配置　180° backscattering geometry

与入射光传播方向呈 180°夹角,即与入射光反向的散射光检测配置。

3.17

0°前向散射配置　0° forward geometry

收集的散射光的传播方向与入射光传播方向一致的检测配置。

3.18

退偏与退偏比　depolarization & depolarization ratio

物质结构基元的不对称振动使入射偏振光的偏振方向发生改变的现象,称为退偏。用检偏器分别检测与入射光偏振面垂直方向和平行方向的拉曼散射峰的强度 $I_\perp$ 和 $I_\parallel$,两者之比 $\rho = I_\perp / I_\parallel$ 称为退偏比。

[JIS K0137:2010,3.10]

3.19

宇宙针刺线　cosmic ray spike

宇宙中的高能粒子流、光谱仪周边材料发射的 α 射线或 γ 射线,作用到阵列探测器个别像元上所产生的尖锐信号线。

4　方法原理

一束单色激光照射在物质上,由于物质结构基元具有不同的简正模及其能级分布特征,因而产生不同的拉曼光谱。先测出各种已知纯物质的拉曼光谱,再将未知物质的拉曼光谱与之一一对比,若与某已知纯物质的拉曼光谱相吻合,就可认为是该已知物质,称为拉曼光谱定性分析;混合物拉曼光谱中各谱峰的相对强度与混合物中各纯物质的含量成正比,在具有内标的条件下也可利用拉曼谱峰的相对强度检测物质的含量,称为拉曼光谱定量分析。

5　校准用器具及材料

5.1　基本要求

对校准用器具及材料的基本要求是:化学、物理性质稳定,无毒无害;尽可能使用有证标准器具、标准物质或标准试样。

5.2　原子谱线灯

常见的原子谱线灯主要有汞灯、氖灯、氙灯、氩灯和氦灯等。可选择检测一条较强原子谱线的半高宽来评价光谱仪相应峰位的分辨率,还可以选测多条分别处于不同谱区的原子谱线,对分光器件或检测器进行非线性校正。

[ASTM E1683-02(Reapproved 2014),Fig.4]

5.3　标准物质

常用于拉曼光谱仪峰位校正或谱仪检测性能评价的标准物质如表 1 所示。

表 1 用于拉曼光谱仪峰位校正或检测性能评价的标准物质及其峰位

标准物质	标准峰位/cm⁻¹及相对强度/％	标准峰位来源
单晶硅片	520.7±0.50(100),1 449.0(＜1)	硫磺校正实测谱
金刚石	1 332.0±0.50(100)	硫磺校正实测谱
硫磺	26.9,50.0,85.1±2.6(17),153.8±0.50(38),219.1±0.57(100),473.2±0.49(36)	ASTM E1840-96(2014)
左旋胱氨酸	14.6,9.5	ASTM E1683-02(2014)
聚苯乙烯	1 001.4±00.54(100),1 602.3±0.73(28),3 054.3±1.36(32)	ASTM E1840-96(2014)

注 1:用于色散型拉曼光谱仪峰位校正或检测性能评价的标准物质不限于以上物质。

注 2:单晶硅片常用(111)或(100)面检测,(111)面的峰强不受取向影响,而(100)面的峰强与方向有关。

6 仪器环境

应符合以下条件:

a) 环境温度:15 ℃～25 ℃;

b) 相对湿度:≤60％;

c) 供电电源:220 V±22 V,50 Hz±1 Hz;

d) 无强电磁场干扰、无明显振动、无强气流、无腐蚀性气体的暗室。

7 仪器

7.1 组成框图及工作原理

色散型拉曼光谱仪主要包括:激光器、激光伴线滤光器/片、试样台、瑞利线滤光片、分光系统和光电检测器六大部分。

图 1 是色散型拉曼光谱仪的组成框图,工作原理如下:

a) 激光器发出的激光经滤光器/片滤除激光伴线后再经整形聚焦于试样表面;

b) 试样受激光激发产生瑞利散射光和拉曼散射光;

c) 散射光经聚集后传输至瑞利线滤光片,其中的瑞利散射光被滤除后剩下拉曼散射光进入分光系统;

d) 分光系统中的光栅将不同波长的拉曼散射光从光栅各狭缝的不同角度散开,利用透镜或凹面镜将不同波长的散射光聚焦至透镜或凹面镜焦平面的不同位置上,形成按平面分布的拉曼光谱线(带);

e) 光电探测器在透镜或凹面镜的焦平面上检测拉曼光谱信号。

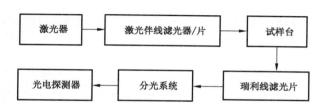

图 1　色散型激光拉曼光谱仪组成框图

注：色散型显微拉曼光谱仪各个组成部分的详细信息参见附录 A。

7.2　仪器各部件的常见参数和规格

色散型拉曼光谱仪的综合性能取决于其各个组成部分的性能,色散型显微拉曼光谱仪各部件的常见参数和规格如表 2 所示。

表 2　色散型显微拉曼光谱仪各部件常见参数和规格

部件名称	激光器/nm	物镜	瑞利线滤光片	光栅 lines/mm	光电检测器
常见参数和规格	244.0,325.0, 455.0,457.9, 488.0,514.5, 532.0,632.8, 785.0,830.0, 1 064.0	放大倍数: 5×,10×, 20×,40×, 50×,100×。 数值孔径 NA: 0.12～1.25。 工作距离: 0.15 mm～17 mm	带阻滤波片(可同时检测斯托克斯谱和反斯托克斯谱); 边通滤波片(只能检测斯托克斯谱)。	600, 1 200, 1 800, 2 400, 3 600	类型:CCD,EMCCD。 规格: 576×398 像元, 1 024×256 像元, 1 340×100 像元。 像元宽度: 13 μm～30 μm

注：色散型显微拉曼光谱仪各部件不限于以上参数和规格。

7.3　检定或校准

仪器在投入使用前,应采用检定或校准等方式,对检测分析结果的准确性或有效性有显著影响的设备,包括用于测量环境条件等辅助测量设备有计划地实施检定或校准,以确认其是否满足检测分析的要求。检定或校准应按有关检定规程、校准规范或校准方法进行。

8　试样的制备

8.1　气体试样

一般通过加压装置将待测气体充入气体池中,气压高低应根据气体池的说明书确定。

8.2　液体试样

普通液体试样可装入毛细管或液体试样池中检测;对易挥发或有腐蚀性的试样,应将其装入毛细管中或液体试样池内密封后检测；易光解或光敏试样应装入旋转池中并利用旋转试样架检测。

8.3 固体试样

在空气中不发生物理化学变化的试样：块状试样可直接放在载玻片上检测，粉末试样宜压平后检测。在空气中易氧化、碳酸化、吸水，或释放有毒、腐蚀性气体等物理、化学反应的固体试样，宜装入毛细管或透明石英玻璃容器中密封后检测。易光解或光敏固体试样检测前要用低功率密度激光试测后选择合适检测条件，必要时装入旋转池中利用旋转试样架检测。

8.4 生物医学试样

生物医学试样以体液、软组织或活体为主，一般都含有水。对易产生荧光的生物医学试样，有条件应选择不同波长的激光来避开或降低荧光干扰；对易分解损坏的生物医学试样，应通过降低激光功率密度如散焦，或减少在一固定点的照射时间如旋转样品来避免。

8.5 需高、低温条件检测的试样

用于高、低温检测的试样应置于专门的试样架中，通过精确控温装置来检测光谱。高温检测应通冷却水冷却，以免热辐射损坏周围的光学元件。

9 分析测试

9.1 制样

应根据试样的理化特性和检测要求，参照第8章选择合适的样品架和制样方法。

9.2 仪器校准

启动拉曼光谱仪后应检查光路的准直情况。准直的激光照射在平整的试样（如硅片）上，激光光斑呈中心对称形状，当上下移动试样台或改变物镜和试样之间的间距时，光斑会均匀发散或聚拢。仪器的校准物质参照第5章选择，若峰位有偏离，应进行校正。

9.3 工作条件的选择

9.3.1 狭缝宽度或共焦孔径大小的选择

狭缝宽度或共焦孔径大小影响光通量和谱仪的分辨率。狭缝宽度或共焦孔径小，光通量低，分辨率高。应根据检测要求和光电探测器对光强的承受能力等来选择狭缝宽度或共焦孔径。

9.3.2 激光功率密度的选择

对不易光解、热解或拉曼信号弱的试样，可用较强的激光并聚焦在试样的表面检测。对未知试样，应有一个预检测步骤，否则试样有可能在激光聚焦在其表面的一瞬间就被破坏。预检测时，首先应大幅度降低激光功率密度，然后再慢慢升高，并采用快速采谱方

式动态监测光谱的重现性,最后选择合适的激光功率密度检测光谱。

9.3.3 CCD 曝光时间和累积次数的选择

CCD 曝光时间和累积次数应根据谱峰的强弱或信噪比的高低而定。若预扫描谱中谱峰强弱相差很大,为避免强峰"冲顶"、弱峰无信号,正式采谱时曝光时间要短、累积次数要多。对光敏或热敏试样,若不具备旋转池检测条件,应降低激光功率密度并不断变换检测点,每个检测点以单次快速扫描方式取谱,最后累加起来。

9.3.4 激发光波长的选择

对易产生荧光的试样,特别是含三价稀土离子的试样,要用改变激光波长的方式来减弱、消除或识别拉曼光谱中的荧光峰。含 Eu^{3+} 稀土试样,如 EuF_3 在 632.8 nm 激光激发下,其拉曼光谱如图 2a)所示,图中 400 cm^{-1} 附近出现了几个带 * 的谱峰;若改用 514.5 nm 激光激发,这些带 * 的谱峰将移到 4 000 cm^{-1} 附近,如图 2b)所示,移动的距离刚好等于两种激发光的波数差 3 632.4 cm^{-1},说明图 2a)中带 * 的谱峰属于荧光峰。含其他三价稀土离子试样在拉曼光谱中可能出现的峰位参见文献[1-2]。

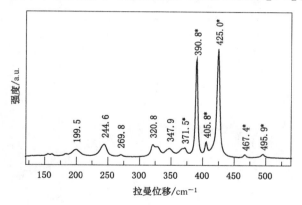

a) 632.8 nm 激光

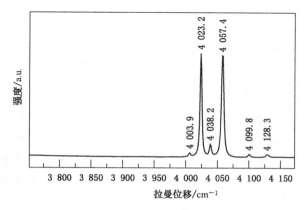

b) 514.5 nm 激光

图 2 EuF_3 拉曼光谱图中光致发光峰的识别

9.3.5 取谱方式的选择

阵列式探测器谱仪检测时有静态取谱和动态取谱两种方式,应根据检测要求选择。静态取谱时光栅不转动,谱图质量不受光栅机械精度的影响,分辨率高;动态取谱时光栅不断转动,光谱分辨率受光栅转动时机械精度的影响。图3为静、动态取谱结果对比图,可见动态谱的分辨率较差。

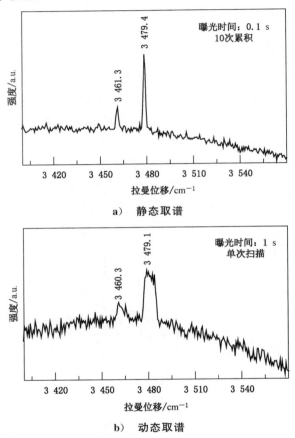

a) 静态取谱

b) 动态取谱

图 3　普通日光灯中的汞原子在 632.8 nm 拉曼谱区发射线的静、动取谱结果对比图

9.3.6 斯托克斯和反斯托克斯谱区的选择

拉曼光谱的检测一般都在斯托克斯谱区扫描取谱,但含三价稀土离子试样的斯托克斯谱区中经常出现荧光峰,应注意识别。因为反斯托克斯谱区很少出现荧光峰,若不具备变换激光波长检测、识别荧光峰的条件,可利用反斯托克斯谱获得正确的拉曼光谱。含 Er^{3+} 化合物,如 Er_2O_3,514.5 nm 激发光的斯托克斯谱中基本都是发光谱峰,真正的拉曼光谱出现在反斯托克斯谱中,如图 4 所示。

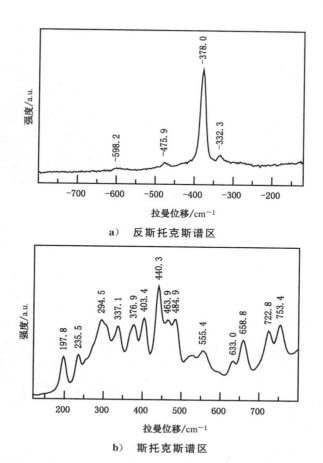

a) 反斯托克斯谱区

b) 斯托克斯谱区

图 4　Er₂O₃ 试样在 514.5 nm 激光激发下不同谱区的拉曼光谱

9.3.7　实验室光照条件的选择

实验室周边日光灯中的汞线很容易被拉曼光谱仪检测到,应注意排除。图 5 列出两个主要拉曼谱区出现的汞线,其中 514.5 nm 谱区的 1 122.0 cm⁻¹ 和 632.8 nm 谱区的 1 136.0 cm⁻¹ 谱线的位置相近,易误判为拉曼谱峰;而 632.8 nm 谱区 3 500.0 cm⁻¹ 附近的谱线,也易误判为羟基(—OH)或氢氧根(OH⁻)的拉曼谱峰(参见图 3)。

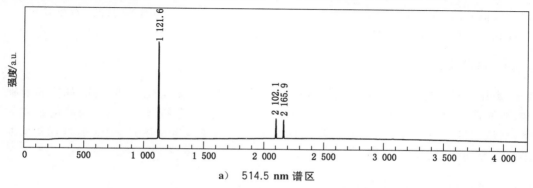

a)　514.5 nm 谱区

图 5　日光灯中的汞原子在不同波长拉曼检测谱区内的发射光谱图

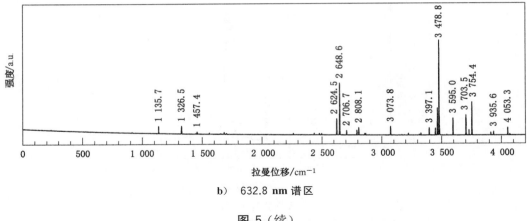

b) 632.8 nm 谱区

图 5（续）

9.4 检测

9.4.1 检测目标的选择

对不透明试样,用显微样品台上的反射照明光确定检测点;对检测目标不在表面的透明试样,用显微样品台下的透射照明光确定检测点。对拉曼成像检测的试样,先用低倍物镜确定成像区,检测时再换成高倍物镜,可提高拉曼成像的空间分辨率。

9.4.2 预扫描与峰强的调节

应保证光谱仪处于光路准直、波数位置已校准的正常工作状态。应先用快速扫描方式获得宽范围谱,再根据谱峰的强弱以及检测要求选择合适的狭缝/针孔宽度、光栅规格和激光功率密度。为了提高谱图的质量,正式采谱前,应对激光进行聚焦优化,方法是:采用静态取谱模式,将中心位置设定在最强峰位上,仔细调节试样的上下位置或试样与物镜之间的距离,使中心峰位的强度最高。

9.4.3 参数设定和检测

对单点检测,参照 9.3 设定工作条件,并根据检测要求和试样情况选择检测条件。对拉曼成像检测,先根据单点检测结果来选择合适的工作参数,如采集时间、光栅规格、共焦针孔等,再根据成像方式设置步长、曝光时间等,最后完成检测。

9.4.4 数据处理

数据处理前应先妥善保存原始数据。原始谱图中可能出现一些杂线,如宇宙针刺线、激光伴线或日光灯汞线等,应正确识别并予以剔除。若拉曼信号弱、谱峰的信噪比低,对谱图可适当进行平滑处理,但易引起谱图失真,要谨慎使用,一般应通过优化实验条件来改善谱图质量。

9.4.5 检测后试样和仪器的检查

检测后应检查试样有否损伤(光解、热解、脱落或变性等)或检测结果是否有异常,以确定检测结果的可靠性。

9.5 定性分析

9.5.1 定性分析原理

拉曼光谱是物质成分与微观结构的反映。不同成分与结构的物质具有不同的特征拉曼光谱,混合物的拉曼光谱是各纯物质拉曼光谱的线性叠加谱,据此可对试样进行定性分析。

9.5.2 纯化合物或单质的定性分析

对照已知标准物质的拉曼光谱,在允许的误差范围内若试样的拉曼光谱与标准谱吻合,就可认为试样的主要成分或物相与标准物质的相同。

9.5.3 晶体结构分析

拉曼光谱可区别成分相同、晶体结构不同的物相。但现有拉曼标准数据库中有的只有成分而没有晶体结构信息,分析时应予以注意。

9.6 定量分析

9.6.1 定量分析原理

拉曼光谱的定量分析基于下式进行,见式(1):

$$I = kC \qquad \cdots\cdots\cdots\cdots\cdots\cdots\cdots (1)$$

式中:

I ——拉曼特征峰强度;

C ——试样中待测物质的含量;

k ——比例系数。

具体定量分析可参照化学分析中常用的标准加入法和校准曲线法进行。

9.6.2 拉曼光谱定量分析的特点

拉曼光谱定量分析的特点如下:

a) 含量相同的不同物质在相同的检测条件下拉曼散射峰强度可以相差很大,有些甚至相差几个数量级;

b) 显微拉曼法作用在样品上的激光束斑大小只有几微米,样品的均匀性、偏振性、密度、激光聚集情况等对定量分析结果影响较大。式(1)较适用于溶液相和气相散射体系,基本适用于固相体系中的玻璃或均匀微颗粒混合物,不适用于具有不规则形状和不均匀成分与结构的复杂体系。

9.7 结果报告

9.7.1 基本信息

结果报告中可包括:委托单位信息、样品信息、仪器设备信息、环境条件、制样方法、检测方法(依据标准)、检测结果、检测人、校核人、批准人、检测日期等。必要和可行时可给出定量分析方法和结果的评价信息。

9.7.2 分析结果的表述

结果报告中应附有实测拉曼光谱图/拉曼成像图。对于定性分析,应将实验图谱与匹配的标准光谱对比列出,或给出标准光谱/数据的出处;对于拉曼成像分析,应说明图像的衬度原理,如基于何种信号成像,图像上明暗或色彩差异的成因等;对于定量分析,应说明定量分析所采用的方法,分析结果应给出相对误差。

10 安全、维护注意事项

10.1 使用激光的安全注意事项

10.1.1 激光是一种强光,易对人眼、皮肤等造成伤害或对试样造成破坏,实验时应严格执行安全规则。

10.1.2 应避免激光直接照射人体,更不得射入眼睛。

10.1.3 检测可能产生毒害性挥发气体或易燃、易爆的试样时,应采取适当的防护措施,以免发生危险。

10.2 激光器的维护

10.2.1 拉曼光谱仪上使用的激光器有多种类型,应按操作说明书,正确操作和维护。

10.2.2 一般风冷激光器在正常停止激光输出后其散热风扇还会继续运转,应等到风扇自动停转后再关闭主电源开关。

10.2.3 遇突然停电,应等到激光器自然冷却后再开机工作,以免损坏激光器。

10.3 防尘、防潮要求

10.3.1 拉曼光谱仪是一种精密的光学仪器,在日常维护和使用中应重点做好防尘、防潮工作。

10.3.2 一般灰尘吸附在光学元件上后,会使谱仪的通光效率下降,应控制实验室空气中的灰尘含量。

10.3.3 导电灰尘吸附在各种电路板上后,会造成短路现象。在检测可能产生导电灰尘的试样,如检测石墨、碳纤维等试样时,应严格控制导电灰尘的散发。

10.3.4 水汽会影响拉曼光谱仪中各种光学元件特别是带阻滤波器的使用寿命,应配备去湿机控制湿度,带阻滤波器要放在干燥器中保存,随用随装。

注:本标准未提出使用此标准过程所碰到的其他安全问题,使用时也应作好必要的安全措施。

附　录　A

（资料性附录）

色散型显微拉曼光谱仪主要组成部分的若干参量

A.1　激光器

拉曼散射的强度非常弱，约为激发光强度的 $10^{-6} \sim 10^{-9}$ 数量级，必须使用较高强度的激光来激发。拉曼光谱仪对激发光的要求是连续、单色、单模、强度高且稳定性好。常用的激光波长有：紫外波段的 244.0 nm（氩离子 488.0 nm 倍频激光器）和 325.0 nm（氦-镉激光器）等，可见波段的 455.0 nm（半导体激光器）、457.9 nm（氩离子激光器）、488.0 nm（氩离子激光器）、514.5 nm（氩离子激光器）、532.0 nm（掺钕钇铝石榴石 1 064 nm 倍频激光器）和 632.8 nm（氦-氖激光器）等，近红外波段的 785.0 nm（半导体激光器）、830.0 nm（半导体激光器）和 1 064.0 nm（掺钕钇铝石榴石激光器）等。

拉曼散射光的强度与激光波长的四次方成反比，不同波长的激光影响试样的检测深度。短波长激发光散射强，检测的主要是试样的表层信息；长波长激发光散射弱，可以探测到离试样表面稍深的内部区域。

A.2　激光伴线及其滤光器/片

从激光器谐振腔发射出来的激光，含有大量未被放大增强的原子发射谱线或等离子线，若不加以滤除，部分伴线将会出现在拉曼光谱图中。图 A.1a) 和图 A.1b) 分别为采用未滤除伴线的 514.5 nm 和 632.8 nm 激光激发单晶硅片的谱图，图中除了位于 520.7 cm^{-1} 处硅的拉曼峰外，还存在大量尖锐伴线。

激光伴线可采用带通滤波片或分光棱镜来滤除，以保证作用在试样上的激光为单色光。低功率气体激光多采用带通滤波片（band-pass filter）过滤，而高功率的固体激光则多采用分光棱镜过滤。带通滤波片只允许特定波长的激光透过，而伴线则被反射或吸收。带通滤波片存在老化现象，若在拉曼光谱的固定位置经常出现尖锐谱峰，很可能就是由未被完全滤除的激光伴线造成的。

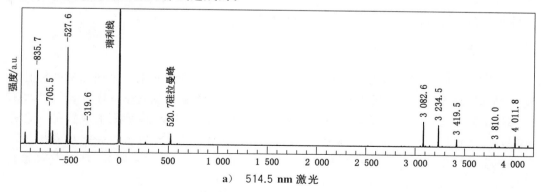

a)　514.5 nm 激光

图 A.1　单晶硅片在未滤除等离子线的激光激发下的拉曼光谱

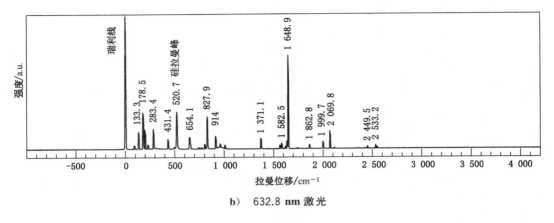

b) 632.8 nm 激光

图 A.1（续）

A.3 试样台

A.3.1 显微试样台

对显微试样台的基本要求是 X、Y、Z 方向三维可调，以方便对试样的定位和检测。有的显微试样台的三个方向采用计算机自动控制，可对试样的线、面或纵深方向进行自动扫描。显微试样台还包括照明系统和观察系统：照明系统有透射照明和反射照明两种；观察系统配有单筒或双筒目镜，有的还配有 CCD 相机，可对试样的检测点拍照保存。

A.3.2 聚光系统

试样台上的聚光系统由各种物镜组成，它们的作用一是将激光聚焦到试样上，二是收集从试样出来的散射光。物镜的性能主要取决于数值孔径 NA、工作距离 WD（焦距）和放大倍数。物镜的数值孔径越大，收集立体角也越大，越有利于散射光的收集。使用物镜的一般原则是：低放大倍数、低数值孔径、长工作距离的物镜用于对试样的粗略定位，而高放大倍数、高数值孔径的物镜用于对检测点的精确定位和检测。对试样来源比较复杂，如经常有凹凸不平的坚硬试样或可能对物镜有污染的试样，建议使用高数值孔径的长焦物镜进行检测，以免调节不慎时损伤镜头。

A.3.3 共焦系统

有共焦显微系统的激光拉曼光谱仪，检测时先用透镜将激光束会聚在光源的针孔光阑上，形成"点光源"，点光源发出的锥形光束通过显微镜物镜聚焦在试样上，形成"检测点"；显微镜物镜收焦其孔径角内的锥形散射光，成像于像平面，像平面上放置另一针孔光阑，称"共焦针孔"。这样，"点光源""检测点"与"共焦针孔"构成共焦（共轭）系统。这种共焦系统可以消除来自试样离焦区域（out-of-focus-regions）的杂散光，具有空间滤波功能，从而保证进入探测器的散射光基本上是激光采样焦点中的信号。

A.4 拉曼光谱成像技术

A.4.1 拉曼成像技术及其作用

拉曼光谱成像技术,主要是指通过程序控制试样或激光焦点的移动间隔,检测并建立"物点"拉曼特征峰的参数(峰位、峰强、峰宽等)与"物点"空间分布之间关系的一类技术。拉曼光谱成像目前主要有点成像、线成像、宽场照明整体成像、近场扫描拉曼成像和针尖增强拉曼成像等几种技术,用于构造试样中的物质成分、含量、内应力等空间分布的图像。

A.4.2 点成像

点成像的特点是点聚焦(point focusing)并逐点扫描成像(point-by-point mapping),如图 A.2a)所示。点成像通过程序控制点成像间隔,从试样上选取一系列的检测点,物镜将激光聚焦在这些检测点上,采集各"物点"的拉曼光谱,通过各"物点"拉曼特征峰的参数(峰位、峰强、峰宽等)生成试样选区物质成分或物质某种特性分布的图像。点成像的优点是每"物点"的拉曼光谱都被存储,信息量大,空间分辨率高;缺点是逐点移动检测,相对于同样质量的线成像和宽场照明整体成像用时长,很难做到小步长的"精密"采谱,图像多呈"马赛克"形。

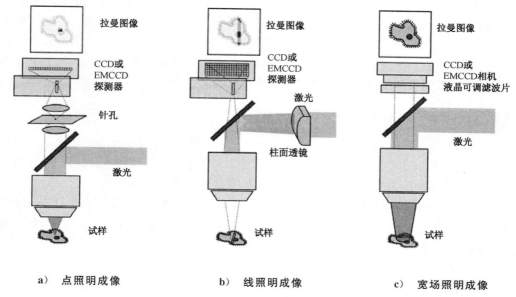

a) 点照明成像 b) 线照明成像 c) 宽场照明成像

图 A.2 拉曼光谱成像模式中的点成像、线成像和宽场照明成像示意图

A.4.3 线成像

线成像的特点是线聚焦(line focusing)并逐线扫描(line-by-line scanning)成像,如图 A.2b)所示,利用柱面透镜或通过反射镜的快速摆动将激光聚焦成一条线,充分利用阵

列式探测器的全部二维像元,一次检测一条"物线"上几百个"物点"的拉曼信号,并通过程序控制激光聚焦线的移动间隔,测得试样选区上所有"物点"的拉曼特征信息并成像。线成像与点成像相比,成像时间大大缩短。

A.4.4 宽场照明成像

宽场照明成像(wide-field illumination imaging)又称全局(global)照明整体成像,如图 A.2c)所示。宽场照明成像是通过扩束器将激光扩束后照在试样上的一个较大的区域,利用可调滤波器直接对该宽场区域的拉曼散射光进行整体成像。可调滤波器最早采用干涉滤光片,通过改变倾角来调节光频通带;现多采用光声可调滤波片(AOTF-acousto optic tunable filter)或液晶可调滤波片(LCTF-liquid crystal tunable filter)自动调节光频通带。宽场照明成像的优点是只需一次曝光就能捕获图像,能快速获得试样上较大区域的拉曼图像;缺点是只能对应单个波长范围,易受荧光干扰,而且没有拉曼谱图,信息不完整,如检测炭质试样无法实现碳峰的 D/G 比计算等;此外还有可能因扩束不均匀导致信号强弱分布不均匀等。

A.4.5 近场扫描拉曼成像

近场扫描拉曼成像(scanning near-field Raman imaging),将激光耦合到一个尖端直径 25 nm~100 nm 的有孔尖针中,激光从有孔针尖(孔径约 10 nm)透过射到试样上,针尖在距试样表面约 10 nm 高度做非接触式扫描,针尖反馈系统根据散射光信号的强弱不断调整针尖的高度,利用透射法或反射法收集拉曼信号并成像。近场扫描拉曼成像技术的优点是可获得分辨率优于光学显微镜分辨极限的拉曼图像;缺点是从针尖小孔透出的激光太弱,很难激发出能被有效检测的散射信号。若结合共振拉曼光谱技术或表面增强拉曼光谱技术,则有望提高近场扫描拉曼成像技术的实用性。

A.4.6 针尖增强拉曼成像

针尖增强拉曼(tip-enhanced Raman scattering)成像,是通过将合适的激光耦合到相应贵金属原子力显微镜探针上,针尖在距离试样表面小于 10 nm 的位置进行扫描。针尖附近会产生增强磁场,也称为增强热点,从而增强试样表面的近场信号。针尖反馈系统根据针尖与试样表面相互作用的信号强弱不断调整针尖高度,利用反射或透射的方法收集拉曼信号并成像。针尖增强拉曼成像技术的优点是可获得分辨率小于 10 nm 的拉曼像,缺点是对仪器的稳定性和可操作性要求较高。

A.5 瑞利线滤光片

A.5.1 瑞利线滤光片的作用

瑞利滤光片的作用是阻止瑞利散射光,而允许拉曼散射光通过。不同的拉曼光谱仪其滤光片的安装位置略有不同,有的处于入射光路和散射光路的交叉处,有的在纯散射光路中。若滤光片安置于入射光路和散射光路的交叉处,则除了具有滤除瑞利线的功能外,还有反射激光的作用。

A.5.2 带阻滤波片

带阻滤波片又称陷波滤波片（notch filter），其滤光方式是阻止瑞利散射光而允许拉曼散射光透过。如白炽灯光透过 632.8 nm 带阻滤波片，632.8 nm 中心波长附近窄区的透射率很低，而窄区两边的透过率很高。

A.5.3 边通滤波片

边通滤波片（edge filter）又称边带滤波片、边缘滤波片或截阻滤波片，其滤波方式是阻止瑞利散射光及比瑞利散射光波长短的一边的光，而允许另一边的光透过。如白炽灯光透过一种 632.8 nm 边通滤波片，小于 640.0 nm 波长的光被阻挡。边通滤波片在拉曼光谱仪中只允许斯托克斯散射光通过，不能检测瑞利线及反斯托克斯谱区的拉曼光谱。

A.6 退偏比检测系统

拉曼光谱仪退偏比检测系统一般由半波片和水平检偏器构成。半波片用于改变偏振光的偏振方向：转动 θ 角，可使偏振光的偏振方向转动 2θ 角。在退偏检测系统中，半波片安装在水平检偏器之前，半波片设成固定的 45°转角，可使偏振光的偏振方向改变90°。检测退偏比时，先检测水平方向的偏振谱强度 $I_{\parallel}$，然后使用半波片，将散射光的偏振方向转动 90°，再测得垂直方向的偏振谱强度 $I_{\perp}$，各峰的 $I_{\perp}/I_{\parallel}$ 便是相关振动模式的退偏比 ρ。采用半波片和水平检偏器配合的方式检测退偏比，可有效避免因光栅和反射镜的偏振效应带来的退偏比检测误差问题。检测拉曼谱峰的退偏比，可以确定相关简正模的对称性。如检测四氯化碳的偏振拉曼光谱，其 459.0 cm^{-1} 处谱峰的退偏比 $\rho_{459.0} \approx 0.007$，而 217.4 cm^{-1} 和 314.0 cm^{-1} 谱峰的退偏比约等于 0.75，说明 459.0 cm^{-1} 谱峰对应的是 CCl$_4$ 的对称简正模，而 217.4 cm^{-1} 和 314.0 cm^{-1} 谱峰则对应各向异性简正模。

A.7 分光系统

A.7.1 分光系统的作用

分光系统是将散射光按波长分开以实现光谱检测的光学部件。分光系统的优劣影响拉曼光谱仪的光谱分辨率、灵敏度等指标。

A.7.2 透射式分光系统

透射式分光系统用准直透镜将拉曼散射光变成平行光束投射到色散元件上，不同波长光的衍射角度不同，聚光透镜将各波长光束聚焦，在焦平面上形成各波长的单色狭缝像，再经光电探测器探测获得拉曼光谱。由于不同波长光的焦点位置不同，聚光透镜一般都存在色差，如果光谱范围较大，这种色差会引起光谱畸变。为了避免或减小光谱畸变，不同的波段需选用相应配套的透镜。

A.7.3　Czerny-Turner 全反射式分光系统

Czerny-Turner 全反射式分光系统使用凹面反射镜聚光,色差小,适用光谱范围宽,从紫外到近红外波段,都无需更换光学元件。

A.7.4　色散元件

拉曼光谱仪的色散元件多使用反射式平面或凹面全息闪耀光栅。在可见波段一般用低密度光栅,如 600 lines/mm 或 1 800 lines/mm 光栅,而在紫外波段因为色散率低,多使用高密度光栅,如 3 600 lines/mm 光栅。

A.7.5　色散率、分辨率与 CCD 像元之间的关系

色散率与分辨率是拉曼光谱仪的两个重要性能指标,前者用于表示波长不同的谱线在空间分离的程度,而后者则用来描述谱仪分辨相邻谱线的能力。理论上,光栅拉曼光谱仪的色散率与光栅本身的大小无关,而与光栅的衍射角、光栅的刻线间距和聚光镜到探测器之间的距离即焦长有关。衍射角越大、刻线间距越小或焦长越长,色散率就越大。但衍射角越大,像散就越严重;焦长越长,谱线的强度就越弱。

光栅的分辨率与狭缝宽度成反比,与衍射级次(对于拉曼信号来说,通常取一级衍射谱)、光栅的总刻线数成正比。对刻线密度相同的光栅,光栅宽度越大,则分辨率也越大;若谱仪采集光谱时,只使用光栅的一部分,则分辨率要相应地减少。分辨率的选择还应考虑对谱图质量的负面影响,如狭缝缩小后,光通量急剧下降,谱图质量降低。实测分辨率受光路准直情况、阵列式探测器像元面积、衍射角大小、成像像差和光学元器件的品质等因素的影响,一般很难达到理论分辨率的水平。

对于以阵列光电器件如 CCD 作为探测器的拉曼光谱仪,色散率最直观的表示方法是以单个像元所覆盖的波数宽度来表示,单位为 cm^{-1}/像元。像元所覆盖的波数宽度越小,光谱就会被分得越开,即色散率高。CCD 检测一个谱峰,至少需要三个像元,其半高宽约为 1.5 个像元,即不管谱仪的理论分辨率有多高,实测最高分辨率都只能达到色散率的 1.5 倍。因此要提高实测分辨率,必须让光谱分散得开一些即色散率高一些。否则即使理论分辨率再高,若两条本已分开的谱峰落在一个像元或相邻的两个像元上,也不可能分辨出来。如同早期拉曼光谱仪照相底板中的卤化银粒子的粗细决定光谱仪的实测分辨率一样,拉曼光谱仪上阵列式探测器像元的大小也决定了谱仪的最高实测分辨率,像元越小,最高实测分辨率就越能接近理论分辨率。

分辨率的高低与峰形的变化情况如图 A.3a)所示。两个重叠在一起,难以分辨开来的谱峰,当光谱分辨率提高时,每个峰都以各自的峰位为中心逐渐变窄,最后形成完全分开的、清晰可辨的两个峰。色散率对峰形的影响如图 A.3b)所示,色散率越高,谱峰就散得越开,谱峰在探测器上的分布范围也就越宽。图 A.3b)中的两个峰,当谱仪的色散率较低时,两个峰落在相邻的像元上,无法分辨;当提高色散率,两个谱峰散开,落在了六个像元上,从而得以分辨开来。不过,若两个谱峰的间距小于仪器的光谱分辨率时,无论如何增加谱仪的色散率,都难以分开相邻的两个峰,如图 A.3c)所示。

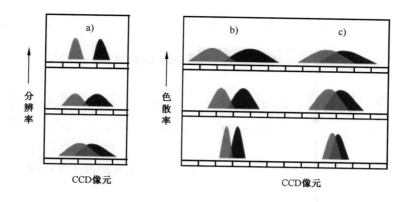

图 A.3　光谱仪的分辨率、色散率与 CCD 像元之间关系示意图

A.8　光电探测器

A.8.1　PMT

PMT 即光电倍增管（photomultiplier tube），具有灵敏度高，反应速度快、适用光谱范围宽等特点。PMT 的缺点是单点检测，采集一张宽范围、高质量的拉曼光谱图需要较长时间。

A.8.2　CCD

CCD 阵列式光电探测器，即电荷耦合器件（charge coupled device），检测速度快，但 CCD 在不同波长的响应均匀性以及在低波长区的响应效率都比 PMT 的差。

CCD 检测器检测的拉曼光谱，有时高、低谱区拉曼峰的强度差别很大，如聚苯乙烯的785.0 nm 激光实测谱的高波数谱区偏低［图 A.4a)］，而 532.0nm 激光实测谱的高波数谱区偏高［图 A.4c)］。为了解决这个问题，有些新型谱仪增加了对拉曼光谱信号强度的校正功能，最常见的是使用标准白光光源（如标准卤钨灯）进行校正。拉曼光谱仪首先记录下标准白光的"响应"光谱，将"响应"光谱与标准白光光源的"源"光谱进行比较，获得不同峰位"源"强度与"响应"强度之比，再用这个比例因子对实测拉曼谱进行校正。图 A.4b)就是利用标准白光光谱校正后，所得到的正常的聚苯乙烯的拉曼光谱。

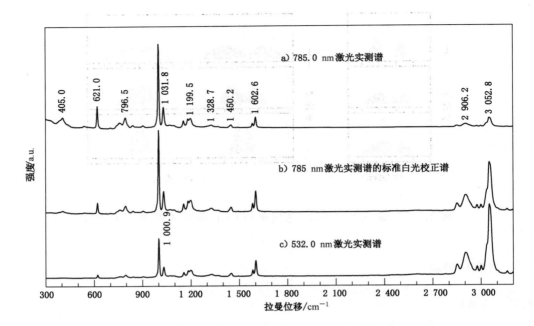

图 A.4　不同激光普通 CCD 实测及白光校正的聚苯乙烯拉曼光谱

A.8.3　EMCCD

电子倍增电荷耦合器件（electron multiplying charge coupled device，EMCCD）。不同于普通 CCD，EMCCD 在读出寄存器后面增加了一个高压电子增益寄存器，可使电子在转移过程中发生"撞击离子化"效应，产生新的电子，从而实现对电子信号的放大。EMCCD 将普通 CCD 技术与多道 PMT 技术的优点有机地融合在一起，对信号放大的倍数远远超过对噪声的放大倍数，使信噪比得到显著改善。

参 考 文 献

［1］ Dieke G H,Crosswhite H M.The Spectra of the Doubly and Triply Ionized Rare Earths［J］.Applied Optics,1963,2(7):675-686

［2］ Wegh R T,Meijerink A,Lamminmäki R J,et al.Extending Dieke's Diagram. J.［J］.Luminescence,2000,87-89:1002-1004

［3］ Sadltler Research Laboratories,Inc.Standard Raman Spectra,1976

［4］ 杨南如,岳文海.无机非金属材料图谱手册［M］.武汉:武汉理工大学出版社,2000

［5］ 韩景仪,郭立鹤,等.矿物拉曼光谱图集［M］.北京:地质出版社,2016

ICS 03.180
Y 51

中华人民共和国教育行业标准

JY/T 0574—2020
代替 JY/T 021—1996

气相色谱分析方法通则

General rules of analytical methods for gas chromatography

2020-09-29 发布　　　　　　　　　　2020-12-01 实施

中华人民共和国教育部　　发　布

前　言

本标准按照 GB/T 1.1—2009 给出的规则起草。

本标准代替 JY/T 021—1996《分析型气相色谱方法通则》，与 JY/T 021—1996 相比，除编辑性修改外主要技术变化如下：

——标准名称修改为"气相色谱分析方法通则"；

——增加了规范性引用文件（见第 2 章）；

——增加了进样器、检测器、保留指数、回收率、精密度、回收率、检出限和不确定度的术语和定义（见第 3 章）；

——修改并完善了"仪器"相关的内容（见第 7 章，1996 年版的第 6 章）；

——增加了"样品的制备和前处理"（见第 8 章）；

——补充了"色谱柱的选择和老化"（见 9.1.3）；

——补充了"样品的定性和定量分析方法"（见 9.2.4 和 9.2.5）；

——删除了"仪器灵敏度的具体测量方法"（见 1996 年版的 6.2.1 和 6.2.2）；

——删除了"色谱柱的填充和涂布"（见 1996 年版的 8.2）；

——补充了"进样方法和注意事项"（见 9.2.3）；

——删除了"数据记录系统"的内容（见 1996 年版的 8.1.4）；

——增加了"关机步骤"（见 9.2.6）；

——修改了"定性和定量分析结果"的表述（见 10.2，1996 年版的第 9 章）；

——修改了"分析方法的评价"（见 10.3，1996 年版的第 9 章）；

——修改了"安全注意事项"（见第 11 章，1996 年版的第 10 章）。

本标准由中华人民共和国教育部提出。

本标准由全国教育装备标准化技术委员会化学分技术委员会（SAC/TC 125/SC 5）归口。

本标准起草单位：北京师范大学、华南理工大学、扬州大学、东北师范大学、东华大学。

本标准主要起草人：刘嫒、朱斌、刘向农、王元鸿、林丹丽。

本标准所代替标准的历次版本发布情况为：

——JY/T 021—1996。

气相色谱分析方法通则

1　范围

本标准规定了气相色谱分析方法的分析方法原理、分析环境要求、试剂或材料、仪器、样品、分析步骤、结果报告和安全注意事项。

本标准适用于使用气相色谱分析对挥发性和半挥发性，以及经过化学、物理方法处理后可挥发，且热稳定性好的化合物的分析。

2　规范性引用文件

下列文件对于本文件的应用是必不可少的。凡是注日期的引用文件，仅注日期的版本适用于本文件。凡是不注日期的引用文件，其最新版本（包括所有的修改单）适用于本文件。

GB/T 3358.2—2009　统计学词汇及符号　第2部分：应用统计

GB/T 9722—2006　化学试剂　气相色谱法通则

JJF 1059.1　测量不确定度评定与表示

3　术语和定义

GB/T 4946—2008 和 GB/T 3358.2—2009 中界定的以及下列术语和定义适用于本文件。

3.1

气相色谱法　gas chromatography；GC

用气体作为流动相的色谱法。它利用物质在流动相与固定相中分配系数的差异，当两相作相对运动时，试样组分在两相之间进行反复多次分配，各组分因分配系数不同而得到分离，然后随流动相（气体）的移动而进入适当的检测器以实现定性和定量分析。

3.2

进样器　sample injector

能定量和瞬时地将试样注入色谱系统的器件，通常指注射器或自动进样器。

3.3

汽化室　vaporizer

使试样瞬时汽化并预热载气的部件。

3.4

检测器　detector

能检测色谱柱流出组分及其量的变化的器件。

注：目前商用气相色谱检测器主要有热导检测器、氢火焰检测器、电子捕获检测器、火焰光度检测器、氮磷检测器等。

3.5

色谱柱　chromatographic column

内有固定相用于分离试样混合组分的柱管。

3.6

毛细管柱　capillary column

一般指内径为 0.1 mm～0.5 mm 的开管色谱柱,是目前最常用的一种气相色谱柱。

3.7

老化　conditioning

色谱柱在通载气情况下,采用缓慢升温至其最高耐受温度或使用温度并多次反复循环的处理过程,目的是去除柱内残留的组分而使色谱柱性能更稳定。

3.8

保留时间　retention time

组分从进样到出现峰最大值(即色谱峰顶端)所需要的时间。

3.9

保留指数　retention index

一种定性指标参数。通常以色谱图上位于待测组分两侧的相邻正构烷烃的保留值作为基准,用对数内插法求得。每个正构烷烃的保留指数规定为其碳原子数乘以 100。

3.10

相对校正因子　relative correction factor

进入检测器中组分的量与检测器产生的相应峰值的比值定义为该组分的校正因子。组分与相应基准物质校正因子的比值称为该组分的相对校正因子。

3.11

精密度　precision

在规定条件下,所获得的独立测试/测量结果间的一致程度。

注 1：精密度仅依赖于随机误差的分布,与真值或规定值无关。

注 2：精密度的值通常用测试结果或测量结果的标准差(RSD)来表示。标准差越大,精密度越低。

注 3：精密度的定量度量严格依赖于所规定的条件,重复性条件和再现性条件为其中两种极端情况。

［GB/T 3358.2—2009,定义 3.3.4］

3.12

回收率　recovery rate

测试结果或测量结果与真值间比值,通常以百分比形式表示。其中加标回收率是一种常用的相对回收率,指在没有被测物质的空白样品基质中加入定量的标准物质,按样品的处理步骤分析,得到的结果与理论值的比值。

3.13

检出限　limit of detection

气相色谱分析时,在给定的可靠程度内可以从样品中检测待测物质的最小浓度或最小量,是体现仪器灵敏度的重要指标之一。

3.14

不确定度　uncertainty

表征值的分散性,与测试结果或测量结果相联系的参数,这种分散可合理归因于接受测量或测试特性的特定量。

> 注1：测量或测试的不确定度通常由许多分量构成,其中某些分量可基于一系列测量结果的统计分布,用标准差的形式估计;其余分量可基于经验或其他信息的假定概率分布,也用标准差形式估计。
>
> 注2：不确定度的分量均对离散程度有贡献,包括那些由系统效应引起,如修正值和参照标准有关的分量。

〔GB/T 3358.2—2009,定义3.3.5〕

4　分析方法原理

气相色谱分析中样品及被测组分被汽化后,由载气带入色谱柱中,利用被测各组分在色谱柱中的气相和固定相之间的溶解、解析、吸附、脱附或其他亲和作用性能的差异,在柱内形成组分迁移速度的差别而相互分离,再经过检测器检出,得到色谱图及相应的数据。根据各组分的保留值(保留时间或保留指数)进行定性分析,根据相应的峰高或峰面积等响应值进行定量分析。

顶空气相色谱法是对密封系统中与液体(或固体)样品处于热力学平衡状态的气相组分进行气相色谱分析的一种间接测定样品中挥发性组分的方法。

裂解气相色谱法是将高分子材料或非挥发性有机化合物在惰性气体环境中高温裂解,生成与物质结构相关联的有特征的低分子裂解产物,并在气相色谱仪内实现分离和定性、定量分析。

热脱附气相色谱法是利用吸附管低温冷阱装置,吸附或富集经惰性气体流提取的固体、液体介质中的挥发物或者气态物质,并通过加热方式将挥发物转移到气相色谱仪中进行分析的一种方法。

5　分析环境要求

仪器应在环境温度为 20 ℃±5 ℃,相对湿度≤75%的条件下运行。连接仪器的电路应具有稳定的电压或配备稳压装置、电路保护装置,保证实验室用电安全。仪器室内不应存放强腐蚀性的气体、液体和易燃易爆物。防止振动对仪器的影响,避免阳光直射和强磁场作用于仪器。操作场所应通风良好,保持室内环境整洁。

6　试剂和材料

6.1　标准样品

标准样品需要经过认证,主体含量质量分数不低于99.9%。对于特殊物质确实无法获得高纯度标准品时,应使用具有明确主体含量的标准品。

6.2 载气

载气宜使用氮气、氢气或氦气,其纯度体积分数不低于 99.99%。使用前应用脱水装置、硅胶、分子筛或活性炭等进行净化处理。可使用气体钢瓶或气体发生器作为合格载气的来源。

6.3 燃烧气

使用氢气等作为燃烧气体时要求纯度体积分数不低于 99.9%。使用前应用脱水装置、硅胶、分子筛或活性炭等进行净化处理。可使用气体钢瓶或气体发生器作为燃烧气的来源。

6.4 空气

空气源应不含有腐蚀性杂质和其他干扰气相色谱分析的气体,进入仪器气路前应进行脱油、脱水及其他所需的净化处理。可以使用钢瓶或空气压缩机提供空气。

6.5 试剂

实验中所使用的试剂均应为分析纯或者质量相当或更好的试剂,应避免试剂干扰分析。

7 仪器

7.1 仪器类型

气相色谱仪按照所使用的色谱柱不同,可分为填充柱色谱和毛细管柱色谱两大类,现代气相色谱仪较多使用毛细管柱。

7.2 仪器组成

气相色谱仪一般由气路系统、进样系统、分离系统、检测系统和数据处理系统组成。进样系统中与进样口相连的装置还可以包括自动进样器、顶空进样系统、吹扫捕集系统、热脱附系统、热裂解器、气体进样器等。根据分析的需要进样系统可以和一些在线样品前处理装置连接,实现自动分析。

7.3 检定或校准

设备在投入使用前,应采用检定或校准等方式,对检测分析结果的准确性或有效性有显著影响的设备,包括用于测量环境条件等辅助测量设备有计划地实施检定或校准,以确认其是否满足检测分析的要求。通常对于气相色谱仪本身要进行整机稳定性、检测器灵敏度和重复性的检定。检定或校准应按有关检定规程、校准规范或校准方法进行。

8 样品

8.1 固体样品

根据样品的性质选择合适的有机溶剂进行溶解,同时溶剂的选择要符合所使用的气相色谱柱和检测器的要求。样品完全溶解后,根据需要采取离心或 $0.25\ \mu m$ 滤膜过滤等步骤,去除样品溶液中的颗粒物,以免堵塞毛细管色谱柱。

8.2 液体样品

黏度低的液体可选择直接进样。黏度高的液体样品可根据样品的性质选择合适的有机溶剂进行稀释,溶剂的选择应符合所使用的气相色谱柱和检测器的要求。

8.3 气体样品

带有气体进样装置的气相色谱仪器可以直接将气体样品引入气相色谱仪进行分析。常规气相色谱仪分析气体样品时,可根据分析的要求采用吸附管吸附、吸收液吸收、膜萃取、固相微萃取、化学反应法等方法收集和制备气体样品。

8.4 其他样品

对于一些含量极低的样品以及复杂基质中的样品,可采用不同的样品前处理方法进行富集和净化,如液液萃取、索氏提取、快速溶剂萃取、固相萃取、固相微萃取等。对于一些不挥发或者热稳定性差的物质,可采用衍生化法进行样品前处理。

某些样品浓度过高时,在分析过程中可采用溶剂稀释或分流进样的方式使组分响应值在仪器检测量程之内,应避免超载而影响检测。

9 分析测试

9.1 开机前准备工作

9.1.1 检测器的选择

根据分析样品的性质和分析的要求选择合适的检测器。

9.1.2 载气等的选择

根据检测器类型选择合适的气体种类、纯度和流速。一般热导检测器的载气可选氦气或氢气;氢火焰检测器和氮磷检测器可选氮气作载气、氢气作燃烧气、空气作助燃气;电子捕获检测器可选超纯氮作载气;火焰光度检测器可选用氢气或氮气作为载气。

9.1.3 色谱柱的选择

根据分析样品的性质和分析要求选择合适的色谱柱。并根据色谱峰的分离度 R、不对称因子 f、理论板高 H 和有效板高 H_{eff} 等参数(参数的测量和计算过程见 GB/T 9722—

2006 附录 A)考察色谱柱的性能是否符合分析的要求。

对于一些特殊样品需要根据分析要求使用填充柱。填充柱主要包括两种不同材质的柱管,其中不锈钢柱化学稳定性好,质地坚固,使用方便;而玻璃柱特别适用于高沸点、强极性样品的微量分析。有关填充柱的填充方法可参考 GB/T 9722—2006 中 8.1.1 条。

新购、长期搁置或严重污染的色谱柱,应在使用前进行老化处理。老化时色谱柱进样口端连接进样口,出口端放空(不接检测器)。通载气(不能是氢气)后,缓慢升温至最高使用温度 5 ℃~10 ℃以下或实际操作温度 30 ℃以上,恒温 0.5 h~1 h 之后降温并反复以上过程,一般老化 4 h~8 h,对于污染严重的色谱柱可适当延长老化时间。污染的交联毛细管柱可用适当溶剂清洗后再老化。老化完毕后,在通载气的情况下缓慢降温。

9.1.4 开机前检查

按照仪器的使用说明书或作业指导书检查仪器状态,包括环境条件、电源电路、气路系统等,做好实验前准备工作。

9.2 实施步骤

9.2.1 开机

气相色谱仪的开机顺序是首先开启气路系统,然后开通仪器电源,依次开启气相色谱仪、各种附件和色谱工作站。需用氢气作为燃烧气的检测器,在开通电源后调节氢气、空气流量并点火,检查燃烧情况。

9.2.2 仪器参数设置

按以下要求设置仪器参数:
a) 根据样品性质和分析的要求设置进样条件、载气流速和各项温度(柱箱、汽化室、检测器),根据待测组分的分离情况和分析时间等因素,设置和优化温度参数和升温程序。
b) 设定检测器和色谱工作站中的各项参数。

9.2.3 进样

9.2.3.1 进样方式

气相色谱分析中最常使用的是通过手动或自动进样系统直接将样品注入分析系统的进样方式。除此之外还包括顶空气相色谱法、裂解气相色谱法和热脱附气相色谱法等具有各自特点的进样方式。实验中可根据样品的特点和检测的需求选择适当的进样方式。

9.2.3.2 进样量

根据分析物浓度确定适当的进样量,确保目标组分的色谱峰高处于检测器动态范围内,进样量不应超过色谱柱的荷载量。根据样品中待测组分的浓度以及基质的性质等,确定采用不分流进样或分流进样的分流比,常规液体进样量一般为 0.1 μL~1.0 μL。

9.2.3.3 注意事项

除了选择合适的进样量之外,在进样过程中还应注意以下事项:

a) 仪器达到设定状态并确认基线稳定后,将检测器输出置零再进样;

b) 应保证进样注射器洁净,并在进样之前用样品润洗数次,定量抽取样品时样品中应没有气泡;

c) 进样时应将注射器快速插入汽化室,将样品一次性推入,稍作停留之后一次性抽出注射器;

d) 定期检查进样垫是否漏气、进样口衬管等是否污染,并及时更换。

9.2.4 定性分析

一般气相色谱法定性分析是根据化合物保留时间(或保留指数),在相同的分析条件下采用标准样品对照定性。对于保留时间十分接近而导致定性困难的分析物,可采用标准加入法定性。为了进一步确认组分定性的准确性,可采用改变分析条件(如改变升温程序等)后,再次对照的方法,或者使用双柱法定性。目前,最为有效的组分定性方法是与质谱、红外光谱等的联用技术。

9.2.5 定量分析

9.2.5.1 归一化法

当样品中所有组分均能在分析时间内流出,并且在检测器中均能产生信号时可以采用归一化法对样品进行定量分析。用归一化法定量时要调整仪器参数使各组分得到良好的分离,根据色谱图中各待测组分的峰面积或峰高与所有组分的峰面积或峰高总和的比值计算待测组分含量。

为确保检测器信号能真实地反应被测物的浓度,被测组分的定量分析中应引入校正因子。测定校正因子时,根据被测组分的结构性质和检测器种类选择合适的基准物质,用与被测物相同的溶剂溶解配制基准物质溶液,按照样品测定的条件进行测定。

9.2.5.2 内标法

采用内标法测定时,配制5个以上组分浓度成梯度的标准溶液,每个都应含有一定量内标化合物,建立待测组分和内标物的峰面积或峰高的比值与组分含量的工作曲线。检测样品时,每个样品溶液应添加一定含量的内标物,然后根据待测组分和内标物的峰面积或峰高的比值计算待测组分含量。配制标准溶液时,组分浓度一般应跨越3个数量级以上。

内标物的选择应满足下列要求:

a) 内标物与样品能在同一溶剂中完全溶解,并不会发生化学反应;

b) 内标物中不含有干扰测定的杂质;

c) 内标物的保留值应接近待测组分,并且能够和待测组分完全分开,谱峰不得有搭肩或严重拖尾,所在区域内不得有其他杂质峰干扰;

d) 内标物的加入量应接近或稍大于待测组分,且在检测器的线性范围内。

9.2.5.3 外标法

采用外标法定量时,应配制 5 个以上浓度梯度的待测物标准溶液。以待测组分标准溶液的浓度或质量为横坐标,以相应的峰面积或峰高为纵坐标,绘制工作曲线,计算线性回归方程。工作曲线采用线性拟合的方法,线性相关系数≥0.995。在相同条件下测定试样溶液,根据试样中待测组分的峰面积和工作曲线线性回归方程计算得到待测组分的浓度或质量。配制标准溶液时,组分浓度一般需跨越 3 个数量级以上。

采用外标法时应满足以下要求:

a) 线性范围应涵盖所有待测样品的浓度,一般情况下工作曲线不可向两端外推;

b) 工作曲线和待测样品必须在相同的条件下测定;

c) 当待测样品分析与工作曲线绘制时间间隔较长、仪器灵敏度发生变化或工作曲线相关系数低于 0.995 时,应重新测定绘制工作曲线。

9.2.6 关机

测定完毕可先将色谱柱温度升至其最高承受温度以下 10 ℃并停留一段时间,以保证没有样品残留在色谱柱中,之后将检测器、柱温和进样口温度均降低至 80 ℃以下。待降温完毕后依次关闭检测器、主机和色谱工作站,最后关闭气路系统。

10 结果报告

10.1 基本信息

结果报告中可包括:委托单位信息、样品信息、仪器设备信息、环境条件、制样方法、检测方法(依据标准)、检测结果、检测人、校核人、批准人、检测日期等。必要时可给出定量分析方法和结果的评价信息。

10.2 分析结果的表述

10.2.1 归一化法结果表述

本标准中采用被测组分相对于基准物质的质量相对校正因子,以 $f_i{}'$ 表示,按照式(1)计算。

$$f_i{}' = \frac{A_s m_i}{A_i m_s} \quad \cdots\cdots\cdots\cdots\cdots\cdots\cdots\cdots\cdots (1)$$

式中:

A_s ——基准物的峰面积;

M_i ——组分 i 的质量,单位为克(g);

A_i ——组分 i 的峰面积;

m_s ——基准物的质量,单位为克(g)。

本标准中归一化法测定组分的定量结果以其质量百分数 ω_i(%)表示,按照式(2)

计算。

$$\omega_i = \frac{f_i' A_i}{\sum (f_i' \cdot A_i)} \times 100 \quad (i=1,2,\cdots,n) \qquad \cdots\cdots\cdots\cdots\cdots (\, 2 \,)$$

式中：

f_i'——组分 i 的相对校正因子；

A_i——组分 i 的色谱峰面积。

当使用 FID 检测碳数较为接近的同系物、或使用 TCD 检测热导系数差异较小的物质、或特殊样品没有全部组分的标样时，可视具体情况酌情考虑是否使用校正因子。面积归一法是其中一个特殊的例子。

10.2.2 内标法结果表述

本标准中内标法测定组分的定量结果以其质量百分数 $\omega_i(\%)$ 表示，按照式（3）计算。

$$\omega_i = \frac{m_s A_i f_i'}{m A_s f_s'} \times 100 \qquad \cdots\cdots\cdots\cdots\cdots\cdots\cdots\cdots\cdots (\, 3 \,)$$

式中：

m_s ——加入内标物的质量，单位为克（g）；

A_i ——组分 i 的色谱峰面积；

f_i' ——组分 i 的相对校正因子；

m ——样品的质量，单位为克（g）；

A_s ——内标物的色谱峰面积；

f_s' ——内标物的相对校正因子。

10.2.3 外标法结果表述

本标准中外标法测定组分的定量结果以其质量百分数 $\omega_i(\%)$ 表示，首先将测得的组分 i 的色谱峰面积 A_i 代入工作曲线线性回归方程中即可计算得到组分 i 的质量，然后按照式（4）计算。

$$\omega_i = \frac{m_i}{m} \times 100 \qquad \cdots\cdots\cdots\cdots\cdots\cdots\cdots\cdots (\, 4 \,)$$

式中：

m_i ——根据工作曲线计算得到的组分 i 的质量，单位为克（g）；

m ——样品的质量，单位为克（g）。

10.3 分析方法的评价

10.3.1 检出限

检出限用来评价在特定分析条件下，待测组分能够被检测到的最小量，实际工作中气相色谱仪器的检出限通常采用与样品检测相同的实验条件下，空白试样色谱图中 3 倍信噪比对应的待测组分的质量或浓度表示，其中空白试样测定 6～9 次取信噪比的平均值。

10.3.2 准确度(正确度和精密度)

用"正确度"和"精密度"两个术语来描述一种测量方法的准确度。精密度反映了偶然误差的分布,而与真值或规定值无关;正确度反映了与真值的系统误差,用绝对误差或相对误差表示。在实际工作中,可用标准物质和标准方法进行对照试验,计算误差;或加入被测定组分的纯物质进行回收试验,计算回收率。

气相色谱定量测定的精密度以多次色谱峰面积或峰高测定值的相对标准偏差 RSD(%)表示,实际工作中必须指明测量精密度时所用的浓度;同时也要表明测量次数 n 的具体数值。按照式(5)计算相对标准偏差 RSD(%)。

$$RSD = \sqrt{\frac{\sum\limits_{i=1}^{n}(w_i - \overline{w})^2}{(n-1)}} \times \frac{1}{\overline{w}} \times 100 \quad (i = 1, 2, \cdots, n) \quad \cdots\cdots\cdots\cdots (5)$$

式中:

w_i ——第 i 次测定的样品质量分数,以%表示;

$\overline{w}$ ——n 次测定的样品质量分数的算术平均值,以%表示;

n ——测定的次数;

i ——进样序号。

正确度可以采用比对法或待测组分加标回收的方法表示。采用比对法时可以用标准样品或标准方法做比对实验,从而反映分析方法的正确度。当采用被测组分加标回收的方法时,正确度以待测组分 i 的回收率 r(%)表示,一般回收率应在 90%~110% 范围内。按照式(6)计算。

$$r = \frac{m_2 - m_1}{m_a} \times 100 \quad \cdots\cdots\cdots\cdots\cdots\cdots (6)$$

式中:

m_2 ——样品中加入 i 组分后测定组分 i 的总质量,单位为克(g);

m_1 ——样品中测定的组分 i 的质量,单位为克(g);

m_a ——加入 i 组分的质量,单位为克(g)。

10.3.3 测定不确定度

需要时,按 JJF 1059.1 中的评定方法和原则进行分析结果测量不确定度的评定与表示。

11 安全注意事项

11.1 仪器主机和气体发生器、计算机等应可靠接地,使用中注意用电安全。

11.2 贮气钢瓶使用应遵守高压钢瓶安全操作规定。

11.3 使用氢气做载气或燃烧气时,要保证管道无渗漏,仪器操作场所不能有明火;使用氢气做载气时,尾气应通过导气管排出室外,同时室内要保证通风,必要时应加装氢气报警器。

11.4 仪器操作应严格遵守作业指导书和有关操作规程。

参 考 文 献

[1] GB/T 8170—2008 数值修约规则与极限数值的表示与判定

[2] GB/T 13966—2013 分析仪器术语

[3] GB/T 19267.10—2008 刑事技术微量物证的理化检验 第 10 部分：气相色谱法

[4] JJG 700—1999 气相色谱仪检定规程

[5] 气瓶安全监察规程 质技监局锅发〔2000〕250 号

ICS 03.180
Y 51

中华人民共和国教育行业标准

JY/T 0575—2020
代替 JY/T 020—1996

离子色谱分析方法通则

General rules of analytical methods for ion chromatography

2020-09-29 发布

2020-12-01 实施

中华人民共和国教育部　　发 布

前　言

本标准依照 GB/T 1.1—2009 给出的规则起草。

本标准代替 JY/T 020—1996《离子色谱分析方法通则》。与 JY/T 020—1996 相比，除编辑性修改外主要技术变化如下：

——修改了标准的范围（见第 1 章,1996 年版的第 1 章）；

——增加了规范性引用文件（见第 2 章）；

——修改了"术语和定义"（见第 3 章,1996 年版的第 3 章）；

——修改了"分析（或测试）方法原理"（见第 4 章,1996 版的第 4 章）；

——增加了"分析（或测试）环境要求"（见第 5 章）；

——修改了"试剂或材料"的相关内容（见第 6 章,1996 年版的第 5 章）；

——增加了"试剂"（见 6.1）和"材料"（见 6.7）；

——修改了"仪器"部分的相关内容（见第 7 章,1996 年版的第 6 章）；

——增加了"检定或校准"（见 7.3）；

——删除了"校正"（见 1996 年版的 8.2）；

——修改了"样品"（见第 8 章,见 1996 年版的第 7 章）；

——修改了"分析测试"（见第 9 章,1996 年版的第 8 章）；

——修改了"结果报告"（见第 10 章,1996 年版的第 9 章）；

——增加了"不确定度评定"（见 10.3.5）；

——修改了"安全注意事项"（见第 11 章,1996 年版的第 10 章）；

——增加了"附录 A　常用柱后衍生试剂的配制"（见附录 A）；

——修改了"附录 B　参考物质溶液（1.000 mg/mL）的制备"（见附录 B,1996 年版的附录 A）；

——增加了"附录 C　样品的预处理"（见附录 C）。

本标准由中华人民共和国教育部提出。

本标准由全国教育装备标准化技术委员会化学分技术委员会（SAC/TC 125/SC 5）归口。

本标准起草单位：华东理工大学、北京师范大学、清华大学、浙江大学、江南大学、山东理工大学。

本标准主要起草人：栾绍嵘、郑爱华、邢志、毛黎娟、朱松、刘东武。

本标准所代替标准的历次版本发布情况为：

——JY/T 020—1996。

离子色谱分析方法通则

1 范围

本标准规定了离子色谱分析（或测试）方法的分析（或测试）方法原理、分析（或测试）环境要求、试剂或材料、仪器、样品、分析测试、结果报告和安全注意事项。

本标准适用于利用离子色谱仪进行多种阴离子、阳离子、有机酸、有机胺、糖类、氨基酸等的分析（或测试）。

2 规范性引用文件

下列文件对于本文件的应用是必不可少的。凡是注日期的引用文件，仅注日期的版本适用于本文件。凡是不注日期的引用文件，其最新版本（包括所有的修改单）适用于本文件。

GB/T 601—2016　化学试剂　标准滴定溶液的制备

GB/T 1576—2018　工业锅炉水质

GB/T 5750.5—2006　生活饮用水标准检验方法　无机非金属指标

GB/T 5750.10—2006　生活饮用水标准检验方法　消毒副产物指标

GB/T 8170　数值修约规则与极限数值的表示和判定

GB/T 13966—2013　分析仪器术语

JJF 1059.1　测量不确定度评定与表示

JJG 823　离子色谱仪检定规程

3 术语和定义

GB/T 13966—2013 界定的以及下列术语和定义适用于本文件。为了便于使用，以下重复列出了 GB/T 13966—2013 中的某些术语和定义。

3.1

电导　conductivity

电阻的倒数称为电导，单位为西门子，符号是 S。离子色谱仪器中常用电导单位为微西门子，符号是 μS。1 S＝10^6 μS。

3.2

电阻率　electrical resistivity

水的电阻率是指某一温度下，边长为 1 cm 正方体水的相对两侧间的电阻，单位为欧姆厘米，符号是 $\Omega \cdot$cm，超纯水的电阻率常用单位为兆欧姆厘米，符号是 M$\Omega \cdot$cm。1 M$\Omega \cdot$cm＝10^6 $\Omega \cdot$cm。

3.3

抑制电导检测　suppressed conductivity detection

在分离柱后,采用离子交换膜或离子交换柱将淋洗液中的淋洗离子转变为弱酸、弱碱或水,使淋洗液的背景电导降低,同时提高检测灵敏度的方法称为抑制电导检测。

3.4

检测器　detector

将被测的某一物理量或化学量(一般为非电量)按照一定规律转换为电量输出的装置。

[GB/T 13966—2013,定义 2.11]

3.5

色谱图　chromatogram

色谱柱流出物通过检测器系统时产生的响应信号对时间或载气流出体积的曲线图。

[GB/T 13966—2013,定义 8.186]

3.6

分离度　resolution

两个相邻色谱峰的分离程度。它是两个组分保留值之差与其平均峰宽值之比。常用符号 R 表示。可由式(1)计算:

$$R = \frac{2(t_{R2} - t_{R1})}{W_1 + W_2} \quad \cdots\cdots\cdots\cdots\cdots\cdots\cdots\cdots\cdots\cdots\cdots (1)$$

式中:

R ——相邻两组分峰的分离度;

t_{R1} ——组分 1 的保留时间;

t_{R2} ——组分 2 的保留时间;

W_1 ——组分 1 的峰底宽度;

W_2 ——组分 2 的峰底宽度。

[GB/T 13966—2013,定义 8.164]

3.7

柱后衍生反应　post-column derivatization

被测物在分析柱中实现分离后,与相应的试剂发生反应,以改变被测物的化学性质并易于被特定检测器检测到,称为柱后衍生反应。

3.8

准确度　accuracy

示值与被测量真值(约定真值)的一致程度。

[GB/T 13966—2013,定义 2.81]

4　分析(或测试)方法原理

4.1　离子色谱法分离原理

离子色谱法是根据离子性化合物与固定相表面离子性功能基团之间的电荷相互作

用来进行离子性化合物分离和分析的色谱法。按照分离机理分为离子交换、离子排斥、离子对和金属配合物离子色谱法。

离子交换色谱法基于流动相中溶质离子(样品离子)和固定相表面离子交换基团之间的离子交换过程。离子排斥色谱的分离机理主要源于道南(Donnan)膜平衡、体积排阻和分配过程。离子对色谱的主要分离机理是吸附与分配,离子对试剂与溶质离子形成中性的疏水性化合物,在疏水性固定相表面进行保留。金属配合物离子色谱法利用金属离子与适合的有机配位体作用,形成金属配合物,采用液相体系分离和检测。

4.2 基本功能

离子色谱法进行多种阴离子、阳离子、有机酸、有机胺、糖类、氨基酸等的定性与定量分析(或测试)。样品组分经分离后,被淋洗液带到检测器中形成高斯分布型色谱峰。在一定的色谱条件下,组分峰的流出时间即保留时间固定,以此作为组分离子的定性依据。在一定浓度范围内组分的峰面积(或峰高)正比于组分的浓度,以此计算出组分的含量。

5 分析(或测试)环境要求

安装离子色谱仪的房间应满足下列环境要求:
a) 环境清洁无尘,无腐蚀性气体,通风良好;
b) 温度保持在 15 ℃～30 ℃,湿度≤85%;
c) 没有强烈机械震动、强磁场和电场。

6 试剂和材料

6.1 试剂

本文件中所用试剂均为符合国家标准的分析纯或分析纯以上的试剂。

6.2 超纯水

本文件中所用的超纯水要求如下:
a) 电阻率:≥18.2 MΩ・cm(25 ℃);
b) 配制淋洗液、再生液、衍生试剂前,超纯水应脱气至少 10 min。

6.3 淋洗液

6.3.1 淋洗液选择

根据选用的分析柱特性和使用说明书,结合待测物的性质和要求,选择合适的淋洗液和浓度。若淋洗液由两种或两种以上组成,则应正确设置各种淋洗液的组成比例和流速;可使用免化学试剂离子色谱仪中的淋洗液发生器或者淋洗液发生模块,设定具体分析需要的淋洗液浓度和流速。

6.3.2 淋洗液要求

分析中所用的淋洗液应满足以下要求：
a) 适合分离待测物；
b) 不会化学或物理地损坏分析柱填料；
c) 能溶解并分离样品而不会破坏样品；
d) 适合检测器；
e) 脱气。

6.3.3 淋洗液分类

按照待测物质对淋洗液进行分类，见表1。

表 1　淋洗液的分类

待测物质	淋洗液
阴离子及有机酸	氢氧化钾，氢氧化钠，碳酸钠，碳酸氢钠，四硼酸钠，芳香族有机酸及盐，脂肪族有机酸，葡萄糖酸盐
阳离子及有机胺	甲磺酸，硫酸，硝酸，盐酸，草酸，酒石酸，组氨酸，羧酸，2,6-吡啶二羧酸
糖类	氢氧化钾，氢氧化钠，醋酸钠
氨基酸	氢氧化钾，氢氧化钠，醋酸钠
注：包括但不限于以上待测物质和淋洗液。根据检测物质需要，可以加入适量的有机溶剂，如甲醇、乙腈、丙酮等，改善分离效果。淋洗液含有机溶剂后，抑制器不能采用自再生抑制模式。	

6.4　抑制再生液

根据待测样品性质、所用淋洗液、抑制器类型及抑制器使用方式，选择自动连续再生抑制器模式、外加水模式或再生液模式。常用的抑制再生液有硫酸、氢氧化钾或氢氧化钠、四丁基氢氧化铵等，根据仪器和待测样品要求，具体选择和配制相应浓度的抑制再生液。

6.5　柱后衍生试剂

根据待检测离子性质，选用合适的试剂进行柱后衍生反应。常用柱后衍生试剂，建议但不限于附录 A 内容，配制过程参见附录 A。

6.6　标准溶液

6.6.1　标准储备溶液

有证标准物质/基准物质应从有资质的部门或单位购买，用有证标准物质/基准物质来配制标准储备溶液。如需实验室制备参考物质储备溶液，制备方法参见附录B，建议但不限于附录 B 的参考物质溶液。

6.6.2 标准溶液

按照分析任务的要求制备校准工作标准溶液。定量吸取储备液用超纯水(或加入适量的有机溶剂,如甲醇、乙腈、丙酮、甲醛等)稀释,制备成工作液。一个校准工作标准溶液中可含多种阴离子或阳离子,各离子含量应不超过校准曲线的线性范围。多点校准工作标准溶液至少配制五个不同浓度点。

6.7 材料

6.7.1 滤膜

使用 0.22 μm 微孔滤膜。

6.7.2 前处理柱

使用 H 柱,Na 柱,Ag 柱,Ba 柱,C18 柱,RP 柱,碳柱等前处理柱。

6.7.3 淋洗液瓶

根据需求选择使用聚丙烯、高密度聚乙烯或玻璃淋洗液瓶。

6.7.4 惰性气体

使用纯度不小于 99.9% 的高纯惰性气体,一般用超纯氮气。

7 仪器

7.1 仪器组成

离子色谱仪主要由输液系统、进样系统(进样阀,自动进样器)、分离系统(色谱柱、柱温箱)、检测系统(抑制器、检测器)和数据处理系统(色谱数据工作站)等组成。采用抑制电导检测时应具备相应的抑制系统。采用柱后衍生反应检测时应具备相应的柱后衍生反应系统。免试剂离子色谱仪具备淋洗液自动发生器或淋洗液发生模块。

7.1.1 色谱柱

离子色谱柱分为阴离子色谱柱、阳离子色谱柱、糖柱、氨基柱。依系统配置和分析任务要求选择色谱柱的类型、型号,设置柱温箱温度。

7.1.2 抑制器

抑制器及抑制模式、抑制电流,再生液和柱后衍生反应系统都应与分析任务相一致。

7.1.3 检测器

离子色谱常用检测器有:电导检测器、电化学检测器、紫外检测器。

7.1.4 仪器参数设置

仪器各工作参数设置必须在技术指标范围内,应满足校正或校准、定性、定量等具体分析要求。

7.2 仪器性能

7.2.1 整机稳定性

离子色谱仪器运行稳定后,泵应无噪声,液路无气泡。系统基线噪声:$\leqslant 0.005\ \mu S$ 或 $\leqslant 2\%FS$(电导检测器),$\leqslant 0.5\ mAU$(紫外检测器),$\leqslant 0.2\ nA$(电化学检测器)。基线漂移:$\leqslant 0.10\ \mu S/30\ min$ 或 $\leqslant 20\%FS/30\ min$(电导检测器),$\leqslant 5\ mAU/30\ min$(紫外检测器),$\leqslant 2\ nA/30\ min$(电化学检测器)。色谱柱对相邻两待测组分峰应达到分离度 $\geqslant 1.5$。

7.2.2 整机性能

仪器的整机性能用定量重复性、定性重复性来表示。定性重复性不大于 1.5%,定量重复性不大于 3%。

7.3 检定或校准

仪器设备在投入使用前,应采用检定或校准等方式,对分析结果的准确性或有效性有显著影响的设备,包括相应的辅助设备,有计划地实施检定或校准,以确认其是否满足检测分析的要求。检定或校准应按离子色谱仪检定规程(JJG 823)、校准规范或校准方法进行,并符合相应检测要求。

8 样品

分析前要根据检测项目要求和待测样品性质,将样品制备或处理成适合离子色谱分析的溶液状态,并除去各种干扰检测或可能破坏分析系统的物质。常用的样品预处理方法参见附录 C 样品的预处理。

9 分析测试

9.1 前期准备工作

9.1.1 总则

根据待测物质和样品的性质、检测要求和仪器的具体配置,选择最佳工作条件,通过优化实验确定仪器参数,进行分析的前期准备工作。

9.1.2 工作条件选择原则

按以下原则选择工作条件:
a) 能快速、有效地分离待测物;

b) 对待测组分的检测没有影响；

c) 对仪器系统不会产生损害。

9.1.3 工作条件

按以下项目选择工作条件：

a) 离子色谱柱的类型和型号选择，色谱柱的工作温度设定；

b) 淋洗液组成及浓度选择，等度或梯度设定；

c) 系统流速设定；

d) 抑制器、抑制模式及抑制电流设定，或再生液类型、浓度和流速设定；

e) 柱后衍生反应系统的选择及设定；

f) 检测器及参数设置；

g) 色谱数据工作站各工作参数设置。

9.2 实施步骤

9.2.1 开机

开启稳压电源。待电压稳定后，开启整机、淋洗液发生器、自动进样器、工作电脑等电源开关。正确选择试验条件，包括淋洗液及浓度、分析柱、保护柱、柱温箱温度、抑制器、检测器、色谱数据工作站等，选用合适的柱后衍生系统、再生液等。排除管路中的气泡，启动输液泵，预热 30 min。运行中，泵应无噪声、液路应无气泡。系统压力和信号稳定。所用色谱柱和色谱条件对相邻两组色谱峰应达到分离度大于或等于 1.5。如出现两峰分离不好时，可调整淋洗液浓度或流速，如仍达不到分离要求，则应按说明书的规定清洗该色谱柱以恢复其分离能力，或更换色谱柱或抑制器。

9.2.2 进样分析与记录

仪器在设定的条件下运行一段时间稳定后，进样分析。采用手动定量环进一定体积的样品，或用自动进样器设定合适的条件进样。同时色谱数据工作站记录色谱信息，一般应包括以下信息：

a) 检测日期和检测名称；

b) 样品信息、质量、稀释倍数；

c) 完整的色谱图；

d) 色谱数据工作站名称；

e) 其他必须的项目。

9.2.3 空白试验

每次分析样品都应作空白试验。空白试验所制备的样品除不加试样外，与待测样品制备方法相同。

9.2.4 定性分析

在相同色谱条件下分析标准品（或参考样品）和待测样品，得到色谱图，将标准样品

(或参考样品)的保留时间与样品中未知组分的保留时间比较,进行定性分析。如果保留时间定性出现不确定因素,需要通过加标法进一步定性。为了确认未知组分峰的单一性,可以改变分离条件,例如改变流动相和固定相,也可以使用质谱定性技术来进行验证。

9.2.5 定量分析

在相同色谱条件下进行分析得到标准品(或参考样品)和待测物的峰面积或峰高,根据具体实验需要采用合适的标准曲线法(外标法)、内标法或标准加入法进行定量分析。无论采用何种方法,每次分析均应绘制相应的校准曲线。

9.2.6 分析后仪器的检查

样品分析结束应检查仪器系统基线漂移、基线噪声及整机灵敏度是否发生变化,样品中被测组分的量是否在定量分析的线性范围内,以保证定量的可靠性。分析结束应严格按照仪器说明书的要求依次关机。

9.2.7 仪器运行记录

分析后应作好仪器运行记录。仪器运行记录中应包括分析任务、操作条件、使用人、环境条件、日期及分析前后仪器状态等。

10 结果报告

10.1 基本信息

结果报告中可包括:委托单位信息、样品信息、仪器设备信息、环境条件、制样方法、检测方法(依据标准)、检测结果、检测人、校核人、批准人、检测日期等。必要和可行时可给出定量分析方法和结果的评价信息。

10.2 分析结果

10.2.1 定性分析结果表述直接给出定性组分物质。

10.2.2 定量分析结果的表述包括组分名称和分析值,分析值用平行样多次测定结果平均值表达。

10.2.3 分析值的单位用 g/L、mg/L、μg/L、mol/L、μg/g、mg/kg 或类似单位来表述。

10.2.4 根据相关要求,必要时提供精密度、准确度、不确定度评定结果、样品相应的色谱图等。

10.2.5 如果定量分析未检出,需要提供方法检出限。

10.3 分析方法与测量结果评价

10.3.1 数据取舍

同一样品平行多次测定,取置信度95%,采用格拉布斯(Grubbs)法对数据进行分析及取舍(见附录 D)。有效数字的修约应符合 GB/T 8170 的规定。

10.3.2 平均值

数据取舍后计算平均值,平均值按式(2)计算:

$$\bar{x} = \frac{\sum x_i}{n} \qquad\qquad (2)$$

式中:

$\bar{x}$ ——样品分析结果的平均值;

$\sum x_i$ ——各次分析数据的代数和;

n ——测量次数。

10.3.3 精密度

根据需要计算精密度,必须指明测量精密度时所用的浓度;同时,也要标明测量次数(n=测量次数)。精密度用相对标准偏差 RSD 表示,按式(4)计算:

$$S = \sqrt{\frac{\sum(x_i - \bar{x})^2}{n-1}} \qquad\qquad (3)$$

$$RSD = \frac{S}{\bar{x}} \times 100\% \qquad\qquad (4)$$

式中:

S ——标准偏差;

x_i ——单次分析数据;

$\bar{x}$ ——样品分析结果的平均值;

n ——测量次数;

RSD ——相对标准偏差。

10.3.4 准确度(正确度和精密度)

用"正确度"和"精密度"两个术语来描述一种测量方法的准确度。精密度反映了偶然误差的分布,而与真值或规定值无关;正确度反映了与真值的系统误差,用绝对误差或相对误差表示。在实际工作中,可用标准物质或标准方法进行对照试验,计算误差;或加入被测定组分的纯物质进行回收试验,计算回收率。加标回收率正常应在 $90\%\sim110\%$ 范围内,如果待测物浓度接近检出限,可在 $80\%\sim120\%$。加标回收率按式(5)计算:

$$P = \frac{c_2 - c_1}{c_3} \times 100\% \qquad\qquad (5)$$

式中:

P ——加标回收率;

c_1 ——试样浓度,即试样分析值;

c_2 ——加标试样浓度,即加标试样分析值;

c_3 ——加标量。

10.3.5 不确定度评定

按 JJF 1059.1 中的评定方法和原则进行分析结果测量不确定度的必要评定与表示。

10.3.6 方法检出限

方法检出限是指特定分析方法中,分析物能够被识别的浓度。方法检出限一般是采用实验全程序空白溶液连续 11 次测定值的 3 倍标准偏差所获得的分析物浓度或质量。

11 安全注意事项

安全注意事项如下:
a) 仪器要经常开机维护保养。
b) 必须遵守色谱柱、抑制器(柱)维护方法。
c) 系统压力不得超过泵的最大压力允许范围,如系统压力过高,应仔细查找引起高压的原因并排除。
d) 系统压力过低,通常是液路中存在漏液故障,仔细检查漏液部件并排除。压力恢复正常后应以干纸巾或毛巾擦除仪器中的液体,以避免腐蚀仪器部件。
e) 使用高压钢瓶气应遵守相应安全规范。
f) 实验室用水注意安全。
g) 重金属及其他有毒有害物质严格按照要求处理。

附 录 A

（资料性附录）

常用柱后衍生试剂的配制

A.1 金属衍生试剂

将 200 mL 氨水（质量分数约为 28％）与 200 mL 去离子水混匀,再将 50 mg 2-吡啶基偶氮间苯二酚（PAR）溶解于该溶液中,缓缓加入 28 mL 冰乙酸。冷却后定容于 500 mL,得到 0.4 mmol/L 2-吡啶基偶氮间苯二酚（PAR）衍生试剂,用于金属离子分离柱后衍生检测。

A.2 铬酸根衍生试剂

溶解 0.50 g 1,5-二苯碳酰肼于 100 mL HPLC 级甲醇中,加入 500 mL 含 28 mL 浓硫酸水溶液中,以超纯水稀释至 1 000 mL,得到铬酸根衍生试剂。该试剂在 4 ℃冰箱中可保存 1 周,必要时才制备 1 000 mL,用于铬酸根的柱后衍生检测。

A.3 溴酸盐衍生试剂

A.3.1 2.0 mmol/L 的四水钼酸铵溶液

溶解 0.247 g 四水钼酸铵于 100 mL 超纯水中,保存在不透光的塑料容器中,保质期为一个月。

A.3.2 溴酸盐衍生试剂

称取 43.1 g 碘化钾到盛有 500 mL 超纯水的 1 L 的容量瓶中,加入 250 mL 2.0 mmol/L 的四水钼酸铵溶液,用超纯水定容,得到碘化钾、四水钼酸铵衍生试剂。试剂溶液通入氮气 20 min,除去少量溶解的氧气,立即放入转换瓶中通氮气保存。该溴酸盐衍生试剂在避光条件下能稳定保存 24 h,用于溴酸盐的柱后衍生检测。

附 录 B

（资料性附录）

参考物质溶液（1.000 mg/mL）的制备

B.1 阴离子储备液

B.1.1 F⁻

称取已在 105 ℃干燥 1 h 的氟化钠（NaF）2.210 0 g±0.000 5 g，溶于超纯水，移入 1 000 mL 容量瓶中，稀释至刻度并储存于塑料瓶中。该溶液置于 4 ℃冰箱中，可保存 6 个月。

B.1.2 Cl⁻

称取已在 400 ℃～450 ℃灼烧至恒重的氯化钠（NaCl）1.648 0 g±0.000 5 g，溶于超纯水，移入 1 000 mL 容量瓶中，稀释至刻度。该溶液置于 4 ℃冰箱中，可保存 6 个月。

B.1.3 NO₂⁻

称取已在硫酸干燥器中干燥 24 h 的亚硝酸钠（NaNO₂）1.500 0 g±0.000 5 g，溶于超纯水，移入 1 000 mL 容量瓶中，稀释至刻度。该溶液置于 4 ℃冰箱中，可保存 1 个月。

B.1.4 NO₃⁻

称取已在 105 ℃干燥 48 h 的硝酸钠（NaNO₃）1.371 0 g±0.000 5 g，溶于超纯水，移入 1 000 mL 容量瓶中，稀释至刻度。该溶液置于 4 ℃冰箱中，可保存 6 个月。

B.1.5 Br⁻

称取已在 105 ℃干燥 6 h 的溴化钾（KBr）1.489 0 g±0.000 5 g，溶于超纯水，移入 1 000 mL 容量瓶中，稀释至刻度。该溶液置于 4 ℃冰箱中，可保存 6 个月。

B.1.6 SO₄²⁻

称取已在 105 ℃干燥 1 h 的无水硫酸钠（Na₂SO₄）1.489 0 g±0.000 5 g，溶于超纯水，移入 1 000 mL 容量瓶中，稀释至刻度。该溶液置于 4 ℃冰箱中，可保存 6 个月。

B.1.7 PO₄³⁻

称取已在 105 ℃干燥 2 h 的磷酸二氢钾（KH₂PO₄）1.433 0 g±0.000 5 g，溶于超纯水，移入 1 000 mL 容量瓶中，稀释至刻度。该溶液置于 4 ℃冰箱中，可保存 1 个月。

B.1.8 CrO₄²⁻

称取已在 105 ℃干燥 2 h 的铬酸钠（Na₂CrO₄·4H₂O）4.501 0 g±0.000 5 g，溶于超

纯水,移入 1 000 mL 容量瓶中,稀释至刻度。该溶液置于 4 ℃冰箱中,可保存 6 个月。

B.1.9　ClO_4^-

称取高氯酸钠(NaClO$_4$)1.231 1 g±0.000 5 g,溶于超纯水,移入 1 000 mL 容量瓶中,稀释至刻度。该溶液置于 4 ℃冰箱中,可保存 1 个月。

B.1.10　ClO_3^-

称取氯酸钠(NaClO$_3$)1.275 4 g±0.000 5 g,溶于超纯水,移入 1 000 mL 容量瓶中,稀释至刻度。该溶液置于 4 ℃冰箱中,可保存 1 个月。

B.1.11　BrO_3^-

称取溴酸钠(NaBrO$_3$)1.179 7 g±0.000 5 g,溶于超纯水,移入 1 000 mL 容量瓶中,稀释至刻度。该溶液置于 4 ℃冰箱中,可保存 1 个月。

B.1.12　ClO_2^-

称取亚氯酸钠(NaClO$_2$)1.767 0 g,溶于超纯水,移入 1 000 mL 容量瓶中,稀释至刻度。标定后该溶液置于 4 ℃冰箱中,可保存两周。

标定方法按 GB/T 5750.10—2006 中 13.1 的规定执行。

B.1.13　CN^-

称取氰化钾(KCN)0.250 0 g,溶于超纯水中并定容至 1 000 mL。此溶液 1 mL 约含 0.1 mg 氰化物。此溶液剧毒!标定后该溶液置于 4 ℃冰箱中,可保存两周。

标定方法按 GB/T 5750.5—2006 中 1.1.4.9 的规定执行。

B.1.14　SO_3^{2-}

称取亚硫酸钠(Na$_2$SO$_3$)1.600 0 g,溶于超纯水,移入 1 000 mL 容量瓶中,加入 1 mL 甲醛,稀释至刻度。标定后该溶液置于 4 ℃冰箱中,可保存两周。

标定方法按 GB/T 1576—2018 中附录 F 的规定执行。

B.1.15　$S_2O_3^{2-}$

称取硫代硫酸钠(Na$_2$S$_2$O$_3$·5H$_2$O)2.300 0 g 溶于超纯水,移入 1 000 mL 容量瓶中,稀释至刻度。标定后该溶液置于 4 ℃冰箱中,可保存两周。

标定方法按 GB/T 601—2016 中 4.6 的规定执行。

B.1.16　SCN^-

称取硫氰酸钠(NaSCN)1.400 0 g,溶于超纯水,移入 1 000 mL 容量瓶中,稀释至刻度。标定后该溶液置于 4 ℃冰箱中,可保存两周。

标定方法按 GB/T 601—2016 中 4.20 的规定执行。

B.1.17 I⁻

称取经硅胶干燥 24 h 的优级纯碘化钾（KI）1.307 1 g±0.000 5 g，溶于超纯水，移入 1 000 mL 容量瓶中，稀释至刻度。该溶液置于 4 ℃ 冰箱中，可保存 1 个月。

B.1.18 S²⁻

取硫化钠晶体（$Na_2S \cdot 9H_2O$），用少量水清洗表面并用滤纸吸干。称取 0.200 0～0.300 0 g，用超纯水溶解并定容至 250 mL（临用前配制并标定）。此溶液 1 mL 约含 0.1 mg 硫化物。标定后该溶液置于 4 ℃ 冰箱中，可保存两周。

标定按 GB/T 5750.5—2006 中 6.1.3.15 的规定的执行。

B.2 阳离子储备液

B.2.1 Li⁺

称取已在 105 ℃ 干燥 1 h 的碳酸锂（Li_2CO_3）5.323 0 g±0.000 5 g，加入 50 mL 1 mol/L 的盐酸溶解后，转移至 1 000 mL 容量瓶中，以超纯水稀释至刻度。该溶液置于 4 ℃ 冰箱中，可保存 3 个月。

B.2.2 Na⁺

称取已在 105 ℃ 干燥 1 h 的氯化钠（NaCl）2.542 0 g±0.000 5 g，溶于超纯水，移入 1 000 mL 容量瓶中，稀释至刻度。该溶液置于 4 ℃ 冰箱中，可保存 3 个月。

B.2.3 K⁺

称取已在 105 ℃ 干燥 1 h 的氯化钾（KCl）1.906 7 g±0.000 5 g，溶于超纯水，移入 1 000 mL 容量瓶中，稀释至刻度。该溶液置于 4 ℃ 冰箱中，可保存 3 个月。

B.2.4 NH₄⁺

称取已在 105 ℃ 干燥 1 h 的氯化铵（NH_4Cl）2.965 4 g±0.000 5 g，溶于超纯水，移入 1 000 mL 容量瓶中，稀释至刻度。该溶液置于 4 ℃ 冰箱中，可保存 3 个月。

B.2.5 Mg²⁺

B.2.5.1 用镁粉制备

称取 1.000 0 g±0.000 5 g 金属镁粉（Mg），缓慢加入 50 mL 1 mol/L 的盐酸，溶解并冷却后，移入 1 000 mL 容量瓶中，以超纯水稀释至刻度。该溶液置于 4 ℃ 冰箱中，可保存 3 个月。

B.2.5.2 用氧化镁制备

称取已在 800 ℃ 灼烧至恒重的氧化镁（MgO）1.658 1 g±0.000 5 g，缓慢加入 50 mL

1 mol/L 的盐酸,溶解并冷却后,移入 1 000 mL 容量瓶中,以超纯水稀释至刻度。该溶液置于 4 ℃冰箱中,可保存 3 个月。

B.2.6　Ca^{2+}

称取于 180 ℃干燥 1 h 后的碳酸钙粉末($CaCO_3$)2.497 0 g±0.000 5 g,缓慢加入 50 mL 1 mol/L 的盐酸溶解并冷却后,移入 1 000 mL 容量瓶中,以超纯水稀释至刻度。该溶液置于 4 ℃冰箱中,可保存 3 个月。

B.2.7　Cu^{2+}

B.2.7.1　用硫酸铜制备

以超纯水溶解 3.929 0 g±0.000 5 g 新结晶的硫酸铜($CuSO_4 \cdot 5H_2O$),移入 1 000 mL 容量瓶中,稀释至刻度。

B.2.7.2　用铜粉制备

溶解 1.000 0 g±0.000 5 g 金属铜粉(Cu)于加有 5 mL 水的 50 mL 1 mol/L 的盐酸中,逐滴加入硝酸(HNO_3)或 30% 的过氧化氢(H_2O_2),至溶解完全。煮沸以逐出氮氧化物和氯,然后用水稀释至 1 000 mL。该溶液置于 4 ℃冰箱中,可保存 3 个月。

B.2.8　Cd^{2+}

B.2.8.1　用金属镉制备

溶解 1.000 0 g±0.000 5 g 金属镉(Cd)于 20 mL 1 mol/L 的盐酸中,以超纯水稀释至 1 000 mL。

B.2.8.2　用硫酸镉制备

溶解 2.282 0 g±0.000 5 g 硫酸镉($CdSO_4 \cdot 5H_2O$)于超纯水中,稀释至 1 000 mL。该溶液置于 4 ℃冰箱中,可保存 3 个月。

B.2.9　Co^{2+}

溶解 1.000 0 g±0.000 5 g 金属钴(Co)于 20 mL 1 mol/L 的盐酸中,以超纯水稀释至 1 000 mL。该溶液置于 4 ℃冰箱中,可保存 3 个月。

B.2.10　Zn^{2+}

B.2.10.1　用锌粉制备

溶解 1.000 0 g±0.000 5 g 锌粉(Zn)于 20 mL 1 mol/L 的盐酸中,以超纯水稀释至 1 000 mL。该溶液置于 4 ℃冰箱中,可保存 3 个月。

B.2.10.2　用氧化锌制备

称取已在 900 ℃灼烧至恒重的氧化锌 1.244 9 g±0.000 5 g,加入硫酸(0.05 mol/L)

溶解,以超纯水稀释至 1 000 mL。该溶液置于 4 ℃冰箱中,可保存 3 个月。

B.2.11 Ni^{2+}

溶解 1.000 0 g±0.000 5 g 金属镍(Ni)于 20 mL 热硝酸中,以超纯水稀释至 1 000 mL。该溶液置于 4 ℃冰箱中,可保存 3 个月。

B.3 1.0000 mg/mL 糖类储备液

在分析天平上分别称取 1.000 0 g±0.000 5 g 的葡萄糖、果糖、蔗糖、乳糖、半乳糖、麦芽糖等,以煮沸并冷却至室温的超纯水溶解后,移入容量瓶中,稀释至 1 000 mL。各种糖类储备溶液放于 4 ℃冰箱中,可保存 1 个月。

B.4 有机酸储备液

B.4.1 甲酸根离子

溶解 2.310 0 g±0.000 5 g 甲酸钠($CHO_2Na \cdot 2H_2O$)于超纯水中,移入 1 000 mL 容量瓶中,稀释至刻度。该溶液置于 4 ℃冰箱中,可保存 1 个月。

B.4.2 乙酸根离子

溶解 2.303 5 g±0.000 5 g 乙酸钠($C_2H_3O_2Na \cdot 3H_2O$)于超纯水中,移入 1 000 mL 容量瓶中,稀释至刻度。该溶液置于 4 ℃冰箱中,可保存 1 个月。

B.4.3 丙酸根离子

溶解 1.315 0 g±0.000 5 g 丙酸钠($C_3H_5O_2Na$)于超纯水中,移入 1 000 mL 容量瓶中,稀释至刻度。该溶液置于 4 ℃冰箱中,可保存 1 个月。

B.4.4 乳酸根离子

溶解 1.258 0 g±0.000 5 g 乳酸钠($C_3H_5O_3Na$)于超纯水中,移入 1 000 mL 容量瓶中,稀释至刻度。该溶液置于 4 ℃冰箱中,可保存 1 个月。

B.4.5 酒石酸根离子

溶解 1.496 0 g±0.000 5 g 酒石酸钾($C_4H_4O_6K_2 \cdot 0.5H_2O$)于超纯水中,移入 1 000 mL 容量瓶中,稀释至刻度。该溶液置于 4 ℃冰箱中,可保存 1 个月。

B.4.6 柠檬酸根离子

溶解 1.555 0 g±0.000 5 g 柠檬酸三钠($C_6H_5O_7Na_3 \cdot 2H_2O$)于超纯水中,移入 1 000 mL 容量瓶中,稀释至刻度。该溶液置于 4 ℃冰箱中,可保存 1 个月。

B.4.7 草酸根离子

溶解 1.410 2 g±0.000 5 g 优级纯草酸铵（$C_2H_8N_2O_4$）于超纯水中，移入 1 000 mL 容量瓶中，稀释至刻度。该溶液置于 4 ℃冰箱中，可保存 1 个月。

B.5 有机胺储备液

B.5.1 氯化胆碱

称取于 105 ℃干燥 0.100 0 g 恒重的氯化胆碱（$C_5H_{14}ClNO$）于 100 mL 容量瓶中，用甲醇溶解并定容。该溶液置于 4 ℃冰箱中，可保存 2 个月。

B.5.2 胆碱

称取经过 100 ℃干燥 2 h～3 h 的重酒石酸胆碱（$C_9H_{19}O_7N$）0.243 0 g，于 125 mL 聚丙烯瓶中，去皮，加入 100 g 超纯水，拧紧盖子充分摇匀使固体完全溶解，得到 1.000 0 mg/mL 的胆碱储备液。该溶液置于 4 ℃冰箱中，可保存 1 周。

附　录　C

（资料性附录）

样品的预处理

C.1　水溶性溶液样品

C.1.1　稀释过滤

样品溶液应通过 0.22 μm 滤膜过滤去除颗粒物污染。在浓度范围未知的情况下先稀释 100 倍进样，样品浓度应保持在所选用定量方法的线性范围内。

C.1.2　除重金属

含重金属样品，一般使用沉淀分离、活性炭吸附、阳离子交换等方法处理，可使用 H 柱或 Na 柱，此外也可以使用电渗析法除去样品中的重金属后进行分析。

C.1.3　酸碱中和

可以使用电化学中和器处理高浓度酸、碱样品。用 Ag 柱或 Ba 柱除去样品中的高浓度 Cl^- 或 SO_4^{2-}。

C.1.4　除有机杂质

含少量复杂有机物杂质的样品，利用反相或吸附固相萃取方法可以有效去除样品中的大分子有机物，采用的处理柱有 C18/反相（RP）/离子交换等。

C.1.5　除有机基体

含大量复杂有机基体的样品，根据分析项目和基体特性，用液液萃取法、沉淀法、超滤法、消解法、光解法、燃烧法等方法除去有机质，再用固相萃取处理后进行分析。

C.1.6　除生物蛋白

含蛋白的生物样品应根据检测要求先采用合适的方法除去蛋白，再用固相萃取处理后进行分析。

C.2　气体样品

C.2.1　间接吸收法

用吸收剂吸收气体中的可溶性成分，然后分析吸收液。一般情况下，阴离子宜采用碱性吸收液吸收，阳离子采用酸性吸收液吸收。

C.2.2 膜吸收法

用大气采样器采样,用滤膜吸收气溶胶或悬浮物,将滤膜放入超纯水中超声提取,滤液经 0.22 μm 滤膜过滤后分析。

C.3 固体样品

C.3.1 溶解法

采用适当的溶剂(超纯水,酸,碱等),将固体样品溶解后制成溶液,进行分析。但所加溶剂中不得含被测离子。

C.3.2 溶剂萃取(浸取)法

利用超纯水或淋洗液,也可以用适量的酸、碱、盐、缓冲液或有机溶剂,对不溶性固体样品中可溶性组分进行提取,然后对萃取(浸取)液分析。在提取(浸取)过程中最好辅以震荡或超声波处理。为加速萃取(浸取)速度,也可以采取加热、加压、微波等辅助萃取方法。

C.3.3 碱熔法

将样品与强碱($NaOH$、Na_2O_2、Na_2CO_3、$CaOH$)混合,可加硅酸盐粉末,在相应的高温下熔化,冷却后用水、淋洗液、适量的酸、碱、盐或缓冲液提取,对浸取液分析。

C.3.4 氧弹(瓶)燃烧法

将有机化合物或有机体放入氧弹(瓶)中,通入氧气燃烧数秒,待测元素从样品基体中释放出来,转化为相应气体,被氧弹(瓶)内的吸收液吸收,对吸收液进行分析。

C.3.5 燃烧炉法

将有机化合物或有机体放入高温管式炉中,与氧气混合燃烧,样品经裂解氧化,将待测元素转化为气体随载气一起进入吸收液,对吸收液进行分析。

C.4 其他处理方法

其他适合用于离子色谱分析的样品前处理方法,如干式灰化法、微波消解法、蒸馏法、渗析法、电解法、在线富集法、阀切换法等。

附 录 D

（资料性附录）

格拉布斯表——临界值 $G_p(n)$

表 D.1 给出了格拉布斯表的临界值 $G_p(n)$。

表 D.1 格拉布斯表——临界值 $G_p(n)$

n	P		n	P	
	0.95	0.99		0.95	0.99
3	1.135	1.155	17	2.475	2.785
4	1.463	1.492	18	2.504	2.821
5	1.672	1.749	19	2.532	2.854
6	1.822	1.944	20	2.557	2.884
7	1.938	2.097	21	2.580	2.912
8	2.032	2.231	22	2.603	2.939
9	2.110	2.323	23	2.624	2.963
10	2.176	2.410	24	2.644	2.987
11	2.234	2.485	25	2.663	3.009
12	2.285	2.550	30	2.745	3.103
13	2.331	2.607	35	2.811	3.178
14	2.371	2.659	40	2.866	3.240
15	2.409	2.705	45	2.914	3.292
16	2.443	2.747	50	2.956	3.336

ICS 03.180
Y 51

中华人民共和国教育行业标准

JY/T 0576—2020
代替 JY/T 019—1996

氨基酸分析方法通则

General rules of analytical methods for amino acid

2020-09-29 发布

2020-12-01 实施

中华人民共和国教育部 发 布

前　言

本标准按照 GB/T 1.1—2009 给出的规则起草。

本标准代替 JY/T 019—1996《氨基酸分析方法通则》，与 JY/T 019—1996 相比，除编辑性修改外主要技术变化如下：

——修改了标准的适用范围（见第 1 章）；

——增加了规范性引用文件（见第 2 章）；

——删除了术语和定义（见 1996 年版第 2 章，2.1，2.3～2.9）；

——增加了术语和定义（见第 3.2）；

——修改了"原理"（见第 4 章）；

——修改了"分析环境要求"（见第 5 章）；

——删除了样品（见 1996 年版第 6 章）；

——修改了"仪器"（见第 7 章）；

——增加了"样品"（见第 8 章）；

——修改了"实施步骤"（见第 9 章）；

——增加了"结果报告"（见第 10 章）；

——修改了"安全注意事项"（见第 11 章）；

——增加了"氨基酸分析-高效液相色谱法"（见附录 A）。

本标准由中华人民共和国教育部提出。

本标准由全国教育装备标准化技术委员会化学分技术委员会（SAC/TC 125/SC 5）归口。

本标准起草单位：上海交通大学、华南农业大学、海南大学。

本标准主要起草人：张莉、朱娜、吕雪娟、周雪晴。

本标准所代替标准的历次版本发布情况为：

——JY/T 019—1996。

氨基酸分析方法通则

1 范围

本标准规定了样品中氨基酸分析方法的方法原理、分析环境要求、试剂和材料、仪器、样品、分析步骤、结果报告和安全注意事项。

本标准适用于用氨基酸分析仪和高效液相色谱仪对样品中水解氨基酸、游离氨基酸以及不常见的氨基酸进行定性定量分析的一般方法。

2 规范性引用文件

下列文件对于本文件的应用是必不可少的。凡是注日期的引用文件,仅注日期的版本适用于本文件。凡是不注日期的引用文件,其最新版本(包括所有的修改单)适用于本文件。

GB/T 6682　分析实验室用水规格和试验方法

GB/T 15000.8　标准样品工作导则(8)　有证标准样品的使用

JJF 1059.1　测量不确定度评定与表示

3 术语和定义

下列术语和定义适用于本文件。

3.1

柱前衍生　pre-column derivatization

样品在用分析柱分离前进行衍生化反应,然后经色谱柱对衍生物进行分离。

3.2

柱后衍生　post-column derivatization

样品组分在色谱柱分离之后,与衍生剂进行衍生化的过程。

4 方法原理

氨基酸分析原理是根据朗伯-比尔(Lambert-Beer)定律,在其他条件相同的情况下,吸光度与吸光物质的浓度成正比,通过比色可测定吸光物质的含量。氨基酸与衍生试剂反应生成氨基酸衍生物。氨基酸衍生物在紫外或可见光分光光度检测器中被检测,形成高斯分布的洗脱峰,峰面积与氨基酸含量成正比。在一定的方法下,氨基酸标准液中各种氨基酸被洗脱的时间、峰面积是确定的,通过比较样品和氨基酸标准品中各氨基酸的出峰时间,可定性鉴定未知样品中氨基酸组分;通过分析不同浓度的氨基酸标准品绘制峰面积-氨基酸含量标准曲线,可由未知样品中各氨基酸峰面积计算得到其含量。

　　氨基酸样品经适当的样品前处理后,经氨基酸分析仪的离子交换柱分离,被洗脱下来的氨基酸与水合茚三酮混合后在高温反应器中进行柱后衍生反应,生成可在 570 nm 波长下检测到的蓝紫色衍生物(脯氨酸、羟脯氨酸等亚氨基酸生成黄色衍生物在 440 nm 波长下检测),再通过可见光分光光度检测器测定氨基酸含量。

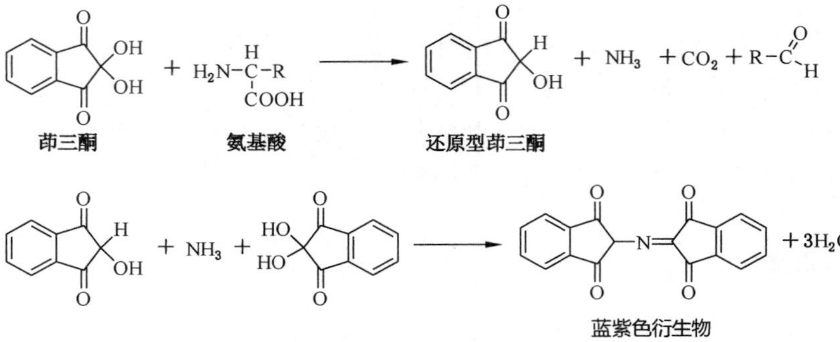

图 1　氨基酸与茚三酮的衍生化反应

5　分析环境要求

　　温度与湿度应符合仪器规定要求,温度控制 20 ℃±5 ℃,湿度≤75%。避免震动和阳光直射。工作环境通风良好,避免高浓度有机溶剂蒸气或腐蚀性气体。没有强磁场和电场。电源符合规定,供电电源的电压及频率应稳定。

6　试剂和材料

6.1　水

　　本标准使用的水应符合 GB/T 6682—2008 的规定。

6.2　试剂

　　除非另有规定,试剂应是分析纯试剂或质量更好的试剂。试剂不应干扰分析。

6.3　溶剂

　　溶剂应是色谱级或质量相当或更好的产品。溶剂不应干扰分析。

6.4　标准样品

　　应是符合 GB/T 15000.8—2003 规定的有证标准样品。

7 仪器

7.1 氨基酸分析仪组成

a) 泵:应满足材料耐化学腐蚀,在高压下连续工作,输出流量范围宽,输出流量稳定、重复性高等特点。

b) 进样器:自动进样器。

c) 色谱柱:蛋白质水解试样选用 Na^+ 型交换树脂的色谱柱,生理体液试样选用 Li^+ 型交换树脂的色谱柱。

d) 在线茚三酮衍生化反应单元:样品中的分析物经色谱柱分离后与茚三酮衍生试剂在高温反应单元中发生快速显色反应。

e) 检测器:可见光分光光度计。

f) 数据处理系统:主要由计算机及色谱工作站组成,用于记录和处理色谱分析的数据。

7.2 校准

设备在投入使用前,应采用校准方式,对检测分析结果的准确性或有效性有显著影响的设备,包括用于测量环境条件等辅助测量设备有计划地实施检定或校准,以确认其是否满足检测分析的要求。按照 JJG 1064—2011 氨基酸分析仪检定规程进行校准,并符合相应检测要求。仪器性能的计量指标包括泵流量设定值误差 S_S、泵流量稳定性 S_R、色谱柱分离度、检测器基线噪音、检测器基线漂移、检测器检测限、定性测量重复性、定量测量重复性以及仪器线性。

8 样品

8.1 样品预处理

试样经匀浆(或将试样尽量粉碎,全部通过孔径为 0.25 mm 的分样筛,充分混匀)装入磨口瓶中备用。对于粗脂肪含量大于或等于 5% 的样品,在细磨前应先用乙醚或石油醚(60 ℃～90 ℃)提取脱脂。根据具体实验需要进行预处理,预处理后的样品准确加入上机液,使氨基酸浓度处于仪器最佳检测范围内,0.22 μm 滤膜过滤后取清液供氨基酸分析仪检测用。预处理后的样品也可以用衍生化试剂衍生,使样品浓度处于仪器最佳检测范围内,0.22 μm 滤膜过滤后取清液供高效液相色谱仪检测用。参考方法符合 8.1.1～8.1.2 的规定。

8.1.1 测定水解氨基酸样品预处理方法

8.1.1.1 常规酸水解法

常规酸水解法使试样中的蛋白经盐酸水解成为游离氨基酸,适用于测定非含硫氨基酸：天门冬氨酸、苏氨酸、丝氨酸、谷氨酸、脯氨酸、甘氨酸、丙氨酸、缬氨酸、异亮氨酸、亮氨酸、酪氨酸、苯丙氨酸、组氨酸、赖氨酸和精氨酸的含量。水解中，色氨酸全部破坏，不能测量。含硫氨基酸部分氧化，不能测准。处理方法符合 8.1.1.2～8.1.1.3 的规定。

称取一定量试样（精确到 0.000 1 g），使试样蛋白质含量在 10 mg～20 mg 范围内。将称好的试样置于水解管中。在水解管中加入 6 mol/L 盐酸 10 mL～15 mL（视试样蛋白质含量而定），加入新蒸馏的苯酚 3 滴～4 滴，将水解管置于液氮或干冰-丙酮中冷冻 3 min～5 min，将水解管抽真空，然后充入高纯氮气，反复置换 3 次后，在充氮气状态下封口或拧紧螺丝盖。将水解管置于 110 ℃±1 ℃ 的电热鼓风恒温箱或水解炉内，水解 22 h。取出水解管，冷却至室温，用去离子水多次冲洗水解管，将水解液全部转移至容量瓶中，用去离子水定容，振荡混匀。过滤，准确吸取滤液于瓶中，在 40 ℃～50 ℃ 真空干燥器中干燥，干燥后的残留物用去离子水溶解，再干燥，反复进行 2 次，最后蒸干。

8.1.1.2 氧化酸水解法

氧化酸水解法将试样蛋白中的含硫氨基酸（胱氨酸、半胱氨酸和蛋氨酸）用过甲酸氧化并经盐酸水解生成磺基丙氨酸和蛋氨酸砜进行测定。处理方法如下：

称取一定量试样（精确到 0.000 1 g），使试样蛋白质含量在 7.5 mg～25.0 mg 范围内。将称好的试样置于浓缩瓶中，于冰水浴中冷却 30 min 后加入冷却的过甲酸溶液 2 mL，在 0 ℃ 反应 16 h。然后加入 48% 氢溴酸 0.3 mL，充分摇匀后，在 0 ℃ 静置 30 min，60 ℃ 浓缩至干。用 6 mol/L 盐酸将残渣定量转移至水解管中，封管，将水解管置于 110 ℃±1 ℃ 的恒温干燥箱中，水解 22 h～24 h。取出水解管，冷却至室温，用去离子水多次冲洗水解管，将水解液全部转移至容量瓶中，用去离子水定容。过滤，准确吸取滤液于瓶中，在 40 ℃～50 ℃ 真空干燥器中干燥，干燥后的残留物用去离子水溶解，再干燥，反复进行 2 次，最后蒸干。

8.1.1.3 碱水解法

碱水解法将试样蛋白经碱水解，水解出的色氨酸供测定。处理方法如下：

称取一定量试样（精确到 0.000 1 g），使试样蛋白质含量在 7.5 mg～25.0 mg 范围内。将称好的试样置于聚四氟乙烯衬管中，加入碱解剂（4 mol/L 氢氧化锂溶液）1.5 mL，于液氮或干冰丙酮中冷冻，然后将衬管插入水解管，充入高纯氮气，封管。将水解管置于 110 ℃±1 ℃ 恒温干燥箱中，水解 22 h～24 h。取出水解管，冷却至室温，用 pH4.3 的柠檬酸钠缓冲液将水解液转移至 25 mL 容量瓶中，加入盐酸溶液中和，并用上述缓冲液定容。离心或用 0.22 μm 滤膜过滤后取清液供检测用。经碱水解出的色氨酸可用氨基酸分析仪或高效液相色谱仪直接测定。

8.1.2 测定游离氨基酸样品预处理方法

游离氨基酸试样不需要进行样品的水解，在分析前根据样品的具体情况需进行提取、脱脂、除蛋白、脱色等处理。

8.1.2.1 液体样品

8.1.2.1.1 酱油、果汁及含植物材料的液体样品、生理体液样品（包括血液、脊髓液、眼内液、尿液等）

a) 磺基水杨酸法

量取新鲜样品液与等体积1％～10％的磺基水杨酸溶液混合，磺基水杨酸的浓度和用量根据样品中游离氨基酸的含量而定。脊髓液中几乎所有的氨基酸含量都相对较低，直接把磺基水杨酸晶体加入样品液中，使溶液中磺基水杨酸浓度达1％～3％。充分摇匀，置于4℃冰箱1 h，取出，14 000 r/min高速离心15 min，取上清液。

b) 三氯乙酸法

量取新鲜样品液0.5 mL，加入1％～5％三氯乙酸溶液3.0 mL，混匀，14 000 r/min高速离心15 min，取上清液，减压蒸干，残留物用去离子水溶解，再干燥，反复进行3次，最后蒸干。

8.1.2.1.2 含氨基酸的叶面肥

称取试样1 g～5 g（精确到0.000 1 g），置于容量瓶中，用去离子水定容，摇匀，取上清液2 mL，加入5％磺基水杨酸溶液2 mL，混匀，放置1 h，加入1％乙二胺四乙酸（EDTA）溶液1 mL和0.06 mol/L盐酸1 mL，14 000 r/min高速离心15 min，取上清液。

8.1.2.2 固体样品，包括动植物组织、粪便等

a) 磺基水杨酸法

称取匀浆后的动物组织2 g（精确到0.000 1 g），加入5倍体积的3％磺基水杨酸溶液，混匀，放置1 h，14 000 r/min高速离心15 min，取上清液。

b) 乙醇提取法

称取新鲜样品5 g（精确到0.000 1 g），加入70％～80％乙醇200 mL，回流提取20 min，过滤，残渣用乙醇提取2次，过滤，合并滤液，减压蒸除乙醇，将残留物倒入分液漏斗内，加10 mL乙醚萃取，除去脂类和部分色素，水层转移至圆底烧瓶中减压蒸干。

8.2 样品浓度范围

根据具体实验需要进行方法优化，参考浓度范围为0.02 mmol/L～1 mmol/L。

9 定量分析

9.1 实验前准备工作

开机，打开仪器控制软件，清洗泵，进样器流路和进样针，平衡仪器。

9.2 实施步骤

9.2.1 预实验或验证试验

编辑方法文件、分析程序、积分参数以及样品表等工作参数。仪器参数通过优化实验确定。选择应用程序和分析方法。实验室需要使用新的分析方法时,需要经过验证方能保证数据质量,同时应保留验证记录。

9.2.2 分析

按样品表顺序放置标样(相应的混合氨基酸标准工作液)和制备好的样品。日常分析时,20 个样品应包含一个质量控制(quality control,QC)样品和一个空白样品,并且应进行平行分析来控制数据的质量。空白试验所制备的样品除不加试样外,与测试样品制备方法相同。分析结束后,调出测试结果,进行定性定量分析,输出数据。

10 结果报告

10.1 基本信息

结果报告中可包括:委托单位信息、样品信息、仪器设备信息、环境条件、制样方法、检测方法(依据标准)、检测结果、检测人、校核人、批准人、检测日期等。必要和可行时可给出定量分析方法和结果的评价信息。

10.2 检测结果

包括前处理方法、谱图、计算结果等必要的信息。

10.3 分析结果的表述

10.3.1 定性分析

在相同的分析条件下,氨基酸标准品中各种氨基酸被洗脱的时间、峰面积是确定的,通过比较样品和氨基酸标准品中各氨基酸的保留时间,可定性鉴定未知样品中氨基酸组分。为了进一步确认组分定性的准确性,可采用改变分析条件再对照的方法。

10.3.2 定量分析

根据具体实验需要采用外标法(标准曲线法或外标单点法)或内标法对所测未知试样进行定量分析。用"正确度"和"精密度"两个术语来描述一种测量方法的准确度。精密度反映了偶然误差的分布,而与真值或规定值无关;正确度反映了与真值的系统误差,用绝对误差或相对误差表示。在实际工作中,可用标准物质或标准方法进行对照试验,计算误差;或加入被测定组分的纯物质进行回收试验,计算回收率。精密度与被测组分浓度有关,必须指明测量精密度时所用的浓度,同时,要标明测量次数(n=测量次数)。必要时按照 JJF 1059.1—2012 中的评定方法和原则进行分析结果测量不确定度的必要评定与表示。

试样中各氨基酸的含量按式(1)计算：

$$X_i = \frac{c_i \times V \times F \times M}{m \times 10^9} \times 100 \quad \cdots\cdots\cdots\cdots\cdots\cdots (1)$$

式中：

X_i ——试样中氨基酸 i 的含量，单位为克每百克(g/100 g)；

c_i ——试样测定液中氨基酸 i 的含量，单位为纳摩尔每毫升(nmol/mL)；

V ——水解后试样定容体积，单位为毫升(mL)；

F ——试样稀释倍数；

M ——氨基酸 i 的摩尔质量，单位为克每摩尔(g/mol)；

m ——称样量，单位为克(g)；

10^9 ——将试样含量由纳克(ng)折算成克(g)的系数；

100——换算系数。

以上两个平行试样测定结果的算术平均值报告结果，保留两位小数。在重复性测定条件下，两次独立测定结果的绝对差值不应超过其算术平均值的12%。

11 安全注意事项

11.1 电源应良好接地，仪器应有单独接地线。

11.2 正确使用压力容器并做好固定。

11.3 配置溶液及进行衍生化反应时应在通风橱中进行，并做好防护措施(戴防护眼镜、戴手套、穿防护服)。溶剂和废液严格按照规定使用和处理。操作仪器前，要彻底检查管路、接头等处是否漏液和漏气。

11.4 氨基酸分析仪在线茚三酮衍生化反应单元温度达 135 ℃，注意不要触碰，防止烫伤。

附 录 A

（资料性附录）

氨基酸分析-高效液相色谱法

A.1 氨基酸分析-高效液相色谱法原理

氨基酸样品经适当的样品前处理后,采用异硫氰酸苯酯(PITC)或其他衍生化试剂作为柱前衍生剂。以 PITC 作为柱前衍生化试剂为例说明。PITC 与氨基酸分子中的氨基(亚氨基)发生定量的衍生化反应,产生苯氨基硫甲酰氨基酸(PTC-AA)。由于在氨基酸的结构上引入了苯环,使氨基酸的极性降低而有利于反相色谱分离。衍生产物 PTC-AA 的混合物在色谱柱中随流动相作相对移动时,混合氨基酸衍生物在两相间进行反复多次的分配。因两相间分配系数不同,使混合组分达到分离。苯环的引入也使紫外检测器能够高灵敏度地定量检测 PTC-AA。以标准混合氨基酸的 PITC 衍生物 PTC-AA 绘制标准工作曲线,即可对待测试样中的 PTC-AA 进行定量分析。

A.2 氨基酸柱前衍生化方法

A.2.1 异硫氰酸苯酯(PITC)柱前衍生氨基酸分析法

本方法是依据氨基酸与异硫氰酸苯酯(PITC)反应,生成有紫外响应的氨基酸衍生物苯氨基硫甲酰氨基酸(PTC-AA),PTC-AA 经反相高效液相色谱分离后用紫外检测,在一定的范围内其吸光值与氨基酸浓度成正比。根据具体实验需要进行方法优化,参考条件如下:

　　a) 试剂

　　　　1) 流动相 A 液:0.1 mol/L 醋酸钠溶液(取无水醋酸钠 8.2 g,加水 900 mL 溶解,用冰醋酸调 pH 至 6.5,然后加水至 1 000 mL,混匀),用 0.45 μm 的滤膜过滤。取此液 930 mL 与 70 mL 乙腈混合,超声波脱气 5 min 后备用。

　　　　2) 流动相 B 液:分别量取 800 mL 乙腈和 200 mL 超纯水混合,超声波脱气 5 min 后备用。

　　　　3) 内标溶液:称取一定量正亮氨酸,溶于 0.1 mol/L 盐酸水溶液,得到 0.02 mol/L 正亮氨酸内标溶液。

　　　　4) 衍生化试剂:将 250 μL 异硫氰酸苯酯用乙腈定容至 10 mL,得到 0.2 mol/L 异硫氰酸苯酯溶液。

　　　　5) 氨基酸储备液:称取一定量氨基酸标准品,用 0.1 mol/L 盐酸水溶液溶解,胱氨酸为 0.01 mol/L,酪氨酸为 0.02 mol/L,其他氨基酸为 0.05 mol/L。

　　　　6) 氨基酸使用液:将储备液用 0.1 mol/L 盐酸水溶液稀释,得到浓度为 0.002 mol/L 的氨基酸单标和混标(胱氨酸浓度为 0.001 mol/L)。

　　b) 标准溶液衍生

精密量取 200 μL 氨基酸混合使用液，置于离心管中，准确加入正亮氨酸内标溶液 20 μL，1 mol/L 三乙胺乙腈溶液 100 μL 和 0.2 mol/L 异硫氰酸苯酯乙腈溶液 100 μL，混匀，室温反应 1 h，然后加入正己烷 400 μL，旋紧盖子后剧烈振荡 5 s～10 s，静置分层，取 200 μL 下层溶液与 800 μL 水混合，过滤，供分析检测用。

c) 样品溶液衍生

精密量取 200 μL 样品溶液（蛋白质水解液或游离氨基酸溶液），置于离心管中，加入正亮氨酸内标溶液 20 μL，混匀，再加入 1 mol/L 三乙胺乙腈溶液 100 μL 和 0.2 mol/L 异硫氰酸苯酯乙腈溶液 100 μL，混匀，室温反应 1 h，然后加入正己烷 400 μL，旋紧盖子后剧烈振荡 5 s～10 s，静置分层，取 200 μL 下层溶液与 800 μL 水混合，过滤，供分析检测用。

A.2.2　6-氨基喹啉基-N-羟基琥珀酰亚胺基氨基甲酸酯（AQC）柱前衍生氨基酸分析法

本方法是依据氨基酸与 6-氨基喹啉基-N-羟基琥珀酰亚胺基氨基甲酸酯（AQC）反应，生成有紫外与荧光响应的不对称氨基酸衍生物（AQC-氨基酸），AQC-氨基酸经反相高效液相色谱分离后用紫外或荧光检测，在一定的范围内其吸光值与氨基酸浓度成正比。根据具体实验需要进行方法优化，参考条件如下：

a) 试剂

1) 流动相 A 液：取醋酸铵 10.8 g 或无水醋酸钠 11.5 g，加水 900 mL 溶解，用磷酸调 pH 至 5.0，然后加水至 1 000 mL 定容。

2) 流动相 B 液：分别量取 600 mL 乙腈和 400 mL 超纯水混合，超声波脱气 5 min 后备用。

3) 衍生试剂：取 AQC 适量，加乙腈溶解并稀释至每 1 mL 中含 1 mg AQC 的溶液。

b) 衍生方法

精密量取 10 μL 样品溶液（蛋白质水解液或游离氨基酸溶液）放入衍生管中，加入 70 μL 0.4 mol/L 硼酸盐缓冲水溶液（pH＝8.8），涡旋混和并加入 20 μL AQC 衍生剂，涡旋混和 15 s。样品管用石蜡膜封口，放于 55 ℃烘箱中加热 10 min，待测。氨基酸标准溶液处理同上。

A.2.3　邻苯二醛（OPA）和 9-芴甲基氯甲酸酯（FMOC）柱前衍生氨基酸分析法

本方法是依据一级氨基酸在巯基试剂存在下，首先与邻苯二醛（OPA）反应，生成 OPA-氨基酸。反应完毕后，加入 9-芴甲基氯甲酸酯（FMOC），剩余的二级氨基酸与 FMOC 继续反应，生成 FMOC-氨基酸，两次反应生成的氨基酸衍生物经反相高效液相色谱分离后用紫外检测，在一定的范围内其吸光值与氨基酸浓度成正比。根据具体实验需要进行方法优化，参考条件如下：

a) 试剂

1) 流动相 A 液：称取醋酸钠 7.5 g，加水 4 000 mL 溶解，加三乙胺 800 μL，四氢呋喃 24 mL，混匀，用 2%醋酸调 pH 至 7.2；

2) 流动相 B 液:称取醋酸钠 10.88 g,加水 800 mL 溶解,用 2％醋酸调 pH 至 7.2,加乙腈 1 400 mL,甲醇 1 800 mL,混匀;

3) 缓冲液:取硼酸 24.73 g,加水 800 mL 溶解,用 40％氢氧化钠溶液调 pH 至 10.4,然后加水稀释至 1 000 mL,得 0.4 mol/L 硼酸盐缓冲液(pH＝10.4);

4) 衍生试剂:称取 OPA 80 mg,加 0.4 mol/L 硼酸盐缓冲液(pH＝10.4) 7 mL,加乙腈 1 mL,3-巯基丙酸 125 μL,混匀,得 OPA 溶液。取 FMOC 40 mg,加乙腈 8 mL 溶解,得 FMOC 溶液。

b) 衍生方法

精密量取氨基酸水解液 50 μL,置于 1.5 mL 离心管中,加入 0.4 mol/L 硼酸盐缓冲液(pH＝10.2)250 μL,混匀,精密加入 OPA 衍生剂 50 μL,混匀,放置 30 s,精密加入 FMOC 衍生剂 50 μL,混匀,待测。氨基酸标准溶液处理同上。

注: 由于 OPA-氨基酸不稳定,因此衍生后应立即进行分离测定,或者通过液相色谱自动进样器来进行柱前自动衍生。

参 考 文 献

［1］ GB/T 18246—2019 饲料中氨基酸的测定

［2］ GB/T 5009.124—2016 食品安全国家标准 食品中氨基酸的测定

［3］ GB/T 18654.11—2008 养殖鱼类种质检验 第11部分:肌肉中主要氨基酸含量的测定

［4］ NY/T 1618—2008 鹿茸中氨基酸的测定 氨基酸自动分析仪法

［5］ NY/T 1975—2010 水溶肥料 游离氨基酸含量的测定

［6］ QB/T 4356—2012 黄酒中游离氨基酸的测定 高效液相色谱法

ICS 03.180
Y 51

中华人民共和国教育行业标准

JY/T 0578—2020
代替 JY/T 006—1996,JY/T 007—1996

超导脉冲傅里叶变换核磁共振波谱
测试方法通则

General rules for superconducting pulsed Fourier transform
nuclear magnetic resonance spectrometry

2020-09-29 发布   2020-12-01 实施

中华人民共和国教育部   发 布

前　　言

本标准按照 GB/T 1.1—2009 给出的规则起草。

本标准代替 JY/T 006—1996《脉冲傅里叶变换电磁体核磁共振波谱方法通则》和 JY/T 007—1996《超导脉冲傅里叶变换核磁共振谱方法通则》。以 JY/T 007—1996 为主，整合 JY/T 006—1996 的部分内容，除编辑性修改外，本标准主要技术变化如下：

——修改了标准的适用范围（见第 1 章，JY/T 007—1996 的第 1 章）；

——合并了两个方法通则。考虑到电磁体已趋于淘汰的现状，本测试方法通则仅适用于超导磁体的谱仪；

——增加了规范性引用文件；

——修改"定义"为"术语和定义"（见第 3 章和 JY/T 007—1996 的第 3 章）；

——增加了与本通则相关的术语和定义："磁场强度"（见 3.1）、"核磁共振波谱"（见 3.2）、"射频"（见 3.4）、"脉冲宽度"（见 3.6）、"脉冲翻转角"（见 3.7）、"脉冲序列"（见 3.8）、"自由感应衰减"（见 3.9）、"化学位移参比物"（见 3.15）、"内标法"（见 3.16）、"外标法"（见 3.17）、"替代法"（见 3.18）、"调谐与匹配"（见 3.20）、"核的欧沃豪塞效应"（见 3.24）、"脉冲梯度场"（见 3.25）；

——修改原定义中"旋磁比"为"磁旋比"，并在全文出现该定义处统一使用"磁旋比"（见 3.3,3.7,3.28、第 4 章和 10.7.3，JY/T 007—1996 的 2.1）；

——修改了"脉冲"的定义（见 3.5 和 JY/T 007—1996 的 2.2）；

——修改了"傅里叶变换"的定义（见 3.10 和 JY/T 007—1996 的 2.3）；

——修改了"分辨率"的定义（见 3.11 和 JY/T 007—1996 的 2.4）；

——修改了"氘代试剂"的定义（见 3.13 和 JY/T 007—1996 的 2.8）；

——修改了"化学位移"的定义，在"化学位移"定义中根据国际纯粹和化学联合会的建议更新了化学位移的计算公式，在注释中说明化学位移是无单位的相对值，"ppm"是表示数值大小的符号，不是化学位移的单位（见 3.14 和 JY/T 007—1996 的 2.10）；

——将原定义中的"内锁、外锁"改为"锁场"，修改了定义内容（见 3.19 和 JY/T 007—1996 的 2.6）；

——修改了"弛豫时间"的定义（见 3.22 和 JY/T 007—1996 的 2.11）；

——将原定义中的"多核"改为"杂核"（见 3.23 和 JY/T 007—1996 的 2.9）；

——修改了"魔角旋转"的定义（见 3.26 和 JY/T 007—1996 的 2.13）；

——修改原定义中的"哈特曼-哈恩条件"为"哈特曼-哈恩匹配"（见 3.28 和 JY/T 007—1996 的 2.15）；

——增加了"环境要求"（见第 5 章）；

——修改扩充了"试剂与材料"的内容，增加新的条目，原文内容放入条目"氘代试剂"中并进行修改（见 6.1 和 JY/T 007—1996 的第 4 章）；

——增加了"化学位移参比物"的相关内容(见 6.2);

——增加了"标准样品",列举了常用"液体核磁共振标准样品"和"固体核磁共振标准样品"(见 6.3,6.3.1,6.3.2,6.3.3);

——增加了"弛豫试剂"(见 6.4);

——增加了"液体核磁共振样品管"和"固体核磁共振样品管"的内容(见 6.5 和 6.6);

——删除了"仪器组成"中图 1 的"超导脉冲 FT NMR 谱仪框图"(见 7.1 和 JY/T 007—1996 的 5.1);

——修改补充了"探头"和"射频单元"(见 7.1.2,7.1.3 和 JY/T 007—1996 的 5.1.2,5.1.3);

——增加了"压缩气体和气路系统"(见 7.1.5);

——修改"仪器性能"相关的内容,将原文中的表 1"超导 PFT NMR 仪技术指标"进行补充更新后移入附录 B 中,强调了附录 B 中列举的主要技术指标不用于仪器合格性判定,仅供参考(见 7.2,附录 B 和 JY/T 007—1996 的 5.2);

——增加了"检定和校准"(见 7.3);

——拆分"样品"为"液体核磁共振样品"和"固体核磁共振样品"两章(见第 8 章,第 9 章,JY/T 007—1996 的第 6 章);

——在新增的"液体核磁共振样品"中,修改整理了内容,增加了"对待测试样品的要求","样品溶液的配制"和"对样品溶液状态的要求"等方面的内容(见 8.1,8.2,8.3,JY/T 007—1996 的 6.1,6.2 和 6.5.1);

——修改和添加了关于"液体核磁共振谱化学位移参比物"的内容,增加了多个条目(见 8.4,JY/T 007—1996 的 6.2 和 6.3);

——在新增的"固体核磁共振样品"中,分成三个条目"对待测样品的要求""测试样品的制备"和"固体核磁共振谱化学位移参比物"进行描述(见 9.1,9.2 和 9.3,JY/T 007—1996 的 6.4 和 6.5.2);

——修改拆分了"分析步骤",将液体和固体核磁共振谱的测试内容拆分成两章(见第 10 章和第 11 章,JY/T 007—1996 的第 7 章);

——删除了示例谱图,补充增加了每个测试方法的基本脉冲序列图(见第 10 章和第 11 章,JY/T 007—1996 的第 7 章);

——在新增的"液体核磁共振谱的测试"中,对原有测试方法进行了修改,对原有条目重新进行整理归类;增加了杂核谱、NOE 差谱、反转门控去耦谱等一维谱测试方法;增加了 TOCSY、NOESY、ROSEY 和 DOSY 等常用二维谱测试方法;增加了 T_1、T_2 弛豫时间的测试方法(见第 10 章,JY/T 007—1996 的第 7 章);

——增加了"液体核磁共振波谱的定量分析"(见 10.11);

——在新增的"固体核磁共振谱的测试"中,修改完善了原有固体核磁谱图的测试内容,对原有条目重新进行整理归类;增加了 CP-TOSS、CRAMPS 和 FSLG-HETCOR 等方法(见第 11 章,JY/T 007—1996 的 7.4.6 和 7.4.7);

——增加了"结果报告",将原"分析结果的表述"归入本章(见第 12 章和 12.3,JY/T 007—1996 的第 8 章);

——修改了"分析结果的表述"中关于化学位移值的表述,强调了化学位移值与参比

物化学位移值的相对关系(见12.3.1和12.3.2,JY/T 007—1996的第8章);

——增加了"安全注意事项"相关的内容(见第13章,JY/T 007—1996的第9章);

——在附录"液体核磁共振波谱测试中常用氘代溶剂的性质"中增加了"常用氘代试剂的种类",增加了"各氘代试剂的熔点、沸点及残余水峰化学位移值"等内容(见附录 A 和1996 版的附录 A);

——增加了参考文献。

本标准由中华人民共和国教育部提出。

本标准由全国教育装备标准化技术委员会化学分技术委员会(SAC/TC 125/SC 5)归口。

本标准起草单位:北京大学、北京化工大学、福州大学、东华大学、华东理工大学。

本标准主要起草人:扶晖、郭灿雄、张秀、林韵、赵辉鹏、潘铁英。

本标准所代替标准的历次版本发布情况为:

——JY/T 006—1996;

——JY/T 007—1996。

超导脉冲傅里叶变换核磁共振波谱
测试方法通则

1 范围

本标准规定了超导脉冲傅里叶变换核磁共振波谱测试方法的原理、环境要求、试剂和材料、仪器、液体核磁共振样品、固体核磁共振样品、液体核磁共振谱的测试、固体核磁共振谱的测试、结果报告和安全注意事项。

本标准适用于超导脉冲傅里叶变换核磁共振谱仪进行液体核磁共振谱或固体核磁共振谱的测试。

2 规范性引用文件

下列文件对于本文件的应用是必不可少的。凡是注日期的引用文件,仅注日期的版本适用于本文件。凡是不注日期的引用文件,其最新版本(包括所有的修改单)适用于本文件。

IUPAC Recommendation 2008 对 NMR 屏蔽效应和化学位移的进一步规定(Further conventions for NMR shielding and chemical shifts)

3 术语和定义

下列术语和定义适用于本文件。

3.1

磁场强度 magnetic field intensity

也被称为磁感应强度或磁通量密度,是表示贯穿一个标准面积的磁通量大小的物理量。

注:其符号是 B,单位为特斯拉(T)。

3.2

核磁共振波谱 nuclear magnetic resonance(NMR)spectroscopy

在静磁场中,由外加射频脉冲诱导而使自旋量子数 $I \neq 0$ 的原子核的核磁矩在相邻能级间跃迁产生的波谱。

3.3

磁旋比 magnetogyric ratio

γ

反映原子核固有特性的常数之一,它是核磁矩 μ 与其角动量 P 之比,数值有正有负。

注:其单位为弧度·秒$^{-1}$·特斯拉$^{-1}$(rad·s^{-1}·T^{-1})。

3.4

射频 radio frequency;RF

频率范围在 3 kHz 到 300 GHz 的电磁辐射通称为射频。在核磁共振实验中通常以脉冲的方式作用于被检测样品上,用以激发样品的核自旋系统,使其产生横向磁化矢量。

3.5

脉冲 pulse

通常指射频电磁波骤然开启到骤然终止的过程,可按照其形状描述为方波、正弦波等。脉冲具有特定相位,其开闭时间和强度可根据需要改变。

3.6

脉冲宽度 pulse width

简称脉宽,是一个射频脉冲作用的持续时间,也称为脉冲长度,一般以微秒(μs)为单位。

3.7

脉冲翻转角 flip angle

也称为倾倒角,是射频脉冲作用下磁化矢量发生的角度变化,通常以角度或弧度为单位表示。翻转角的大小取决于射频场强度(B_1)、射频脉冲宽度(p)和所观测核的磁旋比(γ),以角度(θ)表示时,它们之间的关系如式(1)。

$$\theta = \gamma B_1 p / 2\pi \quad\cdots\cdots\cdots\cdots\cdots\cdots\cdots\cdots\cdots(1)$$

3.8

脉冲序列 pulse sequence

由单个或一系列射频脉冲和脉冲之间的时间间隔组成,通过选择不同的脉冲组合和时间间隔可以达到观察特定 NMR 信号的目的。

3.9

自由感应衰减 free induction decay;FID

在射频脉冲作用后,自旋系统在核磁共振谱仪的接收线圈中诱导产生的强度随时间衰减的感应信号。

3.10

傅里叶变换 Fourier transform;FT

将时间函数转换成频率函数或其反过程的一种数学方法。在核磁共振波谱测试中,通过计算机把采集得到的时域信号(FID)经过傅里叶变换成为频域信号(NMR 谱)。

3.11

分辨率 resolution

仪器对两条相邻共振谱峰分辨的能力。在核磁共振波谱中通常以特定标样的谱峰半峰宽值(以 Hz 为单位)来反映仪器的分辨率。

3.12

灵敏度 sensitivity

仪器检测信号的能力,通常以信噪比(S/N)来表示。

3.13

氘代试剂　deuterated solvent

溶剂中的^{1}H被其同位素^{2}H(D)取代,用于液体核磁共振波谱测试中,一方面提供锁场信号,另一方面避免溶剂峰对氢谱谱图的干扰。

3.14

化学位移　chemical shift

δ

在核磁共振波谱中用它表示样品信号峰的位置,是个相对值,与所使用的核磁共振谱仪的磁场强度无关。对于任一自旋核X,它的定义见式(2):

$$\delta_{sample}(X) = [\upsilon_{sample}(X) - \upsilon_{reference}(X)]/\upsilon_{reference}(X) \quad \cdots\cdots\cdots\cdots(2)$$

式中:

υ——样品或参比物在同一磁场强度下的共振频率。

注:国际纯粹和应用化学联合会(IUPAC)在2008年发表的建议中,对化学位移的定义中去除了$\times 10^6$这一因子。因为在式(2)中,分子一项通常是Hz量级,分母一项通常是MHz量级。两项相除得到的数值直接就是以ppm表示的数。ppm作为数值的后缀与"$\times 10^{-6}$"是可互换的,就如"‰"与"$\times 0.01$"可以互换一样。注意ppm是表示数值大小的后缀,并不是单位,化学位移是一个没有量纲的相对值。

3.15

化学位移参比物　reference

也称为参考物,用作标定核磁共振波谱图中谱峰化学位移的基准物。

3.16

内标法　internal reference

参比物与样品溶解于同一溶剂中,并置于同一样品管中,测试时同时检测参比物与样品的共振谱峰。

3.17

外标法　external reference

参比物不与样品溶液混合,与样品分别放入不同的样品管。在测试时,两个样品管以同轴相套的方式放入磁体中,同时测试参比物与样品的共振谱峰。

3.18

替代法　substitution method

参比物不与样品溶液混合,与样品分别处于不同的样品管。在测试条件尽可能不变的情况下,分别测试参比物与样品的共振谱峰。

3.19

锁场　lock

在液体核磁共振波谱测试中,根据核磁共振色散信号的共振频率与磁场强度成正比的关系,通常利用^{2}H的共振信号作为锁信号,利用场频联锁技术,使锁场系统的反馈体系在磁场强度发生变化时产生校正电流,形成补偿磁场,保持总磁场强度不变。含^{2}H锁信号物质多数情况下就是溶剂(氘代试剂)。

3.20

调谐与匹配 tuning and matching

调谐使探头射频线圈的谐振频率与观察核进动频率一致,获得最佳灵敏度。匹配使探头的输入阻抗与放大器的输出阻抗匹配,保证射频能量有效地传送到探头,减少对探头的伤害,同时接收信号也可达到最佳信噪比。测试中所有用到的射频通道都必须进行调谐和匹配。

3.21

匀场 shimming

用谱仪中的多组匀场线圈产生不同方向的弱磁场梯度以补偿或抵消样品处磁体自身磁场的微小不均匀性,它是提高谱仪分辨率的重要措施。

3.22

弛豫时间 relaxation time

受激发的核自旋系统的磁化矢量通过非辐射途径,即靠核自旋和环境(晶格)或其他自旋相互作用交换能量恢复到由居里定理给出的平衡值的过程定义为弛豫过程。自旋-晶格弛豫时间(T_1),也称为纵向弛豫时间,是在施加射频脉冲后重新建立纵向磁化矢量热平衡的时间常数。在弛豫过程中纵向磁化强度在时间 T_1 内将恢复到平衡值的$(1-1/e)$倍(63%)。自旋-自旋弛豫时间(T_2),也称为横向弛豫时间,在弛豫过程中横向磁化强度在时间 T_2 内将衰减至平衡值的 $1/e$ 倍(37%)。

3.23

杂核 heteronucleus

泛指 ^1H 以外其他自旋核,如:^{13}C,^{15}N,^{17}O,^{19}F,^{23}Na,^{27}Al,^{29}Si,^{31}P 等。

3.24

核的欧沃豪塞效应 nuclear Overhauser effect;NOE

在核磁共振实验中,空间位置上接近的两个核(小于 0.5 nm),由于它们之间的偶极—偶极相互作用,当选择照射其中一个核使其自旋达到饱和后,可以观察到另一核的谱峰相对强度增强或减弱,这一现象称为核的欧沃豪塞效应(NOE)。NOE 与核空间距离的 6 次方成反比,反映了所观测核之间的空间接近程度。

3.25

脉冲梯度场 pulse field gradient;PFG

核磁共振谱仪中通过硬件装置(线圈和放大器)的配置,可以在三个相互正交的轴的一个方向快速产生磁场强度呈梯度变化的磁场,通常称为脉冲梯度场。在应用中,将脉冲梯度场与射频脉冲组合成一个脉冲序列来选择相干途径,相对于传统上需要通过相循环来选择相干途径的实验,大大减少了采样时间。

3.26

魔角旋转 magic angle spinning;MAS

在固体核磁共振波谱测试中,如果将试样旋转轴与静磁场方向的夹角调节到 $54°44'$ 或 $54.74°$(魔角)时并快速旋转样品,理论上可以消除或减小化学位移各向异性、同核或异核偶极耦合相互作用和四极相互作用等对谱图的影响,达到窄化谱线的目的。魔角旋转是固体核磁共振波谱中提高谱图分辨率的一个重要手段。

3.27

高功率去偶　high power decoupling

通常指通过高功率质子去偶，消除^{13}C或^{15}N、^{29}Si等杂核与^1H的异核偶极相互作用，使该核的核磁共振谱线信号增强，谱峰变窄。

3.28

哈特曼—哈恩匹配　Hartmann-Hahn matching

对于样品中磁旋比不同的两个自旋系统I和S，如果加在其上的射频场满足哈特曼-哈恩匹配条件［式（3）］，则在旋转坐标体系中，它们自旋进动频率相同，达到能级匹配。

$$\gamma_S B_{1S} = \gamma_I B_{1I} \quad\quad\quad\quad\quad\cdots\cdots\cdots\cdots\cdots\cdots\cdots（3）$$

式中：

γ ——磁旋比；

B_1——外加射频场强度。

3.29

交叉极化　cross polarization；CP

对3.28条中的I、S自旋系统，利用适当的脉冲序列，在满足哈特曼-哈恩条件时，极化（即能级之间的布居数差）能从高天然丰度的I自旋系统（丰核，如^1H）转移到低天然丰度的S自旋系统（稀核，如^{13}C、^{15}N、^{29}Si等），导致后者的磁化强度大大增强，故提高了灵敏度。此外，这时系统的弛豫恢复时间与稀核固有的较长的T_1无关，而由丰核较短的T_1决定，故显著缩短了信号累加的时间。

3.30

一维核磁共振谱　one-dimensional（1D）NMR spectrum

在核磁共振波谱测试中检测到的信号强度随时间变化的一组数列经傅里叶变换得到信号强度随频率变化的谱图。

3.31

二维核磁共振谱　two-dimensional（2D）NMR spectrum

在核磁共振波谱测试中检测到的信号强度随两个时间变量变化的一组数据矩阵，经过两次傅里叶变换得到的谱图。

4　方法原理

自旋量子数$I \neq 0$的原子核在静磁场中，核磁矩与磁场相互作用而形成一组分裂的能级。受外界适当频率电磁波照射时，能级间产生跃迁而出现共振现象。此时，磁场强度B_0、电磁波频率υ_0（或角频率ω_0）和被测核磁旋比γ之间应满足式（4）：

$$\upsilon_0 = \gamma B_0 / 2\pi \text{ 或 } \omega_0 = \gamma B_0 \quad\quad\quad\cdots\cdots\cdots\cdots\cdots\cdots\cdots（4）$$

若用适当的射频脉冲照射，按照脉冲的频谱关系，可使不同化学环境的原子核同时发生共振，检测器收集到一个随时间衰减的自由感应衰减信号（FID），此信号经过傅里叶变换，就得到该观测核的核磁共振谱图。通过谱图解析，便能获得该样品有关的结构信息。

5 环境要求

5.1 仪器放置场地不得有强烈的机械振动和电磁干扰,铁磁性物品应远离磁体。

5.2 实验室温度:20 ℃±5 ℃。

5.3 湿度:≤75％。

5.4 电源:使用稳压电源,电源电压波动<5％,频率稳定。

5.5 地线:单独接地,状况良好。

6 试剂和材料

6.1 氘代试剂

　　液体核磁共振样品制样时一般选择氘代试剂作溶剂,其所含的氘核用于谱仪锁场,未氘代的^{1}H(氘代试剂残留峰)及所含的^{13}C则可作^{1}H及^{13}C谱化学位移的二级定标参比(TMS为一级定标)。

　　氘代试剂的选择应视待测样品溶解度的大小来决定,同时要避免与待测样品发生化学反应或交换反应。此外做变温实验时要考虑氘代试剂的熔点或沸点。常用氘代试剂及其性质参见 A.1。

6.2 化学位移参比物

6.2.1 四甲基硅烷(TMS)

　　TMS的化学式为$(CH_3)_4Si$,常加入有机氘代试剂中,作为测试^{1}H、^{13}C 和^{29}Si谱的内标参比物。国际纯粹与应用化学联合会推荐室温下溶解于氘代氯仿中、体积比浓度小于1％的 TMS 的^{1}H核磁共振谱峰作为化学位移的一级参比物,定义其化学位移为零。

6.2.2 常用化学位移参比物

　　IUPAC 对多数非零核磁矩的核推荐了δ 为 0 ppm 的化学位移参比物,表 1 列举了部分常用自旋核的推荐参比物和它们的频率比值$\varXi$ 值。$\varXi$ 值的定义以及其他自旋核的化学位移参比物和$\varXi$ 值见 IUPAC Recommendation 2008。

表 1　常用自旋核的化学位移参比物

自旋核	IUPAC 推荐参比物	频率比值$\varXi$/％
^{1}H	TMS	100.000 000
	DSS[a]	100.000 000
^{2}H	$(CD_3)_4Si$	15.350 609
^{13}C	TMS	25.145 020
	DSS[a]	25.144 953

表 1（续）

自旋核	IUPAC 推荐参比物	频率比值 $\Xi/\%$
^{15}N	CH_3NO_2	10.136 767
	NH_3（液体）	10.132 912
^{19}F	CCl_3F	94.094 011
^{29}Si	TMS	19.867 187
^{31}P	H_3PO_4（85%）	40.480 742
	$(MeO)_3PO$	40.480 864

[a] DDS 为三甲基硅丙磺酸钠，化学式为 $(CH_3)_3Si(CH_2)_3SO_3Na$，其甲基信号作为水溶性样品 ^1H 和 ^{13}C 谱的化学位移参比峰。

6.3 标准样品

6.3.1 使用范围

核磁共振波谱方法中使用的标准样品（简称标样）在严格意义上不是"标准物质"，一般由仪器厂商提供或推荐，用于建立仪器工作条件或检测仪器工作技术指标的常用溶液或固体样品。

6.3.2 液体核磁共振标准样品

对于液体核磁共振中使用的标样，不同仪器厂商使用的标准样品可能略有区别，以下列举几种常用标样：

a) 含 1%氯仿的氘代丙酮溶液（1% Chloroform in Acetone-D$_6$），测试 ^1H 线形；

b) 含 0.1%乙基苯的氘代氯仿溶液（0.1% Ethylbenzene in Chloroform-D），测试 ^1H 灵敏度；

c) 含 40%二氧杂环己烷的氘代苯溶液（40% Dioxane in Benzene-D$_6$），测试 ^{13}C 灵敏度（ASTM 实验）；

d) 含 90%甲酰胺的氘代二甲基亚砜溶液（90% Formamide in Dimethylsulfoxide-D$_6$），测试 ^{15}N 灵敏度；

e) 含 0.05%三氟甲苯的氘代氯仿溶液（0.05% Trifluorotoluene in Chloroform-D），测试 ^{19}F 灵敏度；

f) 含 0.048 5 M 磷酸三苯酯的氘代丙酮溶液（0.048 5 M Triphenylphosphate in Acetone-D$_6$），测试 ^{31}P 灵敏度；

g) 含 10%乙基苯的氯仿溶液（10% Ethylbenzene in Chloroform-D），测试 ^{13}C 灵敏度。

6.3.3 固体核磁共振标准样品

常用的几种用于建立仪器工作条件和检测仪器工作技术指标的固体核磁共振标样：

a) 溴化钾（KBr），设置和校验谱仪的魔角角度；

b) 金刚烷（adamantane），检测谱仪的匀场状态、校正谱仪场强漂移和优化哈特曼—哈恩匹配等；

c) α-甘氨酸（α-glycine），检测谱仪的灵敏度，优化去偶条件和优化哈特曼—哈恩匹配等。

6.4 弛豫试剂

通常为顺磁性的过渡金属化合物，常用的为乙酰丙酮铬[Cr(acac)$_3$]。其作用是在测试弛豫时间 T_1 较长的核（如^{13}C 和^{29}Si 等）时，加快弛豫，缩短采样时间。弛豫试剂的加入通常不影响谱图的化学位移，但是随加入量的增加，谱线会增宽，导致信噪比下降。一般情况下，建议加入量为 0.1 mol/L～0.4 mol/L。

6.5 液体核磁共振样品管

液体核磁共振谱仪探头的内径通常设计成可适配外径尺寸为 1 mm～10 mm 不等的样品管（通常称为核磁管），应根据所使用的探头内径选择核磁管。最常见的是外径 5 mm 的核磁管。常规测试中使用的核磁管多为玻璃管，根据玻璃的材质可分为高通量经济型和精密型；精密型中又有一型 A 类硼硅玻璃（Pyrex®）、天然石英和人工石英等类型的核磁管可选。此外还有适合各种压力要求的真空或耐高压核磁管。外径相同的玻璃核磁管还可根据需要选择不同管壁厚度。在检测对玻璃有腐蚀性的化合物或检测硼、硅谱时，可以使用聚四氟乙烯材质的核磁管。对于光敏样品，可以使用琥珀化玻璃核磁管。

6.6 固体核磁共振样品管

固体核磁共振样品管也被称为转子（rotor），样品在魔角旋转条件下进行测试过程中，装有样品的转子通常需要保持在几千赫兹到几万赫兹甚至更快的转速下稳定旋转。转子一般使用氧化锆制成，常使用的尺寸外径一般在 0.7 mm～10 mm 不等，转子的尺寸需要与所使用的探头尺寸匹配。转子旋转可达到的最高转速与转子直径相关，直径越小，能达到的转速越高。

7 仪器

7.1 仪器组成

7.1.1 超导磁体

常指用超导材料绕成螺旋管形线圈，置于内壳含液氦外壳含液氮的杜瓦里，构成超导磁体。为了克服线圈因有限长度而给样品空间带来磁场的不均匀性的影响，还设置了若干组低温与室温匀场线圈，以给自旋系统提供一定强度的稳定性与均匀性都佳的固定磁场。

7.1.2 探头

探头是一插入式整体组合件，可依据测试需要更换。它是发射射频和收集信号的部

件,可根据不同核进行最佳匹配调谐。探头种类很多,可以根据使用需求进行配置,大体可从以下几个方面分类:

a) 用于液体核磁共振还是固体核磁共振;

b) 探头所能适配样品管的直径;

c) 固定频率还是宽带频率;

d) 正向还是反向;

e) 双共振还是多共振;

f) 是否带有梯度线圈;

g) 探头线圈处于常温还是低温。

目前使用日趋广泛的超低温液体探头(CryoProbe),其发射/接受线圈和调谐匹配电路利用液氦或液氮维持在极低温度,以降低源自导体中的电子随机热运动所致的噪音(Johnson-Nyquist 噪音)。与常规液体探头比,有效增加了信噪比。

7.1.3 射频单元

射频单元通常提供至少两个通道的射频信号,这两个通道分别是观测通道和去耦通道(也可作为其他信号通道)。这些射频均由同一石英晶体振荡器经过数字频率合成器产生,经控制、放大、脉冲调制后传输给探头。数字化的 NMR 波谱仪射频单元包括全数字式频率和相位发生器;数字化信号程序;数字锁和场调整系统以及数字滤波器等,能消除基线畸变,提高数字分辨率且没有谱线折叠。如需实现多共振实验,除了需配置合适的多共振探头外,还要相应增加射频通道。

7.1.4 控制及数据处理系统

一般由电脑通过程序软件控制谱仪,实现控温、进样、脉冲发射和数据采集等功能。采集得到的 FID 数据可进一步通过程序软件进行傅立叶变换、谱图处理和谱图模拟。

7.1.5 压缩气体和气路系统

核磁共振谱仪需要使用压缩气体为样品进出探头提供推动力/浮力,为需要旋转的样品提供驱动力,或者为变温实验提供控温载体。为保证核磁谱仪正常工作,进入谱仪的压缩气体需要达到一定的气流量,并且符合无油、无尘和无水的要求。

7.2 仪器性能

超导脉冲傅里叶变换核磁共振谱仪的仪器性能与磁体的工作频率、探头类型、生产年份和制造商都有关系。定量指标可包括但不限于灵敏度、检测限、分辨率、信噪比等指标;定性指标应写明可能影响检测结果的性能指标如分辨率、准确度等指标。附录 B 的B.1 中列举了不同工作频率磁体和探头的主要技术指标,表中的数据仅供参考,不用于仪器的合格性考核和判定。

7.3 检定或校准

仪器在投入使用前,应采用检定或校准等方式,对检测分析结果的准确性或有效性有显著影响的设备,包括用于测量环境条件等辅助测量设备有计划地实施检定或校准,以确认其是否满足检测分析的要求。检定或校准应按有关检定规程、校准规范或校准方法进行。

8 液体核磁共振样品

8.1 对待测试样品的要求

待测试样品需有适当的溶解性且不与溶剂发生化学反应,做结构测试的样品最好是纯净的单一组分。

8.2 样品溶液的配制

一般选择氘代试剂作溶剂配制样品溶液,样品溶液的浓度一般建议为 20 mM～50 mM,以保证在合理的时间内获得信噪比满意的谱图。如加入内标参比物,需注意参比物在谱图中的峰不宜太强。以内径 5 mm 的核磁管为例,取适量样品装入核磁管中,然后加入约 0.5 mL 选定的氘代试剂,采取振荡、加热等手段使样品溶解。也可先将样品在合适的实验器皿内用氘代试剂溶解后转移入核磁管。若不使用氘代试剂作溶剂,可以将合适的氘代试剂置于毛细管中,然后以同轴的方式置于含有样品的核磁管中提供锁场信号。

8.3 对样品溶液状态的要求

配制好的样品溶液应为均相、无气泡、不含或含少量顺磁性物质且有较好的流动性(高聚物及胶体除外),样品溶液在样品管中的高度以 3.5 cm～5 cm 为宜。对需作精密测试(如测定弛豫时间)的样品,可采用"循环冷冻法"除氧。

8.4 液体核磁共振谱化学位移参比物

8.4.1 氢谱化学位移参比物

按照 3.14 中式(2)的定义,在任何溶剂中,如果使用 TMS 作为内标,其 ^{1}H 峰的化学位移值为 0。若样品中不含 TMS 时,可用氘代试剂的残留峰作为二级参比物,应在谱图中注明。

水溶液样品常用 DSS 或 3-(三甲基硅基)丙酸钠[3-(Trimethylsilyl)-propanoic acid sodium salt, TSP]等硅烷化合物作参比物,一般将它们甲基的 ^{1}H 峰定为 0。也可按照文献报道选取合适的参比物,应在谱图中注明。

8.4.2 碳谱化学位移参比物

碳谱常以 TMS 的甲基 ^{13}C 化学位移值为 0。此外可根据样品的具体情况选用合适的参比物,如溶剂的 ^{13}C 峰等,图谱中应加以注明。

注:^{1}H,^{13}C 谱常用的氘代试剂参比峰化学位移值与谱线的多重性见附录 A.1。

8.4.3 杂核谱化学位移参比物

杂核谱图化学位移的参比常使用外标法或替代法,参比物的选择可参考表1,也可按照文献报道选取合适的参比物。使用不同的参比物可能会导致谱图化学位移值不同,因此测试所用参比物及使用方法应在谱图或结果报告中注明。

使用外标法时,必要时可根据体积磁化率对测定的化学位移值进行校正。简化的校正公式为式(5):

$$\delta_c = \delta_0 + 2\pi(X_s - X_r)/3 \quad\quad\quad\quad\quad\quad\quad(5)$$

式中:

δ_c——校正值;

δ_0——观测值;

X_s——样品的体积磁化率;

X_r——参考物的体积磁化率。

9 固体核磁共振样品

9.1 对待测试样品的要求

导电性样品或具铁磁性样品不宜做固体核磁共振测试。除特殊情况外,固体核磁共振样品通常要求为粉末状,颗粒尽量小(至少小于100目,以避免各向异性体块磁化率的影响)。如样品为具有弹性的橡胶、薄膜时,需要将样品尽可能地剪碎或切碎,或剪裁成合适的块状,使得样品装入转子后可达到预期的转速并稳定旋转。

9.2 测试样品的制备

使用与仪器配套的装样工具将样品均匀地填装入转子内,在填装过程中需要用装样工具压实装入的样品。按要求将样品填装到合适高度,并将转子帽盖紧盖平。装好样品的转子在探头中需要达到预期的转速并平稳旋转。对于生物蛋白等黏性较大的凝胶状固体核磁共振样品,可通过离心机经移液管灌入转子。

9.3 固体核磁共振谱化学位移参比物

固体核磁共振谱的测试中,化学位移的参比一般使用替代法。以下为较常使用的一些参比物和它们的化学位移参比值,实际测试中可以根据文献报道选用其他合适的参比物,但需要在测试结果中注明参比物的使用详情:

a) ^{13}C 以金刚烷 δ 38.56 的谱线为参比,也可以 α-甘氨酸的羰基 ^{13}C 谱线 δ 176.03 为参比;

b) ^{15}N 以硝酸铵中 NH_4^+ 的 ^{15}N 谱线为 δ 23.45;

c) ^{27}Al 以 1 M 硝酸铝溶液中铝的共振信号峰为 δ 0;

d) ^{29}Si 以 DSS 的谱线 δ 1.534 为参比或以三甲基硅烷基笼形聚倍半硅氧烷

〔octakis(trimethylsiloxy) silsesquioxane,通常称为 Q8M8〕中最低场的谱线 δ 12.39 为参比；

e) ^{31}P 以磷酸二氢铵^{31}P 谱线 δ 0.81 为参比。

10 液体核磁共振谱的测试

10.1 开机

按照仪器手册要求开启机柜、压缩气体系统和计算机。

10.2 工作条件的建立

选择合适的探头并连接相应的电缆、气路及所需附件后，选用合适的标样，建立氘锁，仔细匀场调谐，按照仪器操作手册分别检测^{1}H、^{13}C 或其他待测杂核的 90°脉宽。可以根据仪器的具体工作情况相应调整谱仪的发射功率以获得合适的 90°脉宽。所得结果保存于计算机内，同时利用仪器带有的自动程序算出去耦、选择性脉冲等的功率并保存。

10.3 仪器的检定或校准

按照检定或校准规程定期检测仪器的灵敏度、分辨率和线形，并记录检测结果。

10.4 一维谱图测试的一般过程

一维谱图测试的一般过程为：

a) 按照测试要求建立新的实验文件，调用所需的脉冲序列。

b) 根据需要设置探头温度；将样品管放入探头中，待样品达到设置的温度后，锁场并对测试通道进行调谐。如需去耦，对去耦通道进行调谐。然后调入匀场参数（如果需要）进行匀场。

c) 设定适当的采样参数如：谱宽、采样数据点、频率偏置、脉冲宽度、累加次数和弛豫延迟时间等。如需去耦，设置去耦器偏置频率。

d) 调节接收器增益（receiver gain）。

e) 执行采样累加。

f) 数据处理及谱图输出：建立窗函数、将所得到的 FID 信号进行傅里叶变换处理、相位校正、基线校正、化学位移校正、标注化学位移值、对需要积分的谱图进行积分等、作图并打印谱图。

10.5 ^{1}H 谱

10.5.1 常规^{1}H 谱

采用单脉冲序列（见图 1），为了缩短弛豫延迟时间（relaxation delay），通常使用翻转角 θ 为 30°的射频脉冲对样品进行激发采样。常规^{1}H 谱图可以获得全部质子的化学位移、自旋-自旋耦合及相对强度等信息。通过对谱峰的面积进行积分，可以得到样品中处于不同化学环境质子的比例。

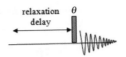

图 1　单脉冲序列

10.5.2　同核去耦谱

简要步骤如下：

a)　先按 10.5.1 采集常规[^1]H 谱并调整好相位；

b)　调用同核去耦脉冲序列；

c)　在常规[^1]H 谱中定义去耦偏置频率；

d)　根据耦合常数的大小选取去耦功率（耦合常数越大,去耦功率越大）；

e)　采样并进行数据处理；

f)　如去耦效果不好调整去耦功率后重新采样。

10.5.3　溶剂峰抑制谱

简要步骤如下：

a)　先按 10.5.1 采集常规[^1]H 谱并调整好相位；

b)　调用预饱和脉冲序列或其他溶剂抑制脉冲序列；

c)　把去耦器的偏置频率设置在溶剂峰上；

d)　设置必要的参数,如去耦功率、弛豫延迟、去耦器开启时间和空扫次数等；

e)　采样并进行 FT 变换。若变换谱呈现抑制效果较差,可调节去耦功率等参数后重新采样。

10.5.4　NOE 差谱

一维 NOE 差谱（NOEDIFF）通过差减 NOE 谱和参比谱得到,检测同核（通常是[^1]H 核）之间的 NOE,是确认原子空间位置的一种有力手段。NOEDIFF 是稳态（steady state）NOE 实验,基本脉冲序列如图 2 所示。

图 2　预饱和脉冲序列

其中 cw 为预饱和脉冲,采用低功率连续波,选择照射特定核的频率或谱的空白部分（参比谱）,在实际操作中,为减小仪器稳定性带来的误差,通常通过程序控制一个或多个 NOE 谱和参比谱交替采样。采用相同处理参数,得到多个一维 NOE 谱和参比谱,将每个 NOE 谱减去参比谱,得到相应的 NOE 差谱。预饱和脉冲的功率需要优化,使其覆盖被观测核的全部谱峰,同时避免影响到其他核。对多重峰的不完全照射将产生 SPT（selective population transfer）。存在化学交换的核之间将产生饱和转移,在 NOEDIFF 谱图中表现为负峰。NOE 差谱适用于谱峰重叠较少的小分子。这个方法目前多被选择性激发一维 NOESY 取代。

10.6 ^{13}C 谱

10.6.1 质子宽带去耦谱

为了去除直接相连的质子以及邻近碳上的质子对所观测的^{13}C 核产生的裂分,简化谱图,同时通过核的 NOE 效应增强^{13}C 谱信噪比,通常使用质子宽带去耦的方法来获得^{13}C 谱。在常规测试中,使用组合脉冲去耦(CPD)在^{13}C 核弛豫延迟、激发和采样的整个时间内进行质子宽带去耦,脉冲序列如图 3 所示。

^{13}C 通道目前多数仪器采用翻转角 θ 为 30°的脉冲,这样可以缩短弛豫延迟时间。选择合适的采样参数以获得合适的信号强度。

由于各条谱线的 NOE 效果不同且弛豫时间 T_1 可能相差较大,不同化学位移的自旋核数目与谱峰强度不呈正比,所以谱图不作积分。

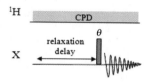

图 3 组合脉冲去耦脉冲序列

10.6.2 反转门控^{1}H 去耦谱

在检测^{13}C 谱时,仅在采样时间内进行质子去耦,可得到无 NOE 效应的反转门控去耦谱。在采集反转门控去耦谱时,弛豫延迟时间(relaxation delay 或 recycle delay)的设置需大于 $5T_1$,得到的谱图可进行积分定量分析。进行积分定量分析前,最好先进行去卷积分析,特别是在有信号重叠时,去卷积分析后结果更好。对于 T_1 时间过长的样品,可以加入弛豫试剂如 Cr(acac)$_3$ 缩短测试时间。反转门控去耦的脉冲序列如图 4 所示。

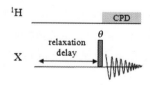

图 4 反转门控去耦脉冲序列

10.6.3 DEPT(Distortionless nuclei Enhancement by Polarization Transfer)谱

DEPT 实验利用极化转移的脉冲序列来提高 X 核的测试灵敏度,这种方法对信号的增强与 X 核相连的^{1}H 数目无关。利用 DEPT 方法得到的^{13}C 谱图可对—CH$_3$,—CH$_2$—,—CH 和—C—四种碳级数进行区分,为谱图的指认归属提供线索。基本脉冲序列如图 5 所示。

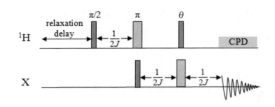

图 5　DEPT 脉冲序列

设置图 5 中 ^1H 通道最后一个脉冲的翻转角(θ)分别为 45°、90°和 135°，可以得到对应的 DEPT 45、DEPT 90 和 DEPT 135 谱图。不同级数的碳出峰表现不一样，具体区别见表 2。

表 2　不同级数的碳原子在 DEPT 谱图中的出峰情况

碳原子级数	DEPT45	DEPT90	DEPT135
C	不出峰	不出峰	不出峰
CH	正峰	正峰	正峰
CH_2	正峰	不出峰	负峰
CH_3	正峰	不出峰	正峰

10.7　杂核谱

10.7.1　^{19}F 谱

不需对质子去耦的 ^{19}F NMR 测试采用与图 1 相似的脉冲序列，将探头调谐到 ^{19}F 的频率，通常使用 30°射频脉冲进行激发采样。

需要对质子去耦的 ^{19}F NMR 测试采用反转门控去耦脉冲序列（见图 4）。

10.7.2　^{15}N 谱

^{15}N 天然丰度较低，一般建议使用 ^{15}N 富集的样品进行测试。通常使用图 4 的反转门控去耦脉冲序列来消除负 NOE 效应，弛豫延迟时间需要大于 $5T_1$。也可采用图 5 的 DEPT 脉冲序列，在采样期如不使用 CPD 去耦可以得到 ^1H 耦合的 ^{15}N 谱图，反之得到 ^1H 去耦的谱图。

10.7.3　^{29}Si 谱

^{29}Si 的磁旋比较小且为负值，通常使用图 4 的反转门控去耦脉冲序列来消除负 NOE 效应，弛豫延迟时间需要大于 $5T_1$。另外也可采用图 5 的 DEPT 脉冲序列，优化 ^1H 通道最后一个脉冲的翻转角度(θ)获得最佳极化转移。

10.7.4　^{31}P 谱

^{31}P 谱通常采用图 3 中的组合脉冲去耦（CPD）脉冲序列获得。

10.8 二维核磁共振谱 two-dimensional（2D）NMR spectroscopy

10.8.1 总则

在采集二维谱前,先记录一张待测样品的一维谱以确定谱宽和中心频率。二维谱需按实验的要求定义在 F_1 维与 F_2 维的数字分辨率。实验前,按测试需要先选择适当的脉冲程序,然后定义 F_2 和 F_1 维数据点。数据点的设置要合适,数据点太大会增加采样时间、硬盘空间和数据处理时间;数据点太小会影响数字分辨率,相邻信号重叠,不能区分。扫描次数应按脉冲序列要求设置,多数情况下应为最长相循环的整数倍。采样前常作一定次数空扫(dummy scan),使系统在采集数据前达到稳态。两次脉冲循环之间的弛豫延迟时间至少应为 $1\sim2$ 倍 T_1,否则不仅会影响灵敏度,还会在 F_1 维产生假信号。最好用样品本身来测定 $90°$ 及 $180°$ 脉宽。然后选择谱的类型(如幅值谱、功率谱或相敏谱等)。在采样后,选择窗函数(例 Sinebell 等)类型及参数,必要的话,可在 F_1 维作填零处理。进行傅里叶变换、调节相位后作图。

本节提到的二维谱中,扩散排序谱(DOSY)是"准"二维谱,实验获得的混合物中各个组分的信号分别出现在二维谱图的不同行上,类似色谱分离的结果。此外 DOSY 谱必须在配有脉冲梯度场的谱仪上进行测试,其他的二维实验均可在没有脉冲梯度场的谱仪上进行测试;对于配有脉冲梯度场的谱仪,可以采用相应的梯度场增强的脉冲序列,缩短采样时间。下文中给出的二维谱脉冲序列除 DOSY 外均是不带脉冲梯度、最基本的脉冲序列,在实际应用中都有相应的改进、优化版本,可以根据实际情况选择合适的脉冲序列。

10.8.2 同核 J 分解谱 （homonuclear J-resolved spectroscopy）

在常规的一维谱图,特别是[1]H 谱中,化学位移和自旋-自旋耦合信息可能会因多重峰的重叠而难以提取有用的信息。在二维同核 J 分解谱中,可以通过改变自旋回波周期的时长(t_1),将 J 耦合信息与化学位移信息分离开,显示在二维谱图的不同轴上。基本脉冲序列如图 6 所示。

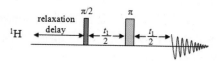

图 6 自旋回波脉冲序列

通常谱图的 F_1 维表示耦合常数 J, F_2 维表示化学位移 δ。在参数设置时,置 F_1 维的谱宽包括最宽的多重线。采样 FT 变换后,需要对谱图作对称和倾斜处理,使得多重线垂直于 F_2 轴。

10.8.3 同核相关谱 （COrrelation SpectroscopY，COSY）

COSY 是基于直接 J 耦合进行极化转移的同核化学位移相关实验,用于建立自旋系统的连通性,得到同核化学键相关的信息。COSY 谱广泛用于检测[1]H-[1]H 相关,也可用于检测[19]F 和[31]P 等的同核相关。COSY 谱有两种模式:一种为幅值模式,其信号皆为正,无需调相;另一种为相敏模式,其正负相位调相的质量直接影响到耦合常数 *J* 的检测和信号灵敏度。二者的脉冲序列相同,只是相循环不同,故应选择合适的微程序。因为所获的谱为同核相关,故常取 F₁ 与 F₂ 维的谱宽相等,还需注意调整点数使在 FT 后给出正方形的数据矩阵。所得的二维谱,其对角线显示常规(即一维)谱,而交叉峰体现各组位移之间的关联。基本 ¹H-¹HCOSY 脉冲序列如图 7 所示。

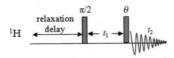

图 7 COSY 脉冲序列

处理图谱所需窗函数:为增强分辨率,在幅值谱中一般用 sinebell 函数。相敏谱为纯吸收线型,一般用相移的 sinebell 函数。

二维谱在采样期间,有可能因场的不均匀性或硬件带来假信号,为了校正畸变,复原 COSY 谱到理论上的对称性,需对谱图做对称化操作。

10.8.4 全相关谱(Total Correlation SpectroscopY,TOCSY)

TOCSY 是同核位移相关谱,其通过应用特殊的脉冲序列,给出整个耦合网络的信息,可以用来指认整个自旋系统。基本脉冲序列为一个 90°脉冲加上一串起自旋锁定功能的组合脉冲,见图 8。

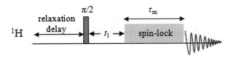

图 8 TOCSY 脉冲序列

自旋锁定(spin lock)是用一系列连续的、具有特定相位的低功率脉冲迫使磁化矢量沿射频场方向取向。自旋锁定通常使用 WALTZ、MLEV 或 DIPSI 等脉冲序列,可以根据检测样品的情况选取。自旋锁定的时间(混合时间 τ_m)一般设置在 30 ms～150 ms。自旋锁定时间过短则 TOCSY 实验的效果与 COSY 相仿。若太长,整体信号强度会受到损失。对有机小分子通常设定为 80 ms 左右。

10.8.5 异核多量子相关谱(Heteronuclear Multiple-Quantum Correlation,HMQC)和异核单量子相关谱(Heteronuclear Single-Quantum Correlation,HSQC)

HMQC 和 HSQC 两种实验提供直接键合的 ¹H-X 异核相关信息,为反式检测实验。与传统的检测低灵敏核(例¹³C 或¹⁵N)的异核相关技术不同的地方,是在检测高灵敏的核(例¹H 或¹⁹F)的同时,显示其与异核之间的相关。

常用的 HMQC 脉冲序列中有一段称为 BIRD(bilinear rotation decoupling)的特殊脉冲序列块。BIRD 能消除键合到¹²C 上的质子信号,仅留下键合到¹³C 的质子信号。同时在采样时使用全方位优化相位交替的矩形脉冲(Globally optimized Alternating-phase Rectangular Pulses,GARP)技术对¹³C 核去耦,改进信噪比。加了 BIRD 的 HMQC 脉冲序列如图9所示。

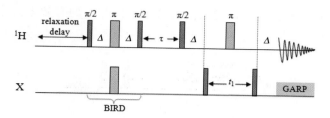

图 9 HMQC 脉冲序列

此脉冲序列中 Δ 值设置为 $1/2J_{XH}$，一般采用 3.5 ms。反转恢复延时 τ 一般约为 $0.5T_1$，需要进行优化。

HSQC 与 HMQC 得到的谱图两者外观基本完全相同，只是 HSQC 在演化期 t_1 内只有单量子异核相关得到演化。HSQC 在 ^{13}C 化学位移区域的分辨率比 HMQC 高，因此在 ^{13}C 谱密集的情况下使用 HSQC 法有时效果更佳。基本脉冲序列见图 10。

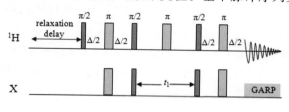

图 10 HSQC 脉冲序列

10.8.6 异核多键相关谱（Heteronuclear Multiple Bond Correlation，HMBC）

用于测定远程 ^{1}H-X 连通特性，采样过程检测 ^{1}H 信号，灵敏度较高。交叉峰通常表明 ^{1}H 与 X 核之间相隔两根或三根键。通常会在基本的 HMBC 序列前使用称为 low-pass-J-filter 的序列来过滤单键相关信号。其基本脉冲序列见图 11。

演化时间 $t_1/2$ 初始值一般取 3 μs；Δ_1（$=1/2^1J_{XH}$）为产生反相磁化强度的演化延迟，一般取 3.5 ms；Δ_{LR} 为远程耦合（$^nJ_{XH}$，$n>1$）的演化延迟，约 50 ms。必要时需要对 Δ_1 和 Δ_{LR} 进行优化。

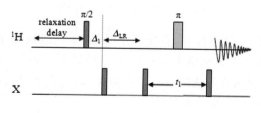

图 11 HMBC 脉冲序列

10.8.7 同核二维 NOE 谱或交换谱（Nuclear Overhauser Effect SpectroscopY，NOESY/EXchange SpectroscopY，EXSY）

二维 NOESY 或 EXSY 检测同核（通常是 ^{1}H 核）之间的交叉弛豫作用（即 NOE 效

应)或化学交换作用。与 NOE 差谱不同,NOESY 是瞬态(transient)NOE 实验。是用二维谱的速度和分辨率,提供一种确定化学交换和空间位置的有效方法。NOESY 实验的基本脉冲序列见图 12。

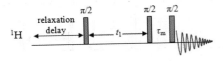

图 12　NOESY 脉冲序列

其中 τ_m 为混合时间,在这个时间内,NOE 是一个逐步建立到衰减的过程。这一过程的快慢取决于分子的相关时间和核的空间距离,一般来说大分子比小分子快,空间距离越短这一过程越快。对于小分子,τ_m 一般在几百毫秒到数秒;生物大分子,τ_m 一般为设在 $0.5T_1$ 附近,为避免产生自旋扩散可以更短。对于中等大小的分子(相对分子量约为 1 000～3 000),NOE 会出现接近 0 的情况,NOESY 实验可能检查不到交叉峰信号,这种情况下建议用 ROESY 观测。此外 τ_m 大小还与场强和样品溶液黏度有关,可根据样品的实际情况优化。

NOESY 谱图中对角峰取正时,小分子 NOE 峰为负(正 NOE),大分子 NOE 峰为正(负 NOE),化学交换峰总是为正,NOESY 谱中同时还可能存在 COSY 信号峰,解谱时要对照 $^1H\text{-}^1H$ COSY 谱将 J 耦合交叉峰扣除。

10.8.8　旋转坐标系中的 NOE 谱(Rotating-frame Overhauser Effect SpectroscopY,ROESY)

二维 ROESY 检测同核(通常是 ^1H 核)之间在旋转坐标系下的交叉弛豫作用(即 ROE 效应)和化学交换作用。与 NOE 效应不同,ROE 效应一直存在,不会出现接近 0 的情况。作为 NOESY 的补充,ROESY 也是确认空间位置和化学交换的一种有力手段。ROESY 实验的基本脉冲序列见图 13。

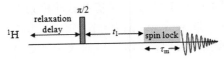

图 13　ROESY 脉冲序列

其中,自旋锁定采用低功率脉冲,自旋锁定时长 τ_m 可以根据 T_1 优化,但应注意自旋锁定脉冲的热效应以及过长的自旋锁定脉冲可能损坏硬件,对于小分子 τ_m 一般取几百毫秒。ROESY 谱图中对角峰取正时,ROE 峰为负,化学交换峰为正。ROESY 谱中同时还可能存在 TOCSY 信号峰,要注意排除。

10.8.9　扩散排序谱(Diffusion Ordered SpectroscopY,DOSY)

10.8.9.1　简介

DOSY 多用于测量体系的自扩散系数,也可用于测量梯度场的强度。在核磁共振 Z 方向梯度场允许的范围内,核磁样品管中混合物各个组份的信号,由于扩散系数的不同,分别出现在二维谱图 F_1 维的不同行上,其效果类似色谱分离,为虚拟的分离谱。此实验结果可与动态光散射的结果互相印证,尤其在小尺寸分子的验证方面更具优势。最早的DOSY 是基于脉冲梯度场自旋回波的实验,其脉冲序列如图 14 所示。

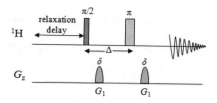

图 14 DOSY 脉冲序列

在测试 DOSY 谱时,要根据需要设置并控制温度。在测试时首先要采集常规的一维 ^{1}H 谱,用以优化 F_2 维谱宽。接着用一维 DOSY 脉冲序列建立实验,根据仪器操作手册的步骤设置初始常数并逐步优化扩散时间(Δ)和梯度场长度(δ)。随后选择二维实验,设置合适的采样参数采集数据。在测试过程中,随梯度场强度的增加,F_1 维信号呈衰减曲线。在处理 DOSY 的二维数据时只对 F_2 维进行变换,具体处理过程参考各谱仪的操作手册。

在检测 DOSY 谱前,需要对探头温度和谱仪的梯度场进行校准。

10.8.9.2 探头温度校准方法

分别使用温度校准标样含 80％乙二醇的氘代二甲基亚砜溶液(80％Ethylenglycol in DMSO-D6)(温度校准区间:290-430 K)和含 4％甲醇的氘代甲醇溶液(4％ Methanol in Methanol-D4)(温度校准区间:155-300 K),设置不同的区间温度,等待样品温度达到设置温度。在每次都重新匀场的前提下,采集 ^{1}H 谱。所得到的 ^{1}H 谱化学位移与样品温度具有确定的关系。由此可以使用仪器自带的计算程序计算出每个设置温度对应的样品实际温度,然后把结果输入程序,计算校准探头的温度。

10.8.9.3 梯度校准方法

在探头温度校准的前提下,将探头温度控制在 25 ℃。在梯度参数设置界面设置一个合理的梯度值,然后用梯度校准标样(0.1 mg/mL GdCl$_3$ 的重水溶液),进行 DOSY 实验,使用谱仪的自动程序计算出标样的扩散系数值。调整梯度值,重复进行 DOSY 实验,直到得到的扩散系数值非常接近 1.872×10^{-9} m^2 · s^{-1},此时的梯度值为校准后的精确梯度值。

10.9 自旋-晶格弛豫时间 T_1(纵向弛豫时间)的测定

10.9.1 ^{1}H 纵向弛豫时间 T_1 的测定(反转恢复法)

基本脉冲序列如图 15 所示。

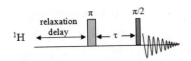

图 15 ¹H 反转恢复法脉冲序列

其中 τ 为不同延迟时间,单位为秒。在实验中,τ 的取值分布不均匀,一般前几个点取值比较密集,而最大值必须大于样品中最大 T_1 的 5 倍。最大值的确定是关键,要保证做出来的峰强度曲线变化要么是向上的一个平台,要么是向下的一个平台。在现代仪器上,计算机程序可以将不同延迟时间 τ 的 n 个实验结果作为二维矩阵的行数据存储起来。在实验结束后拟合出曲线,计算出 T_1。弛豫延迟时间要大于 $5T_1$ 或大于等于 τ 中的最大值。

10.9.2 ¹³C 纵向弛豫时间 T_1 的测定

¹³C 弛豫时间 T_1 的测定原理与 10.9.1 的测定一样。只是在质子通道采用了组合脉冲去耦,以简化谱图、增强信号的信噪比。基本脉冲序列如图 16 所示。

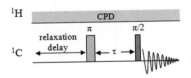

图 16 ¹³C 反转恢复法脉冲序列

10.10 自旋-自旋弛豫时间(横向弛豫时间)T_2 的测试

T_2 决定了自旋旋转坐标系中 x,y 方向磁化矢量的衰减,与线宽有关,其值的大小对设计动态 NMR 实验或研究自旋扩散等都很重要。通常采用自旋回波脉冲序列进行测试,最基本的脉冲序列见图 17。

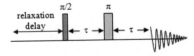

图 17 测试 T_2 的自旋回波脉冲序列

在测试中通过改变自旋回波时长 τ,得到一系列信号强度随 τ 值变化的谱图,经过拟合计算得到 T_2。在测试中注意弛豫延迟时间要大于 $5T_1$。

10.11 液体核磁共振波谱的定量分析

10.11.1 依据

在合适的测试条件下,一维核磁共振波谱谱峰的积分面积与样品中所对应的自旋核的数目成正比,见式(6):

$$A_1/A_2 = N_1/N_2 \qquad \cdots\cdots\cdots\cdots\cdots\cdots\cdots(6)$$

式中：

A —— 相应信号的积分面积；

N —— 产生相应信号的自旋核数目。

10.11.2　测试条件

使用的脉冲序列要保证测试时不同官能团出峰效率一致。一般使用单脉冲序列（见图 1），如 ^1H 谱的定量分析。对于需要对 ^1H 去耦的核如 ^{13}C、^{15}N、^{19}F、^{29}Si 和 ^{31}P 等，宜使用反转门控去耦脉冲序列（图 4），以避免因 NOE 效应引起的信号强度差异。弛豫延迟时间需足够长，以保证累积采样过程中，单次采样之间所有待检测核的弛豫恢复完全。当使用 $\pi/2$ 的脉冲角度激发时，弛豫延时时间的设置需 $\geqslant 5T_1$。对于 T_1 过长的样品，可以加入弛豫试剂缩短测试时间。

10.11.3　绝对定量和相对定量分析

核磁共振波谱的定量分析可以分成绝对定量和相对定量两种模式。绝对定量分析多用于样品中组分含量的测定，测试时通常将精密称重的样品与标准物混合配制成溶液。通过比较待测组分特征峰的峰面积与标准物内标峰的峰面积来计算该组分的含量。样品待测组分的质量和其质量分数的计算见式（7）和式（8）。

$$m_i = m_r n_r A_i M_i / (n_i A_r M_r) \qquad \cdots\cdots\cdots\cdots\cdots\cdots(7)$$

$$w = m_i / m_s \qquad \cdots\cdots\cdots\cdots\cdots\cdots(8)$$

式中：

A ————样品待测组分特征峰或标准物内标峰积分面积；

w ————待测组分质量分数；

m_i, m_r, m_s ————分别为样品待测组分，标准物，样品的质量；

n_i, n_r ————样品待测组分特征峰和标准物内标峰对应的官能团中化学位移等价自旋核数目；

M_i, M_r ————样品待测组分和标准物的分子量。

在绝对定量分析中，标准物一般根据样品的特性及所测试谱图的种类来选择。一般而言标准物需与样品共溶且不发生相互作用；获得的谱图中，标准物的内标峰与样品待测组分特征峰的积分值应不受其他谱峰的影响。在测试中还要注意标准物内标峰和样品特征峰的峰面积值不宜有数量级上的差别。

相对定量分析通过比较样品各组分特征峰的峰面积，获得某一组分的相对含量或各组分间的相对含量，不需要使用标准物。以双组分样品为例，组分摩尔分数的计算公式见式（9）。

$$(A_1 / n_1) / (A_1 / n_1 + A_2 / n_2) \qquad \cdots\cdots\cdots\cdots\cdots\cdots(9)$$

式中：

A —— 各组分特征峰积分面积；

n —— 各组分特征峰对应的官能团中化学位移等价自旋核数目。

11 固体核磁共振谱的测试

11.1 固体核磁共振谱测试的一般步骤

一般步骤如下：

a) 按仪器说明书及谱仪硬件配置接好相应探头、电缆、插件和气路。

b) 根据探头选取正确尺寸的转子，按 9.2 的方法填装样品后，把转子送入探头内。根据测试需要，通过气动控制单元使转子旋转达到所需的转速。

c) 建立实验文件；根据实验目的和方法要求，从计算机程序库中调出所需的脉冲程序后，进行探头调谐。根据使用的脉冲序列，分别调节质子通道和观测核通道的 Tuning 和 Matching，使调谐曲线的最低点移至对应频率上并落在整个窗口底部。

d) 按程序的要求设置采样参数，同时注意程序要求的相循环格式，采样累加。

e) 设置合适的处理参数进行数据处理、作图。

11.2 固体探头魔角（magic angle）的调节

固体核磁共振谱仪探头的魔角应定期校准，由于 ^{79}Br 旋转边带信号较强，且对魔角的角度灵敏，故一般采用 KBr 粉末进行魔角调节。调节步骤如下：

a) 换上需要调试魔角的固体探头，按照仪器手册接好前置放大器及相应频段的滤波器；

b) 将装有干燥 KBr 粉末的转子送入探头内的魔角旋转单元。调节气动单元，使转子达到合适的转速（如 5 kHz）；

c) 建立实验文件（建议采用不去偶的单脉冲序列），设置采样核为 ^{79}Br，调谐探头。根据探头型号设置合适的脉冲时间、脉冲强度等实验参数；

d) 调节魔角角度旋钮，使得采集的 ^{79}Br 谱图旋转边带强度最大或者 ^{79}Br 的 FID 回波信号持续时间最长。

11.3 仪器工作条件的建立

在对实际样品进行检测前，需要获得所用探头的工作功率。根据待测核的不同，选择合适的样品，测定检测通道的 90°脉冲功率。如需去偶，还要测定去偶通道的 90°脉冲功率。测试的一般方法如下：

a) 调用适当的脉冲序列如单脉冲或高功率去偶脉冲；

b) 设定合适的谱宽、采样数据点和频率偏置等参数；

c) 根据谱仪硬件预设脉冲功率为合适的数值，逐步增加检测通道的脉冲时长，通过找零点的方式，得到预设功率下的 180°脉冲宽度。然后用的 180°脉冲宽度除以 2 的方法来确定 90°脉宽。

注 1：此步骤通常通过仪器带有的自动优化程序完成。随后可通过仪器带有的功率换算程序计算出在所需脉宽下的90°脉冲功率。

注2：去偶通道由于发射机的死时间较长，不宜用上述方法来确定90°脉宽，需测定出180°和360°脉宽，按示例的方法求出90°脉宽。

示例：

测得180°脉宽为 8 μs，360°脉宽为 15 μs，则真正的90°脉宽为：[8+(2×8-15)]/2=4.5(μs)。

11.4 交叉极化（Cross Polarization，CP）魔角旋转谱 CP-MAS

11.4.1 建立哈特曼—哈恩匹配条件

固体样品在魔角旋转下通过交叉极化方式增强稀核的信噪比，基本的 CP-MAS 脉冲序列见图18。

为了实现有效的交叉极化，首先要建立哈特曼—哈恩匹配条件。具体实验操作上，一般固定质子通道的脉宽和脉冲功率，优化 X 通道脉冲功率和交叉极化时间（contact time）。首先调用交叉极化（CP）的脉冲程序。根据仪器的硬件条件，利用11.3条获得的90°脉冲功率计算并设置合适的^{1}H 通道的脉宽和脉冲功率。然后根据测试需要选择合适的去偶方式，预设需要优化的参数，采样，获得未优化条件下的谱图。选取合适的谱峰和谱宽范围，依次优化 X 通道脉冲功率和交叉极化时间，使获得的信号最大，即最佳地满足哈特曼—哈恩匹配条件。

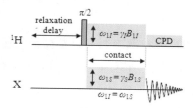

图 18　交叉极化脉冲序列

11.4.2 优化去偶功率和质子去偶偏置频率

在满足哈特曼—哈恩匹配条件后，根据仪器的硬件条件，预设合理的去偶功率和质子去偶偏置频率。选取合适的谱峰和谱宽范围，分步优化去偶功率和质子去偶偏置频率，使获得的信号最大。

11.5 旋转边带全抑制（Total Sideband Suppression，TOSS）的交叉极化谱 CP-TOSS

根据样品信号的化学位移各向异性和旋转速度，在 CP-MAS 实验中，除得到各向同性的化学位移谱峰外，还会出现一系列称为旋转边带（spinning sideband）的卫星峰。卫星峰虽然可以通过改变旋转速度来识别，但是它们常会混淆谱峰的指认。TOSS 是最常用于抑制旋转边带产生的脉冲技术，最常用的 TOSS 是在 CP 脉冲序列基础上，在 X 通道加了 4 个180°脉冲。这 4 个脉冲之间的间隔时间是与转速相关的时间变量，是由边带图形的图形分析推导出来的。在这 4 个脉冲的作用下，边带信号被干扰从而达到抑制的目的。其基本脉冲程序如图19所示。

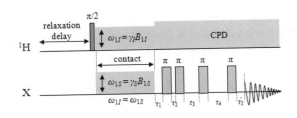

图 19　CP-TOSS 脉冲序列

在测试时可以对图 19 中的 4 个 180°脉冲的脉宽或脉冲功率进行优化，以得到最好的边带抑制效果。在 CP-TOSS 实验中也要注意对某些样品边带峰不能完全被抑制，甚至会出现假峰。对一些 T_2 较小的样品，有可能造成信号严重损失而不能得到反映样品真实情况的谱图，这时可以考虑 TOSS 序列的变种，或在 CP 方法下提高转速甩开边带。

11.6　魔角旋转结合多脉冲技术谱（Combined Rotation and Multiple Pulse Spectroscopy，CRAMPS）

CRAMPS 通过将多脉冲技术和魔角旋转结合起来，在实验过程中同时消除丰核（主要是 ^1H 和 ^{19}F）的同核偶极—偶极相互作用和化学位移各向异性。其中多脉冲技术利用强射频脉冲序列使核在自旋空间做快速翻转运动实现同核去偶，从而使谱线窄化。多脉冲序列常使用带有连续相调制技术的形状脉冲如 W-PMLG 和 DUMBO 等，这些形状脉冲作用的时间都比较短。

做 CRAMPS 前需要对探头进行准确调谐以及仔细匀场以获得好的分辨率。建议使用甘氨酸作为标样，根据仪器操作手册设置及优化对应参数，在数据处理时需要校正做图因子（scaling factor）。

11.7　频率转换的 Lee Goldburg 异核相关谱（Frequency Switched Lee Goldburg Heteronuclear Correlation，FSLG-HETCOR）

FSLG-HETCOR 关联 ^1H 化学位移和 X 核（例如：^{13}C、^{15}N）化学位移，在间接采样维上提供很好的 ^1H 分辨率。因为从 ^1H 到与之相联的 X 核间极化转移非常迅速，^1H 和 X 核的交叉极化接触时间应该较短以避免 ^1H 与更远处的 X 核出现交叉峰。

本实验要求较高转速，建议在 4 mm 或更小直径的探头上完成，在 7 mm 或更大直径的探头上实验效果可能不佳。此外建议用 ^{13}C 标记的酪氨酸盐酸盐（Tyrosine-HCl）作标样来建立及优化测试参数，因为它的 ^1H 化学位移较宽（δ 2.5-12），^1H 自旋-晶格弛豫时间短，^{13}C 谱线较多而且分散。采用未标记的标样时应增加采样次数（8～32 次）。

实验时需要优化转速，使得谱图中心峰与旋转边带不重叠（尤其是标记样品）。此外还需优化去偶条件。

12　结果报告

12.1　基本信息

至少应包括：样品信息、仪器设备信息、环境条件、检测方法（标准）、检测人、检测日期等。

12.2 测试或分析结果

按照委托的测试项目出具相应的谱图。

12.3 分析结果的表述

12.3.1 常规的核磁共振谱中得到化学位移值用符号 δ 表示,是一个没有量纲的值。在记录和结果报告中,一般用 ppm 为后缀来表示数值的大小。例如:δ 5.12 ppm,不建议使用 δ 5.12×10^{-6} 这样的表述。耦合常数 J 用赫兹(Hz)为单位表示,弛豫时间 T_1、T_2 用秒(s)为单位表示。

12.3.2 化学位移值为相对值,其数值的大小与参比物化学位移值相关。因此在分析结果中需要详细注明使用的参比物、参比方法和参比物所标定的化学位移值。在谱图中先将参比物的谱峰校准为相应的已知数值,随后对其他谱峰进行标峰。

12.3.3 对于需要积分的谱图,应选取样品分子中易辨认的特征峰标定积分值。该特征峰不应与其他谱峰重叠,最好居于谱图的中部。

12.3.4 除特殊要求外,谱宽的选择应能容纳样品的全部信号峰,不应出现折叠信号峰。

12.3.5 谱图中若有杂质峰、溶剂峰、^{13}C 卫星峰和旋转边带等其他"信号"出现,应予以注明。

12.3.6 二维谱图一般以轮廓图表示,横坐标和纵坐标代表 F$_1$ 和 F$_2$ 维的频率变化(通常以 δ 或 Hz 标记),F$_1$ 维可依习惯选用横坐标或纵坐标表示。二维信号峰以等高线的方式显示,在做图时宜根据样品出峰情况设置合适的等高线参数,保证弱信号谱峰出现的同时假信号或噪音信号尽可能少。

12.3.7 通常每张谱图应附有氘代溶剂、探头温度、共振频率、谱宽、采样点数、累加次数、脉宽、弛豫延迟时间和窗函数等采集与处理参数等信息。

12.4 定量分析结果的表述

用平行样检测结果表述定量分析结果,如需用精密度(用 RSD 表示)、准确度(用回收率表示)时,可按照相关规定(必要时按照 GB/T 27411)提供不确定度评定结果。

13 安全注意事项

13.1 液体核磁管管壁较薄,易破碎,在盖管帽时,力度要轻,以免造成玻璃破碎,使操作者受伤。同时在向探头内放入样品管时要先打开吹动样品管的气流,以免核磁管直接落入探头中破碎,污染或损坏探头。

13.2 应妥善保管低沸点、有毒或易燃、易爆的样品和溶剂。

13.3 目前多数超导磁体均使用强磁场屏蔽/超屏蔽等技术减少了磁场外泄,但对安装有心脏起搏器等医疗器械的人员仍有潜在危险,也可能对磁卡产生消磁,需要在仪器安装场所张贴警示。

13.4 超导磁体在使用过程中有可能会出现失超情况,瞬间释放大量氦气,可能造成缺氧危险。

13.5 在做变温实验使用氮气或液氮时,可能造成局部空间缺氧,注意保持通风,条件允许下可对室内进行氧气浓度监控。

13.6 在使用液氮、液氦时,注意做好眼部和四肢等部位的防护,避免造成冻伤;同时对谱仪添加液氮、液氦时,需要严格遵守操作规程,避免对人员或仪器造成损伤。

13.7 注意仪器放置场地的水、电、气安全。

附　录　A

（资料性附录）

氘代溶剂的性质

液体核磁共振波谱测试中常用氘代溶剂的性质见表 A.1。

表 A.1　液体核磁共振波谱测试中常用氘代溶剂的性质

名称	分子式	熔点/℃	沸点/℃	$^1H(\delta)$	多重性	$^{13}C(\delta)$	多重性	残余水峰化学位移(δ)
氘代乙酸	$C_2D_4O_2$	16.7	118	11.65 2.04	1 5	178.99 20.0	1 7	11.5
氘代丙酮	C_3D_6O	−94	56.5	2.05	5	206.68 29.92	1 7	2.8
氘代乙腈	C_2D_3N	−45	81.6	1.94	5	118.69 1.39	1 7	2.1
氘代苯	C_6D_6	5.5	80.1	7.16	1(宽)	128.39	3	0.4
氘代氯仿	$CDCl_3$	−63.5	61—62	7.24	1	77.23	3	1.5
重水	D_2O	3.81	101.42	4.80	1	—	—	4.8
氘代二氯甲烷	$C_2D_2Cl_2$	−95	39.75	5.32	3	54.00	5	1.5
氘代二甲基甲酰胺	C_3D_7NO	−61	153	8.03 2.92 2.75	1 5 5	163.15 34.89 29.76	3 7 7	3.5
氘代二甲基亚砜	C_2D_6OS	18.55	189	2.50	5	39.51	7	3.3
氘代甲醇	CD_4O	−97.8	64.7	4.87 3.31	1 5	 49.15	 7	4.9
氘代吡啶	C_5D_5N	−41.6	115.2—115.3	8.74 7.58 7.22	1 1 1	150.35 135.91 123.87	3 3 3	5
氘代四氯乙烷	$C_2D_2Cl_4$	−44	146.5	6.0	5	73.78	3	
氘代四氢呋喃	C_4D_8O	−108.5	66	3.58 1.73	1 1	67.57 25.37	5 5	2.4—2.5
氘代甲苯	C_7D_8	−95	110.6	7.09 7.00 6.98 2.09	m 1 5 5	137.86 129.24 128.33 125.49 20.4	1 3 3 3 7	0.4
氘代三氟乙酸	$C_2DO_2F_3$	−15.4	72.4	11.50	1	164.2 116.6	4 4	11.5

注：本表数据摘自 *The Merck Index*，an Encyclopedia of Chemicals，Drugs，and Biologicals-Fourteenth Edition，Merck Co.，Inc.Whitehouse Station，NJ 2006。

附　录　B

（资料性附录）

部分超导脉冲傅里叶变换核磁共振谱仪主要技术指标

表 B.1 列举了部分超导脉冲傅里叶变换核磁共振谱仪的主要技术指标,指标数据与磁体的工作频率、探头类型、生产年份和制造商等都有关系。表中的数据仅供参考,不用于仪器的合格性考核和判定。

表 B.1　部分超导脉冲傅里叶变换核磁共振谱仪主要技术指标

技术指标	标样[c]	不同工作频率磁体和探头的指标[a]				
		300 MHz	400 MHz	500 MHz	600 MHz	700 MHz
^{1}H 5 mm 分辨率[b]	A	≤0.6 Hz	≤0.6 Hz	≤0.6 Hz	≤0.6 Hz	≤0.6 Hz
^{1}H 5 mm 灵敏度	B	≥180	≥300	≥420	≥450	≥500
^{1}H 5 mm 线形	A	6/12	6/12	6/12	6/12	6/12
^{1}H 5 mm 90°脉冲	C	≤15 μs	≤15 μs	≤15 μs	≤15 μs	≤16 μs
^{13}C 5 mm 分辨率	D	≤0.20 Hz	≤0.20 Hz	≤0.20 Hz	≤0.20 Hz	≤0.20 Hz
^{13}C 5 mm 灵敏度	D	≥100	≥190	≥220	≥300	≥400
^{13}C 5 mm 线形	D	2/4	2/4	3/5	3/5	3/5
^{13}C 5 mm 90°脉冲	C	≤10 μs	≤10 μs	≤10 μs	≤12 μs	≤12 μs
^{15}N 5 mm 灵敏度	E	≥15	≥20	≥32	≥45	≥50
^{15}N 5 mm 90°脉冲	C	≤15 μs	≤18 μs	≤18 μs	≤18 μs	≤18 μs
^{19}F 5 mm 灵敏度	F	≥225	≥345	≥440	≥565	≥600
^{19}F 5 mm 90°脉冲	F	≤15 μs	≤15 μs	≤15 μs	≤15 μs	≤15 μs
^{31}P 5 mm 灵敏度	G	≥100	≥140	≥140	≥200	≥200
^{31}P 5 mm 90°脉冲	G	≤12 μs	≤15 μs	≤15 μs	≤15 μs	≤15 μs

注 1：A：1％Chloroform（CHCl$_3$）in Acetone-D$_6$；

注 2：B：0.1％Ethylbenzene（EB）in Chloroform-D；

注 3：C：100 mM Urea-^{15}N（[^{15}NH$_2$]$_2$CO），100 mM Methanol-^{13}C（^{13}CH$_3$OH）in Dimethylsulfoxide-D$_6$；

注 4：D：40％Dioxane in Benzene-D$_6$（ASTM Test）；

注 5：E：90％Formamide（HCONH$_2$）in Dimethylsulfoxide-D$_6$（DMSO）；

注 6：F：0.05％Trifluorotoluene（TFT，CF$_3$C$_6$H$_5$）in Chloroform-D；

注 7：G：0.048 5 M Triphenylphosphate（TPP，[C$_6$H$_5$]$_3$PO$_4$）in Acetone-D$_6$。

[a] 探头均为反向探头,数据仅供参考;

[b] 样品不旋转;

[c] 对应标样。

参 考 文 献

［1］ JJF 1448—2014 超导脉冲傅里叶变换核磁共振谱仪校准规范

［2］ JJG 007 超导脉冲傅里叶变换核磁共振谱仪检定规程

［3］ ASTM E386-90(2011) 高分辨核磁共振(NMR)波谱数据表征的实施标准(Standard Practice for Data Presentation Relating to High-Resolution Nuclear Magnetic Resonance (NMR) Spectroscopy)

［4］ 《中华人民共和国药典》(2015 年版,四部):0441 核磁共振波谱法

［5］ Timothy D. W. Claridge. High-Resolution NMR Techniques in Organic Chemisty [M].北京:科学技术出版社,2010

［6］ 毛希安.《现代核磁共振实用技术及应用》[M].北京:科学技术文献出版社,2000

ICS 03.180
Y 51

中华人民共和国教育行业标准

JY/T 0579—2020
代替 JY/T 005—1996

电子顺磁共振波谱分析方法通则

General rules of analytical methods for electron paramagnetic
resonance spectroscopy

2020-09-29 发布 2020-12-01 实施

中华人民共和国教育部   发 布

前　言

本标准按照 GB/T 1.1—2009 给出的规则起草。

本标准代替 JY/T 005—1996《电子顺磁共振谱方法通则》。与 JY/T 005—1996 相比，除了编辑性修改外主要技术变化如下：

——修改了标准的适用范围（见第 1 章，标准 JY/T 005—1996 的第 1 章）；

——修改并增加了"术语和定义"（见第 2 章，标准 JY/T 005—1996 的第 2 章）；

——修改了"标准样品"的内容（见第 5.1，标准 JY/T 005—1996 的 4.1）；

——简化了"样品管"的内容（见 5.2，标准 JY/T 005—1996 的 4.2）；

——增加了仪器类型（见 6.1）；

——修改了图 1（见图 1，标准 JY/T 005—1996 的图 2）；

——简化了"样品"的内容（见第 7 章，标准 JY/T 005—1996 的第 6 章）；

——修改了"比较法测试 g 因子"的内容（见 8.4.1.2，标准 JY/T 005—1996 的 7.4.1.2）；

——修改了图 2（见图 2，标准 JY/T 005—1996 的图 3）；

——修改了"自旋浓度的测试"内容（见 8.4.3，标准 JY/T 005—1996 的 7.4.3）；

——增加了"含水样品的测试""样品的变温测试""样品的光辐照测试""自旋捕获测试""单晶样品的测试""特殊气氛中的样品测试"和"脉冲 EPR 测试"（见 8.4.4～8.4.10）；

——补充了"安全注意事项"内容（见第 10 章，标准 JY/T 005—1996 的第 9 章）。

本标准由中华人民共和国教育部提出。

本标准由全国教育装备标准化技术委员会化学分技术委员会（SAC/TC 125/SC 5）归口。

本标准起草单位：南京大学、中南大学、清华大学、中国科学技术大学、华东理工大学。

本标准主要起草人：眭云霞、刘国根、杨海军、苏吉虎、周丽芳。

本标准所代替标准的历次版本发布情况为：

——JY/T 005—1996。

电子顺磁共振波谱分析方法通则

1 范围

本标准规定了电子顺磁共振波谱分析方法的原理、测试环境要求、试剂或材料、仪器、样品、分析测试、结果报告和安全注意事项。

本标准适用于 X-波段连续波和脉冲电子顺磁共振波谱仪对主要检测项目进行常规测试。测试对象是含有未成对电子的磁性物质。

2 术语和定义

下列术语和定义适用于本文件。

2.1
电子顺磁共振 electron paramagnetic resonance
在静磁场中电子自旋磁矩在微波作用下,塞曼能级间发生的共振。

2.2
灵敏度 sensitivity
能检测到最少电子自旋数的能力。

2.3
分辨率 resolution
能检测出最窄线宽的能力。

2.4
标准样品 standard sample
用来检测谱仪性能或标定某些波谱参数的样品。

2.5
g 因子 g factor
与电子、原子核或其他粒子的磁距相关的变量(参数)。

2.6
超精细相互作用 hyperfine interaction
未成对电子与邻近磁性核的相互作用。

2.7
超精细结构 hyperfine structure
由超精细相互作用产生的谱线。

2.8
自旋浓度 spin concentration
单位重量或单位体积中所含未成对电子的数目。

2.9

线宽　line width

一次微分谱线的峰-谷之间的宽度。

2.10

弛豫时间　relaxation time

未成对电子和环境（晶格或自旋）相互作用达到热平衡所需的时间。

2.11

电子—核双共振　electron-nuclear double resonance

同时激发电子自旋和核自旋的共振。

3　分析方法原理

电子顺磁共振（electron paramagnetic resonance，EPR）波谱或称电子自旋共振（electron spin resonance，ESR）波谱是一种研究含有未成对电子的磁性物质结构的分析方法。未成对电子在静磁场作用下产生塞曼能级分裂，在静磁场垂直方向施加微波，当满足以下条件见式（1）：

$$\nu = g\beta B/h \qquad \cdots\cdots\cdots\cdots\cdots\cdots\cdots\cdots\cdots（1）$$

式中：

h ——普朗克常数，单位为焦耳·秒（J·s）；

ν ——微波频率，单位为赫兹（Hz）；

β ——波尔磁子，单位为焦耳/特斯拉（J/T）；

B ——磁感应强度，单位为特斯拉（T）；

g —— g 因子。

则低能级的电子吸收微波能量而跃迁到高能级，即电子顺磁共振现象。

4　测试环境要求

使用电子顺磁共振波谱仪时，环境温度控制在 20 ℃±5 ℃，湿度≤75％。

5　试剂或材料

5.1　标准样品

5.1.1　α,α′-二苯基-β-苦基肼基（α,α′-diphenyl-β-picryl hydrazyl，DPPH）

DPPH 是一种稳定的自由基，其 EPR 谱是一条较窄的单峰，g 因子为 2.003 7±0.000 2，常用它作为检测 g 因子的标准样品。定量配制的 DPPH 也可用于自旋浓度的测定。

5.1.2　锰标

锰标是将二价锰离子（Mn^{2+}）掺杂到 MgO 或 CaO 等晶格中的一种样品。其 EPR 谱

主要是由 $^{55}Mn(I=5/2)$ 的超精细耦合产生的,是一组具有线宽较窄的六重峰组成。可用于标定磁感应强度或 g 因子。

5.1.3 沥青(pitch)

沥青含有稳定的碳自由基。常用有两种:强沥青样品(KCl 中含 0.11％沥青)和弱沥青样品(KCl 中含 0.000 3％沥青)。其典型样品峰-谷线宽为 $1.7×10^{-4}$ T, g 因子为 $2.002\ 8±0.000\ 2$。可用于检测谱仪的灵敏度。

5.2 样品管

采用内径为 2 mm~5 mm 的高纯石英或优质玻璃制成的薄壁圆柱形样品管,也可选择符合被测样品要求的塑料等材料作样品管、样品支架或微型反应装置等。对于介电损耗较大的样品要用特殊的样品管(毛细管或扁平样品池)。

6 仪器

6.1 仪器类型

X-波段连续波电子顺磁共振波谱仪和脉冲电子顺磁共振波谱仪。

6.2 仪器组成

电子顺磁共振波谱仪主要由磁铁系统、微波桥、谐振腔和信号处理系统等构成。仪器的主要结构图如图 1 所示。

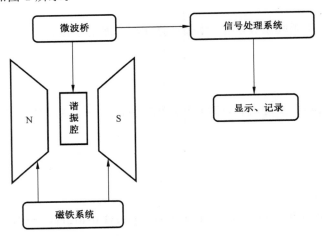

图 1 仪器的主要结构图

6.2.1 磁铁系统

磁铁系统包括电磁铁、磁铁电源和磁场控制器等,提供均匀、稳定和连续可调的直流磁场。

6.2.2 微波桥

微波桥是由产生、控制和检测微波辐射等器件组成。用速调管或耿氏二极管振荡器等做微波源。

6.2.3 谐振腔

谐振腔是放置测试样品的元器件,通常有矩形腔和圆柱形腔。

6.2.4 信号处理系统

将共振吸收的信号经调制、放大等电子学方法进行处理。

6.3 检定或校准

电子顺磁共振谱仪在投入使用前,应采用检定或校准等方式,对测试分析结果的准确性或有效性有显著影响的设备,包括用于测量环境条件等辅助测量设备有计划地实施检定或校准,以确认其是否满足测试分析的要求。检定或校准应按照相应仪器检定规程进行检定或校准,并符合相应测试要求。

7 样品

测试的样品状态分固体、液体和气体。应根据测试要求选用合适的样品。定量测试的样品,根据测试要求进行称量、配制、定量转移至样品管内。有些样品在测试前要进行特殊处理或在特定的装置中进行测量。

8 分析测试

8.1 前期准备工作

依照仪器操作程序开启仪器。待仪器状态稳定后,可以开始实验。在样品测试前或正在测试运行中,如果发现仪器的灵敏度等性能有异常,则应按本标准的 6.3 进行校准。如果校准结果不符合规定,应查明原因,采取相应措施后,重新校准,直至校准合格后才可以进行正式的样品测试。

8.2 样品置入

根据样品的测试要求,把样品装入合适的样品管,仔细地清洁样品管外壁,以免污染谐振腔,小心地把样品管插入谐振腔内,使样品处于谐振腔的中心部位。

8.3 仪器参数选择

选择恰当的微波功率、磁场扫描范围、调制频率和幅度、时间常数、扫描时间和信号放大倍数等参数。

8.4 样品测试

8.4.1 *g* 因子测试

8.4.1.1 绝对法

根据式(1)可得

$$g = h\nu/\beta B \quad\quad\quad\quad\quad\quad\quad\quad\quad\quad\quad (2)$$

式(2)中 ν 是微波频率，B 是共振吸收峰所对应的磁感应强度，计算可得 g 因子。g 因子精度取决于 B 和 ν 的测量精度，取值精确到小数点后 4 位有效数字。

8.4.1.2 比较法

利用已知 g 因子的标准样品(DPPH、锰标等)与待测样品同时测试，通过式(3)计算可求出未知样品的 g 值。

$$\nu = g_s \beta B_s/h$$
$$= g_x \beta B_x/h$$
$$g_x = g_s B_s/B_x \quad\quad\quad\quad\quad\quad\quad\quad\quad (3)$$

注：式中下标 s、x 分别表示标准样品和未知样品。

8.4.2 超精细结构的测试

顺磁物质中，未成对电子不仅与外磁场有相互作用，而且还与该电子附近的磁性核之间有磁相互作用，使原来 EPR 谱线分裂成多重谱线。通过分析谱线数目，谱线间距及其相对强度，可以判断与电子相互作用的核自旋的类型、数量及相互作用的强弱，有助于确定自由基等顺磁物质的分子结构。

对于含单核的自由基，EPR 谱因核自旋量子数 I 而发生($2I+1$)分裂，在低黏度溶液体系中 EPR 测量得到的相邻分裂峰间距往往是相等的，由此所得 A 值可称为各向同性超精细耦合常数。例如，当 $I=1$ 时，产生的 EPR 谱线如图 2 所示。

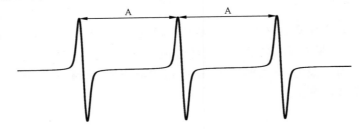

图 2 $S=1/2, I=1$ 的超精细结构谱线

当电子与 n 个等性核相互作用，由于各个核与电子的作用大小相等，所以产生的能级分裂也相同，其结果能产生($2nI+1$)条谱线。

如果 n 个等性核的 $I=1/2$，则产生($n+1$)条谱线，各条谱线强度正比于$(1+x)^n$的二项式展开的系数。

当未成对电子与多种不等性核相互作用，其中有 n_1 个核的核自旋为 I_1，n_2 个核的

核自旋为 $I_2, \cdots, n_k$ 个核的核自旋 I_k,则能产生的最多谱线为 $(2n_1I_1+1)(2n_2I_2+1)\cdots$ $(2n_kI_k+1)$。

8.4.3 自旋浓度的测试

测试自旋浓度通常采用比较法,将一已知自旋数的标准样品与未知样品进行比较。实验中,测试条件应一致,根据式(4)可计算自旋浓度:

$$N_x = (A_xG_s/A_sG_x)N_s \quad\cdots\cdots\cdots\cdots\cdots\cdots\cdots\cdots\cdots(4)$$

式中:

N ——样品的自旋数;

A ——谱线积分面积;

G ——测试放大倍数;

注:下标 s、x 分别表示标准样品和未知样品。

在进行自旋浓度测试时,还须注意以下几点:

a) 标准样品与未知样品性质须相似;

b) 必须确保在微波功率未饱和状态下进行测量;

c) 为消除双样品腔两个腔的差异带来的误差,标准样品和未知样品测量一次后,两者交换位置再测一次,取两次测量的平均值代入计算。

8.4.4 含水样品的测试

水的介电常数比较大($\varepsilon=80$),能吸收微波引起非磁共振吸收,从而降低仪器的灵敏度,甚至无法测试到有效信号。

针对水溶液样品(含生物样品),通常采用以下测试方法:

a) 室温下使用特殊形状和尺寸的样品管(毛细管或扁平池);

b) 在低温冷冻状态下进行测试。

8.4.5 样品的变温测试

室温下,一些自由基和过渡金属离子由于弛豫时间短,检测比较困难,经常需要进行低温测试。低温测试一般以液氮或者液氦为制冷剂,通过氮气或氦气间接或者直接对样品进行冷却,达到控制样品温度的目的。顺磁共振波谱仪一般配备专门的变温附件,不但能进行低温控制,还能进行程序升温的控制。

8.4.6 样品的光辐照测试

作为自由基的光引发剂或者光催化反应的光源,选择合适的光照条件非常重要。以氙灯或高压汞灯为光源,采用不同波长滤光片进行选择波长的方法,对样品进行辐照。也可以选择其他光源,如激光等。光辐照过程主要针对原位测试过程中光的不同时间和强度的作用,研究反应机理。尤其适合研究光化学、光生物化学诱导动态电子极化的动力学过程。

8.4.7 自旋捕获测试

活性自由基的寿命很短,一般在毫秒到微秒之间,且浓度低,难于甚至无法直接进行测试。因此,对于这些活泼的自由基,可使用自旋捕捉剂和自由基进行加成反应,生成较稳定的自由基,再进行测试。常见的活性自由基有羟基自由基、超氧阴离子自由基、氨基自由基等,常用的捕捉剂有5,5-二甲基-1-吡咯啉-N-氧化物(DMPO)、苯基-N-叔丁基硝酮(PBN)等。这类自旋捕获的样品须现配现测,对无法现配现测的样品,可事先制备好样品并放入液氮中保存,最好在3~5天内完成测试。该方法的关键是捕捉剂种类的选择,捕捉效率和浓度也是需要考虑的因素。

8.4.8 单晶样品的测试

单晶样品由于具有各向异性,需要使用转角器附件进行测试。单晶测试对样品的维度及样品所含顺磁离子的浓度都有特殊要求,需仔细选择。根据样品的外形或特定的晶轴,在显微镜下确定正交的实验坐标系,将样品固定在转角器的支架上,采用不同的步长,分别在3个互相垂直的平面上采集样品相对磁场角度变化的EPR谱。针对一些晶系的晶胞中含多个分子的情况,尽管分子结构完全相同,当磁场施加在实验坐标系的某个方向,会同时出现几套磁性不等价晶位的EPR谱,分析谱图时需将磁场相对实验坐标系的各个取向中所属同一晶位的谱分别指认、归类。测试数据进行软件分析拟合可得到晶体的结构信息。

8.4.9 特殊气氛中的样品测试

许多化学反应需要在无水无氧条件进行测试,因此,需要采用真空泵抽真空,一般还需要用氮气或者氩气进行保护。有时为了证明气氛对反应的影响,需要对气氛进行控制。通常采用接两个三通的方法,交替开关控制气源,达到气氛控制的目的。由于这些装置一般仪器公司不提供,需要进行玻璃加工得到。

8.4.10 脉冲 EPR 测试

8.4.10.1 脉冲 EPR 的主要特点

连续波EPR测试的过程,微波是不间断地辐照在样品上。而在脉冲EPR中,微波是间断的辐照在样品上,然后通过谐振腔的自由感应衰减(FID)信号或回波信号来测试样品的响应情况。二者的测试方式是有所区别的。

在连续波EPR中,所获得的谱图主要是源自顺磁性中心的、相对静态的结构信息,比如g因子的各向异性反映了配位场的强弱等。在磁性核与电子的超精细耦合相互作用中,如果磁性核的数目比较少,或A值比较大,可以在连续波谱图直接读出。但是,当磁性核数目比较多且A值比较小时,此时谱图的来源是较难以指认和归属的。当结合使用脉冲技术后,可以得到连续波EPR无法获得的一些信息。

8.4.10.2 自旋—晶体弛豫时间测试

顺磁中心与晶格的能量交换速率,称为自旋-晶体弛豫时间,用T_1表示。当很短时,即能量交换速率较快时,这意味着自旋激发态的寿命较短。此时如用连续波测试则需要较低温度,且需要较高的微波输出功率。使用三脉冲的反转恢复脉冲序列可测试T_1。

8.4.10.3　自旋—自旋弛豫时间测试

电子自旋间的能量交换速率,称为自旋-自旋弛豫时间,用 T_2 表示。用两脉冲或者三脉冲的测试序列可检测 T_2。

8.4.10.4　电子—核双共振

当超精细耦合常数(A)较小或者存在复杂的重叠时,连续波 EPR 谱将无法获得具体值,须使用电子—核双共振(ENDOR)技术。当 A 为 0 MHz~10 MHz 时,使用 Mims 脉冲序列可以得到较好的分辨率;当 A 为 8 MHz 以上,可使用 Davies 脉冲序列。

8.4.10.5　电子—原子—原子三共振

电子—原子—原子三共振(TRIPLE)是在 ENDOR 基础发展起来的,可用于确定 A 值的正负。

8.4.10.6　电子自旋回波包络调制

当自旋浓度较低时,使用电子自旋回波包络调制(electron spin echo envelop modulation,ESEEM)先获得时域谱,然后作傅里叶变换得到频域谱,可用于分析 A 值和核的信息。这种情况适用于测试值A<10 MHz的样品。当使用四脉冲的超精细亚能级相关脉冲序列,获得二维谱,减少了信号的重叠,从而可获得较高清晰的谱。在三脉冲以上的 ESEEM 测试中,需要避开盲点现象,即 90 度脉冲间隔时间的倒数与 A 相当时所产生的效果。

8.4.10.7　相邻自旋间距的测试

电子自旋间的相互作用与它们间距的三次方成反比。使用脉冲电子-电子双共振技术(pulsed electron electron double resonance,PELDOR),可对这种间距进行测试。

8.4.10.8　三重态自由基的测试

在光化学反应中,三重态寿命非常短,造成测试困难。将脉冲光辐照与脉冲 EPR 结合,就可以对三重态自由基进行测试。

8.5　关机

测试完成后,小心地把样品从谐振腔中取出,使仪器处于待机状态或者关机,并对仪器和环境条件等作必要的记录。

9　结果报告

9.1　基本信息

结果报告中可包括:委托单位信息、样品信息、仪器设备信息、环境条件、制样方法、测试方法(依据标准)、测试结果、测试人、校核人、批准人、测试日期等。必要和可行时可给出定量分析方法和结果的评价信息。

9.2 实验的原始数据

在整个实验过程中,凡影响分析结果的因素,测试的重要环节或与测试结果有关的内容和数据等都应真实地记录下来。如测试前后样品的性能及状态、不稳定样品发生变化的条件和保存方法、样品处理、测试项目等。

9.3 数据处理和结果

9.3.1 在电子顺磁共振波谱测试报告中,简述对 g 因子、超精细结构、自旋浓度等有关测试项目进行解析的基本方法。给出所用的公式、符号的含义和单位,列出数据处理方法的主要步骤及处理所得的相关波谱参数,附上实验中记录的 EPR 谱图。

9.3.2 上述关于测试结果表述部分的说明并不表示已规定了需要描述的全部内容,可以根据具体测试的样品性质和要求加以增减。在填写附录中的内容时,若表格的空间不够,可添加续页。

9.3.3 电子顺磁共振波谱测试报告的格式见附录 A。

10 安全注意事项

10.1 在测试过程中,使用提供的水、电、气等条件和相关设备时,应严格执行有关的安全规则,防止各种事故发生。

10.2 当微波电源接通时,不要使波导处于打开状态。当需要移开或更换 EPR 谐振腔时,须将微波桥置待机状态。

10.3 被测试的样品以及样品处理过程中使用的化学药品,如有易燃、易爆、有毒或有腐蚀性的材料,要按有关规定小心操作,时刻注意安全。

附　录　A
（规范性附录）
电子顺磁共振波谱测试报告

表 A.1 给出了电子顺磁共振波谱测试报告的格式。

表 A.1　电子顺磁共振波谱测试报告

样品名称：		编号：
送检单位：		
测试项目：		
测试条件		
微波频率/GHz	中心磁场/mT	测试温度/K
微波功率/mW	扫描宽度/mT	接收增益
调制频率/kHz	时间常数/ms	谐振腔型号
调制幅度/mT	扫描时间/s	仪器型号
测试方法及结果：		
备注：	测试人： 　年　　月　　日	

ICS 03.180
Y 51

中华人民共和国教育行业标准

JY/T 0580—2020
代替 JY/T 017—1996

元素分析仪分析方法通则

General rules of analytical methods for elemental analyzer

2020-09-29 发布　　　　　　　　　　　　2020-12-01 实施

中华人民共和国教育部　　发　布

前　　言

本标准按照 GB/T 1.1—2009 给出的规则起草。

本标准代替 JY/T 017—1996《元素分析仪方法通则》，与 JY/T 017—1996 相比，除编辑性修改外主要技术变化如下：

——标准名称修改为"元素分析仪分析方法通则"；

——修改了标准的适用范围（见第 1 章，1996 年版的第 1 章）；

——增加了规范性引用文件（见第 2 章）；

——修改"定义"（1996 年版的第 2 章）为"术语和定义"（见第 3 章）。该部分修改了"系统空白"（见 3.1）、空白分析（见 3.2）、校准因子（见 3.3）；增加了"标准物质"（见 3.4）、"校准曲线"（见 3.5）、"准确度"（见 3.6）、"正确度"（见 3.7）、"精密度（见 3.8）"；删除了"灵敏度因子"（见 1996 年版的 2.3）；

——修改了"方法原理"（见第 4 章，1996 年版的第 3 章）；

——增加了"分析环境要求"（见第 5 章）；

——修改"试剂和材料"的内容（见第 6 章，1996 年版的第 4 章）；

——修改"仪器"部分的相关内容（见第 7 章，1996 年版的第 5 章）；

——修改了"样品"部分的相关内容（见第 8 章，1996 年版的第 6 章）；

——修改了"分析步骤"为"定量分析"（见第 9 章，1996 年版的第 7 章）；

——删除了"灵敏度（或校正）因子 K 值"（见 1996 年版的 7.3）；

——增加了"校准曲线的绘制"（见 9.2.1.3）和"校准因子的测定"（见 9.2.1.4）；

——删除了"分析结果的表述"（见 1996 年版的第 8 章）；

——增加了"结果报告"（见第 10 章）；

——修改了"安全注意事项"部分的相关内容（见第 11 章，1996 年版的第 9 章）。

本标准由中华人民共和国教育部提出。

本标准由全国教育装备标准化技术委员会化学分技术委员会（SAC/TC 125/SC 5）归口。

本标准起草单位：华南理工大学、西南科技大学、吉林大学、东华大学、苏州大学、福州大学。

本标准主要起草人：徐昕荣、刘永刚、曹军刚、杨明、吴冰、陈天文。

本标准所代替标准的历次版本发布情况为：

——JY/T 017—1996。

元素分析仪分析方法通则

1 范围

本标准规定了元素分析仪分析方法的术语和定义、方法原理、试剂和材料、仪器、样品、测试方法、结果报告和安全注意事项。

本标准适用于元素分析仪进行样品（有机物和部分无机物）中碳（C）、氢（H）、氮（N）及硫（S）或氧（O）元素分析。

2 规范性引用文件

下列文件对于本文件的应用是必不可少的。凡是注日期的引用文件，仅注日期的版本适用于本文件。凡是不注日期的引用文件，其最新版本（包括所有的修改单）适用于本文件。

GB/T 3358.2—2009 统计学词汇及符号 第2部分：应用统计

GB/T 4842—2017 氩

GB/T 4844—2011 纯氦、高纯氦和超纯氦

GB/T 13966—2013 分析仪器术语

GB/T 14599—2008 纯氧、高纯氧和超纯氧

JJF 1001—2011 通用计量术语及定义

JJF 1059.1—2012 测量不确定度评定与表示

3 术语和定义

GB/T 13966—2013 界定的以及下列术语和定义适用于本文件。

3.1

系统空白 system blank

系统空白分成系统加氧空白和系统不加氧空白，指仪器操作规程的规定条件下，通过载气（或同时充入氧气）时测得的系统背景信号。

3.2

空白分析 blank analysis

按照样品分析方法，不加入实际样品时测得的包裹样品所用的锡囊（或银囊等容器）信号值。

3.3

校准因子 *K* K-factor

样品测定条件下，标准物质元素质量分数的计算值与测量值的比值。

3.4

标准物质 standard material

具有足够的准确度,可用以校准或检定仪器、评定测量方法,或给其他物质赋值的物质。

[GB/T 13966—2013,定义2.41]

3.5

校准曲线 calibration curve

在规定条件下,表示被测量值与仪器实测值之间的关系曲线。

[GB/T 13966—2013,定义2.89]

3.6

准确度 accuracy

测试结果或测量结果与真值间的一致程度。

注1:在实际中,真值用接受参考值代替。

注2:术语"准确度",当用于一组测试或测量结果时,由随机误差分量和系统误差分量即偏倚分量组成。

注3:准确度是正确度和精密度的组合。

[GB/T 3358.2—2009,定义3.3.1]

3.7

正确度 trueness

测试结果或测量结果期望与真值的一致程度。

注1:正确度的度量通常用偏倚表示。

注2:正确度有时被称为"均值的准确度",但不推荐这种用法。

注3:在实际中,真值用接受参考值代替。

[GB/T 3358.2—2009,定义3.3.3]

3.8

精密度 precision

在规定条件下,所获得的独立测试/测量结果间的一致程度。

注1:精密度仅依赖于随机误差的分布,与真值或规定值无关。

注2:精密度的度量通常以表示"不精密"的术语来表达,其值用测试结果或测量结果的标准差来表示。标准差越大,精密度越低。

注3:精密度的定量度量严格依赖于所规定的条件,重复性条件和再现性条件为其中两种极端情况。

[GB/T 3358.2—2009,定义3.3.4]

4 分析方法原理

样品中的碳、氢、氮及硫或氧(C、H、N、S/O)元素,经催化氧化(或裂解)—还原后分别转变成二氧化碳、水蒸气、氮气及二氧化硫或一氧化碳(CO_2、H_2O、N_2、SO_2/CO)。然后在载气的推动下,用吸附分离或用色谱法将混合气体分离后,再通过适当检测器分别检测并计算得出各元素含量。

5 分析环境要求

5.1 电子天平

电子天平应放置在专用的稳定的天平台上,并注意室内气流对天平的影响;温度尽可能保持稳定,防止温度的漂移对天平的稳定性造成影响;空气湿度应控制在 75% 以下。

5.2 仪器放置环境

温度与湿度应符合仪器规定要求,温度控制 20 ℃±5 ℃,湿度≤75%。工作环境应清洁无尘,无易燃易爆和无腐蚀性气体,且通风良好,避免高浓度有机溶剂蒸气或腐蚀性气体。周围无强烈机械震动和冲击,无电磁场干扰。电源符合规定,供电电源的电压及频率应稳定。

6 试剂和材料

6.1 载气(氦气或氩气)

载气通常用氦气或氩气。氦气符合 GB/T 4844—2011 中高纯氦的要求(即氦的体积分数≥99.999%);氩气符合 GB/T 4842—2017 中高纯氩的要求(即氩的体积分数≥99.999%)。

6.2 氧气

符合 GB/T 14599—2008 中纯氧的要求(即氧的体积分数≥99.995%)。

6.3 标准物质

应根据测试项目,向有关单位购置有证标准物质,表 1 列举了部分元素分析标准物质,使用者也可以用其他合适的标准物质来代替。

表 1 标准物质/参考物质　　　　　　单位:w(%)

名称	分子式	CAS No.	C	H	N	S	O
氨基硫脲	CH_5N_3S	79-19-6	13.18	5.53	46.11	35.18	—
胱氨酸	$C_6H_{12}N_2O_4S_2$	56-89-3	29.99	5.03	11.66	26.69	26.63
对氨基苯磺酰胺	$C_6H_8N_2O_2S$	63-74-1	41.81	4.65	16.25	18.62	18.58
环己酮-2,4-二硝基苯腙	$C_{12}H_{14}N_4O_4$	1589-62-4	51.79	5.07	20.14	—	23.00
咪唑	$C_3H_4N_2$	288-32-4	52.92	5.92	41.15	—	—
苯甲酸	$C_7H_6O_2$	65-85-0	68.84	4.95	—	—	26.20
阿托品	$C_{17}H_{23}NO_3$	51-55-8	70.56	8.01	4.84	—	16.59
乙酰苯胺	C_8H_9NO	103-84-4	71.09	6.71	10.36	—	11.84

6.4 其他试剂及材料

按样品所含元素和测试目的选取相应的测试模式,并选用适当的催化氧化剂、还原剂、石英管和包裹样品容器及其他试剂和材料。

7 仪器

7.1 仪器组成

仪器主要由氧化(或裂解)—还原系统、分离和检测系统、仪器控制与数据处理系统、微量电子天平和打印机组成。氧化(或裂解)—还原系统,C、H、N、S 元素的测定主要由填装有催化氧化剂的燃烧管、填装有还原剂的还原管和加热炉组成;O 元素的测定主要由填装有碳粉的裂解反应管和加热炉组成。

7.2 仪器性能

按照元素分析仪检定规程或校准规范进行检定或校准,仪器性能指标应符合相应检测要求。

7.3 检定或校准

设备在投入使用前,应采用检定或校准等方式,对检测分析结果的准确性或有效性有显著影响的设备,包括用于测量环境条件等辅助测量设备有计划地实施检定或校准,以确认其是否满足检测分析的要求。检定或校准应按有关检定规程、校准规范或校准方法进行。

8 样品

样品应是干燥或含水量确定的均匀固体或液体等。固体、液体样品的熔程、沸程必须在允许范围内。不同基质的样品,采用不同的样品称样量和制样技术,碳、氢、氮及硫元素的分析采用锡制容器包裹称量;对于氧元素的分析,推荐使用银制容器包裹称量。挥发性样品用低熔点合金容器密封称量,腐蚀性液体用低熔点玻璃毛细管密封称量,氧化时应有防爆措施。

9 定量分析

9.1 实验前准备工作

按仪器操作规程开机。按样品检测需求选择合适的操作模式,检查整机操作条件及电子天平的性能。让整机逐步达到样品测定的条件。

9.2 实施步骤

9.2.1 仪器校准

9.2.1.1 系统空白

系统空白值的大小及其稳定性反映着系统的气密性和载气（或助燃气）等工作条件是否正常。在开机后需连续做 3 次以上，需使各元素的空白值降到仪器操作规程要求。

9.2.1.2 空白分析

开机后样品分析前或含量差别较大的不同批次样品之间，需进行空白分析 3 次以上，检测值较低且稳定，数据差值达到仪器操作规程要求后方可进行样品检测。

9.2.1.3 校准曲线的绘制

校准曲线的绘制应满足被测元素含量的范围。一是采用单一标准物质，多次称取不同量的标准物质，以该标准物质的绝对质量和对应产物的信号值绘制仪器校准曲线；二是采用多种标准物质，分别称取不同量的标准物质，以标准物质的绝对质量和对应的信号值绘制仪器校准曲线。根据实际需要可采用线性拟合方式或多次拟合方程，所得校准曲线方程为：

线性拟合方程：

$$y_i = a + bA_i \quad\cdots\cdots\cdots\cdots\cdots\cdots\cdots（1）$$

多次拟合方程：

$$y_i = a + a_1A_i + a_2A_i^2 + a_3A_i^3 + ... + a_nA_i^n \quad\cdots\cdots\cdots\cdots（2）$$

式中：

i ——碳、氢、氮、硫或氧元素；

y_i ——i 元素的绝对质量，单位为毫克（mg）；

A_i ——i 元素对应产物的信号值；a、b、a_1、a_2、a_3、$\cdots$、a_n 为拟合系数。

9.2.1.4 校准因子的测定

元素在校准曲线上测得的质量分数 M 按式（3）计算：

$$M_i = \frac{y_i}{m} \times 100\% \quad\cdots\cdots\cdots\cdots\cdots\cdots（3）$$

式中：

M_i ——i 元素的质量分数；

y_i ——i 元素的绝对质量，单位为毫克（mg）；

m ——样品的称取质量，单位为毫克（mg）。

当日校准因子 K 按式（4）计算：

$$K_i = \frac{X_{i,标}}{M_{i,标}} \quad\cdots\cdots\cdots\cdots\cdots\cdots（4）$$

式中：

K_i ——i 元素的当日校准因子；

$X_{i,标}$ ——标准物质中 i 元素质量分数的计算值；

$M_{i,标}$ ——标准物质中 i 元素在校准曲线上的测得的质量分数。

注：当日校准因子需 $0.9 \leqslant K \leqslant 1.1$，当日校准因子 $K \leqslant 0.9$ 或 $\geqslant 1.1$ 时，需重新进行校准曲线的绘制。

9.2.2 样品分析

称取适量样品，精确至 0.001 mg，按样品测定程序连续进行两次以上平行测定，直到相邻两次结果达到分析误差的要求为止。样品测定后，应再次测定标准物质，若结果偏离仪器操作规程的规定值，样品应重新测定。

10 结果报告

10.1 基本信息

结果报告中可包括：委托单位信息、样品信息、仪器设备信息、环境条件、制样方法、检测方法（依据标准）、检测结果、检测人、校核人、批准人、检测日期等。必要和可行时可给出定量分析方法和结果的评价信息。

10.2 分析结果

采用校准曲线法或校准曲线法结合当日校正因子对所测未知试样进行定量结果计算。

样品中元素的含量以质量分数或元素比值两种方式表示。

10.2.1 质量分数

被测样品中 i 元素的质量分数按式（5）计算：

$$W_{i,样} = \frac{y_{i,样}}{m} \times K_i \times 100\% \quad \cdots\cdots\cdots\cdots\cdots\cdots\cdots\cdots\cdots（5）$$

式中：

$W_{i,样}$ ——被测样品中 i 元素的质量分数；

$y_{i,样}$ ——由校准曲线得到的样品中 i 元素的绝对质量，单位为毫克（mg）；

m ——样品的称取质量，单位为毫克（mg）；

K_i ——i 元素的当日校准因子。

注：校准曲线与样品同时测定时，校准曲线为一次线性回归方程，且线性相关系数 $R^2 \geqslant 0.999$，取当日校准因子为1，即不需要对样品测量值进行校准。校准曲线储存到仪器中作为仪器校准曲线时，则需要进行当日校准因子的计算，并采用式（5）对测定结果进行校准。

10.2.2 元素比值

样品中元素的质量分数（×100）分别除以该元素的相对原子质量，并取碳（C）元素的结果作为整数 1,从而求出样品中各种被测元素的比例。

10.3 分析方法与测量结果的评价

分析方法用方法检出限、精密度和准确度来评定,测量结果一般用测量不确定度评定。

10.3.1 方法检出限

实际工作中元素分析仪器的检出限通常采用与样品检测相同的实验条件下,空白试样连续 11 次测定值的 3 倍标准偏差所获得的分析物浓度或质量。

10.3.2 精密度

精密度用于表示多次测定某一值时所得测定值的离散程度,用标准偏差 SD 或相对标准偏差 RSD 表示。精密度与浓度有关,报告精密度时应指明获得该精密度的被测元素的浓度。

计算方法如下:

$$SD = \sqrt{\sum_{i=1}^{n}(X_i - \overline{X}_i)^2 / (n-1)} \qquad \cdots\cdots\cdots\cdots\cdots\cdots (6)$$

$$RSD = \frac{SD}{\overline{X}} \times 100\% \qquad \cdots\cdots\cdots\cdots\cdots\cdots (7)$$

式中:

X_i ——第 i 次测量值;

SD ——标准偏差;

$\overline{X}$ —— n 次测量值的平均值;

RSD ——相对标准偏差。

10.3.3 准确度(正确度和精密度)

用"正确度"和"精密度"两个术语来描述一种测量方法的准确度。精密度反映了偶然误差的分布,而与真值或规定值无关;正确度反映了与真值的系统误差,用绝对误差或相对误差表示。在实际工作中,可用标准物质或标准方法进行对照试验,计算误差。

10.3.4 不确定度评定

按 JJF 1059.1—2012 中的评定方法和原则进行分析结果测量不确定度的必要评定与表示。

11 安全注意事项

11.1 依照化学品安全技术说明书(MSDS)中的相关规定操作所有的化学试剂。

11.2 应按高压钢瓶安全操作规定使用高压气体钢瓶。

11.3 仪器出口气体应排放至室外或通风处。

11.4 注意安全用电。

参 考 文 献

［1］ GB/T 19143—2017　岩石有机质中碳、氢、氧元素分析方法

［2］ SN/T 3005—2011　有机化学品中碳、氢、氮、硫含量的元素分析仪测定方法

［3］ JJF 1321—2011　元素分析仪校准规范

［4］ 王约伯,高敏.有机元素微量定量分析[M].北京:化学工业出版社,2013

ICS 03.180
Y 51

中华人民共和国教育行业标准

JY/T 0581—2020
代替 JY/T 011—1996

透射电子显微镜分析方法通则

General analysis rules for transmission electron microscope

2020-09-29 发布　　　　　　　　　　　　2020-12-01 实施

中华人民共和国教育部　　发　布

前　言

本标准按照 GB/T 1.1—2009 给出的规则起草。

本标准代替 JY/T 011—1996《透射电子显微镜方法通则》，与 JY/T 011—1996 相比，除编辑性修改外主要技术变化如下：

——增加了规范性引用文件（见第 2 章）；

——增加了术语和定义中的"加速电压"（见 3.2）、"相机长度"（见 3.3）、"球差"（见 3.4）、"色差"（见 3.5）、"慧差"（见 3.6）、"像衬度"（见 3.8）、"相位衬度"（见 3.9）、"振幅衬度"（见 3.10）、"电子枪"（见 3.12）、"磁透镜"（见 3.13）、"极靴"（见 3.14）、"能谱仪"（见 3.15）、"电子能量损失谱仪"（见 3.16）、"电子能量过滤器"（见 3.17）、"扫描透射"（见 3.18）、"环境透射电镜"（见 3.19）、"冷冻透射电镜"（见 3.20）、"低能电子显微镜"（见 3.21）和"洛伦茨电镜"（见 3.22）；

——增加了"透射电镜的分类"（见 6.2）；

——修改了"样品制备"（见 7.2,1996 版的 5.2）；

——增加了"分析步骤像散矫正"（见 8.2.2）、"慧差矫正"（见 8.2.3）、"球差矫正"（见 8.2.4）、"色差矫正"（见 8.2.5）、"衍射衬度像"（见 8.4.2）、"Z 衬度像"（见 8.4.4）和"电子衍射"（见 8.4.5）；

——增加了"安全注意事项"（见第 10 章）。

本标准由中华人民共和国教育部提出。

本标准由全国教育装备标准化技术委员会化学分技术委员会（SAC/TC 125/SC 5）归口。

本标准起草单位：南京大学、北京大学、北京化工大学、中国科技大学、山东理工大学、华南理工大学。

本标准主要起草人：邓昱、鞠晶、胡水、刘先明、冯柳、尹诗衡。

本标准所代替标准的历次版本发布情况为：

——JY/T 011—1996。

透射电子显微镜分析方法通则

1 范围

本标准规定了透射电子显微镜（以下简称"透射电镜"）（transmission electron micro-scope，TEM）分析方法的原理、仪器、分析样品、分析步骤、结果报告和安全注意事项。

本标准适用于各种类型透射电镜的测试分析。

2 规范性引用文件

下列文件对于本文件的应用是必不可少的。凡是注日期的引用文件，仅注日期的版本适用于本文件。凡是不注日期的引用文件，其最新版本（包括所有的修改版）适用于本文件。

GB/T 18735 微束分析 分析电镜（AEM/EDS）纳米薄标样通用规范

GB/T 18907—2013 微束分析 分析电子显微术 透射电镜选区电子衍射分析方法（ISO 25498：2010，IDT）

GB/T 23414—2009 微束分析 扫描电子显微术 术语

ISO 29301：2010 Microbeam analysis—Analytical transmission electron microscopy—Methods for calibrating image magnification by using reference materials having periodic structures

3 术语和定义

GB/T 23414—2009 规定的以及下列术语和定义，适用于本文件。

3.1

分辨率 resolution

能被清楚地分开、识别的两个图像特征之间的最小间距。

3.2

加速电压 accelerating voltage

为加速从电子源发射的电子而加到灯丝和阳极之间的电位差。

3.3

相机长度 camera length

根据后焦面上衍射斑点被放大的倍数，折算出的衍射相机长度。

3.4

球差 spherical aberration

由于电磁透镜中心区域和边缘区域对电子会聚能力不同而造成的像差。

3.5

　　色差　chromatic aberration

　　由于电子波长或能量发生一定幅度的改变而造成的像差。

3.6

　　慧差　coma

　　光轴外物点发出宽光束通过透镜后并不会聚一点，相对于主光线而是呈彗星状图形的一种不对称的像差。

3.7

　　像散　astigmatism

　　由极靴加工精度、极靴材料不均匀、透镜内线圈不对称及不完善的光阑形成的透镜不对称磁场产生的图像模糊的现象。

3.8

　　像衬度　image contrast

　　图像上不同区域间明暗程度的差别。

3.9

　　相位衬度　phase contrast

　　通过透射电镜薄样品后，电子束产生相位差，由这些电子形成的相干花样。

　　注：比如透射电镜高分辨晶格像的衬度就属于相位衬度。

3.10

　　振幅衬度　amplitude contrast

　　电子波在样品下表面振幅差异的反映，可以形成衍射衬度和质厚衬度。

3.11

　　电子衍射　electron diffraction

　　电子束在晶体中散射，各散射电子波之间产生互相干涉现象，只在满足布拉格定律方向上有相互加强的衍射束的效应。主要包括选区电子衍射、纳米束电子衍射和会聚束电子衍射。对于非晶样品，可以发生非布拉格衍射（diffuse scattering），形成如非晶弥散衍射环（diffuse rings）等花样。

3.12

　　电子枪　electron gun

　　通过加速电子发射出具有一定能量、一定束流以及速度和角度的电子束的装置。

3.13

　　磁透镜　magnetic lens

　　利用载流螺线管中激发的磁场来实现磁聚焦的透镜。

　　［GB/T 23414—2009，SEM 物理基础术语 3.1.3.2］。

3.14

　　极靴　pole piece

　　电磁透镜内部用来汇聚电子束的柱状对称软磁材料芯（磁芯），该磁芯位置具有强磁场。

3.15

能谱仪　energy dispersive X-ray spectrometer；EDS

在透射电镜中安装的附件,可以测试由电子束激发的样品中元素的特征 X 射线,从而进行样品成分分析。

3.16

电子能量损失谱仪　electron energy loss spectrometer；EELS

在透射电镜中加装 EELS 附件,利用入射电子束在样品中发生非弹性散射,电子损失的能量 ΔE 直接反映了发生散射的机制、样品的化学组成以及厚度等信息,因而能够对薄样品微区的元素组成、化学键及电子结构等进行分析。

3.17

电子能量过滤器　electron energy filter；EEF

通过镜筒内置能量过滤附件,即通过过滤能够获得低色差的样品观察区域,保证高的衍射接收角和能量分辨率,从而可以获得高质量的能量过滤像。

3.18

扫描透射　scanning transmission electron microscope；STEM

在透射电镜中安装扫描附件,综合了扫描和透射电镜成像、测试特点的一种成像和分析模式。

3.19

环境透射电镜　environmental transmission electron microscope；ETEM

通过特殊设计,如液体池,气氛池等,在一定条件下允许气-固或液-固多相共同存在,从而进行一些原位反应观测、研究的透射电镜。

3.20

冷冻透射电镜　cryogenic transmission electron microscope；Cryo-TEM

在极靴和样品杆加装了冷冻系统的透射电镜,用于开展对电子束敏感样品、生物或软物质样品在低温条件下的观测。

3.21

低能电子显微镜　low energy electron microscope；LEEM

可以利用低能电子成像的电子显微镜,如弹性背散射电子表面实空间成像,可以具有高的横向和纵向分辨率,可以与低能电子衍射及其他电子显微技术结合。

3.22

洛伦茨电镜　Lorentz TEM

通过控制、降低物镜磁场(可以降到零场),并通常配合以电子全息等附件对磁性样品进行观测研究的技术。

4　方法原理

4.1　成像原理

电子束与样品发生作用,包括弹性散射和非弹性散射两个过程,产生反映样品微区厚度、平均原子序数、晶体结构或相位等多种信息。透过样品的电子束,经过物镜聚焦放大成像,再经过中间镜和投影镜进一步放大,最后用相机记录图像。在不同的实验条件下得到不同的衬度像,主要包括质厚衬度像、衍射衬度像、Z衬度像和相位衬度像。透射电镜不仅能显示样品微观形貌,而且可以利用电子衍射同时获得晶体学信息。成像方式和衍射方式是透射电镜的两种基本功能,见图1和图2。

4.2　成像方式

电子束通过样品进入物镜,在其像平面形成第一电子像,中间镜将该像进一步放大,成像在相应的像平面上,投影镜再将中间镜成的像再次放大成像,在荧光屏上形成最终像。最终像(与样品相比)的放大倍率 M 为各成像透镜放大倍率的乘积,见式(1):

$$M = M_1 \cdot M_2 \cdots M_n \quad \cdots\cdots\cdots\cdots\cdots\cdots\cdots(1)$$

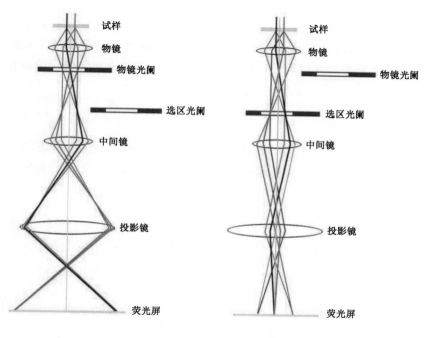

图 1　成像方式　　　　图 2　衍射方式

4.3　电子衍射

如果样品是晶体,它的电子衍射花样呈现在物镜后焦面上,改变中间镜电流,将中间镜的物平面与物镜背焦面重合,使得电子衍射花样可以成像于中间镜的像平面上,经过投影镜的放大后,最终在荧光屏上获得电子衍射花样的放大像。

5　环境要求

5.1　环境温度 20 ℃±5 ℃,温度变化率≤3 ℃/h。对于拍摄高分辨像,温度变化率≤1 ℃/h。

5.2　相对湿度≤75%。

5.3 具有独立地线,并根据仪器使用说明规定进行接地安装。

5.4 周围杂散磁场的磁场强度不应超过 3.5×10^{-6} T;如带 STEM 附件,磁场强度不超过 3×10^{-7} T。或按照仪器安装要求。

5.5 地基振动的振幅不超过 $5~\mu m$(振动频率为 $5~Hz \sim 20~Hz$ 时),或根据仪器安装要求。

5.6 冷却水压力不低于 5×10^4 Pa(小型透射电镜除外),流量适当,水温低于 25 ℃。

5.7 供电电源:220 V±10 V、50 Hz±0.5 Hz。

6 仪器

6.1 仪器结构

6.1.1 照明系统

由电子枪和聚光镜、聚光镜光阑组成。电子枪提供亮度高、相干性好、束流稳定的电子束。电子枪一般分为热发射[如 W(钨)灯丝,LaB_6(六硼化镧)灯丝等]和场发射(热场、冷场)两种。聚光镜将电子束会聚,照射在样品上。

6.1.2 样品室和成像系统

样品固定在样品杆上,可在规定范围内移动、倾转。成像系统由物镜、中间镜、投影镜及物镜光阑和选区光阑组成,将样品像和衍射花样逐级放大呈现在荧光屏或记录在相机上。

6.1.3 观察和记录系统

在观察室的荧光屏、相机或成像探头上记录图像数据。

6.1.4 其他系统和附件

包括真空系统、电源系统、计算机控制系统、安全保护系统和水冷系统。有的设备还配备扫描透射(STEM)、电子能量损失谱(EELS)和 X 射线能谱(EDS)等附件。

6.2 透射电镜的分类以及主要技术参数

表 1 材料型和生物型透射电镜分类依据的主要技术参数

技术参数		分类	
		材料型	生物型
加速电压/kV		≥200	≤120
分辨率/nm	线分辨率	≤0.144	≤0.204
	点分辨率	≤0.2	≤0.45
放大倍率精确度		≤±5%	≤±5%

表 1（续）

技术参数	分类	
	材料型	生物型
图像畸变量	$\leqslant\pm3\%$	$\leqslant\pm3\%$
镜筒真空度/Pa	$<2\times10^{-5}$	$<1\times10^{-3}$
样品污染率/(nm/min)	$\leqslant0.01$	$\leqslant0.03$
极靴类型	高分辨型、超高分辨型、高倾转型	高反差型、高倾转型

注：目前透射电镜分类方式有多种，本标准根据使用范围，即侧重于材料或生物样品来进行大致的整体性的分类，以便适用于不同类型的电镜实验室。需要指出的是，生物型的冷冻电镜使用 200 kV 以上电压，材料型的亚原子分辨低电压电镜（SALVE）使用 80 kV 以下的电压，以及环境透射电镜（ETEM）可以在样品室局部注入气体等，并不局限于上述具体技术指标。

6.3 仪器检定或校准

6.3.1 透射电镜的检定和校准

仪器在投入使用前，包括用于测量环境条件等辅助测量的仪器，应采用检定或校准等方式确认其是否满足检测分析的要求。仪器及辅助测量的仪器在投入使用后，应有计划地实施检定或校准，以确认其是否满足检测分析的要求。

一般利用纳米金标准样品，对图像分辨率进行检定。利用标准网格光栅对放大倍数进行校准，对图像畸变进行检定。

透射电镜的检定还包括：电子光学系统的稳定性，样品载台稳定性，真空、污染性能等。检定和校准操作应按有关检定规程、规范进行。标准样品应符合 GB/T 18735 的规定。

6.3.2 放大倍率校准

按照 ISO 29301:2010 中 6.8 给出的校准方法，用具有周期性结构的标准样品校准图像放大倍率。由于电磁透镜的磁滞效应，实际放大倍率与读数值可能有 5% 的误差。标准样品应符合 GB/T 18735 的规定。

6.3.2.1 胶片相机的照片放大倍率校准

放大倍率在 5 万倍以下使用 2 160 条/mm 的光栅复型标准样品校准；更高放大倍率用已知晶面间距的薄晶体样品校准，通过计算得出校准曲线。标准样品应符合 GB/T 18735 的规定。

6.3.2.2 CCD(DDD)相机的照片放大倍率校准

放大倍率在 5 万倍以下使用 2 160 条/mm 的光栅复型标准样品校准；更高放大倍率用已知晶面间距的薄晶体样品校准：将晶体的晶带轴调整到与电子束平行，拍摄该晶体的高分辨晶格点阵像,利用傅立叶变换图测量晶面间距,通过计算,修正各放大倍率的误差。标准样品应符合 GB/T 18735 的规定。

6.3.3 相机长度校准

相机常数为透射电镜衍射模式相机长度 L 与入射电子波长 λ 之积。由于透射电镜相机长度不确定性,需要利用金多晶薄膜(或铝多晶薄膜)进行校准。拍摄金多晶薄膜(或铝多晶薄膜)的衍射环,测量衍射环的半径 R,而该衍射环所对应的晶面间距 d 已知,根据衍射公式:$L\lambda=Rd$,计算出相机长度。标准样品应符合 GB/T 18735 的规定。

7 分析样品

7.1 样品要求

传统透射电镜要求样品在真空中和高能电子束轰击下不挥发或变形,化学和物理性质稳定,无放射性、腐蚀性和强磁性,不含有水分。根据样品的种类、性质和分析要求选用不同的制备方法。块状样品厚度不超过 100 nm,样品整体直径不大于 3 mm(对应于电镜样品载台尺寸),粉末类的样品单颗粒尺寸小于 100 nm。

> **注:** 对于配置有特殊附件的原位透射电镜,以上样品要求的限制不再有效,比如:低能电镜可以观测对电子辐射敏感的样品;环境透射电镜(ETEM)可以观测有挥发、气体注入的样品和反应过程;加装了液体池的样品杆可以观测含水样品;洛伦茨电镜可以观测强磁性样品等。

7.2 样品制备

7.2.1 粉末样品

对于单颗粒尺寸不超过 100 nm 的样品,采用与待测样品不相溶的分散剂,例如高纯水、乙醇等,将经过超声波分散的颗粒悬浮液滴在或喷在覆盖有支持膜的铜网上,静置干燥。

7.2.2 块体样品

厚度大于 1 μm 的样品。

7.2.3 塑性样品(如金属及合金等)

通常采用电解双喷减薄或离子减薄制样,对于钢铁薄膜样品进行析出物等分析也常使用复型的方法,比如萃取复型进行制样。

7.2.4 脆性样品(如陶瓷、矿物、半导体等)

化学减薄或离子减薄。

7.2.5 高分子聚合物样品

一般直接采用超薄切片或冷冻超薄切片法制样。

7.2.6 生物医学样品

生物医学样品常规制样分为负染色法和超薄切片法。负染色法用于细菌、病毒、蛋白质等颗粒样品,超薄切片法用于组织细胞样品。对于具体的制样操作步骤以及试剂使用,不同样品有所区别。

冷冻电镜样品制备一般采用超低温快速冷冻方法。

7.2.7 纳米加工技术制样

应用兼具微观观测能力和定点减薄能力的纳米加工技术,如聚焦离子束仪、氦离子显微镜等,可以对多种类的样品进行纳米裁剪,进而得到透射电镜试样。

8 分析步骤

8.1 开机

透射电镜一般处于待机状态。需要重新启动时,依次开启稳压电源、冷却水系统和主机电源开关,透射电镜真空系统启动,待真空度达到要求后,打开电镜镜筒电源,进入下一步骤。

8.2 电镜系统调整

8.2.1 电镜光路合轴调整

开启加速电压和灯丝电流,当出现光斑后,对照明系统进行合轴:调节电子束的平移、倾转位置,调节电流中心、电压中心,各类型透射电镜均应严格按照仪器说明书的步骤进行。

8.2.2 像散矫正

8.2.2.1 聚光镜像散矫正

按以下步骤矫正:

a) 插入聚光镜光阑并对中,调整亮度按钮汇聚电子束斑,调节聚光镜消像散器,得到圆形的电子束斑。

b) 在需要时(如进行高分辨 STEM 的观测)进一步调节聚光镜像散,从 TEM 切换到 STEM 模式下,择合适的扫描束斑,然后对聚光镜进行 STEM 模式下的合轴。将电子束移至非晶样品区(如非晶碳膜),将朗奇图调整到荧光屏中心,中心形成均匀一致区域,然后用合适的聚光镜光阑套住。调节聚光镜消像散器,至形成的郎奇图环状花样与光阑形状一致,从而进一步矫正聚光镜像散。

8.2.2.2 物镜像散矫正

采用非晶碳铜网支持膜,在高放大倍率下,拍摄非晶碳的形貌像,获得该形貌像的傅里叶变换图。物镜无像散时,在欠焦条件下,傅里叶变换图为类似非晶碳的衍射环的宽化圆环；当物镜存在像散时，此宽化圆环为椭圆形，通过调节物镜消像散器，获得正圆形环时，物镜像散消除。

> 注：有些 120 kV 生物电镜没有电子衍射功能，消像散无法使用衍射的方法，一般采用像散线法或费涅尔环法。

8.2.2.3 中间镜像散矫正

对于衍射模式衍射斑点始终无法为圆形实心点的情况，需要矫正中间镜像散。调节中间镜消像散器使铜钱像变成三束会聚的图像，即可进行消除。

8.2.3 彗差矫正

对于原子分辨率的高分辨观察需要矫正彗差，聚光镜和物镜都会产生彗差。按照仪器说明书进行彗差矫正。

8.2.4 球差矫正[1)]

要实现亚埃分辨率的高分辨观测则需要使用球差矫正器矫正球差。根据透射电镜观测模式，分别矫正聚光镜球差（适用于高分辨 STEM 的观测，依据非晶样品区郎奇图矫正）和物镜球差（适用于高分辨 TEM 模式的观测，依据非晶样品区衍射环矫正）。

8.2.5 色差矫正[2)]

使用色差矫正器可减小色差，提高成像质量。对于安装有球差矫正功能的电镜，色差也可以通过球差矫正器得到矫正。对于谱学分析（如 EELS），色差可以通过单色器矫正。

8.2.6 磁转角校准

通常利用外形特征直接反映其晶体取向的薄晶体校准磁转角 Φ，也有电镜具有自动校准功能。

8.2.7 样品高度调整

在进行放大倍率校准和选区电子衍射时，为减少误差，需用样品杆的"Z 高度"调节功能调整样品高度。将物镜激磁电流调整到标准物镜电流值，调节"Z 高度"旋钮，使标样处于正聚焦位置。在样品杆处于良好预校准的情况下，调整样品高度就可以使样品膜面与样品载台的 X、Y 倾转轴重合，以实现等高倾转。

8.3 工作条件的选择

8.3.1 样品杆

根据透射电镜观察和测试项目的不同，选用单倾样品杆、双倾样品杆、重构旋转样品

杆以及其他类型的力、热、电等原位测试样品杆。

8.3.2 加速电压

在透射电镜观察时,应根据样品的物理、化学特性,选择不同的加速电压。对于耐电子束辐照损伤的样品,应尽量选用最高电子束加速电压;而对于固有衬度较低的样品,可适当降低加速电压。

8.3.3 样品安装

将样品放在专用样品杆上送入样品室。

8.4 观察和测试

8.4.1 质厚衬度像

在明场模式下加物镜光阑观察非晶样品和低倍率下较厚的样品,例如,金属或无机材料的表面复型、微小物体或颗粒、生物组织超薄切片,样品中质量厚度大的区域对入射电子散射强,致使通过物镜光阑孔参与成像的电子减少,相应在荧光屏上形成较暗的区域。这种由于样品微区质量厚度的差异造成图像上对应区域强度的变化,为样品质厚衬度像,显示样品微区的形貌特征。

8.4.2 衍射衬度像

衍射衬度是由于样品不同部位对入射电子束满足布拉格衍射条件的不同,因而产生不同衍射作用而形成的衬度。通常衍射衬度明场像、暗场像分析总是与电子衍射相结合,以确定物相的显微形态、点阵类型和点阵参数。电子束经过晶体样品衍射后,分化为透射电子束和若干衍射电子束,用物镜光阑挡住所有衍射束,只让透射电子束穿过物镜光阑孔成像,获得衍射衬度明场像。若用物镜光阑挡住透射电子束和其他衍射电子束,只让一束衍射电子束穿过物镜光阑孔成像,对该衍射束有贡献的样品区域或物相呈现亮的衬度,获得衍射衬度暗场像。

8.4.2.1 明场像

通过使用物镜光阑,只允许透射束通过物镜光阑成像,则称为明场像。

8.4.2.2 暗场像

通过使用物镜光阑,只允许某支衍射束通过物镜光阑成像,则称为暗场像。

8.4.2.2.1 中心暗场像

先对样品做选区衍射,倾斜样品使衍射谱除透射束外,只有一个衍射束斑最亮(双光束条件),调节电子束倾斜,使衍射束与光轴平行、变亮,并只让该衍射束穿过物镜光阑从而成中心暗场像。中心暗场像是分析复杂衍射图、分析晶体取向和缺陷的有效方法。

8.4.2.2.2 离轴暗场像

利用移动物镜光阑的方式,选择离透射束较近的衍射束成暗场像,从而可以省略倾转电子束操作。

8.4.3 相位衬度像(高分辨像)

相位衬度像是利用透射电子束与衍射电子束之间的相位差,从而可以在物镜像平面处相互干涉后形成晶格条纹点阵像。高分辨像即属于相位衬度像,用于研究物质中原子尺度的晶格有序性的细节,可直接观察晶体样品的晶体对称性、格点排列。高分辨成像技术不仅用于测试透射电镜分辨率,而且广泛用于研究各种材料的微晶结构、晶体缺陷、界面结构等。高分辨像可以通过计算机进行图像模拟,进而解释图像与晶体结构的关系。

8.4.4 Z衬度像

在扫描透射电子显微镜(STEM)中,聚光镜系统可在样品上形成纳米尺度甚至亚埃尺度的高亮度会聚电子束探针,收集散射电子,从而以获得与质量序数 Z 相关的衬度像。高分辨 Z 衬度像需要将样品严格转到正带轴上,在 STEM 模式下,使用高角环形暗场像探测器(HAADF)精确矫正聚光镜像散(见8.2.2.1),调节相机长度、放大倍数、亮度、对比度、离焦量等参数获取近似与样品原子序数的平方(Z^2)成比例的衬度。

8.4.5 电子衍射

8.4.5.1 选区电子衍射

选区电子衍射(SAED)是通过选区光阑选取被分析样品的需要衍射研究的区域,这里的被分析区一般应避开样品中的相界与晶界。在成像模式下设置选区光阑之后,转换到衍射模式,退出物镜光阑,调节衍射聚焦钮使物镜光阑的像聚焦,使衍射斑变得清晰明锐,记录衍射花样。

8.4.5.2 会聚束电子衍射

选择合适的聚光镜光阑,会聚电子束于观测样品所在区域,转换到衍射模式,退出物镜光阑,调节会聚束衍射模式(CBED)电子束的会聚角,这里会聚角度一般可达到几十毫弧度,其透射束和衍射束分别形成扩展的衍射圆盘,衍射盘内有确定的强度分布,从而形成盘状会聚束电子衍射花样,然后记录衍射花样。

8.4.5.3 纳米束电子衍射(微衍射)

选择较小的聚光镜光阑并对中,会聚电子束于观测样品所在区,转换到衍射模式,退出物镜光阑,调节纳米束衍射模式(NBED)电子束的会聚角,聚焦电子束照射细小样品上,这里会聚角度一般为几个毫弧度,获得纳米束衍射花样,然后记录衍射花样。微束分析相关标准参照 GB/T 18907。

8.4.6　X射线能谱分析

高能电子入射样品后使原子内层电子被激发电离,而后原子在回复基态的过程中产生特征X射线。X射线能谱仪(EDS)收集来自样品的特征X射线,经放大送入多道分析器,分析器按其不同的特征能量分散,记录相应的强度,展示(生成)X射线能谱。根据谱峰的特征能量定性识别样品所含元素;利用数据处理系统运行薄膜定量分析程序,根据强度值计算各元素的百分含量。透射电子显微镜上配备的X射线能谱仪通常对原子序数大于11的元素的分析有较高的置信度(原子百分含量须高于1%)。

8.4.7　电子能量损失谱分析

电子能量损失谱(EELS)分析具有单一能量的电子与样品相互作用后的能量分布。可通过EELS谱对样品内存在的元素、化学键、电子结构、声子结构等信息进行检测。EELS谱可分析1号元素到92号元素,由于低原子序数元素(轻元素)的非弹性散射概率大于弹性散射概率,EELS谱对样品微区轻元素比较敏感,而EDS则对重元素敏感。采集EELS谱前,可按仪器说明书设定能量损失谱控制单元各项参数,设置能量扫描范围、接受狭缝宽度、EELS光阑尺寸、以及EELS谱的聚焦、增益、零峰校准等。在TEM模式下需要确定采谱区域或衍射的相机常数,在STEM模式下需要确定是点扫、线扫或面扫。如果需要,再将扫描透射成像的明场电子探测器退出光路,调整扫描单元使一个显示器处于线扫描工作状态。启动分析系统,设定好各项参数和实验条件,然后采集EELS谱图。

8.4.8　电子能量过滤像

能量过滤像可以在固定电子束的电镜设备用镜筒内置的过滤器或者镜筒末端的谱仪来实现成像,也可以在扫描透射系统中实现。能量过滤可以获得低色差的样品观察区域,保证高的衍射接收角和能量分辨率,从而可以获得高质量的能量过滤像。能量过滤像可以给出元素的空间分布图。能量过滤也可以作为提高图像特定衬度的方法,或者用于提高电子衍射花样的可见度和精度。

8.5　检测后仪器的检查与维护

观测完成后,按仪器使用说明书要求的次序完成样品复位/取出、退出物镜光阑/选区衍射光阑等可插入光阑、关闭灯丝电流、关闭加速电压、关闭透镜电源等操作,场发射透射电镜可维持高压和场发射电流。透射电镜在非工作时,一般不需要关机,维持抽真空待机状态,保持房间温湿度环境。在有需要时,如维护维修、停电等情况下,按照仪器说明书进行关机以及重启动操作程序。

9　结果报告

9.1　基本信息

结果报告应至少包括:委托单位信息、样品信息、仪器设备信息、环境条件、检测方法

（标准）、检测人、检测日期等。

9.2 结果报告内容

结果报告内容包括观察分析结果的文字表述、微观形貌照片、衍射照片、谱图等必要的信息。

9.3 分析结果的表述

9.3.1 微观形貌特征分析

透射电子显微镜通常以照片形式提供样品的显微形貌特征，照片中至少提供经过校准的标尺等参数。可按照质厚衬度、衍射衬度、相位衬度等成像理论对图像进行说明。

9.3.2 微结构分析

9.3.2.1 高分辨像或原子像可以照片的形式提供样品中检测区域内原子（或离子、分子、空位等）的排列方式等结构信息，包括结构尺寸、取向、对称性等。

9.3.2.2 电子衍射分析，包括选区电子衍射、会聚束电子衍射、纳米束电子衍射、菊池线电子衍射等方法，通常以照片形式提供衍射花样，并提供经过校准的标尺。衍射花样按照电子衍射基本理论进行标定和分析后，可提供样品的晶体结构或取向关系。

9.3.3 微区成分分析

由 EDS、EELS 等分析型附件的数据，提供样品微区化学成分的定性或半定量分析结果。通常以谱图、mapping 图的形式提供。

10 安全注意事项

10.1 应严格遵守透射电镜及相关制样设备、分析附件的操作规程，避免触电、电离辐射和机械伤害。

10.2 对样品处理、制备过程中产生有害粉尘，使用的溶剂、染色剂等试剂如四氧化锇，醋酸铀等有害化学品，应进行危害品专门回收。操作人员应具备专业知识，并配备通风橱、口罩、手套、护目镜等防护措施。

10.3 液氮常用作冷阱中的冷却剂，使用时应严格遵守操作规程，避免液氮冻伤；在封闭房间内存放、使用液氮应对室内氧气浓度进行监控，避免窒息。

10.4 对于透射电镜需要使用的高压气体钢瓶，应放在远离电源、热源的阴凉处，并加以固定。

参 考 文 献

[1] 郭可信,叶恒强.高分辨电子显微学在固体科学中的应用[M].北京:科学出版社,1985

[2] 进藤大辅,及川哲夫.材料评价的分析电子显微方法[M].刘安生,译.北京:冶金工业出版社,2001

[3] 威廉斯,卡特.透射电子显微学:材料科学教材[M].北京:清华大学出版社,2007

[4] 叶恒强,王元明.透射电子显微学进展[M].北京:科学出版社,2003

[5] 李建奇,等.透射电子显微学[M].北京:高等教育出版社,2015

ICS 03.180
Y 51

中华人民共和国教育行业标准

JY/T 0582—2020

扫描探针显微镜分析方法通则

General rules of analytical methods for the scanning probe microscope

2020-09-29 发布 　　　　　　　　　　　　　　2020-12-01 实施

中华人民共和国教育部　　发　布

前　　言

本标准按照 GB/T 1.1—2009 给出的规则起草。

本标准由中华人民共和国教育部提出。

本标准由全国教育装备标准化技术委员会化学分技术委员会（SAC/TC 125/SC 5）归口。

本标准起草单位：上海交通大学、汕头大学、西南科技大学、北京大学、华东理工大学。

本标准主要起草人员：李慧琴、陈耀文、胡海龙、潘伟、王邵雷。

扫描探针显微镜分析方法通则

1 范围

本标准规定了扫描探针显微镜主要的方法原理、实验材料、仪器、样品及其制备、分析测试、结果报告和安全注意事项。

本标准适用于扫描探针显微镜在大气、液体环境和真空中进行微区形貌、力学、电磁学、热学性能和纳米操纵的分析。

2 规范性引用文件

下列文件对于本文件的应用是必不可少的。凡是注日期的引用文件,仅注日期的版本适用于本文件。凡是不注日期的引用文件,其最新版本(包括所有的修改单)适用于本文件。

GB/T 27760—2011 利用 Si(111)晶面原子台阶对原子力显微镜亚纳米高度测量进行校准的方法

GB/T 31226—2014 扫描隧道显微术测定系统部件表面粗糙度的方法

GB/T 31227—2014 原子力显微镜测量溅射薄膜表面粗糙度的方法

3 术语与定义

下列术语和定义适用于本文件。

3.1

扫描探针显微镜 scanning probe microscope

所有利用尖锐探针机械式地在样品表面进行扫描,能探测样品有关的物理量(隧穿电流、原子间力、摩擦力、磁力等)特性,在微观尺度上表征样品表面形貌及进行力学特性分析的设备总称。

3.2

扫描隧道显微镜 scanning tunneling microscope

通过测定导电探针与导电性材质样品间的隧穿电流变化,控制探针与样品间的距离,表征样品表面形貌的扫描探针显微镜。

3.3

原子力显微镜 atomic force microscope

通过检测探针和样品表面的相互作用力(吸引力或排斥力)来控制探针和样品间的距离,从而获得表面形貌和样品力学特征的扫描探针显微镜。

[GB/T 27760—2011,术语和定义 3.1]

3.4

磁力显微镜 **magnetic force microscope**

通过测定磁性探针与磁性样品间的磁力作用,表征样品表面磁场分布的扫描探针显微镜。

3.5

静电力显微镜 **electric force microscope**

通过测定探针与样品间的静电力作用,表征样品表面电场分布的扫描探针显微镜。

3.6

侧向摩擦力显微镜 **lateral force microscope**

在接触式原子力显微镜模式下,探针在样品表面做垂直于微悬臂方向运动时,利用微悬臂所产生的扭转角变化来测试样品摩擦信号的扫描探针显微镜。

3.7

接触模式 **contact mode**

探针针尖始终与样品表面保持接触以恒力或恒高模式进行扫描。

3.8

轻敲模式 **tapping mode**

微悬臂在外力驱动下振动,探针以间歇性的接触样品表面的方式进行成像。

3.9

抬高模式 **lift mode**

在扫描成像时,探针离开样品表面很小的距离,利用探针与样品间的长程力进行成像的模式。

3.10

峰值力轻敲模式 **PeakForce tapping mode**

扫描器带动探针或者样品做固定频率和振幅的振动,以峰值力作为反馈信号来测试样品表面形貌的模式。

3.11

相位成像 **phase imaging**

在非接触式或轻敲模式下,探针微悬臂在驱动电信号下做受迫振动。在扫描过程中,探针振动的相位角会受到样品表面粘弹性等因素的影响,通过测定相位角度的变化来测定样品表面物性差异的成像模式。

3.12

扫描器 **scanner**

用来控制扫描区域内探针或样品在 X、Y 和 Z 方向的位移,从而得到表面的三维形貌尺寸,通常是由压电陶瓷组成。

3.13

力-距离曲线 **force-distance curve**

通过改变探针与样品之间的距离,探测出探针与样品间的作用力随距离变化的曲线。

4 方法原理

4.1 扫描隧道显微镜(STM)的基本原理

一尖锐的导电探针在导体表面扫描,两者距离很近,只有几个埃的空隙。施加一定的偏压后,电子就会穿过此空隙所形成的能量势垒,产生电流,这个电流即被称为隧道电流。根据在扫描过程中电流的变化就可得到表面的形貌。

[GB/T 31226—2014,测试方法概述 4.1]

4.2 原子力显微镜(AFM)的基本原理

使用一个一端固定而另一端装有针尖的弹性微悬臂,在样品表面做光栅扫描,同距离有关的针尖-样品间相互作用力(既可能是吸引力,也可能是排斥力),就会引起微悬臂的形变,其形变可作为样品-针尖相互作用力的直接度量。一束激光经微悬臂背面反射到光电检测器,检测器不同象限间接收到的激光强度差值同微悬臂的形变量可形成一定比例关系。z 反馈系统根据检测器电压的变化,通过压电陶瓷不断调整样品 z 轴方向的位置,以保持针尖-样品间作用力恒定不变,通过测量检测器电压对应样品扫描位置的变化,就可以得到样品的表面三维形貌。

[GB/T 31227—2014,原理 4]

5 分析环境要求

5.1 温湿度

要求仪器在 20 ℃±5 ℃,湿度小于 60% 的环境中工作。

5.2 振动和噪音要求

仪器需要配备震动隔离装置,使得到的图像高度噪音水平小于仪器的噪音水平;同时仪器需要接地,以屏蔽电噪音。

5.3 工作电压

不超过其额定电压,一般常规为 220 V。在真空下工作的扫描探针显微镜应配有不间断电源。

6 实验材料

6.1 探针

需要根据被测样品的性质,选择合适的针尖,同时保证探针针尖没有被污染或者钝化,见附录 A。

6.2 乙醇或者去离子水

对有些被污染的样品表面用乙醇(分析纯)和去离子水进行表面清洗。

7 仪器

7.1 仪器类型

扫描探针显微镜有探针扫描和样品扫描两种类型。

7.2 仪器组成

主要由作用力和电流等物理特性检测系统、位置检测系统、反馈系统和控制系统组成,包括扫描管、激光器、控制器和扫描探针等。

7.3 仪器校准

仪器在投入使用前,应采用检定或校准等方式,对检测分析结果的准确性或有效性有显著性影响的设备(包括用于测量环境条件等辅助测量设备)有计划地实施检定或校准,以确认其是否满足检测分析的要求。检定或校准应按有关检定规程、校准规范或校准方法进行。

7.4 仪器性能

使用的扫描探针显微镜最大扫描范围和高度量程取决于出厂仪器的设定。

8 样品及其制备

8.1 块体或薄膜样品

制备时,要求样品表面平整清洁,无油污、盐分和其他杂质吸附物。

8.2 粉末样品

应选择合适的分散剂,配制成一定浓度的悬浮液,使大部分粉末样品在分散剂中均匀分散;取适量悬浮液滴涂在对样品吸附较强的基底上(如云母片、抛光硅片、高定向热解石墨和玻璃片等),干燥后待测。

8.3 需要在液体环境下测试的样品

样品应该能吸附固定在基底上,若不能,则需要对基底或者样品预先进行修饰。

8.4 其他样品

测试特殊性能的样品还需要在制样时进行导电、施加电压和磁场等方面的处理。

9 分析测试

9.1 前期准备工作—成像模式的选择

9.1.1 基本高度形貌的测试

高度形貌测试模式的选择：

a) 对于要求表征原子或分子结构的导体或半导体样品以及一部分生物分子，可以选择扫描隧道显微镜（STM）。

b) 对于质地较硬的样品，测试其表面形貌时，可以选择接触模式。

c) 对于较软的高分子和生物材料，接触模式容易划伤样品，轻敲模式和峰值力轻敲模式或者非接触模式（non-contact）都是较好的选择。

9.1.2 机械力学性能的测试

机械力学性能测试模式的选择：

a) 摩擦力显微镜（LFM），可以研究那些形貌上相对较难区分、而又具有相对不同摩擦特性的多组分材料表面。

b) 力调制模式（FMM），在接触模式的基础上，探针在扫描的垂直方向增加一小的振荡（调制），用来表征不同硬度材料的分布。

c) 单频或多频模式下相位成像技术，适用于柔软样品，如高分子、生物样品以及复合材料表面不同物质分布的测试。而多频激励模式可以更加灵敏地、精确地反映样品表面力学性能的变化。

d) 从力曲线（force curve）、力矩阵（force volume）、纳米压痕（nanoindentation）曲线中推导出力学性能数值。

e) 峰值力模式，对于一些软样品可以得到表面杨氏模量、粘附力和能量耗散的图像。

f) 多次谐波模式（HarmoniX），利用完整获取的各个频率的谐波分量重建力-距离曲线，由此获取样品表面多组分力学性质的差异的信息。

g) 纳米压痕和划痕，通过测试压痕和划痕的深度来检测样品的硬度，要求样品表面极为平整。

9.1.3 电性能测试

电性能测试模式的选择：

a) 静电力显微镜，在轻敲模式下，探针针尖离开样品一定的距离时，得到表面的微观电场梯度的分布。

b) 开尔文显微镜（KFM），检测微纳米范围内不同材料的接触电势差，若在大气下测试，由于样品表面吸附、氧化和电荷累积的影响，实际接触电势差会与理论值有所差别。

c) 接触导电模式（C-AFM），在接触模式下探针和样品之间形成电路，施加偏压后，会产生一定的电流。适合用弹性系数较小的探针进行样品表面电流成像和测试电流—电压曲线。

d) 压电力显微镜（PFM），应用导电探针检测样品在外加激励电压下的电致形变量，适合用来研究压电、铁电和生物材料的机电耦合效应。

e) 扫描电容显微镜（SCM），进行表面区域的电容成像，其中接触式电容显微镜得到的电容对电压的梯度像受表面形貌的影响较大，而非接触式电容显微镜利用轻敲模式下的抬高模式扫描，效果较理想。

f) 扫描分布电阻显微镜（SSRM），用导电探针测试表面的微小区域电阻，通常使用接触模式，对于有些表面具有氧化层的样品，需要使用较硬的探针，施加较大的作用力来穿透表面氧化层。

g) 电化学显微镜（EC-AFM），探针在密封的带有电极的电解池溶液中对样品表面进行扫描成像，可以在研究电化学过程的同时获取样品形貌变化，金属晶体、离子晶体、高定向热解石墨（HOPG）、半导体等均可作为工作电极，工作电极表面应极为平整。

h) 扫描隧道显微镜，可以得到导体和半导体样品表面电流分布图像以及电流—电压曲线。

i) 扫描微波阻抗原子力显微镜，精确探测材料微纳米区域的电容和电阻的变化。

9.1.4 磁性能测试

磁力显微镜（MFM）与静电力显微镜（EFM）相似，利用磁性探针在抬高模式下，检测样品与探针的磁力变化，可以采集相位信号或频率信号。

9.1.5 热性能测试

扫描热显微镜，利用特制的导热探针及其感温系统在材料表面进行恒温扫描，获得表面高度起伏和热分布图像，同时也可以定量测试出材料的 T_g 温度。

9.1.6 纳米操纵

a) 利用扫描隧道显微镜，对导体和半导体表面的原子进行移动、排列和刻蚀。

b) 利用原子力显微镜，对纳米结构进行操纵。

9.1.7 纳米刻蚀

利用探针—样品纳米可控定位和运动及其相互作用对样品进行纳米加工，常用的纳米加工技术包括：机械刻蚀、电致或场致刻蚀、蘸笔印刷术（DPN）。

9.2 基本操作步骤

9.2.1 大气环境下操作基本步骤

大气环境下仪器基本操作步骤：

a) 开机，打开软件。

b) 根据样品和测试模式选择扫描器和探针，见附录 A，放置好样品，在光学显微镜下选定测试区域。

  c) 安装探针,在放置探针架之前调整探针和样品的距离,防止探针被撞断;安装并固定好探针架之后,调整光源光斑位置在探针悬臂的前端,使其反射光的光强在光电检测器上显示到最大,然后根据成像模式调整光电检测器的位置:如对于轻敲模式,激光光斑调整到检测器中心点位置;对于接触模式,则根据参数设置和仪器要求调整位置。

  d) 在软件上调整操作参数,控制探针接近到样品表面,扫描一定范围,采集形貌、力学和电学等性能图像,若图像出现假象,还需对增益、力的大小和扫描速度等参数进行调整,得到清晰高质量的图像后进行保存,最后进行图像处理。

9.2.2 液体环境下基本操作步骤

液体环境下仪器基本操作步骤:

  a) 把探针安装在特定的液体池上,其他步骤同 9.2.1a)～9.2.1c)。

  b) 手动使探针接近样品表面,距离较近时,在样品上注入一定量的液体,然后重新调整反射光的位置和光电检测器的位置,消除液体对光源折射的影响。

  c) 步骤同 9.2.1d)。

9.2.3 真空环境下基本操作步骤

真空环境下基本操作步骤:

  a) 步骤同 9.2.1a)～9.2.1c)。

  b) 手动调整探针与样品的位置至少 500 μm 以上,抽真空直到真空度稳定下来。

  c) 步骤同 9.2.1d)。

10 结果报告

10.1 基本信息

结果报告中可包括:委托单位信息、样品信息、仪器设备信息、环境条件、制样方法、检测方法(依据标准)、检测结果、检测人、校核人、批准人、检测日期等,以及所用仪器类型、品牌、型号,所用探针的型号和厂家,所用的测试模式,所得到的图像信息如二维图、三维图等。

10.2 检测或分析结果

10.2.1 对于得到的图像,需要进行不同级别的平滑处理,必要时需要进行数据滤波,然后通过仪器软件输出成图像格式的文件。

10.2.2 对于得到的力—距离曲线或者轮廓线,需要利用仪器软件输出数据格式进行编辑。

10.3 分析结果的解析

10.3.1 对于得到的高度二维图像,图像上标带有表示高度的颜色柱和 x、y 方向的标尺,需对扫描尺寸、粗糙程度、三维图像以及其中的结构特征进行描述。

10.3.2 得到的性能二维图像,图像上需标有表示性能数值大小的颜色柱和 x、y 方向的标尺,需对扫描尺寸和特殊性能的结构分布和大小进行描述,如电性能中电流分布、电势高低分布、磁畴分布等。

10.3.3 对于得到的图像需要判断是否存在因为参数设置、探针污染等因素造成的假象,具体信息参见附录 B。

11 安全注意事项

11.1 使用高压钢瓶应遵守相应安全规范。

11.2 加高压实验应遵守相应的安全事项,禁止触碰高压。

附　录　A

（资料性附录）

扫描器和探针的选择

A.1　扫描器的选择

A.1.1　对于形貌尺寸较小或者需要进行扫描高分辨图像时,建议选择高度量程小于 4 μm 的扫描器;

A.1.2　对于形貌尺寸较大的样品,建议选择高度量程大于 4 μm 的扫描器。

A.2　探针的选择和要求

A.2.1　对于分辨率要求较高的样品的测试,选择曲率半径小于 10 nm 的探针。

A.2.2　对于要求灵敏度较高的样品测试,选择悬臂长度较短的探针。

A.2.3　接触模式下测试样品,最好选择微悬臂弹性系数小于 1 N/m 的探针;而轻敲模式下,应选择微悬臂弹性系数大于 1 N/m 的探针。

A.2.4　扫描隧道显微镜测试样品时,应选择尖锐的钨丝探针或铂铱丝探针。

A.2.5　测试力学性能时,探针的弹性系数应与需要测试的样品的弹性模量相匹配,软性样品使用弹性系数较小的探针,硬性样品选择弹性系数较大的探针,能够使探针产生合适的形变。

A.2.6　测试样品电信号时,选择表面有金属镀层的导电探针效果最佳。

A.2.7　测试样品磁性信号时,使用表面镀磁性物质如 Co 和 Cr 的探针。

A.2.8　快速扫描测试样品的动态变化,应选择共振频率不小于 0.5 MHz 的探针。

A.2.9　其他的热性能和光学性能测试,选择特定的特殊探针。

A.2.10　在液体环境中测试,所选择的探针悬臂应不被液体腐蚀。

附　录　B
（资料性附录）
图像失真分析

B.1　探针引起的图像失真

在扫描过程中，样品上与基底固定不牢的颗粒吸附到探针上，造成双针尖或者多针尖或者探针多次使用变钝，扫描图像时会同时得到探针的形状图[见图 B.1a)]，或者得到有规律的多颗粒形貌[见图 B.1b)]。

a)　　　　　　　　　　　　b)

图 B.1　探针被污染的高度形貌

B.2　参数设置引起的图像失真

B.2.1　作用力的大小不合适引起的图像失真

参数设置不正确，扫描得到的图像也会出现假象和失真。探针与样品间作用力要设置为合适的大小，根据图像的失真来调整。如图 B.2a)出现暗色条纹，需要减小其作用力；图 B.2b)出现拖尾，需要增加其作用力。另外，若图像中出现高频噪音点，需要减小积分增益值。

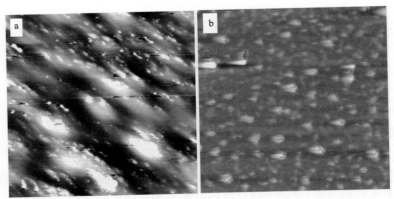

a）探针和样品的作用力过大失真高度图像　　b）探针和样品作用力过小失真图像

图 B.2　作用力的大小不合适引起的图像失真

B.2.2　探针频率大小不合适引起的图像失真

在共振模式下，选择的工作频率大于共振频率就容易出现水泡样结构，如图 B.3 所示。

图 B.3　工作频率大于探针的共振频率扫描的高度形貌

B.3　仪器系统原因引起的图像失真

对于有些表面光洁度高的样品表面，探针悬臂上的激光光斑漏到样品上产生的反射光易于激光光斑发生干涉，产生如图 B.4a)所示的干涉条纹，其条纹大小不会随着扫描速度改变而改变，需要重新调整光斑位置，得到无干涉条纹正确图像如图 B.4b)所示。

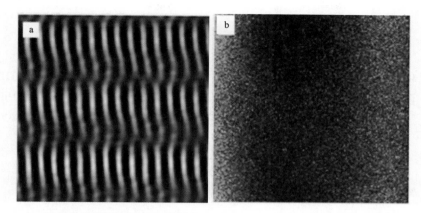

a) 仪器激光干涉引起的失真图像   b) 无激光干涉的真实图像

图 B.4 仪器系统原因引起的图像失真

参 考 文 献

［1］ 杨序刚,杨潇.原子力显微术及其应用［M］.北京:化学工业出版社,2012
［2］ 白春礼.扫描隧道显微术及其应用［M］.上海:上海科学技术出版社,1992
［3］ 彭昌盛.扫描探针显微技术理论与应用［M］.北京:化学工业出版社,2007

ICS 03.180
Y 51

中华人民共和国教育行业标准

JY/T 0583—2020

聚焦离子束系统分析方法通则

General analytical rules for the focused ion beam system

2020-09-29 发布 2020-12-01 实施

中华人民共和国教育部 发 布

前　言

本标准按照 GB/T 1.1—2009 给出的规则起草。

本标准由中华人民共和国教育部提出。

本标准由全国教育装备标准化技术委员会化学分技术委员会(SAC/TC 125/SC 5)归口。

本标准起草单位:北京科技大学、国家纳米科学中心、哈尔滨工业大学、南京大学、西安交通大学、天津大学。

本标准主要起草人:乔祎、彭开武、魏大庆、王前进、付琴琴、徐宗伟。

聚焦离子束系统分析方法通则

1 范围

本标准规定了聚焦离子束系统的分析方法原理、分析环境要求、仪器、分析样品、分析步骤、结果报告和安全注意事项。

本标准适用于各类型聚焦离子束系统。

2 术语和定义

下列术语和定义适用于本文件。

2.1

聚焦离子束系统 **focused ion beam system；FIB**

采用聚焦的离子束对样品表面进行轰击，并由计算机控制离子束的扫描或加工轨迹、步距、驻留时间和循环次数，以实现对材料的成像、刻蚀、诱导沉积和注入的分析加工系统。

2.2

离子束诱导沉积 **ion beam induced deposition**

采用聚焦状态的离子束轰击样品表面，诱导沉积物前驱气体在样品表面分解沉积，形成固态结构。

2.3

离子束刻蚀 **ion beam milling**

采用高能离子束轰击样品表面，将样品的原子溅射出表面，形成固态结构。

2.4

气体辅助刻蚀 **gas assisted etching**

在离子束作用下，样品与注入气体分子发生化学反应，生成易挥发物质，实现增强刻蚀效果。

2.5

离子束注入 **ion beam implantation**

高能离子束轰击样品表面时，高能离子与样品原子发生碰撞，逐渐失去能量而镶嵌在样品表层。

2.6

气体注入系统 **gas injection system；GIS**

用于向样品表面注入某种气体来辅助完成物质沉积与增强刻蚀功能的系统。

2.7

剂量 **dose**

单位面积上的入射电荷量，单位为纳库/平方微米（$nC/\mu m^2$）。

2.8

共聚焦距离 coincide distance

聚焦离子/电子双束系统中电子束和离子束的交汇点与电子束系统物镜下表面的距离。

3 分析方法原理

3.1 加工及成像原理

3.1.1 加工原理

聚焦的离子束按照指定加工图形扫描样品的表面,并溅射出样品表面的原子,从而形成所需结构;或同时在样品表面局部引入辅助气体,实现样品表面局部的物质沉积或化学反应增强刻蚀。

3.1.2 成像原理

收集聚焦离子束轰击样品产生的二次电子或二次离子,获得聚焦离子束显微图像。

3.2 基本功能

具有成像、刻蚀、诱导沉积和注入等分析加工功能。

4 分析环境要求

4.1 环境温度

温度设定在 20 ℃±5 ℃,使用时保持恒温。

4.2 相对湿度要求

不大于 70%。

4.3 电源电压

单相电源为 220 V±22 V,50 Hz±0.5 Hz,三相电源则为 380 V±38 V,50 Hz±0.5 Hz。

4.4 接地要求

具有独立地线,接地电阻不超过 5 Ω。

4.5 地基振动要求

振动振幅不超过 5 μm(振动频率为 5 Hz~20 Hz 时)。

4.6 周围杂散磁场要求

磁场强度不超过 3.5×10^{-6} T;如带 STEM 附件,磁场强度不超过 3×10^{-7} T。

5 仪器

5.1 仪器类型

聚焦离子束系统分为单束聚焦离子束系统(仅配有离子束镜筒)、双束聚焦离子束系统(同时配有电子束镜筒和离子束镜筒)和多束聚焦离子束系统(同时配有电子束镜筒和多个离子束镜筒)等。

5.2 仪器组成

5.2.1 离子光学系统

离子源发射的离子束经过聚光镜、限束光阑、消像散器和物镜后,在样品表面形成聚焦的离子束,并由束偏转器控制离子束在样品表面扫描的系统。

5.2.2 图形发生系统

编辑产生 FIB 系统能识别的图形数据,并控制离子束按特定的轨迹、驻留时间及循环次数实现加工的系统。

5.2.3 样品室系统

由样品台、探测器和气体注入系统等组成,计算机通过鼠标、控制杆、键盘和预装的定位系统来控制样品台(x 轴、y 轴、z 轴)、旋转(r 轴)和倾转(t 轴)等方向的运动。

5.2.4 信号采集处理单元

二次电子或二次离子被探测器接收,并通过模数转换同步调制显示器的亮度形成图像。

5.2.5 真空系统

由机械泵、分子泵及离子泵等部件组成,使离子光学系统真空优于 10^{-5} Pa,样品室真空优于 10^{-3} Pa。

5.3 检定或校准

仪器在投入使用前,包括用于测量环境条件等辅助测量的仪器,应采用检定或校准等方式以确认其是否满足检测分析的要求。仪器及辅助测量的仪器在投入使用后,应有计划地实施检定或校准,以确认其是否满足检测分析的要求。检定或校准应按有关检定规程、校准规范或校准方法进行。

6 样品

6.1 样品的状态

样品应为干燥块状固体、粉末或固体薄膜。

6.2 样品的稳定性

样品应有一定的化学、物理稳定性,在真空中不易挥发,不应污染腔室,无放射性和腐蚀性。

6.3 样品的尺寸特征

应满足样品台承载空间及样品交换室的空间尺寸要求,并能确保在样品腔室内运动时不能碰撞其他部件。

6.4 样品的导电导热性

样品应具有良好的导电性、导热性,非导电性样品应在表面喷镀导电膜并接地,或在检测中采取其他去荷电措施。

6.5 生物样品

生物样品应经固定、脱水、临界点干燥或冷冻干燥,然后在表面喷镀导电膜;或使用专用的低温冷冻样品台。

7 分析测试

7.1 前期准备工作

7.1.1 开机

按照仪器操作说明书规定的开机程序进行。

7.1.2 设备状态的检查

检查室内环境和仪器状态面板上各种显示值,如设备真空度、氮气的气压和气流量、室内温度和湿度、循环水的水压和流量等。

7.1.3 镜筒合轴的检查

对离子束镜筒加上高压,检查光路合轴情况。调整聚焦和像散时,图像应无漂移,否则应及时调整光路合轴。离子束光阑易被刻蚀损伤,应注意及时更换。

7.1.4 气体源的检查

开启气体注入系统中各气体源的温度控制,以满足气体源的温度与浓度要求。

7.1.5 初始化的检查

对样品台、离子束光阑和气体注入系统进行初始化操作。

7.1.6 纳米操控手的检查

在制备透射电镜样品前,对纳米操控手在共聚焦点附近进行位置与路径修正。

7.2 实施步骤

7.2.1 样品的安装

在专用样品台上装载样品后抽真空,当仪器达到规定真空度后,启动离子束进行样品的观察和制备。制备透射电镜样品时,应同时装载专用载网与样品。

7.2.2 工作条件的设定

视样品的特性、分析要求及仪器性能参数,确定合适的工作条件。通常样品处于共聚焦位置;离子束束流大小为 0.1 pA～2 μA;加速电压为 0.5 kV～30 kV。

7.2.3 微纳加工

7.2.3.1 聚焦

样品进入样品室,待真空满足条件后,依次加上电子枪与离子枪电压,选择合适的放大倍数与工作距离,将样品待分析区域调至共聚焦位置,进行聚焦、调节衬度和亮度以及消像散等,直至图像最清晰为止。聚焦结果以照片形式记录。

7.2.3.2 双束对中

通过调整样品台 z 轴高度或微调电子束方向,使离子束图像与电子束图像的中心精确的对于同一标记点。

7.2.3.3 位置校正

针对图形刻蚀,调整样品台至双束共聚焦位置。必要时可用离子束刻蚀标记,便于校准位置。

7.2.3.4 电子束沉积

针对聚焦离子/电子双束系统,为了避免离子束沉积对样品表面的损伤,可以在离子束沉积前进行电子束沉积,选择所需的有机气体源并将气体注入系统自动移动至样品表面,在电子束扫描模式中选择目标区域进行沉积。电子束沉积的形貌以照片形式记录。

7.2.3.5 离子束沉积

选择所需的气体源并将气体注入系统自动移动至样品表面,在聚焦离子束模式中选择目标区域进行沉积,沉积完成后关闭气体注入系统并将其退回原位。离子束沉积的形貌以照片形式记录。

7.2.3.6 刻蚀

刻蚀图形结构时可以输入程序或图形文件,并选用合适束流大小的离子束在目标区域内进行刻蚀。刻蚀结果以照片形式记录。

7.2.3.7 提取

使用纳米操控手提取已加工样品,使其与原样品分离。

7.2.3.8 减薄

通过反复倾转样品台,选用合适的离子束流将样品双面减薄至目标厚度。减薄结果以照片形式记录。

7.2.3.9 清洗

采用低电压(应不大于 5 kV),小束流(应不大于 50 pA),扫描样品表面的损伤层。清洗结果以照片形式记录。

7.2.3.10 取样

关闭电子枪与离子枪电压,解除真空,取出样品台,将样品放置于样品盒(建议选取高弹膜盒或真空吸附膜盒)中,以防止破坏样品表面微观结构。样品的显微形貌以照片形式记录。

7.2.4 关机

按照仪器操作说明书规定的关机程序进行关机至待机状态。

8 结果报告

8.1 基本信息

结果报告中可包括:委托单位信息、样品信息、仪器设备信息、环境条件、制样方法、检测方法(依据标准)、检测结果、检测人、校核人、批准人、检测日期等。必要和可行时可给出定量分析方法和结果的评价信息。

8.2 分析结果

分析结果中样品形状与厚度满足透射电镜等检测设备的要求。分析结果以样品和照片形式提供,同时提供检测电压、检测束流、工作距离、标尺和放大倍数等参数信息。

9 安全注意事项

9.1 使用高压钢瓶应遵守相应安全规范。

9.2 真空泵从样品室抽出的气体应排到室外。

9.3 为防止静电、感应电和漏电,仪器的接地电阻应小于 5 Ω,并接触良好。

9.4 测量前应对样品的性质有所了解,避免酸性、腐蚀性样品和挥发性样品直接上机测试,对仪器造成损害。

参 考 文 献

[1] GB/T 16594—2008 微米级长度的扫描电镜测量方法通则
[2] GB/T 20307—2006 纳米级长度的扫描电镜测量方法通则

ICS 03.180
Y 51

中华人民共和国教育行业标准

JY/T 0584—2020
代替 JY/T 010—1996

扫描电子显微镜分析方法通则

General rules of analytical methods for scanning electron microscope

2020-09-29 发布

2020-12-01 实施

中华人民共和国教育部　发布

前　言

本标准按照 GB/T 1.1—2009 给出的规则起草。

本标准代替 JY/T 010—1996《分析型扫描电子显微镜方法通则》，与 JY/T 010—1996 相比，除编辑性修改外主要技术变化如下：

——修改了标准的适用范围；

——增加了规范性引用文件（见第 2 章）；

——增加了术语和定义中"加速电压"、"工作距离"、"像散"、"能谱分辨率"、"电子背散射衍射"、"透射电子"、"环境扫描电镜"和"阴极荧光"的描述（见第 3 章）；

——修改并增加了"分析方法原理"部分的相关内容（见第 4 章）；

——增加了"电子背散射衍射仪"（见 6.2.5.2）和"阴极荧光系统"（见 6.2.5.3）；

——增加了"能谱测试样品的制备"（见 7.3.2）和"电子背散射衍射样品的制备"（见 7.3.3）；

——增加了"仪器维护"（见第 10 章）；

——修改了"安全注意事项"（见第 11 章）。

本标准由中华人民共和国教育部提出。

本标准由全国教育装备标准化技术委员会化学分技术委员会（SAC/TC 125/SC 5）归口。

本标准起草单位：天津大学、华南理工大学、扬州大学、苏州大学、哈尔滨工业大学。

本标准主要起草人：姚琲、尹诗衡、周卫东、高伟健、魏大庆。

本标准所代替标准的历次版本发布情况为：

——JY/T 010—1996。

扫描电子显微镜分析方法通则

1 范围

本标准规定了扫描电子显微镜(以下简称扫描电镜)(scanning electron microscope, SEM)的分析方法原理、环境条件指标、仪器、样品、分析测试、结果报告、仪器维护和安全注意事项。

本标准适用于利用各类扫描电镜进行的微观形貌、微区成分和结构分析等。

2 规范性引用文件

下列文件对于本文件的应用是必不可少的。凡是注日期的引用文件,仅注日期的版本适用于本文件。凡是不注日期的引用文件,其最新版本(包括所有的修改单)适用于本文件。

GB/T 13298—2015　金属显微组织检验方法

GB/T 17359—2012　微束分析　能谱法定量分析

GB/T 19501—2013　微束分析　电子背散射衍射分析方法通则

GB/T 23414—2009　微束分析　扫描电子显微术　术语

3 术语和定义

下列术语和定义适用于本文件。

3.1

二次电子　secondary electron

样品中原子的核外电子被入射电子轰击脱离原子,当其能量大于材料表面逸出功时从样品表面逸出,这种电子称为二次电子。二次电子的能量在 0 eV~50 eV 之间,产生于从样品表面到 5 nm~10 nm 的深度范围。

3.2

背散射电子　backscattered electron;BSE

入射电子与原子核碰撞,并从固体样品中反射出来的电子,产生于从样品表面到 100 nm~1 μm 的深度范围。背散射电子包括弹性背散射电子和非弹性背散射电子。

3.3

加速电压　accelerating voltage

扫描电镜加载在电子枪阳极和阴极之间的电压。

3.4

工作距离　working distance

电子束在样品表面聚焦时物镜前缘与样品表面聚焦点之间的距离,单位为毫米(mm)。

3.5

放大倍数　magnification

扫描电镜放大倍数是指其图像的线性放大倍数,以 M 表示。如果电子束在样品上扫描行宽为 L_s,图像显示屏上扫描行宽为 L_c,则放大倍数 M 定义为式(1):

$$M = \frac{L_c}{L_s}$$ ……………………………………(1)

3.6

分辨率　resolution

扫描电镜能清楚分开两个物点之间的最小距离。扫描电镜分辨率通常采用二次电子图像分辨率来表示,它是在特定的情况下拍摄特定样品(如碳颗粒喷金)的二次电子像,在图像上测量能清楚分辨开的两个物点之间的最小距离,除以放大倍数,作为扫描电镜的图像分辨率,以 r 表示,单位为纳米(nm)。

3.7

像散　astigmatism

由于电磁透镜磁场的非旋转对称性,透镜在不同方向上对电子的会聚能力存在差异,导致图像模糊,称为像散。

注:像散是由于透镜极靴加工精度缺陷、极靴材料不均匀、透镜内线圈不对称、不完善的光阑及光路部分的污染形成的透镜非旋转对称磁场产生的。

3.8

特征 X 射线　characterization X-rays

元素的原子受电子束的激发,使处于较低能级的内壳层电子电离,则整个原子呈不稳定的激发态,较高能级上的电子便自发地跃迁到内壳层空位,同时释放出多余的能量,使原子回到基态,这部分能量可以以 X 射线的形式释放出来。对任一种原子而言,各个能级之间的能量差都是确定的,因此,原子受激发而产生的 X 射线的能量或波长也都是确定的,称为特征 X 射线。

3.9

韧致辐射 X 射线　bremsstrahlung X-rays

高能入射电子会在样品原子的库仑场中减速,在减速过程中入射电子失去的能量转化为 X 射线,即韧致辐射 X 射线。由于减速过程中的能量损失可为任意值,韧致辐射可形成从能量为零到入射电子束能量的连续 X 射线。

3.10

能谱分辨率　energy resolution

X 射线能谱仪对能量相近的两个特征峰的辨别能力,通常以 Mn Kα 峰(5.89 keV)半高宽来表示,单位为电子伏特(eV)。

3.11

检测灵敏度　detection sensitivity

检测灵敏度,即最低检测浓度,取决于最小检测峰值。在 X 射线能谱中能够与背景分解的峰的最低计数,称为最小检测峰值,或检测极限。

3.12

基体校正　matrix correction

基体校正是将 X 射线强度换算成浓度的过程中所做的一种校正,因为它与元素所在的基体有关,故称为基体校正。

3.13

计数率　count rate

能谱仪探测器中每秒钟获得的 X 射线光子数的计数,常用英文 Counts Per Second 的缩写 CPS 表示。

3.14

电子背散射衍射　electron backscattered diffraction;EBSD

背散射电子从样品内部向外部出射的过程中,与样品晶体或晶粒内规则排列的晶面发生的衍射现象。

3.15

透射电子　transmission electron

透射电子是电子束中从样品上表面入射并从下表面穿出的电子,透射电子束的强度与样品厚度、平均原子序数和晶体结构等因素相关。

3.16

环境扫描电镜　environmental scanning electron microscope;ESEM

可以在样品表面维持适度的气压、温度和湿度,进行原位样品观察的扫描电镜。

3.17

阴极荧光　cathodoluminescence;CL

电子束激发半导体,将价带电子激发到导带并在价带留下空穴,而后由于导带能量高不稳定,被激发电子又重新跃迁回价带与空穴复合,并释放出能量 $E \leqslant Eg$(能隙)的特征荧光。

4　分析方法原理

4.1　扫描电镜成像原理

扫描发生器产生的扫描信号驱动电子束在样品表面逐点逐行扫描,信号接收器依次采集每个对应点产生的二次电子、背散射电子、X 射线等信号,放大后调制显示器上光点的亮度或密度。扫描信号同步驱动电子束和显示器而实现同步扫描,样品表面与显示器图像保持逐点对应的几何关系。因此,扫描电镜图像所包含的信息能很好地反映样品表面的物理化学特征。扫描信号发生器同时产生与像素点 $P_{x,y}$ 序列对应的存储单元的地址码序列,在 CPU 读、写等信号的控制下,计算机将在 $P_{x,y}$ 位置采集的扫描电镜信号进行模数转换,再依次存入数字矩阵(图像存储器),得到数字化图像。

4.1.1　二次电子像

利用二次电子探测器接收从样品表面出射的二次电子可以得到二次电子像,二次电子像能反应样品的表面形貌,也带有成分、电位、取向等信息。

二次电子探测器主要有以下 3 种：

4.1.1.1　ET（Everhart-Thornley）探测器

主要由闪烁体、光导管和光电倍增管构成，位于镜筒外侧下方，通常配合吸引阳极使用。

4.1.1.2　气体二次电子探测器

加在探测器电极（加正电压）和样品台之间的电场使气体电离，正离子中和绝缘样品表面积累的电子，从而消除荷电。二次电子与气体分子碰撞，使气体分子电离，这一过程起到对二次电子信号的放大作用，二次电子和电离出的电子被电极接收。适用于低真空和环境模式，分别位于样品侧上方和物镜极靴下方。

4.1.1.3　中、高位探测器

中、高位探测器分为透镜内和镜筒内探测器，在小工作距离、低电压、减速场低电压等工作模式下，高效率地接收二次电子和由背散射电子转换的二次电子，通过调整辅助电极的参数，得到不同比例的形貌和成分信息。

4.1.2　背散射电子像

利用背散射电子探测器接收从样品表面出射的背散射电子可以得到背散射电子像。背散射电子像带有样品表面轮廓的投影特征，可用来分析样品表面形貌。背散射电子像具有的原子序数衬度，可用于成分或物相定性分析。

背散射电子探测器包括：ET 探测器、半导体探测器。

4.1.2.1　ET 探测器

与二次电子共用，在前置电极（见 4.1.1.1 吸引阳极）加负电压并调整电压的大小，可选择不同能量段的背散射电子。

4.1.2.2　半导体探测器

较为常用的是 2 分割或 4 分割环形探测器，位于物镜极靴的下方。

经透镜内置 BSE-SE 转换极板转换，透镜内中位和高位二次电子探测器也可以间接接收背散射电子信号。

4.1.3　透射电子像

透射电子探测器在样品下方，可以同轴或偏轴放置，分别得到明场和暗场像，适用于薄膜和纳米颗粒材料。

4.1.4　阴极荧光像

采用抛物面探测器将荧光信号导出，经单色器过滤或直接通过，再经放大处理后调制显示器的亮度，得到单色或复色阴极荧光像。或采用 CCD 得到阴极荧光光谱，用于表

征材料中的杂质、结构缺陷和材料的维度效应。

4.1.5 电压衬度像

由于样品表面不同区域的电位不同,在二次电子像中形成衬度,这种图像叫电压衬度像。在低电压模式(4.2.4),会发生正电荷荷电,导致电位分布不均匀,产生电压衬度。电压衬度像适用于非均质介电材料、表面污染物等研究和微电子器件失效分析。

4.1.6 电子背散射衍射花样

电子束轰击样品,大量电子射入样品中,由于弹性和非弹性散射,入射电子在入射点附近发散,其最大密度的区域位于距表面几十纳米的位置,把这个区域视为一个电子源。非弹性散射引起能量损失一般只有几十电子伏特,电子束的波长可以认为基本不变。当由电子源发出的电子与某晶面组满足布拉格衍射条件,即 $2d\sin\theta = \lambda$ 时,会形成以 $2(90°-\theta)$ 为顶角、圆锥轴与晶面组法线相平行的两个对顶的衍射锥。部分衍射锥面与荧光屏相交产生一对衍射线或亮带,称为菊池带。满足布拉格条件的晶面组有多个,所以菊池带也有多条,它们形成背散射电子衍射花样(或菊池花样)。

4.2 扫描电镜工作模式

4.2.1 高真空模式

常用工作模式,适合于导电或进行表面导电处理的样品。

4.2.2 低真空模式

通过降低样品室或样品表面附近的真空并使气体电离,利用电荷中和作用来消除样品荷电,适合不导电样品。低真空模式可以通过以下两种方式进行真空调节:

4.2.2.1 样品室真空调节

向样品室注入水蒸气等气体,受电场和电子束轰击作用,气体分子分解电离,中和样品表面的电荷,消除荷电,气体探测器将二次电子信号放大并接收。

4.2.2.2 样品表面附近区域注入气体调节

形成样品表面附近区域的低真空,可以使用改进型的 ET 二次电子探测器。

4.2.3 环境模式

将样品附近水蒸气的压力和样品温度控制在适当状态,适合含水、含油、脱气等样品。环境模式可以通过以下两种方式实现:

    a) 样品室注入水蒸气等;
    b) 超薄有机膜包裹。

4.2.4 低电压模式

适合不导电、易受电子束辐照损伤样品,反映样品真实表面信息,提高轻元素分析的

空间分辨率,可用于分析污染层和电压分布。获得低电压的方法包括:

    a)   降低加速电压;

    b)   电子枪双阳极减压,钨灯丝扫描电镜电子枪增设减速阳极;

    c)   镜筒内减压;

    d)   样品台偏压,适合分析表面平整样品。

4.2.5 束闸模式

在电子束路径侧方安装电极并加载电压,通过静电偏转作用,控制电子束的通过与截断。

电子束扫描控制部分连接图形发生器,配合束闸,可以在涂有电子束光刻胶的基片上,加工出掩膜。

4.3 X 射线能谱分析原理

X 射线能谱定性分析的理论基础是 Moseley 定律,即各元素的特征 X 射线频率 ν 的平方根与原子序数 Z 呈线性关系。同种元素,不论其所处的物理状态或化学状态如何,所发射的特征 X 射线均具有相同的能量,根据特征 X 射线的能量可以确定样品表面的元素组成。

X 射线能谱定量分析以测量特征 X 射线的强度作为分析基础,可分为有标样定量分析和无标样定量分析两种。在有标样定量分析中样品内各元素的实测 X 射线强度,与成分已知的标样的相同元素的同名谱线强度相比较,经过背景校正和基体校正,便能算出它们的绝对含量。在无标样定量分析中,样品内各元素同名或不同名 X 射线的实测强度相互比较,经过背景校正和基体校正,便能计算出它们的相对含量。如果样品中的所有元素均在仪器的检测范围之内,则它们的相对含量经归一化后,就能得出绝对含量。

4.4 电子背散射衍射分析原理

电子背散射衍射花样中每一菊池带,代表晶体中一组晶面,菊池带宽度反比于晶面间距,菊池带交叉处代表一个结晶学方向。计算机通过识别以上特征,标定出菊池带的宽度、强度、位置和相互夹角,并与理论数据进行尝试性的比对,最终标定出菊池带所对应的晶面指数、菊池带交叉区对应的结晶学方向、菊池花样对应的晶体结构,甚至确定出物质种类。逐点采集 EBSD 花样并计算,能够得到取向分布图。基于此图,可以对样品进行物相、织构、晶粒度、晶界类型、应变、再结晶等方面的研究。

EBSD 探测器也被用作多分割型背散射电子探测器。集成在 EBSD 探测器周边的前置背散射探测器用于成像,方便配合 EBSD 分析。

5 环境条件指标

扫描电镜实验室应满足如下环境条件指标:

    a)   电源电压:220 V±20 V,频率为 50 Hz±0.5 Hz,具有良好接地的独立地线,接地电阻不超过仪器厂家要求;

b) 室内温度：20 ℃±5 ℃；

c) 室内相对湿度：≤75%；

d) 环境交变干扰磁场强度：≤$5×10^{-6}$ T；

e) 地基振幅：≤5 μm(频率为 5 Hz～20 Hz 时)，或根据仪器安装要求；

f) 无腐蚀性气体及粉尘较少的房间。

6 仪器

6.1 仪器类型

扫描电子显微镜分为台式、钨灯丝、六硼化镧和场发射扫描电子显微镜，其中场发射扫描电子显微镜又包括热场发射和冷场发射扫描电子显微镜。

6.2 仪器组成

主要由电子光学系统、样品室、信号收集处理显示系统、真空系统和电源系统等部分组成。

6.2.1 电子光学系统

由电子枪、电磁透镜(聚光镜、物镜)、光阑、扫描线圈等组成，电子枪产生的电子束通过电磁透镜聚焦在样品表面，使样品受到激发而产生二次电子、背散射电子、X 射线等物理信号。扫描线圈的作用是使电子束偏转，并在样品表面做有规则的扫描。其中电子枪是扫描电镜电子光学系统的核心部件，不同类型电子枪的性能见表 1。

表 1　不同类型电子枪性能

电子枪类型	性能			
	亮度/(A/cm².Sr)	电子源直径/μm	寿命/hr	真空度/Pa
钨灯丝热阴极电子枪	10^4～10^5	20～50	≈50	10^{-2}
六硼化镧阴极电子枪	10^5～10^6	1～10	≈500	10^{-4}
场发射电子枪	10^7～10^{10}	0.01～0.1	≈5 000	10^{-7}～10^{-8}

6.2.2 样品室

有直开式和隔离式两种。指标有样品台载荷、行程范围、定位精度、机械稳定性、可扩展性等。

6.2.3 信号收集处理系统

用适当的探测器将样品在入射电子束作用下产生的物理信号进行采集，经过放大和转换，然后作为显示器对应于样品扫描位置的亮度调制信号。探测器分为电子信号探测器、X 射线探测器和阴极荧光探测器等，不同的物理信号要用不同的探测器。图像中每一点的亮度是根据样品上被激发出来的信号强度来调制的,样品上各点的状态各不相同,因而接收到的信号强度也不相同,可以在显示器上看到一幅反映样品表面物理化学特征的扫描图像。采用自动亮度对比度、伽玛校正、微分、多幅平均、中值滤波等技术,可以对图像信号进行处理。扫描图像必须记录比例尺、加速电压和放大倍数等信息。

6.2.4 真空系统

由机械泵、扩散泵或分子泵、离子泵等组成,使电子光学系统满足其工作所需的真空要求。

6.2.5 其他系统和附件

扫描电镜常见附件有 X 射线能量色散谱仪(EDS)、电子背散射衍射仪(EBSD)、阴极荧光光谱仪(CL)。

6.2.5.1 X 射线能量色散谱仪

X 射线能量色散谱仪的组成和技术指标如下:
a) X 射线能量色散谱仪的组成:
    1) 半导体探测器:通常采用锂漂移硅探测器[Si(Li)探测器]或硅漂移探测器(SDD 探测器),其作用是将 X 射线信号转换成电信号,并进行信号放大。探测器接收面积有多种,大致在 $10\ mm^2 \sim 150\ mm^2$ 之间,探测位置分为斜插式和平插式;
    2) 脉冲处理器:将探测器的输出信号转变为高斯型电压脉冲信号,并通过脉冲堆积抑制电路排除因计数率太高或每个脉冲处理时间长而造成的脉冲堆积;
    3) 数字处理单元:将电压脉冲信号转换成与脉冲振幅成正比的数字信号,并按照数字大小进行分组和计数,完成对 X 射线光子按照能量的分类;
    4) SEM 控制器:控制 SEM 电子束扫描,实现点、线、面的 EDS 分析;控制 SEM 电偏移器,对面扫描过程中产生的漂移进行矫正;控制电子束闸,减少电子束对样品的辐照损伤;采集 SEM 工作参数;
    5) 计算机系统:运行系统软件和应用软件。
b) X 射线能量色散谱仪的技术指标:
    1) X 射线谱线分辨率:优于 135 eV;
    2) 元素分析范围:$Be^4 \sim U^{92}$;
    3) 检测灵敏度:$0.1\% \sim 0.5\%$(质量分数)。

6.2.5.2 电子背散射衍射仪

电子背散射衍射仪的组成和技术指标如下:
a) 电子背散射衍射仪的组成:
    1) 高灵敏度 CCD 相机:分为高速型和高分辨型,配合闪烁体屏,在计算机控制下快速、高质量地采集 EBSD 花样;

2) 样品台:需要时可以使用预倾斜样品台,方便大角度倾斜。透射 EBSD 样品台,用于薄膜样品的透射式 EBSD 分析;

3) SEM 控制器:控制 SEM 电子束扫描,实现点、线、面的 EBSD 分析;控制 SEM 电偏移器,对面扫描过程中产生的漂移进行矫正;控制电子束闸,减少电子束对样品的辐照损伤;采集 SEM 工作参数;

4) 计算机系统:将 EBSD 花样进行数学变换,完成晶体结构、取向等 EBSD 分析。

b) 电子背散射衍射仪的技术指标:

1) EBSD 花样标定速度(EBSD 单独工作时):使用高速相机时,不低于 800 点每秒;使用高分辨相机时,不低于 100 点每秒;

2) 取向测量精度:采用硅单晶样品,不低于 0.1°;

3) 与电镜和能谱兼容性:综合考察对不同电镜工作模式的适应性;与能谱同步工作时的最高标定速度。

6.2.5.3 阴极荧光谱仪

阴极荧光谱仪的组成如下:

a) 荧光信号收集器:带有电子束通过孔的抛物面镜,将产生于抛物面焦点的荧光信号转换成平行光;

b) 耦合切换器:将平行光耦合至单色器或直接耦合至光信号放大器;

c) 单色器:对不同波长的荧光信号进行色散;

d) 光信号放大器:对不同波段的荧光信号进行放大(采用光电倍增管);

e) 计算机系统:控制电子束扫描和阴极荧光强度信号同步成像,完成阴极荧光光谱和图像的分析。

6.3 检定或校准

设备在投入使用前,应采用检定或校准等方式,对检测分析结果的准确性或有效性有显著影响的设备,包括用于测量环境条件等辅助测量设备有计划地实施检定或校准,以确认其是否满足检测分析的要求。检定或校准应按有关检定规程、校准规范或校准方法进行。

6.4 扫描电镜技术指标

各种类型的扫描电镜其技术指标应符合表 2 的规定。

表 2 扫描电镜的主要技术指标

扫描电镜类型	钨灯丝	六硼化镧	热场发射	冷场发射
电子枪类型	热阴极	六硼化镧阴极	肖特基	钨单晶
加速电压	0.2 kV～30 kV	0.2 kV～30 kV	0.2 kV～30 kV	0.2 kV～30 kV
二次电子图像分辨率	4 nm	3 nm	1 nm	1 nm

表 2（续）

图像有效放大倍数	20 倍～3×10^5 倍	20 倍～3×10^5 倍	20 倍～2×10^6 倍	20 倍～2×10^6 倍
放大倍率精确度（100～5 000 倍）	≤±5%	≤±5%	≤±5%	≤±5%

7 样品

7.1 样品种类

扫描电镜分析样品种类广泛，可以是金属、无机非金属材料、高分子材料、生物医学材料等。样品形态可以是块体、粉末、薄膜等。

7.2 样品要求

扫描电镜样品应满足如下要求：
a) 样品应该是化学性质和物理性质稳定的固体，且要求干燥、表面清洁、在真空中及在电子束轰击下不挥发、不变形，无放射性和腐蚀性。
b) 样品最好导电，导电性差或不导电的样品可在表面进行导电处理（喷镀 Au、Pt 或 C 等导电膜）或在低加速电压和低真空模式下观察。
c) 生物医学样品可以经固定、脱水、临界点干燥或冷冻干燥，然后在表面喷镀导电膜。
d) 含水量高的生物样品（如叶片真菌）或液态胶体样品，可用环境扫描电镜方法进行观察。

7.3 样品制备

7.3.1 形貌观察样品的制备

导电样品用导电胶或导电胶带固定到样品台上即可；需要进行导电处理的非导电样品，将其固定到样品台上后，用真空蒸发或离子溅射方法镀导电膜。

普通金属截面样品的制备按 GB/T 13298—2015 的规定，普通塑料、橡胶等高分子材料可以用液氮脆断方法制备截面样品。

粉末样品可以直接涂覆在导电胶带上，或者采用乙醇分散后滴加在载玻片、硅片或云母片上，干燥后镀导电膜。

非均质、带孔、镀层、低硬度截面样品的制备，可采用离子截面抛光的方法。

要格外注意粉末和磁性样品在样品台上的牢固性。

7.3.2 能谱测试样品的制备

符合 GB/T 17359—2012 的规定。

7.3.3 电子背散射衍射样品的制备

符合 GB/T 19501—2013 附录 A 的规定。

8 分析测试

8.1 开机

场发射扫描电镜一般处于待机状态,开启控制电脑并打开操作软件,进入测试程序。钨灯丝扫描电镜等需要重新启动时,依次开启稳压电源、冷却水系统和主机电源开关,电镜真空系统启动,开启控制电脑并启动操作软件,待真空度达到要求后,进入下一步骤。

8.2 检测前的准备

检查扫描电镜基本状态,包括真空度、灯丝发射电流、电子束对中等,并进行调整,以保证扫描电镜处于正常的工作状态。

对液氮制冷 X 射线能谱仪应及时添加液氮,使 Si(Li)探头始终处于低温状态。电制冷硅漂移 X 射线能谱仪开机稳定后即可使用。能谱分析前按照能谱仪的能量校准方法进行能量校准。

EBSD 测试按 GB/T 19501—2013 的规定执行。

8.3 样品的安装

按要求将样品送入样品室,调节样品的高度和方位等,待仪器达到所需真空度后即可进行观察。

8.4 工作条件的选择

依据分析要求参照表 3 设定工作条件。

表 3 扫描电镜和 X 射线能谱仪工作条件

工作性质	扫描电镜图像观察	X 射线能谱分析
加速电压	0.05 kV～20 kV	1 kV～30 kV
束斑直径	遵循束斑随倍数增大而减小原则	遵循保证分辨率、无荷电、无损伤前提,束斑最大原则
物镜光阑	依据分析要求	依据分析要求
工作距离	5 mm～30 mm	依据能谱仪技术参数
注:EBSD 工作条件按 GB/T 19501—2013 的规定。		

8.5 图像观察和记录

开启加速电压,调节束流并观察样品,选择好放大倍数,进行聚焦,调节衬度和亮度以及消像散等,直至图像最清晰为止,观察中可根据仪器的操作自由度对样品进行移动和/或旋转和/或倾斜,以获得所需图像。记录图像时用慢速扫描,以获得信噪比更好的图像,并将图像储存在计算机中。采用 TV 扫描,观察力、热、光、电、气氛等物理量交互作用下(常在环境模式下)试样的变化过程,并可记录成视频文件。

8.6 元素成分分析

开启能谱分析软件,在样品表面选定分析位置,进行元素成分定性、定量分析、元素线分析和面分析,并保存分析结果。

8.7 微区晶体结构分析

8.7.1 装入试样,按 GB/T 19501—2013 的规定设定分析条件并进行分析。

8.7.2 EBSD 分析时,样品台要大角度倾斜,极易造成物镜极靴损伤,操作中应开启 CCD 监控。

注:可以使用预倾台。

8.8 检测后仪器的检查与维护

检测完成后,按仪器说明书要求的次序完成关闭灯丝电流、关闭加速电压、样品复位/取出、关闭操作软件等操作。场发射扫描电镜在非工作时不需要关机,可按照仪器说明书操作,维持场发射电流,关闭操作软件后将仪器转为待机状态。在有需要时,如维护维修、停电等情况下,按照仪器说明书进行关机、重新启动操作程序。

9 结果报告

9.1 基本信息

结果报告中可包括:委托单位信息、样品信息、仪器设备信息、环境条件、制样方法、检测方法(标准)、检测结果、检测人、校核人、批准人、检测日期等。

9.2 微观形貌分析结果报告

扫描电镜以图像形式提供样品微观形貌分析结果,图像中应包含标尺、微区分析位置等参数,必要时提供拍照速度、像素密度和放大倍数误差。

9.3 微区成分分析结果报告

由 EDS 能谱仪附件测试数据,可提供样品微区化学成分的定性或半定量分析结果;结合 EDS 能谱线分析和面分析技术,可提供分析元素的线扫描曲线、面分布图和相分布数据。

9.4 阴极荧光光谱分析结果报告

提供距表面不同深度的微区阴极荧光光谱,从而给出物质带隙、缺陷、杂质等内部结构信息;结合 CL 谱线面分析技术,可以提供荧光物质及其各种缺陷、杂质的线面分布图;提供加速电压,扫描范围、步长、速度等参数。

9.5 晶体结构分析结果报告

提供由电子背散射衍射附件测试得到的取向分布等各种 EBSD 数据,并提供扫描范围、扫描步长等参数。

10 仪器维护

扫描电镜的日常维护须注意以下几个方面:

a) 扫描电镜室须注意日常防尘和除湿;

b) 定期除尘(电路板特别是带有高压的电路板沾有尘土,容易导致干扰、短接或击穿现象),清洁样品仓(清除散落样品,擦拭内壁和样品台,可以提高真空度和抽速);

c) 定期清洗或更换物镜等光阑,提高扫描电镜信噪比和分辨率;

d) 定期维护循环冷却水机;

e) 对于油机械泵,须定期(半年到一年)更换机械泵油。

11 安全注意事项

扫描电镜在日常使用过程中应注意以下安全事项:

a) 必须严格遵守扫描电镜及相关制样设备、分析附件的操作规程,避免触电、电离辐射和机械伤害;

b) 突然停电停水时,应按顺序关机,样品留在原位,恢复供电和供水后,重新开机,继续进行观察和分析;

c) 配有液氮制冷能谱仪的,使用时应严格遵守操作规程,避免液氮冻伤;在封闭房间内存放、使用液氮时,需要对室内氧气浓度进行监控,避免窒息;

d) 扫描电镜更换样品时需要对样品室进行充气。充氮气时,应根据仪器要求调节钢瓶减压阀流量,流量过大容易对能谱探测器等造成损坏。氮气钢瓶应放在阴凉,远离电源、热源的地方,并加以固定。扫描电镜中的电磁阀等需要压缩空气进行驱动,测试过程中要保证空气压缩机正常运行及输出压力正常。

参 考 文 献

[1]　GB/T 25189—2010　微束分析　扫描电镜能谱仪定量分析参数的测定方法
[2]　GB/T 19501—2013　微束分析　电子背散射衍射分析方法通则
[3]　Scanning Electron Microscopy and X-ray Microanalysis. Plenum Press,1990

ICS 03.180
Y 51

中华人民共和国教育行业标准

JY/T 0585—2020
代替 JY/T 012—1996

金相显微镜分析方法通则

General rules of analytical methods for the metallographic microscope

2020-09-29 发布　　　　　　　　　2020-12-01 实施

中华人民共和国教育部　　发 布

前　言

本标准按照 GB/T 1.1—2009 给出的规则起草。

本标准代替 JY/T 012—1996《金相显微镜分析方法通则》,与 JY/T 012—1996 相比,除编辑性修改外主要技术变化如下:

——修改了标准的适用范围(见第 1 章,1996 版的第 1 章);

——修改了规范性引用文件(见第 2 章,1996 版的第 2 章);

——增加了部分术语和定义(见第 3 章);

——修改了"方法原理"(见第 4 章,1996 版的第 4 章);

——删除了"试剂和材料"(见 1996 版的第 5 章);

——修改了"仪器"部分的相关内容(见第 5 章,1996 版的第 6 章);

——增加了"环境条件"(见第 6 章);

——修改了"样品"(见第 7 章,1996 版的第 7 章);

——修改了"分析步骤"(见第 8 章,1996 版的第 8 章);

——修改了"分析结果的表述"(见第 9 章,1996 版的第 9 章);

——修改了"安全注意事项"(见第 10 章,1996 版的第 10 章);

本标准由中华人民共和国教育部提出。

本标准由全国教育装备标准化技术委员会化学分技术委员会(SAC/TC 125/SC 5)归口。

本标准起草单位:东南大学、上海交通大学、华南理工大学。

本标准主要起草人:晏井利、何琳、陈丽凤、王仕勤。

本标准所代替标准的历次版本发布情况为:

——JY/T 012—1996。

金相显微镜分析方法通则

1 范围

本标准规定了金相显微镜分析方法的方法原理、仪器、环境条件、样品、分析测试、结果报告和安全注意事项。

本标准适用于用金相显微镜进行固体样品的显微组织分析。

2 规范性引用文件

下列文件对于本文件的应用是必不可少的。凡是注日期的引用文件,仅注日期的版本适用于本文件。凡是不注日期的引用文件,其最新版本(包括所有的修改单)适用于本文件。

GB/T 2609　显微镜　物镜

GB/T 9246　显微镜　目镜

GB/T 22059　显微镜　放大率数值、允差和符号

GB/T 22062　显微镜　目镜分划板

GB/T 30067　金相学术语

JB/T 8230.1　光学显微镜　术语

JB/T 10077　金相显微镜

3 术语和定义

GB/T 30067 及 JB/T 8230.1 界定的以及下列术语和定义适用于本文件。

3.1

直射光　direct light

直接射入物镜的光。它是经过物方视场不改变传播方向直接射入物镜的光(透射光照明)或者由物方视场里的一个镜面反射的光(入射光照明)。

[JB/T 8230.1—1999,定义 2.24]

3.2

偏振光　polarized light

电矢量相对于传播方向以一固定方式振动的光。

3.3

视场　field of view;visual field

可被显微镜成像的物面或其共轭面的大小,用线值表示。

[JB/T 8230.1—1999,定义 2.92]

3.4

入射照明 **incident illumination**

指从物镜方向对物体进行照明,并利用反射光成像的一种照明方法。

[JB/T 8230.1—1999,定义 2.145]

3.5

透射照明 **transmitted illumination**

利用透射光成像的一种照明方法。

[JB/T 8230.1—1999,定义 2.146]

3.6

偏光照明 **polarized light illumination**

使光在照射样本前产生平面偏振的照明方法。

[GB/T 30067—2013,定义 2.2.191]

3.7

明视场 **bright field**

照明光通过物镜垂直的或者近似垂直的照射到样品表面,其反射光返回物镜成像,显微镜视场区呈现亮背景。

3.8

暗视场 **dark field**

照明光通过物镜外周照射到样品表面,样品起散射或反射作用,这些光进入物镜成像,由此得到黑色背景中细节清晰明亮的图像,显微镜视场区呈现暗背景。

3.9

干涉 **interference**

两束或两束以上的相干光波在相互作用区叠加时产生的光强度加强或减弱的现象。

3.10

微分干涉衬度 **differential interference contrast**

利用偏振光干涉原理将样品表面微观起伏的高度变化以光强和干涉色的形式表现出来。

3.11

样品 **sample**

用显微镜研究的物体,又称标本或试样。

[JB/T 8230.1—1999,定义 2.57]

3.12

复型 **replica**

通过将预制的复型材料与试样表面相贴合的方法取得试样微观组织形貌的技术。

3.13

像 **image**

物体上各点的像点的集合。

[JB/T 8230.1—1999,定义 2.62]

3.14

调焦 focus

改变物镜与物体之间距离,以获得标本清晰像的调节过程。

[JB/T 8230.1—1999,定义 2.201]

4 方法原理

利用一套光学方法系统组成的显微镜,采用明视场、暗视场、偏振光、干涉、微分干涉衬度等成像方式,对制备好的样品进行观察,获得样品的微观组织。

5 仪器

5.1 仪器组成

金相显微镜一般由照明系统、光学系统、机械系统等部分组成,可以包含图像采集、显微硬度等附件,并可以配置计算机进行图像采集、分析及存储。

5.2 仪器性能

5.2.1 规格及基本参数、性能指标

金相显微镜的规格及基本参数应符合 JB/T 10077 的规定。显微镜的照明系统和光学系统可实现需要的明视场、暗视场、偏振光、干涉、微分干涉衬度等成像方式,且成像清晰,像的亮度均匀连续可调。载物台可作纵、横向移动,移动范围均不小于 10 mm。显微镜各组件的放大率允差应符合 GB/T 22059 的规定。图像采集系统应成像良好,不应有影响图像质量的杂光、浸射光和漏光。

5.2.2 照明光源

照明光源可以使用卤素灯、氙灯或 LED 灯等,光源强度应均匀、稳定且强度可调。应配有可调节的孔径光阑和视场光阑,以利于获得更佳的成像质量。可以配置滤色片以增加映像衬度、校正残余像差和提高分辨率。可以通过改变直射光或偏振光实现入射照明、透射照明或偏光照明。

5.2.3 物镜

物镜应符合 GB/T 2609 的规定。由一组低倍到高倍的消色差、复消色差、半平场消色差、平场消色差、平场半复消色差或平场复消色差等物镜组成,放大倍率有 2X(或 2.5X)、5X、10X、20X、40X(或 50X)、100X 等,物镜的标记应清晰、明显,放大率值允差不超过±5%。

5.2.4 目镜

目镜应符合 GB/T 9246 的规定。双目镜(或单目镜)的放大倍率一般为 10X,目镜的

标记应清晰、明显,放大率值允差不超过±5%。根据需要可以加入目镜分划板,目镜分划板应符合 GB/T 22062 的规定。

5.2.5 图像采集

配置合适的图像采集系统,以获得清晰的组织图像并进行存储,采集的图像分辨率不小于 1 024×768。可选配合适的图像分析软件以便对采集的图像进行进一步处理和分析。

5.3 检定或校准

金相显微镜在投入使用前及使用过程中,应采用检定或校准等方式,对检测分析结果的准确性或有效性有显著影响的部件(如测微标尺)和软件的系统标尺有计划地实施检定或校准,以确认其是否满足检测分析的要求。检定或校准应按有关检定规程、校准规范或校准方法进行。

6 环境条件

6.1 环境温度及湿度

适宜工作的环境温度为 20±5 ℃,相对湿度:≤75%。

6.2 防护措施

金相显微镜在不用时应盖上防尘罩,物镜和目镜应放入干燥器内保存,以防潮湿霉变。

仪器应避免强光照射,并有良好的防震措施。仪器周围无酸性气体及酸、碱、有机溶剂等有害物质,保持良好通风。

7 样品

7.1 取样

为保证分析结果有效,选取的样品应尽可能客观全面的代表被研究的材料。样品截取的部位、方向、尺寸、数量应根据材料的制造方法、分析目的、相关标准或协议的规定进行。取样时可以采用砂轮切割、电火花线切割、机加工、手锯、氧乙炔火焰气割等方法,但应避免取样过程引起样品组织变化。对于难以分析的部位或不允许破坏的工件,可用复型技术进行取样。

7.2 样品制备

7.2.1 样品尺寸较小(如薄板、丝材、细管等)、过软、易碎或者检验边缘组织时,应对分析样品进行镶嵌。镶嵌可以采用机械镶嵌法、热镶法、冷镶法等方法进行,但选用的镶嵌方法不应改变样品的组织。

7.2.2 切取好或镶嵌好的样品先磨平,磨制时应防止样品组织发生变化。磨平、洗净、吹干后的样品采用手工或机械的方法在由粗到细不同粒度的砂纸上依次进行磨光。每换一次砂纸时,样品须转90°与前一道磨痕呈垂直方向,在此方向磨至前一道磨痕完全消失、新磨痕均匀一致。每次须用水或超声清洗的方式将样品洗净吹干后再进入下一道程序。

7.2.3 磨光后的样品采用机械抛光、电解抛光、化学抛光等方法进行抛光,以去除样品表面的磨痕达到镜面光洁度且无磨制缺陷。

7.2.4 抛光后的样品采用物理或化学方法进行特定处理使各种组织结构呈现良好的衬度,得以清晰显示。常用的方法有干涉层法、化学浸蚀法、电解浸蚀法。

7.2.5 采用复型技术进行样品制备时,应先充分清洁被检测面,然后由粗到细进行一系列细致的机械研磨,接着进行最后抛光,再使用适当的试剂进行适度浸蚀。在浸蚀后的表面用透明硝化纤维膜料、醋酸纤维素或塑料材料进行复型,一定时间后小心地从表面剥离复型件。

7.3 样品保存

7.3.1 为避免发生混乱,应做好样品的登记及标记,标记应清晰、明显,并固定在样品上。

7.3.2 需短期保存的样品应放置在干燥器内,对于易氧化腐蚀的样品可在其表面涂上一薄层中性指甲油作保护,再放置在干燥器内。

7.3.3 需长期保存的样品,可在其表面涂上一薄层的保护膜再放置在干燥器内,常用的保护膜有火棉胶和指甲油等。

8 分析测试

8.1 将制备好的样品置于载物台上。

8.2 打开光源,并调节亮度。

8.3 选择合适的物镜和目镜及观察方式。一般先在低倍下观察样品全貌,然后根据分析目的,选择不同的放大倍数进行检验。根据研究需要,可采用下列观察方式:

    a) 明场照明——用于显微组织的常规观察;

    b) 暗场照明——常用于晶界、缺陷和夹杂物等的鉴别;

    c) 偏振光照明——常用于多相合金中相的鉴别以及各向异性材料的组织观察;

    d) 微分干涉衬度——可以将样品表面微观起伏的高度变化以光强和干涉色的形式表现出来,具有立体感的浮雕形式,使部分组织细节更加清晰。

8.4 用粗细调焦旋钮对样品进行聚焦,同时调整孔径光阑和视场光阑大小,使目镜或者图像采集系统中观察到的像最清晰、衬度最好。

8.5 选择合适的视场,进行图像采集并存储。

8.6 根据需要,利用图像分析软件对采集图像的亮度、对比度、灰度等进行适当调整,但应避免对图像做出错误的分析。

8.7 根据需要,利用图像分析软件对采集的图像进行显微组织分析或定量金相分析。

8.8 试验结束后,关闭主机及电源。

9 结果报告

9.1 基本信息

结果报告中可包括:委托单位信息、样品信息、仪器设备信息、环境条件、制样方法、检测方法(依据标准)、检测结果、检测人、校核人、批准人、检测日期等。必要和可行时可给出定量分析方法和结果的评价信息。

9.2 检测或分析结果

检测或分析结果包括显微组织图像、显微组织组成等必要的信息。

10 安全注意事项

10.1 确保仪器电源接地,不使用时,必须切断电源。

10.2 严禁用手指直接接触显微镜物镜及目镜镜头的玻璃部分,调焦时应避免样品撞击物镜镜头。

10.3 在配置浸蚀剂或使用浸蚀剂对样品进行浸蚀时,要熟悉所用化学药品的性质,操作时穿戴好防护用品,必要时在通风橱中进行。

参 考 文 献

[1]　GB/T 17455—2008　无损检测　表面检测的金相复型技术
[2]　GB/T 13298—2015　金属显微组织检验方法
[3]　陈俊堂.微分干涉相衬显微术[J].光学仪器,1984,6(1):1-15

ICS 03.180
Y 51

中华人民共和国教育行业标准

JY/T 0586—2020

激光扫描共聚焦显微镜分析
方法通则

General rules of analytical methods for confocal laser scanning
microscope

2020-09-29 发布　　　　　　　　　　　　　　2020-12-01 实施

中华人民共和国教育部　　　发　布

前　　言

本标准按照 GB/T 1.1—2009 给出的规则起草。

本标准由中华人民共和国教育部提出。

本标准由全国教育装备标准化技术委员会化学分技术委员会(SAC/TC 125/SC 5)归口。

本标准起草单位:华东理工大学、北京大学、山东理工大学、陆军军医大学。

本标准主要起草人:吴婷、于博昊、关妍、刘东武、孙玮。

激光扫描共聚焦显微镜分析方法通则

1 范围

本标准规定了激光扫描共聚焦显微镜分析方法的原理、分析环境要求、试剂和材料、仪器、样品、分析测试、结果报告和安全注意事项。

本标准适用于使用激光扫描共聚焦显微镜进行常规的图像分析。

2 规范性引用文件

下列文件对于本文件的应用是必不可少的。凡是注日期的引用文件,仅注日期的版本适用于本文件。凡是不注日期的引用文件,其最新版本(包括所有的修改单)适用于本文件。

GB/T 2609　显微镜　物镜

GB/T 2985　生物显微镜

GB/T 9246　显微镜　目镜

JB/T 8230.1—1999　光学显微镜　术语

BS ISO 8255-1:2017　显微镜　盖玻片　第 1 部分:尺寸公差、厚度和光学性能(Microscopes-Cover glasses—Part 1:Dimensional tolerances,thickness and optical properties)

3 术语和定义

JB/T 8230.1—1999 界定的以及下列术语和定义适用于本文件。

3.1

波长　wavelength

波列上两相邻同相位点之间的距离。

[JB/T 8230.1—1999,定义 2.186]

3.2

微分干涉　differential interference contrast;DIC

平面偏振光经棱镜折射后分成两束,穿过样品的相邻部位,再经过另一棱镜将这两束光汇聚,从而将样品厚度上的微小差别转化成明暗区别,增加样品反差和立体感。

3.3

数值孔径　numerical aperture;NA

被检样品与物镜之间介质的折射率(n)与物镜孔径角半数($\alpha/2$)正弦值的乘积,用式(1)表示:

$$NA = n \cdot \sin(\alpha/2) \quad\cdots\cdots\cdots\cdots\cdots\cdots\quad(1)$$

式中：

NA ——数值孔径；

n ——被检样品与物镜之间介质的折射率；

α ——物镜孔径角。

3.4

分辨率 resolution

物面上能分开的最短距离，用式（2）计算：

$$\sigma = 0.61\lambda / NA \qquad\qquad\cdots\cdots\cdots\cdots\cdots\cdots\cdots\cdots\cdots\cdots\cdots（2）$$

式中：

σ ——分辨率；

λ ——光线的波长；

NA ——物镜的数值孔径。

3.5

显微镜放大率 magnifying power of microscope

目视显微镜形成虚像的角放大率。该放大率是物镜放大率、目镜放大率和镜筒系数的乘积。

［JB/T 8230.1—1999,定义 2.134］

3.6

视场 visual field

可被显微镜成像的物面或其共轭面的大小。用线值表示。

［JB/T 8230.1—1999,定义 2.92］

3.7

爱里斑 Airydisc

点光源衍射图样的中心亮斑。

［JB/T 8230.1—1999,定义 2.178］

3.8

柯勒照明 Kohler illumination

光源被照明系统成像在物镜入瞳上的一种照明物体方法。

［JB/T 8230.1—1999,定义 2.144］

3.9

扫描速度 scanning speed

单位时间内激光扫描样品像素点的数量。

3.10

检测针孔 detection pinhole

放置在检测器前的针孔,起到空间滤波器的作用,阻碍非聚焦平面散射光和聚焦平面上非焦点斑以外的散射光,以保证检测器所接收的光线全部来自样品焦点光斑。

3.11

检测器 detector

接收来源于检测针孔的光信号,通过模数（A/D）转换将光信号转变为电信号的器件。

注：如光电倍增管、电荷耦合元件和超高灵敏度检测器等。

3.12

共聚焦 confocal

照射在样品焦面上的光点与检测针孔是共焦点的现象。

3.13

明场 bright field

光束透过样品后直接进入物镜,视场是明亮的模式。

3.14

荧光观察 fluorescent view

以特定波长的激发光照射样品内的荧光物质,使之发出荧光,并在显微镜下观察荧光物体的形状及其所在位置。

3.15

荧光漂白后恢复 fluorescence recovery after photobleaching;FRAP

对样品的确定区域进行光漂白,检测漂白后该区域中的荧光恢复情况。

3.16

荧光共振能量转移 fluorescence resonance energy transfer;FRET

如果一个荧光分子(又称为供体分子)的荧光光谱与另一个荧光分子(又称为受体分子)的激发光谱发生重叠,当这两个荧光基团间的距离合适时(一般小于 100 Å),供体荧光分子的激发能诱发受体分子发出荧光,同时供体荧光分子自身的荧光强度衰减。

4 分析方法原理

仪器成像原理见图 1。激光器发射一定波长的激发光,经光学镜组聚焦于样品某一断层平面上。样品被激发光激发产生发射光信号,发射光经检测针孔到达检测器,光信号经模数(A/D)转换变为电信号并传输至计算机系统,焦平面上每个样品点的荧光信号组成一幅完整的共焦图像。由于激光扫描点与检测针孔是共焦的,激光扫描过程中,只有样品焦平面被扫描产生的荧光才能通过检测针孔,并被检测器记录。对于来自非焦平面的荧光,均被检测针孔光阑阻挡。

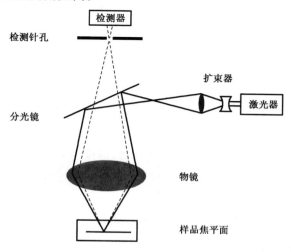

图 1 激光扫描共聚焦显微镜成像原理图

连续光学切片可用于样品立体结构观察和图像的三维重建。若间歇或连续扫描样品某一层面(或一条线),并对其荧光进行定位、定性及定量分析,则可实现对该样品的实时监测。

5 分析环境要求

应符合如下要求:

a) 远离电磁辐射源,有稳定的电源电压;
b) 清洁、干燥、无震动,周围无粉尘、无腐蚀性介质;
c) 具有遮光系统,避免荧光样品被外源光漂白;
d) 控制工作温度 20 ℃±5 ℃,湿度≤75%。

6 试剂和材料

6.1 试剂

6.1.1 浸油

使用厂商提供的专用浸油。应按照物镜镜体上的标识规范使用浸油。应注意新鲜的浸油和放置较长时间的浸油不可混用,以免形成暗线并影响成像质量。

6.1.2 水

水浸系物镜前透镜与盖玻片之间以水为介质,宜使用蒸馏水或超纯水。

6.1.3 物镜清洗剂

使用厂商推荐的物镜清洗配方。可使用乙醚/无水乙醇＝70/30(V/V)的混合溶液或石油醚等有机溶剂。

6.2 材料

6.2.1 擦镜纸

应使用光学擦镜纸。

6.2.2 盖玻片

应符合 BS ISO 8255-1:2017 规定,玻璃材质,厚度为 0.17 mm。

6.2.3 激光共聚焦培养皿

应采用底部为 6.2.2 所述盖玻片的培养皿。

6.2.4 激光共聚焦培养板

应采用底部为 6.2.2 所述盖玻片的培养板。

7　仪器

7.1　仪器组成

激光扫描共聚焦显微镜主要由以下几部分组成:激光光源、扫描器(内装有扫描振镜或转盘、针孔、分光镜、色散元件)、荧光显微镜系统、检测器、计算机图像处理及控制系统。由计算机控制系统控制激光光源、扫描器、检测器及荧光显微镜系统,仪器各部分相互关系如图2所示。

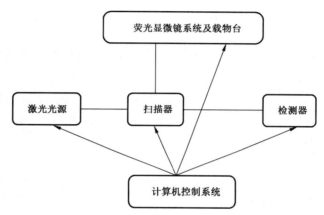

图 2　激光扫描共聚焦显微镜各部分相互关系示意图

7.1.1　照明光源

由激光器和其他光源(如卤素灯、汞灯或金属卤化物灯、发光二极管等)组成。

7.1.2　常用激光器

常用激光器主要包括如下几种:
a)　固体激光器:405 nm、440/445/448 nm、473/488 nm、514 nm、532/543 nm、552/561 nm、638/639/640 nm 等;
b)　氩离子激光器:457 nm、477 nm、488 nm、496 nm、514 nm 等;
c)　氦氖激光器:594 nm、633 nm 等。

7.1.3　荧光显微镜

荧光显微镜基本性能应符合 GB/T 2985 的规定。配置有全自动荧光显微镜,荧光照明部件(如长寿命汞灯),多种荧光滤片,Z 轴聚焦控制单元,精密 XY 载物台,物镜转盘,微分干涉部件等。

7.1.4　扫描器

应配置图像获取所需的标准扫描器。

7.1.5 物镜

应符合 GB/T 2609 规定,应由一组低倍和高倍的平场复消色差物镜组成以获得合适的显微镜放大率,应考虑干镜、油镜和水镜的配比。倍率如 10×、20×、40×(或 50×)、60×(或 63×)、100× 等。

7.1.6 目镜

应符合 GB/T 9246 规定,双目镜倍率一般为 10×,视场大小一般不低于 23 mm。

7.1.7 检测器

应根据需要配置 1 至多个荧光检测器(光电倍增管、电荷耦合元件或超高灵敏度检测器)和 1 个透射光检测器。

7.1.8 照明方式

采用点光源或转盘式照明。

7.2 仪器性能

仪器性能应符合表 1 的规定。

表 1 激光扫描共聚焦显微镜的主要性能和技术指标

部件或参数	性能
针孔	具有可调或固定的针孔
标准检测器	≥1 个荧光检测器＋1 个透射光检测器
扫描速度	在 512×512 图像分辨率下,速度不小于 1 帧/s
扫描尺寸	应至少包含 512×512 和 1 024×1 024

7.3 检定或校准

设备在投入使用前,应采用检定或校准等方式,对显著影响检测结果的准确性或有效性的设备(包括用于测量环境条件等的辅助测量设备)有计划地实施检定或校准,以确认其是否满足检测的要求。检定或校准应按有关检定规程、校准规范或校准方法进行。

8 样品

8.1 样品种类

培养细胞、固定标本、液体样品和其他固体样品。

8.2 样品制备

8.2.1 培养细胞

培养细胞应使用激光共聚焦培养皿或激光共聚焦培养板进行培养,荧光标记后直接用于共聚焦观察。

8.2.2 固定标本

固定标本样品(如组织切片、固定细胞等)荧光标记后,选择盖玻片并使用无荧光封固剂来封片,然后进行共聚焦观察。

8.2.3 液体样品

液体样品可使用涂片的方法进行样品制备,直接用于共聚焦观察。

8.2.4 其他固体样品

块状固体、粉末和固体薄膜样品的荧光观察可将样品直接放置于盖玻片上进行共聚焦观察。

8.3 样品保存

根据样品需要低温避光保存。

9 分析测试

9.1 前期准备

根据所要观察样品的性质、观察目的以及样品的荧光参数,选择合适的制样方法和分析步骤。根据测试要求按 8.2 的方法进行样品的制备。

9.2 实施步骤

9.2.1 开机

依次开启显微镜、激光器、总控制器、电脑和软件。

9.2.2 拍摄前准备

9.2.2.1 调节柯勒照明

调节柯勒照明步骤如下:
a) 选择 10× 物镜;
b) 调焦,使标本清晰成像;
c) 将视场光阑缩至最小;
d) 上下调节聚光器,调至视场光阑边界清晰;

e) 调节聚光器对中旋钮，使其居中；

f) 放大视场光阑，使其刚刚外切于视野；

g) 取下一侧目镜，调节孔径光阑使大小为整个视野的 2/3。

9.2.2.2 检查激光

使用多色荧光片逐一检查各激光器的出光情况，查看样品上是否有该激光的照射斑点。

9.2.2.3 选择物镜

根据放大倍数的要求选择合适的物镜或者根据清晰度的要求选择不同数值孔径（NA）物镜。使用带有盖玻片矫正环的物镜时，应按照附录 A 的方法进行调节。

9.2.2.4 选择激光器

根据样品荧光标记物的激发波长选择合适的激光器。

9.2.3 光路调节

9.2.3.1 明场透射光路调节

明场透射光路调节步骤如下：

a) 打开显微镜透射光卤素灯电源开关；

b) 滤光镜组块或分光镜转盘移到空位；

c) 起偏器和检偏器移出光路；

d) 聚光器模块切换到明场模式；

e) 检查柯勒照明（柯勒照明调节方法参照 9.2.2.1）；

f) 检查出光端口。

9.2.3.2 荧光场光路调节

荧光场光路调节步骤如下：

a) 打开荧光电源，稍等片刻至光源指示灯稳定（若关闭光源，15 min 后才可再次启动）；

b) 确认透射光开关处于关闭状态；

c) 检查出光端口；

d) 选择合适的波段；

e) 打开光闸，调节激发光强度，进行观察；

f) 不观察时，应把激发光光闸关掉，避免荧光淬灭。

9.2.3.3 微分干涉光路调节

微分干涉光路调节步骤如下：

a) 按照明场透射光的操作方法调节显微镜；

b) 将起偏器和检偏器移入光路；

c) 按照物镜规格相应地插入物镜棱镜和聚光镜棱镜；

d) 检查出光端口；

e) 旋转起偏器，选择最佳显示效果。

9.2.4 参数设定

9.2.4.1 设定光路

打开控制软件进入光路配置窗口。选择好扫描模式后，在光路配置窗口进行光路配置。根据荧光标记物的激发及发射光谱，为各个通道选择被观察的染料，选择所需激光器、分光镜、荧光检测范围及伪彩，选择是否使用透射探测器，最后确认光路设置。

9.2.4.2 设定针孔大小、激光功率和检测器增益

针孔大小根据需求从小到大进行调节或选择。激光功率和检测器增益不宜过大，以减少荧光淬灭和背景噪点。

9.2.4.3 设定扫描方式

点扫描共聚焦选择单向或双向扫描，一般在预览时采用双向扫描以提高扫描速度避免荧光淬灭，采集图像时则采用单向扫描以避免图像错位。转盘式共聚焦选择多点同时扫描，同步照射样品，同步激发，同步采集。

9.2.4.4 设定扫描尺寸

根据实际需求及后期图像处理的需要，建议预览时采用 512×512 或更小尺寸，采集时采用 1 024×1 024 或更大尺寸。当条件不满足时（如发生光漂白或拍摄时间过长时），适当减少图像像素数。

9.2.4.5 优化图像亮度和分辨率

可通过增大激光功率/增大检测器增益/增加针孔直径/放慢扫描速度/图像叠加等方法来增加图像亮度；如需提高图像信噪比可采用平均模式。扫描尺寸、扫描速度、激光功率、针孔直径及检测器增益都会影响扫描分辨率，且最优的分析条件是对以上这些参数综合考虑的结果。

9.2.5 图像拍摄

9.2.5.1 实时图像的获取

通过预览获取实时图像，调节每个通道的参数（激光功率、检测器增益、光谱检测范围等）来调整该通道图像的亮度。利用选择工具可以进行扫描区域的设定，在所选择区域中，同样通过预览获取实时图像，并调节各个通道的参数来调整各个通道图像的亮度。

9.2.5.2 二维（XY）图像拍摄

在实时图像亮度和扫描方式均已设定的基础上，选择二维（XY）拍摄，即可获得所需的二维图像。

9.2.5.3 三维（XYZ）图像拍摄和三维重建

在实时图像亮度和扫描方式均已设定的基础上，调出三维（XYZ）设定窗口，设定 Z 轴的拍摄范围（选取顶面和底面、对称范围、不对称范围等）和步进，逐层扫描进行三维图像的拍摄。将逐层扫描获得的一组荧光图片通过软件中的三维重建功能获得样品的三维立体可视图像。

9.2.5.4 时间序列（XYT）图像拍摄

在实时图像亮度和扫描方式均已设定的基础上，调出 XYT 设定窗口，设定拍摄的总时长和间隔时长进行拍摄，获得样品随时间变化的动态信息。

9.2.5.5 荧光漂白后恢复（FRAP）图像拍摄

选定样品上很小的区域（直径约几个微米），调节荧光团所对应的通道参数，在漂白前用低强度的激光去激发荧光团获取二维荧光图像。再将激光能量设定为最大值对选定区域进行强照明，将所选择区域荧光团进行完全的光漂白。在光漂白后，采用低强度的激光进行一组时间序列（XYT）图像的拍摄，监测被漂白区域荧光强度恢复的速率与程度，获得荧光团重新进入的信息以及恢复动力学的信息。

9.2.5.6 荧光共振能量转移（FRET）图像拍摄

利用与供体荧光团匹配的激光作为激发光源，通过二色分光镜后照射样品。选择与荧光团匹配的滤镜组，通过高灵敏度的检测器分时或同时获取供体、受体的荧光图像，再经过软件处理，获得荧光共振能量转移结果图像。

9.2.5.7 其他图像拍摄

根据仪器的配置和分析需求，在图像获取窗口选择相应的其他拍摄模式［如三维时间序列（XYZT）、拼大图和超高分辨成像等］进行图像的拍摄。

9.2.6 拍摄后工作

9.2.6.1 显微镜的调节

取下样品，将载物台或物镜降至最低，物镜转盘转到低倍物镜或空位。

9.2.6.2 镜头的清洗

物镜镜头使用后需采用专用的擦镜纸和专用的物镜清洗剂（见 6.1.3）进行清洗。

9.2.7 关机

依次关闭软件、电脑、总控制器、激光器和显微镜。

10 结果报告

10.1 基本信息

结果报告中可包括：委托单位信息、样品信息、仪器设备信息、环境条件、制样方法、检测方法(依据标准)、检测结果、检测人、校核人、批准人、检测日期等。

10.2 结果信息

根据需要提供单色或者伪彩、单通道或者多通道叠加的清晰二维图片,样品连续观察的视频或者借助三维重建软件获得的样品三维立体图像。

11 安全注意事项

11.1　避免激光直接射入眼睛,严格执行安全规则。

11.2　样品应符合生物安全要求。分析人员应穿着实验服,佩戴口罩、手套等安全防护用品,避免肢体直接接触生物样品。

附　录　A

（资料性附录）

物镜盖玻片矫正环的调节方法

物镜盖玻片矫正环的调节方法步骤如下：

a)　调焦，使图像相对最清楚。

b)　把矫正环向一个方向转动一定角度，此时图像变模糊，调焦，使图像相对更清楚。

c)　判断此时的图像质量是否有所改善。如有改善，则继续朝该方向旋转矫正环至一定角度；如图像质量下降，则反方向旋转。

d)　重复 b)和 c)步骤，直到图像质量改善之后又有所下降。

e)　反方向旋转，回到倒数第二次的位置即可。

参 考 文 献

[1] 王春梅.激光扫描共聚焦显微镜技术[M].西安:第四军医大学出版社,2004

[2] 袁兰.激光扫描共聚焦显微镜技术教程[M].北京:北京大学医学出版社,2004

[3] 张雷.光学显微镜技术[M].北京:人民卫生音像出版社,2006

[4] 康恩.共聚焦显微镜技术[M].北京:科学出版社,2012

[5] 杜一平.现代仪器分析方法[M].上海:华东理工大学出版社,2015

ICS 03.180
Y 51

中华人民共和国教育行业标准

JY/T 0587—2020
代替 JY/T 009—1996

多晶体 X 射线衍射方法通则

General rules for X-ray polycrystalline diffractometry

2020-09-29 发布

2020-12-01 实施

中华人民共和国教育部　　发 布

前　言

本标准按照 GB/T 1.1—2009 给出的规则起草。

本标准代替 JY/T 009—1996《转靶多晶体 X 射线衍射方法通则》,与 JY/T 009—1996 相比,除编辑性修改外主要技术变化如下:

——标准名称修改为"多晶体 X 射线衍射方法通则";

——扩充了适用范围,包括薄膜、纳米材料与食品等(见第 1 章);

——增加了规范性引用文件(见第 2 章);

——修改了"晶体""布拉格公式""物相""相变""微应力""测角仪"的定义(见 3.2、3.15、3.22、3.23、3.24、3.26,1996 年版的 3.2、3.14、3.21、3.22、3.23、3.26);

——删除了"X 射线衍射""低温衍射""高温衍射""分析线""内标法""外标法"(见 1996 年版的 3.11、3.12、3.13、3.25、3.31、3.32);

——增加了"英国剑桥晶体学数据中心的 CCDC 数据库"谱图的数据库(见附录 A.1);

——增加了结晶度分析方法的内容(见 4.2.2);

——修改了仪器的结构图(见 6.1.1,1996 年版的 6.1.1);

——删除了"脉高分析器的调整"的相应内容(见 1996 年版的 8.1.2.5);

——修改并完善了"谱图分析"的相应内容(见 8.2.4,1996 年版的 8.2.4);

——修改并完善了"求物相含量的数据处理"的相应内容(见 8.3.3,1996 年版的 8.3.3);

——完善了"数据处理"的内容(见 8.6.3,1996 年版的 8.6.3);

——修改了分析结果的表述(见第 9 章,1996 年版的第 9 章);

——删除了"附录 B"和"附录 G"的内容(见 1996 年版的附录 B 和附录 G);

——更新了"附录 A""附录 C""附录 D"的内容(见附录 A、附录 C、附录 D,1996 年版的附录 A、附录 C、附录 D);

——增加了"参考文献"(见参考文献)。

本标准由中华人民共和国教育部提出。

本标准由全国教育装备标准化技术委员会化学分技术委员会(SAC/TC 125/SC 5)归口。

本标准起草单位:吉林大学、北京大学、浙江大学、东北大学、上海交通大学、山东理工大学。

本标准主要起草人:高忠民、孙俊良、胡秀荣、贺彤、饶群力、王永在。

本标准所代替标准的历次版本发布情况为:

——JY/T 009—1996。

多晶体 X 射线衍射方法通则

1 范围

本标准规定了使用多晶体 X 射线衍射仪对各种多晶材料进行物相组成的分析方法原理、试剂和材料、仪器、样品、分析步骤、结果报告、安全注意事项。

本标准适用于常规多晶体 X 射线衍射仪,配备二维面探测器的 X 射线衍射仪可参照此方法。

2 规范性引用文件

下列文件对于本文件的应用是必不可少的。凡是注日期的引用文件,仅注日期的版本适用于本文件。凡是不注日期的引用文件,其最新版本(包括所有的修改单)适用于本文件。

GB/T 13869—2017　用电安全导则

GB 18871—2002　电离辐射防护与辐射源安全基本标准

JY/T 009—1996　转靶多晶体 X 射线衍射方法通则

3 术语和定义

JY/T 009—1996 界定的以及下列术语和定义适用于本文件。

3.1

X 射线　X-ray

波长为 10^{-3} nm～10 nm 的电磁波。

注:用于晶体衍射的 X 射线波长为 0.05 nm～0.25 nm。

3.2

晶体　crystal

广义的晶体是有明确衍射图案的固体,其原子、分子或离子在空间按一定规律高度有序地排列,包括传统周期性晶体和非周期性晶体。

3.3

多晶体　polycrystal

由许多小晶粒聚集而成的固态粉末或块状物体,也称为多晶材料。

3.4

空间点阵　space lattice

在结晶学中,用来表达晶体中结构单元周期性排列的工具,是三维空间中周期重复排列的点的集合。

3.5

晶胞   unit cell

晶体中原子、分子或离子在三维空间周期性长程有序排列的最小构造单元。其形状为平行六面体。

3.6

晶胞参数   unit cell parameters

描述平行六面体形晶胞的参数,即 3 个边的长度 a、b、c 及它们间的夹角 α(b 边和 c 边之夹角)、β(a 边和 c 边之夹角)、γ(a 边和 b 边之夹角)。

3.7

点阵畸变   lattice distortion

存在于点阵内部的不均匀应变。

[JY/T 009—1996,定义 3.7]

3.8

晶系   crystal system

晶体中晶胞可能存在的点阵数目,按照晶体点对称性可分 7 种。

3.9

晶面间距   interplanar spacing

晶体中两个相邻平面点阵间的垂直距离。

注:常用符号"d"表示。

3.10

晶面指数   indices of crystallographic plane

用来代表一个平面点阵族的指标,用圆括号括起来的 3 个互质整数(h/n k/n l/n)表示,n 为正整数。

3.11

衍射指数   hkl indices of interference plane

用来代表一个干涉平面点阵族的指标,用 hkl 表示,h,k,l 为整数。

3.12

晶体结构   crystal structure

原子、离子或分子等结构单元在三维空间的周期性排列组合。

3.13

空间群   space group

反映晶体结构对称性的对称要素的集合,共有 230 种。

3.14

X 射线衍射   X-ray diffraction

单色 X 射线扰动晶体中原子外层电子产生相干散射,散射波在特定方向上干涉加强的现象。

3.15

布拉格公式   Bragg equation

入射 X 射线波长 λ,干涉晶面的面间距 d_{hkl} 及衍射方向 θ_{hkl} 之间的关系见式(1):

$$2d_{hkl}\sin\theta_{hkl}=\lambda \qquad\qquad\cdots\cdots\cdots\cdots\cdots(1)$$

式中：

d_{hkl}——干涉晶面(hkl)的面间距(h、k、l可不互质)；

hkl——衍射指数；

θ_{hkl}——hkl衍射的布拉格角，2θ称为衍射角。

3.16

衍射谱 diffraction pattern

表示hkl衍射角度与对应衍射强度关系的图谱。

3.17

相对强度 I/I_0 relative intensity

某衍射峰面积(或峰高)I与该衍射谱中最强衍射峰面积(或峰高)I_0的比值乘以100％。物相定性分析采用相对强度来表示各hkl衍射峰的强度。

3.18

积分强度 integrated intensity

衍射峰轮廓线以下，背底以上的峰面积。

3.19

择优取向(织构) preferred orientation(texture)

多晶聚集体中各小晶粒的(hkl)晶面不是在三维空间随机分布，而是相对集中分布在某些方向的现象。

3.20

半高宽 full width at half maximum of peak profile；FWHM

扣除背底后衍射峰高极大值一半处的衍射峰宽。

3.21

积分宽 integral breadth(IWHM)

用衍射峰面积(积分强度)除以衍射峰高极大值(峰值强度)来表示的衍射线宽度。

[JY/T 009—1996，定义3.20]

3.22

物相 phase

具有相同化学组成和特有三维周期性排列的晶体物质。

3.23

相变 phase transition

物质从一种物相转变为另一种物相的过程，即晶体结构发生变化的现象。

3.24

微应变 micro-strain

存在于晶体局部的不均匀弹性应变，衍射谱图上表现为衍射峰宽度的变化。

3.25

(晶体)缺陷 (crystal)defect

晶体结构中原子排列的某种不规则性，衍射谱图上表现为衍射峰宽度和面积的变化。

3.26

测角仪　goniometer

用来记录多晶样品在单色 X 射线照射下产生衍射谱的部件。

注：实验室中广泛采用 Bragg-Brentano 衍射几何学设计的 B-B 测角仪。

3.27

扫描　scanning

样品、光源或探测器围绕测角仪轴转动以记录衍射谱的过程。

3.28

步进扫描　step scanning

在扫描过程中,探测器每走一步停留若干秒时间以记录衍射强度的过程。

3.29

连续扫描　continue scanning

在扫描过程中,探测器连续转动记录衍射强度的过程。

3.30

标准物质　standard material

用来校准某种物理量的参比物质,简称"标样"。

3.31

Rietveld 全谱拟合　Rietveld whole pattern fitting

由若干个可变参数(包括结构、峰型、织构、背底等)计算得到粉末衍射谱,通过精修其中的一些参数,使整个计算衍射谱与实验测定谱相吻合的过程。

注：内容引自参考文献[1]。

4　分析方法原理

4.1　物相的定性分析

根据待分析样品的 X 射线衍射图谱(峰位、强度、元素组成)检索匹配与粉末衍射数据库进行对比分析确定其物相组成的过程。

物相分析要利用各种样品的粉末衍射数据库进行人工或计算机检索从数据库中搜寻匹配物相。国际衍射数据中心将各种物相的标准粉末衍射谱进行收集、整理和出版,即为 PDF 卡,并建立了检索方法、手册和计算机软件分析系统,数据库的内容逐年更新。参见附录 A。

4.2　物相的定量分析

4.2.1　定量相分析的基本公式

不同物相多晶体混合物的衍射谱,是各组成物相衍射谱的权重(标度因子)叠加。各组成相的衍射强度(指全谱强度)虽受其他物相的影响(指总质量吸收系数),但是与其含量成正比,故可以通过多相 Rietveld 全谱拟合精修来得到。多相 Rietveld 全谱拟合分析相定量本质上是多相一维重叠谱的分离方法。利用 Rietveld 全谱拟合精修粉末衍射来进行物相定量分析的基本公式为式（2）：

$$W_i = S_i(ZMV)_i / \sum_{p=1}^{n} S_p(ZMV)_p \qquad \cdots\cdots\cdots\cdots\cdots (2)$$

式中：

i ——表示待测相；

W_i——待测相的质量分数；

S ——Rietveld 标度因子；

Z ——晶胞中的单位化学式数量；

M ——相对分子质量；

V ——晶胞体积；

p ——加和是对试样中所有相加和，包括 i 相。

注：内容引自参考文献[2～5]。

4.2.2 结晶度分析

晶态物质的衍射谱图一般由相对较锐的衍射峰组成，非晶态物质的衍射谱图一般为弥散衍射峰。试样中晶态结构和非晶态物质共存时，所含的晶态结构的质量百分含量称为结晶度。结晶度的分析一般利用加入内标，通过 Rietveld 全谱拟合精修得到；对于难于进行 Rietveld 全谱拟合精修但组成均匀的样品，可以通过比较晶态衍射峰和非晶散射峰的积分面积来确定，见式（3）。

$$W_{c,x} = I_c / (I_c + k_x I_a) \qquad \cdots\cdots\cdots\cdots\cdots (3)$$

式中：

$W_{c,x}$——结晶度；

I_c ——晶态的衍射峰积分面积；

I_a ——非晶态的衍射峰积分面积；

k_x ——总校准因子。

注：内容引自参考文献[6～9]。

4.3 晶粒大小与点阵畸变的测定

4.3.1 谢乐公式

表示晶粒大小 D 与衍射线宽度 β 关系的谢乐公式为式（4）：

$$D_{hkl} = \frac{K\lambda}{\beta_{hkl}^d \cos\theta_{hkl}} \qquad \cdots\cdots\cdots\cdots\cdots (4)$$

式中：

D_{hkl}——晶粒在（h/n k/n l/n）晶面法线方向的厚度，（n 为 h、k、l 的最大公约数）；.

λ ——所用 X 射线的波长；

θ_{hkl} ——hkl 衍射的布拉格角；

β_{hkl}^d ——hkl 衍射的线宽（用弧度表示），可定义为半高宽，或积分宽；

K ——为谢乐形状因子，与衍射线宽的计算方法、微晶大小的定义、微晶的几何形状及衍射面指标有关,其值在1左右。在β定义为半高宽时,K值为0.89。对纤维材料K值一般取0.9(L_c)和1.84(L_a)。

由于材料中的晶粒大小并不完全一样,故所得实为不同大小晶粒的平均值。因晶粒不是球形,在不同方向其厚度是不同的,即由不同衍射线求得的D_{hkl}常是不同的。一般求取数个(如n个)不同方向(即不同衍射)的晶粒厚度,据此可以估计晶粒的外形。取它们的平均值,所得为不同方向厚度的平均值D,即为晶粒大小。

$$D = \sum D_{hkl}/n \qquad \cdots\cdots\cdots\cdots\cdots(5)$$

4.3.2 点阵畸变或微应力与衍射线宽度的关系式

点阵畸变与衍射线宽度的关系式为式(6):

$$\varepsilon = \frac{\Delta d}{d} = \frac{\beta_{hkl}^d}{4\tan\theta_{hkl}} \qquad \cdots\cdots\cdots\cdots\cdots(6)$$

微应力与衍射线宽度的关系式为式(7):

$$\sigma = E_\varepsilon = \frac{E\beta_{hkl}^d}{4\tan\theta_{hkl}} \qquad \cdots\cdots\cdots\cdots\cdots(7)$$

式中:

β_{hkl}^d——由点阵畸变造成的衍射线宽度;

E——杨氏模量。

4.3.3 衍射线宽的分离

从实验测得的衍射线宽一般用B表示,是许多影响因素的卷积。由晶粒大小和点阵畸变(应变)引起的衍射线宽一般用β表示,由X光焦点的形状与大小,射线束的水平和垂直发散度,试样的偏心、吸收等造成的仪器宽化一般用b表示。要用衍射线宽来求某种结构参数,必须先把由此参数造成的衍射线宽从总线宽中分离出来,也就是要对衍射线形进行反卷积。

反卷积分离衍射线宽的方法很多,本标准选用较简便易行的下述方法,有关方法的细节,参见参考文献。

a) $K_{\alpha1}$,$K_{\alpha2}$衍射线的分离:Rachinger法及其改进。

b) 仪器线宽与结构线宽的分离:Jones法。

c) 粒度线宽与畸变线宽的分离:积分宽度法。

d) 对b)和c)还可用Fourier分析法或全谱拟合法。

注:内容引自参考文献[10~18]。

4.4 立方晶系晶体的晶胞参数测定

4.4.1 立方晶系物质的晶胞参数与某hkl衍射的布拉格角θ_{hkl}的关系

立方晶系物质的晶胞参数与某hkl衍射的布拉格角θ_{hkl}的关系为式(8):

$$a_h = \frac{\lambda}{2\sin\theta_{hkl}}\sqrt{h^2+k^2+l^2} \qquad \cdots\cdots\cdots\cdots\cdots(8)$$

式中：

a_h ——由衍射（hkl）求得之晶胞参数；

λ ——所用 X 射线波长。

对立方晶系的晶体还存在如下关系为式（9）：

$$\frac{\Delta a}{a} = \frac{\Delta d}{d} = \cot\theta \Delta\theta \qquad \cdots\cdots\cdots\cdots\cdots\cdots\cdots\cdots (9)$$

可见要测准 a，就要 Δa 小，即 $\Delta\theta$ 小及 θ 接近 $90°$。

4.4.2 影响 θ 测量值精度的因素

影响 θ 测量值精度的因素很多，如入射线的水平和垂直发散度，试样面的偏心程度，试样的吸收，仪器的准直程度，θ 轴和 2θ 轴 1：2 传动关系的失调，零点误差等等。这些影响因素大多数在 θ 趋近 $90°$ 时会减小或消失，因而选用多条高 θ 范围的衍射线，据它们的 θ_{hkl} 及 hkl 求出对应之 a，作 $a\sim\theta$ 图，用最小二乘法来拟合这些点，并外推至 $\theta = 90°$，此处的 a 应为误差最小，最接近真实值。外推横坐标常选用 $\cos^2\theta$，也可选用 θ 的其他三角函数，如 $\cos^2\theta/\sin\theta$，$\cos^2\theta/\theta$ 或它们的组合。

4.4.3 推荐方法

推荐采用全谱拟合方法求取晶胞参数。

注：内容引自参考文献[19～24]。

4.5 从头（ab initio）多晶体衍射数据解晶体结构

许多材料无法获得可供单晶法测定晶体结构的完整小晶体，多晶体衍射谱失去了单晶衍射三维的特性，退化为一维衍射图。从头粉末衍射数据解晶体结构实质是把一维衍射图还原成三维的信息，再用从头单晶法解结构的方法获得晶体结构。

注：内容引自参考文献[4,24～25]。

4.6 高、低温衍射

某些材料常在温度变化时发生相变，因而利用衍射仪的高、低温衍射附件可动态测试升温、降温或恒温过程中由于试样结构的变化而引起的试样衍射花样的变化，从而确定相变发生过程和相变的结果，并可确定相变温度、固相反应温度、化合物的分解温度等。它既可表征不可逆相变，也可表征可逆相变。

5 试剂和材料

5.1 标准物质

最常用的是硅粉，纯度要优于 99.999%，粒度在 $5\ \mu m \sim 30\ \mu m$ 之间，结晶完美，无残余应力及太多缺陷。硅粉适用在 $2\theta > 29°$ 的范围，在 $2\theta < 29°$ 时，推荐使用云母。还推荐使用其他的二级标准物质，选取标准物质的原则、各种标准物质的名称，记录它们的标准衍射数据的 PDF 卡号及硅、云母的标准衍射数据可参考附录 B。

5.2 有机溶剂

清洁器皿用乙醇、丙酮等有机溶剂。

5.3 筛子

筛分样品用筛子的筛孔尺寸 0.04 mm～0.075 mm。

5.4 制样工具

显微镜用载玻片、平板玻璃、玛瑙研钵、夹子等制样用品。

5.5 显微镜

用于观察样品粒度均匀和判别试样板是否平整的光学显微镜。

5.6 试样板

如中空铝试样板、凹槽玻璃试样板、单晶硅或多孔材料等无背底试样板。

6 仪器

6.1 仪器的组成

6.1.1 结构示意图

多晶体 X 射线衍射仪主要由四部分组成：X 射线发生器、Bragg-Brentano 测角仪（立式或卧式）、探测和记录系统、控制和数据处理系统。其结构示意图见图 1。

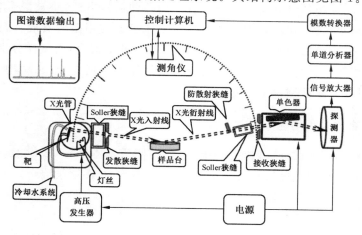

图 1　X 射线衍射仪结构示意图

6.1.2 旋转试样台

用来减少择优取向影响的附件。

6.1.3 附件

高温或低温衍射附件和温度控制器。

6.2 检定或校准

设备在投入使用前,应采用检定或校准等方式,对检测分析结果的准确性或有效性有显著影响的设备,包括用于测量环境条件等辅助测量设备有计划地实施检定或校准,以确认其是否满足检测分析的要求。检定或校准应按有关检定规程、校准规范或校准方法进行。

7 样品

7.1.1 样品的预处理

样品的预处理包括研磨、抛光等。研磨样品的设备包括粉碎机、球磨机、研钵等。根据分析试样的硬度和可能带入杂质的影响而选择不同的研磨设备及附件。

7.1.2 研磨

若样品颗粒太大,则用玛瑙研钵研磨和过筛,使颗粒符合要求。研磨常会使样品发生分解(脱水)、晶型转化,故应在研磨前后作衍射图比较,以判断研磨造成的影响。

7.1.3 样品与标准样品的配比混合

各组分应预先干燥并研磨至适当的粒度,使颗粒符合要求。按配比要求准确称量样品和标样,混合必须使各组分均匀混合。有下列几种混样方法:将被混合各组分的粉末定量转移到玻璃小瓶中,在转动小瓶的同时振动瓶子或使用振荡器混合,振动加转动直至样品混合均匀,也可以用玛瑙研钵对粉末进行充分研磨混合;将试样分别制成悬浊液,然后混合再干燥得到,前提是试样不能与分散用液体发生反应;在黏稠物(如凡士林)中混合,前提是试样与黏稠物也不能发生反应。

7.1.4 判断混合物是否均匀

取不同混样时间的试样,做衍射扫描,若所得图谱基本一样,表示混合均匀;若所得图谱上不同物相的衍射强度有较大变化,表示混合不均匀,需继续混合。

7.2 试样板的填装

7.2.1 通常使用凹槽试样板,将试样均匀填入凹槽,试样面比试样板面略高,用一块载玻片压紧试样,应使试样面与试样板面在一个平面上。

7.2.2 试样很少时,使用单晶或多孔材料制的无孔无背底试样板,将试样与既不会使之溶解又不会与之发生反应的易挥发溶剂混合,将此混合液滴在试样板正面,使其铺展开,溶剂挥发后,在试样板正面得到一薄层试样,供测定用。

7.3 判断试样板是否可用

对试样板快速扫描,若各物质的衍射线强度序列与 PDF 卡片所列相近,表示无严重择优取向,此试样板可用。否则,应重新填充试样板。

8 分析步骤

8.1 仪器的启动与参数设置

8.1.1 开机

按仪器操作规程启动仪器。

8.1.2 仪器参数的设置

8.1.2.1 辐射的选择

合适波长的辐射应该不会使试样产生强烈的荧光辐射,使谱图背底升高。如果衍射线数量较多,衍射线间隔较小,且重叠较多,则应选用较长波长的辐射;反之,应选较短波长的辐射。最常用的辐射是 CuK_α 辐射。

8.1.2.2 管压、管流的选择

使用的管压、管流及总功率应不超过所使用 X 光管允许的最大管压、最大管流和总功率。使用管压一般为靶材的 K 激发电压的 3 倍～5 倍,除非特殊要求,通常使用功率不超过满量程的 80%。

8.1.2.3 狭缝的选择

发散狭缝(DS)决定入射线的发散角,其值大,入射线强度就高,但分辨率降低,也会影响衍射线位置(在低角度区,狭缝的选择应保证低角度区 X 射线入射光束不超出样品面而造成强度失真)。防散射狭缝(SS)用来排除散射线,一般与 DS 有相同的张角。接收狭缝(RS),决定进入探测器的衍射线束的宽窄,RS 宽则强度大而分辨率差。单色器接收狭缝(RSM),一般比 RS 宽,主要影响强度,对分辨率影响不大。一般还有两个索拉狭缝,固定不可调,用来减少 X 射线的垂直发散度。

8.1.2.4 扫描方式与扫描速度

常用扫描方式有连续扫描和步进扫描两种。扫描速度是指接收狭缝(RS)和探测器在测角仪上均匀转动的角速度,以°/min 计。增大扫描速度可以节省测试时间,但将导致强度和分辨率的下降。

8.1.2.5 扫描结束后仪器状态设置

仪器在维护、检修等特殊情况下才进行整机停机;平时应处在分析等待状态。但为了延长 X 射线管、真空泵及 X 射线管冷却部分的使用寿命,扫描结束后仪器应保持待机

状态,按仪器厂家的指导参数降低管压、管流至规定数值。

8.2 物相定性分析的步骤

8.2.1 测定前的准备

8.2.1.1 开机与校准仪器

按 8.1 的规定启动仪器,设置参数,按 6.2 的规定确定仪器是否检定或校准。

8.2.1.2 试样准备

按第 7 章中的有关规定制作试样。

8.2.2 测定

8.2.2.1 确定扫描范围

先做一次 2θ 约从 $3°\sim100°$ 的快速扫描,依据峰的实际位置决定扫描范围。低角侧扫描起始角应依据第一条衍射线的 2θ 位置决定。

8.2.2.2 确定扫描方式

选择步进扫描或连续扫描,获得衍射图谱。

8.2.3 数据处理

8.2.3.1 寻峰、求 d 值与 I/I_1

在计算机自动寻峰时,要选择好用于去背底及噪声、平滑和寻峰的各种参数,避免漏峰或多峰。根据寻峰结果,由计算机给出衍射角 2θ、晶面间距 d 值、衍射线的相对强度 I/I_1 及衍射峰之 FWHM。

8.2.4 图谱分析

8.2.4.1 检索匹配试样所含的物相

使用 PDF 或 CCDC 索引做计算机自动检索或人工检索,找出可能的已知物相的衍射卡片或其他图谱,仔细对照、比较,最后判断出试样所包含的物相。

8.2.4.2 减少影响因素

分析时应注意由于固溶现象、混合物重叠峰、择优取向等的影响造成 d 值或相对强度数据的较大偏移。如有明显的择优取向存在,则应考虑重新制样或在测定时采用旋转试样台以减少其影响。

8.2.4.3 判断样品为非晶态或可能含有非晶态

若在衍射实验时无法得到较锐衍射峰的衍射图谱,只能获得一条只有 1~2 个弥散峰的散射曲线,或在结晶峰下有高的背底时,则该样品可判断为可能非晶态或可能含有非晶态。

8.2.4.4 结合其他分析手段进行综合判断

对衍射谱中难以确定为何种物相的衍射峰,可借助试样的信息(如试样来源、化学组分、处理情况等)或借助其他分析手段确定化合物中含有的元素,如化学分析、X 射线荧光分析、电镜分析等进行综合判断。

8.2.4.5 分析试样中的微量相

如试样中含有微量相,最好是用萃取富集法获得微量相单相样品,对其单独进行物相分析;如无法萃取,可通过加大辐射功率或延长数据采集时间等方法,使试样出现尽可能 3 条或以上衍射线,进行物相分析。

8.3 物相定量分析的步骤

8.3.1 测定前的准备

8.3.1.1 开机与校准仪器

按 8.1 的规定启动仪器,设置参数,按 6.2 的规定确定仪器是否检定或校准。

8.3.1.2 试样准备

按所选定量分析方法准备需用的试样、标样。如需混样,则按 7.1.2 的规定进行。

8.3.1.3 仪器参数选择

选择仪器参数应符合 8.1.2 的规定。

8.3.2 测定

对试样进行全谱扫描,并得到高质量的可靠数据。

8.3.3 求物相含量的数据处理

8.3.3.1 物相分析

利用 Rietveld 全谱拟合精修粉末衍射进行物相定量分析方法规定的步骤进行数据处理,对衍射谱作物相分析,确定物相组成。

8.3.3.2 建模

将衍射谱调入 Rietveld 全谱拟合软件中,并输入每个组成相的晶体结构模型、峰型模型、织构模型及衍射谱的背底模型。

8.3.3.3 精修

Rietveld 全谱拟合精修。

8.3.3.4 结果输出

记录分析过程,保存分析结果并输出。

8.4 晶粒大小与点阵畸变的线宽法测定

8.4.1 测定前的准备

8.4.1.1 开机与校准仪器

按 8.3.1.1 的规定。

8.4.1.2 试样准备

按 8.3.1.2 的规定。

8.4.1.3 试样板选择

将所制各试样板作快速扫描,若扫得衍射谱上之强度序列与相应 PDF(或 CCDC)上的序列相近,表示择优取向不严重,试样板可用,否则重制试样板。各待测样的衍射线宽应明显宽于标样之衍射线。若两者相差无几,表示待测样之晶粒尺寸较大,不宜用线宽法测定。

8.4.2 测定

对样品作扫描测试,若衍射峰的强度低于 1×10^4 计数,则适当延长每步停留时间。

8.4.3 谱图处理

8.4.3.1 衍射峰的选择及半峰宽计算

测试标样各衍射线及待测样各衍射线的线宽 B。

8.4.3.2 计算 β^a 和 β^d

作衍射线线宽的分离,去除仪器宽化的影响,分别得出晶粒加宽 β^a 和晶格畸变加宽 β^d。

8.4.3.3 计算晶粒尺寸

用 β^a 求与各衍射方向对应的晶粒大小,判断晶粒外形,再求出平均值。

8.4.3.4 计算应变及应力

用 β^d 求与各衍射方向对应的应变与应力,判断应力及应变分布情况,也可求出平均值。

注:内容引自参考文献[26～28]。

8.5 立方晶系晶体的晶胞参数测定的步骤

8.5.1 测定前的准备

8.5.1.1 开机与校准仪器

按 8.3.1.1 的规定。

8.5.1.2 试样准备

按第 7 章中的有关规定制作试样。

8.5.1.3 仪器参数选择

一般用 CuK_{a1} 辐射,在 $2\theta > 90°$ 在的范围内衍射线应不少于 5 条。若不足,可考虑同时使用由 CuK_{a2} 辐射生成的衍射线,或改变使用其他波长的辐射,以增加在 $2\theta > 90°$ 范围内的衍射线。

恒温试样,记录试样温度。测试过程中试样温度的变化按对所测晶胞参数的精度要求来决定,如,不大于 $±1$ ℃。

8.5.2 测定

按 8.4.2 的规定。

8.5.3 数据处理

8.5.3.1 寻峰

求各衍射峰的峰位。

8.5.3.2 Theta 校准

对测角仪及待测样的衍射峰位置进行校准,校准方法参见附录 C。

8.5.3.3 计算 a_h

按式(10)计算与各衍射线对应的 a_h,并按下式校准到 25 ℃。

$$a_h^{25} = [1 + \alpha(T_0 - T)] \times a_h \quad \cdots\cdots\cdots\cdots\cdots(10)$$

式中:

α ——待测样的线膨胀系数;

T ——实验温度,单位为摄氏度(℃);

T_0 ——为 25 ℃;

a_h^{25} ——25 ℃的晶胞参数值。

8.5.3.4 计算 a 值

作图,对各实验点进行最小二乘方拟合,外推至 $\theta = 90°$ 处求得 a。

8.6 从头多晶体衍射数据解晶体结构分析步骤

8.6.1 测定前的准备

8.6.1.1 开机与校准仪器

按 8.3.1.1 的规定。

8.6.1.2 试样准备

按 8.3.1.2 的规定。

8.6.1.3 仪器参数选择

按 8.1.2 的规定。

8.6.2 测定

按 8.3.2 的规定进行测试。

8.6.3 数据处理

8.6.3.1 指标化

采集样品衍射谱,指标化全谱,确定晶系、空间群、晶胞参数,全谱分解,把一维衍射谱还原成三维衍射谱,将数据文件导入解结构软件中。

8.6.3.2 归一化

用 wilson 法标化观察强度和归一化结构因子。

8.6.3.3 建模

用 Patterson function 法、直接法、电荷翻转法、最大熵法、基因算法、模拟退火法、模型法等方法建立晶体结构模型。

8.6.3.4 精修

把一维衍射谱同结构解析得到的晶体结构数据输入 Rietveld 全谱拟合软件进行精修。

8.6.3.5 结果

提交结构模型并输出结果。

8.7 高温与低温多晶体衍射

如以上各种测试需在非室温和变温条件下进行,则需使用高温或低温衍射附件。

8.7.1 测定前的准备

8.7.1.1 安装附件

将高温或低温衍射附件安装到测角仪的中轴上,并连接好各种气路、电路、真空线路及高温衍射用的冷却水等。

8.7.1.2 填装试样

在高温或低温衍射特制的试样板上装填试样,表面需平整,竖起时不可落下。安装试样板、热电偶及各绝热用套管及温度控制器。

8.7.1.3 零点校准

按仪器说明仔细进行零位校准,使试样表面与测角仪中轴线相符合,整个仪器应符合第 6 章的有关要求。

8.7.1.4 抽真空

做高温衍射时,对高温衍射附件抽真空,或充以必要的气体。做低温衍射时,样品室需抽真空,可以用液氮或液氦作为降温媒介。

8.7.1.5 程序设定

按照实验方案编制升温或降温程序。

8.7.2 测定

使试样按程序升温或降温,或保温。在预定温度处进行衍射测定。

8.7.3 数据处理

按测定要求对衍射图谱进行处理与分析。做处理时应注意因试样表面收缩或膨胀引起的衍射图变化,必要时应作校准。

8.8 结晶度分析步骤

按 8.3 测试,得到结晶峰和非结晶峰面积,按式(1)计算结晶度:

$$W_c = \frac{I_c}{I_c + I_a} \times 100\% \quad \cdots\cdots\cdots\cdots\cdots\cdots (11)$$

式中:

W_c ——结晶度;

I_c ——晶态的衍射峰积分面积;

I_a ——非晶态的衍射峰积分面积;

推荐采用附录 D 的结晶度分析方法。

8.9 测定后的检查

8.9.1 样品状态检查

检查测定后的试样状态是否仍和测定前一样,有无脱落、潮解、熔融、变色、明显突起等情况。如有上述情况应重新制样测定。

8.9.2 仪器状态检查

检查仪器是否仍满足第 6 章的要求,若发现仪器性能不稳定,性能指标有较大的变动,则应重调仪器,根据 6.2 的规定确定检定或校准,重新测定试样。

在试样测定完成后,按仪器操作规程关机。

9 结果报告

9.1 基本信息

对本标准规定的任一种测定,结果报告至少应包括:委托单位信息、样品信息、仪器设备信息、环境条件、检测方法(标准)、检测人、检测日期等。

9.2 分析结果的表述

列出所得结果及相对误差。对给出的分析结果,应叙述采用的测定方法及实际处理过程。列出所用标样及配比量。列出选用的各衍射线的衍射指数及 2θ 或 d 值。如使用高低温原位反应衍射装置,则应列出非环境衍射程序。对于物相定性分析,要附有数据分析图表。对于物相定量分析,计算晶胞参数、晶粒尺寸、结晶度等应说明计算结果及相对误差;如使用 Rietveld 全谱拟合法,则应说明所用的晶体结构模型、选用的背底模型、峰型近似函数的形式、所修正的各种修正参数及修正所用的软件,应列出精修结果图谱及精修结果评价 R 因子。

10 安全注意事项

10.1 X 射线防护

X 射线衍射仪为射线装置,X 射线是一种电离辐射,会危害人体健康,在仪器显著位置应贴有辐射警告标志。使用该设备的人员应进行上机前安全培训,定期进行被照射剂量的测试,并按放射工作的有关安全条例定期进行身体健康检查。使用 X 射线衍射仪时应遵守相关法律法规及使用单位的相关制度和仪器供应商的申明,而且测试时应严格执行 GB 18871—2002 中有关环境与个人的安全防护规定。

10.2 水电安全防护

用电安全应严格执行 GB/T 13869—2008 中有关规定。为防止 X 射线管高压发生器的电击,仪器的接地电阻应小于 10 Ω 或遵从仪器制造商规定,并接触良好,高压电缆插头必须保证干净和干燥。如仪器昼夜连续运行,则仪器室内必须安装对室温敏感的控制装置,一旦室温超过预定的警戒线,该装置能自动切断仪器供电电源。供电电源应安装一种当外界供电突然中断后又恢复供电时,须人工重新启动,才能接通电源的一类开关。所有冷却水管的连接处必须紧固可靠。

10.3 实验人员安全防护

对有毒、会腐蚀或爆炸样品,在处理样品前需详细了解,并适当处理。X 射线光管多安装有铍窗,铍是剧毒物质,应避免直接接触。做低温衍射时用液氮或液氦注意安全,房间保持通风、防止冻伤。

注:本标准未提出使用此标准过程中会碰到的所有安全问题,使用人在使用本标准前,应有责任做好一切必要的安全准备。

附 录 A
（资料性附录）
PDF 说明

A.1 概况

PDF 的英文全名是 Powder Diffraction File。

PDF 数据库是由总部设在美国宾夕法尼亚州的非营利性组织—国际衍射数据中心（International Center for Diffraction Data，ICDD）收集、编辑、出版和发行。PDF 数据库每年更新。

PDF 卡片数据库包括的粉末衍射谱已有 799 700 多，分为无机化合物、有机化合物、矿物等。PDF 数据库以多种形式发行，最早是卡片形式，以后有缩微胶片、书本形式。随着计算机技术和互联网技术的发展，现今 ICDD 发行的 PDF 卡数据库主要以 CD、DVD 及网络为存储介质。针对不同需求的用户，ICDD 提供有几种不同的 PDF 数据库版本，主要包括：PDF-2，PDF-4＋，PDF-4/Minerals，PDF-4 Organics 及 WebPDF-4＋。2015 年更新的每种版本的 PDF 卡数量及来源见下表 A.1。随同这些数据库 ICDD 也发行了 Sieve 等检索软件。它利用高度自动化的 Hanawalt，Fink 和 Long-8 检索来为用户提供快速的检索和鉴定。它利用现代计算机强大的动态计算能力在数十万条储存的数据中执行快速的排列搜索操作。另外为了利用这些数据库，各粉末衍射仪器生产商也都有自己的检索分析软件。

表 A.1　不同版本的 PDF 卡数量及来源

数据源	PDF-2 （2014 版）	PDF-4＋2014 WebPDF-4＋2014	PDF-4/ Minerals2014	PDF-4 Organics 2015
00-ICDD	111 864	111 864	11 747	37 753
01-FIZ	152 103	61 376	10 929	10 991
02-CCDC	0	0	0	431 359
03-NIST	10 067	3 018	207	281
04-MPDS	0	177 597	18 518	0
05-ICDD Crystal data	409	409	22	14 582
注：美国国家标准技术学会（NIST）、德国卡尔斯鲁厄专业信息中心（FIZ）、英国剑桥晶体学数据中心（CCDC）、瑞士物相数据系统（MPDS）。				

A.2 PDF 卡的样式和内容

A.2.1 PDF 卡的样式

PDF 卡的样式如表 A.2 所示。

表 A.2 PDF 卡的样式

Name and formula——①
Crystallographic Parameters——②
Subfiles and Quality——③
Comments——④
References——⑤
Peak list——⑥
Stick Pattern——⑦

A.2.1 PDF 的内容

PDF 卡一般分为 7 个部分,各部分包含的内容及符号意义解释如下。

A.2.2.1 名称和化学式（Name and formula）

最新版 PDF 卡号××—××—××××前面数字为数据来源,中间数字为组号,后四位数字为顺序号。也采用过××—××××前面数字为组号,后四位数字为顺序号;

物相的样品名、矿物名,按 1957 IUPAC Nomenclature of Inorganic Chemistry 命名;

物相的化学式、化学经验式。

A.2.2.2 晶体学数据（Crystallographic Parameters）

Crystal System:样品所属的晶系;

Space group:空间群符号;

Space group number:此空间群在"International Tables for X-ray Crystallography"中的代码;

a、b、c:晶胞参数,以 Å 为单位;

α、β、γ:晶胞参数,以°为单位;

Calculated density(g/cm^3):理论密度;

Volume of Cell(10^6 pm^3):晶胞体积;

Z:对化学元素,Z 代表单位晶胞中所含的原子数;对化合物,Z 代表单位晶胞中所含化学式单位的数目;

RIR:参比强度(Reference Intensity Ratio)的缩写。

A.2.2.3　卡片的组别与质量（**Subfiles and Quality**）

Status：得到衍射数据的实验条件；

Subfiles：所属组别；

Quality：衍射谱的质量；

$*$ 表示所列数据质量好；

i 表示所列数据质量较好；

o 表示所列数据是可疑的，质量较差或可能是混合相等；

c 表示这是由晶体结构参数计算得到的粉末衍射谱。

A.2.2.4　一般说明（**Comments**）

主要包括样品的化学分析、样品来源、品质指数、热处理、得到衍射谱的温度、卡片状态（是否删除）、附图等。

A.2.2.5　参考文献（**References**）

列出提供 PDF 卡片晶体结构数据的主要参考文献（Primary reference）。

A.2.2.6　粉末衍射数据列表（**Peak list**）

主要有三列，分别为晶面间距（d）、相对强度（I/I_0）及衍射指数 hkl。

A.2.2.7　特征峰图（**Stick pattern**）

由粉末衍射数据产生的直观图表。

注：除了以上这些信息，一些 PDF 卡数据库中还添加了单晶结构数据，以方便用户进行物相的定量分析工作。

附 录 B

（资料性附录）

各种标准物质与标准数据

B.1 选择标准物质的原则

标准物质应该是容易得到的，而且化学稳定的，不会自然变化，也不易与其他物质发生反应，其各种物理性能也是稳定的，其晶体对称性比较高，X 射线衍射谱线不多，且性质稳定，不易变化。

在选用标准物质时，标准物质的衍射线最好靠近待测物的衍射线，但两者的衍射线不重叠或尽量少重叠。

B.2 各种标准物质

表 B.1 标准物质信息

名称或化学式	用途	PDF 卡片号	晶系	晶胞参数（Å）
硅粉	2θ 角校准（＞25°）	00-027-1402	立方	$a=b=c=5.430\ 88(4)$
云母	2θ 角校准（＜29°）	00-016-0344	单斜	$a=5.307(3)$ $b=9.192(9)$ $c=10.142(12)$ $\alpha=90°$ $\beta=100.07(4)°$ $\gamma=90°$
α-Al_2O_3 粉末	强度标准	00-046-1212	三方	$a=b=4.758\ 7(1)$ $c=12.992\ 9(3)$
块状 α-Al_2O_3 刚玉	强度标准	00-046-1212	三方	$a=b=4.758\ 7(1)$ $c=12.992\ 9(3)$
LaB_6	线性标准	00-034-0427	立方	$a=b=c=4.156\ 90(5)$
钨粉	2θ 角校准	00-004-0806	立方	$a=b=c=3.164\ 8$
银粉	2θ 角校准	00-004-0783	立方	$a=b=c=4.086\ 2$
Al_2MgO_4 尖晶石	2θ 角校准	00-021-1152	立方	$a=b=c=8.083\ 1$
SiO_2 石英	2θ 角校准	00-033-1161	六方	$a=b=4.913\ 4(2)$ $c=5.405\ 3(4)$

表 B.1（续）

名称或化学式	用途	PDF 卡片号	晶系	晶胞参数（Å）
C 金刚石	2θ 角校准	00-006-0675	立方	$a=b=c=3.566\ 7$
Al 铝	2θ 角校准	00-004-0787	立方	$a=b=c=4.049\ 4$
CaCO₃ 方解石	2θ 角校准	00-005-0586	六方	$a=b=4.989$ $c=17.062$
CeO₂ 萤石结构	强度标准	00-034-0394	立方	$a=b=c=5.411\ 34(12)$
Cr₂O₃ 刚玉结构	强度标准	00-038-1479	三方	$a=b=4.958\ 76(14)$ $c=13.594\ 2(7)$
TiO₂ 金红石	强度标准	00-021-1276	四方	$a=b=4.593\ 3$ $c=2.959\ 2$
ZnO 纤维锌矿	强度标准	00-036-1451	六方	$a=b=3.249\ 82(9)$ $c=5.206\ 61(15)$

B.3 标准衍射数据

B.3.1 硅 SRM640c（推荐作为 2θ＞29°衍射线峰位置校准用标准物质）

测定温度:25.0 ℃（或常温）,CuK_{α1}辐射,2θ 值为计算值,I(rel)为实测值,可有±3%的不确定度。

表 B.2 硅 SRM640c 标准物质

hkl	2θ peak(°)	I(rel)	hkl	2θ peak(°)	I(rel)
111	28.443	100.0	511,333	94.955	6.0
220	47.304	55.0	440	106.712	3.0
311	56.124	30.0	531	114.096	7.0
400	69.132	6.0	620	127.550	8.0
331	76.378	11.0	533	136.900	3.0
422	88.033	12.0	444	158.644	*
注：* 没有测定。					

B.3.2 云母 SRM675（推荐作为 2θ＜29°时衍射线峰位置校准用标准物质）

表 B.3 云母 SRM675 标准物质

hkl	2θ peak/°	I^{rel}（不变狭缝）
001	8.853	81.0
002	17.759	4.8
003	26.774	100.0
004	35.962	6.8
005	45.397	28.0
006	55.169	1.6
007	65.399	2.0
008	76.255	2.0
0010	101.025	0.5
0011	116.193	0.5
0012	135.674	0.1
注：使用 θ 补偿狭缝，I^{rel} 从 θ 补偿狭缝算得。		

B.3.3 α-Al_2O_3 SRM1976（推荐作为衍射峰相对强度校准用标准物质）

表 B.4 α-Al_2O_3 SRM1976 标准物质

hkl	Peak List 2θ/°	Relative Intensity (I/I_0)	晶胞参数
012	25.592	51.4	
104	35.173	91.8	
110	37.797	39.0	
113	43.374	100.0	
202	46.183	1.1	$a=4.758\,3(2)$Å
024	52.578	45.8	$b=4.758\,3(2)$Å
116	57.518	88.6	$c=12.990\,3(6)$Å
211	59.767	2.0	$\lambda(CuK_{\alpha1})=1.540\,629$ Å
122	61.158	4.5	
018	61.333	7.0	
214	66.533	32.4	

表 B.4（续）

hkl	Peak List $2\theta/°$	Relative Intensity (I/I_0)	晶胞参数
300	68.224	50.7	
125	70.460	0.7	
208	74.341	0.9	
1010	79.893	14.0	
119	77.257	7.8	
220	80.708	5.2	
306	83.231	0.6	
223	84.367	4.1	
312	86.406	3.7	
0210	89.012	6.1	
0012	90.737	1.5	
134	91.200	7.3	
226	95.283	10.2	
042	98.420	1.3	$a = 4.758\ 3(2)$ Å
2110	101.092	10.4	$b = 4.758\ 3(2)$ Å
404	103.358	1.3	$c = 12.990\ 3(6)$ Å
321	109.544	0.3	$\lambda(\mathrm{CuK}_{a1}) = 1.540\ 629$ Å
1211	109.893	0.3	
318	110.992	2.2	
229	114.118	1.4	
324	116.114	10.0	
0114	116.632	3.6	
410	117.866	5.8	
235	120.307	0.2	
413	122.039	2.3	
048	124.612	1.4	
1310	127.702	11.8	
3012	129.898	4.4	
2014	131.128	4.8	
147	136.099	19.1	

* 固定狭缝

附 录 C

（资料性附录）

衍射峰位置（2θ）的校准

仪器与 2θ 测量值的校准方法可有外标法和内标法两种方法。

外标法可用来校准衍射仪本身及光源的各种系统误差，但对试样的移动及由 X 射线透入试样的深度等试样本身造成的误差，它无法校准，若要校准这两项误差，则需使用内标法。外标法的好处是其校准曲线对一定状态下的仪器，可以通用于各个试样。而对内标法，各试样需逐个进行。

C.1 外标法

C.1.1 标准物质

可选取云母（SRM675）和硅粉（SRM640C）的混合物作为校准用标样，角度覆盖范围可从 9°～159°（2θ）。美国国家标准和技术局（NIST）选用云母、硅粉及钨粉三者的混合物为标样。标样衍射峰所覆盖的 2θ 范围应大于待测样衍射峰的 2θ 范围。外推校准曲线进行校准是不可靠的。

C.1.2 实验

C.1.2.1 制作试样板

按第 7 章的规定进行混样和装填试样板。

C.1.2.2 校准仪器

按 8.1 的规定校准仪器。

C.1.2.3 衍射谱扫描

扫描范围：对待测样，先做一次快速扫描，由第一衍射线的位置决定低角侧的扫描起始角，终止角视情况而定。对标样，不得小于待测样衍射谱上衍射线的分布范围。

扫描步长：0.01°（2θ）；

每步停留时间：1 s～5 s；

狭缝系统：DS=1.0°、SS=1.0°、RS=0.15 mm；

用单色器或滤色片使入射线单色化；

样品室温度或实验室温度应控制在 20 ℃±5 ℃，湿度≤75%。

C.1.3 外标校准曲线的制作

将标准物质的 3 次扫描谱分别作平滑、寻峰等处理，定出各衍射峰的位置 2θ 值。将 3 个谱上相同衍射峰的 2θ 取平均，得（$2\theta_o$）$_i$，下标 i 表示第 i 个衍射峰，o 表示实验测量值。

求出实验值与标准值之差 $\Delta(2\theta_o)_i$，见式（C.1）：

$$\Delta(2\theta_o)_i = (2\theta_o)_i - (2\theta_s)_i \qquad\qquad \text{·····················（ C.1 ）}$$

式中：

s——标准值。

作 $\Delta(2\theta_o)_i \sim (2\theta_o)_i$ 图。对各 $\Delta(2\theta_o)_i$ 作最小二乘拟合，拟合式为式（C.2）：

$$\Delta(2\theta_c) = \sum[A_n(2\theta - 2\theta_o)^n] \qquad\qquad \text{·····················（ C.2 ）}$$

式中：

n　——方程的次数；

c　——拟合值；

A_n——系数；

$2\theta_o$——2θ 值的中点。

拟合即使式（C.3）最小：

$$S_\theta = \sum_{i=1}^{n}[\Delta(2\theta_o)_i - \Delta(2\theta_c)_i]^2 \qquad\qquad \text{·····················（ C.3 ）}$$

式中：

n　　　　——衍射线数；

$\Delta(2\theta_c) \sim 2\theta$——校准曲线。

拟合式也可用式（C.4）或其他合适的方程：

$$\Delta(2\theta_c) = a_0 + a_1(2\theta) + a_2(2\theta)^2 + a_3(2\theta)^3 \text{·····················（ C.4 ）}$$

式中：

a_0、a_1、a_2、a_3——拟合系数。

C.1.4　待测物 2θ 测量值的校准

将待测物的 3 次扫描谱分别作平滑、寻峰等处理，定出各衍射峰的 2θ 位置。将 3 个谱上相同衍射峰的 2θ 取平均，得 $(2\theta_o)_i$，下标 i 表示第 i 个衍射峰，o 表示实验测量值。

根据各 $(2\theta_o)_i$，从 $\Delta(2\theta_c) \sim 2\theta$ 校准曲线上找到相应的校准值 $\Delta(2\theta_c)_i$，则各 $(2\theta_o)_i$ 按式（C.5）做校准，校准后得 $(2\theta_c)_i$：

$$(2\theta_c)_i = (2\theta_o)_i + \Delta(2\theta_c)_i \qquad\qquad \text{·····················（ C.5 ）}$$

C.2　内标法

C.2.1　标准物质的选取

除按 C.1.1 的规定外，还需注意标样与待测物的各衍射线应尽量少重叠，对于强峰更不能重叠。若基本标准物质由于重叠不宜采用时，可选用二级标准物质，参见附录 B。

C.2.2　实验

按 C.1.2 的规定。

C.2.3　内标校准曲线的制作

将混合样的 3 次扫描谱分别作平滑、寻峰等处理,定出各衍射峰的 2θ 位置。将 3 个谱上相同衍射峰的 2θ 取平均,得 $(2\theta_o)_i$,从其中取出那些属于标样的衍射峰,它们的衍射角为 $(2\theta_o)_i^s$,其他的为待测物的衍射角 $(2\theta_o)_i^u$。

求出标样的实验值与标准值之差,见式(C.6):

$$\Delta(2\theta_o)_i^s = (2\theta_o)_i^s - (2\theta_s)_i \quad\cdots\cdots\cdots\cdots\cdots\cdots(C.6)$$

作 $\Delta(2\theta_o)_i^s \sim (2\theta_o)_i^s$ 图。用式(C.1)和(C.4)或其他合适的方程对各 $\Delta(2\theta_o)_i^s$ 作最小二乘拟合,所得 $\Delta(2\theta_c)^s \sim (2\theta)$ 曲线即为校准曲线。

C.2.4　待测物 2θ 测量值的校准

根据各 $(2\theta_o)_i^u$,从校准曲线上找到相应的校准值 $\Delta(2\theta_c)_i^u$,则各 $(2\theta_o)_i^u$ 按式(C.7)做校准,校准后值为 $(2\theta_c)_i^u$:

$$(2\theta_c)_i^u = (2\theta_o)_i^u + \Delta(2\theta_c)_i^u \quad\cdots\cdots\cdots\cdots\cdots\cdots(C.7)$$

附　录　D

（资料性附录）

结晶度分析方法

晶态物质的衍射线是很锐的衍射峰，非晶物质的衍射线一般为弥散衍射峰，而试样中晶态结构和非晶态结构共存时，试样所含的晶态结构的比例（结晶相含量）称为结晶度。

D.1　测定方法

D.1.1　方法一

相干性散射强度无论非晶态或晶态的数量比如何，总是一个常数，因此从 100% 的非晶态标样或 100% 的晶态标样着手，在样品取向不严重的情况下，由式（D.1）或式（D.2）求得结晶度。

$$X = (1 - \sum_{i=1}^{n} I_a / \sum_{i=1}^{n} I_{a100}) \times 100\% (n \geqslant 5) \quad\cdots\cdots\cdots\cdots\cdots（\text{ D.1 }）$$

式中：

X ——试样的结晶度；

I_a ——试样的非晶态部分的散射强度；

I_{a100} —— 100% 非晶态试样的散射强度。

或

$$X = (\sum_{i=1}^{n} I_c / \sum_{i=1}^{n} I_{c100}) \times 100\% (n \geqslant 5) \quad\cdots\cdots\cdots\cdots\cdots（\text{ D.2 }）$$

式中：

X ——试样的结晶度；

I_c ——试样晶态部分的散射强度；

I_{c100} —— 100% 晶态试样的散射强度。

D.1.2　方法二

对于已知晶相与非晶相，求非晶相含量的，根据式（D.3）、式（D.4）和式（D.5）计算。

$$X_a / X_c = k - I_a / I_c \quad\cdots\cdots\cdots\cdots\cdots\cdots（\text{ D.3 }）$$

式中：

X_a ——试样中所含非晶相的质量分数；

X_c ——试样中所含结晶相的质量分数；

I_a ——非晶相的衍射强度；

I_c ——结晶相的衍射强度；

K ——与吸收系数和实验条件有关常数。

因为 $X_a + X_c = 1$，故，

$$X_c = I/(I + k - I_a/I_c) = I_c/(I_c + k - I_a) \quad \cdots\cdots\cdots\cdots\cdots（D.4）$$

则结晶度：

$$X = X_c \times 100\% \quad \cdots\cdots\cdots\cdots\cdots\cdots（D.5）$$

式中 k 值可按下面方法确定：

（1）先从试样图谱中求出 I_c 和 I_a，然后在试样中掺入已知量的与其对应的纯非晶试样，再用相同的实验条件获得衍射图，并求出 $I_{c'}$ 和 $I_{a'}$，将 I_c、I_a 和 $I_{c'}$、$I_{a'}$ 分别代入式(D.4)中，求出常数 k 值，同时得到结晶度 X_c。

（2）先将样品在 $T_1[T_1 > T_c，T_c$ 指临界温度（物态转变温度，或保持某态时的最高温度）]温度下退火一段时间，测出 I_{c1} 和 I_{a1}，然后将样品在 $T_2(T_2 > T_1)$ 温度下再退火一段时间，测出 I_{c2} 和 I_{a2}。在第二次退火后，结晶度的增量为 $\Delta X_c = X_{c2} - X_{c1}$，非晶体的减少量为 $\Delta X_a = X_{a1} - X_{a2}$，故 $k = (I_{c2} - I_{c1})/(I_{a1} - I_{a2})$。

D.1.3　方法三

求多个相中某一相的含量：

样品中加入已知含量的参考物 S（如 S_i）作为第（$n+1$）个相，根据物相定量公式，可得式(D.6)：

$$I_i/I_s = k_i X_i/X_s \quad \cdots\cdots\cdots\cdots\cdots（D.6）$$

式中：

X_i ——掺入 S 后样品中物相 i 的质量分数；

I_s ——掺入 S 后样品中物相 S 的衍射强度；

I_i ——i 相的某一衍射线的衍射强度；

X_s ——S 相的质量分数；

k_i ——参比强度，可通过查 PDF 卡片里的 I/I_{cor} 得到。

则原样品中 i 相的质量分数用式(D.7)计算：

$$W_i = X_i/(I - X_s) \quad \cdots\cdots\cdots\cdots\cdots（D.7）$$

D.2　应用示例

D.2.1　已知 A、B 两相混合物，求 A 相的含量

采用 5 点作图法，画出一条工作曲线，如：分别称取不同质量百分数（0%、25%、50%、75%、100%）的 A 相样品，相对应分别称取质量百分数（100%、75%、50%、25%、0%）的 B 相样品，将以上样品分别混合均匀，压入样品板中，上机测试，分别确定 A 相和 B 相的特征峰，然后将此特征峰的衍射强度与此时 A、B 相所对应的质量百分数作图，绘制出工作曲线。再将所测样品装入样品板测试，分别找出谱图中 A、B 相的特征峰此时的衍射强度，对比工作曲线求得结果。

D.2.2　有 n 个相，求其中非晶相的含量（内标法）

在一定条件下，试样中某结晶相的 X 射线衍射强度与该晶相的含量称正比，因此有式(D.8)：

$$X_i/X_R = I_i \cdot W_i/I_R \cdot W_R（I \cdot W = 积分强度） \quad \cdots\cdots\cdots\cdots（D.8）$$

式中：

X_i ——试样的结晶度；

X_R ——标样（Si）的结晶度（设为100%）；

I_i ——试样 i 的峰高和；

I_R ——标样 Si 的峰高和；

W_i ——试样 i 的某峰的半高宽；

W_R ——标样 Si 的某峰的半高宽；

则试样 i 中非晶相的含量用式(D.9)计算：

$$A_i = 1 - X_i \quad \cdots\cdots\cdots\cdots\cdots\cdots\cdots\cdots（D.9）$$

参 考 文 献

[1]　H. M. RIETVELD. A profile refinement method for nuclear and magnetic structures[J]. Appl. Cryst. (1969). 2, 65-71

[2]　R. J. Hill, C. J. Howard. Quantitative phase analysis from neutron powder diffraction data using the Rietveld method[J]. Appl. Cryst. (1987). 20, 467-474

[3]　D. L. Bish, S. A. Howard. Quantitative phase analysis using the Rietveld method[J]. Appl. Cryst. (1988). 21, 86-91

[4]　R. E. Dinnebier, S. J. L. Billinge. Powder diffraction: theory and practice[J]. Cambridge, UK, 2008, 298

[5]　E. J. Mittemeijer, U. Welzel. Modern Diffraction Methods[J]. Wiley-VCH, 2013, 283

[6]　江超华. 多晶 X 射线衍射技术与应用[M]. 北京: 化学工业出版社, 2014

[7]　周公度, 郭可信, 李根培, 王颖霞. 晶体和准晶体的衍射 (第二版)[M]. 北京: 北京大学出版社, 2013

[8]　莫志深, 张宏放, 张吉东. 晶态聚合物结构和 X 射线衍射 (第二版)[M]. 北京: 科学出版社, 2010

[9]　Y. V. Kolen' ko, W. Zhang, R. N. d' Alnoncort. Synthesis of MoVTeNb Oxide Catalysts with Tunable Particle Dimensions [J]. Chem. Cat. Chem, 2011, 3 (10), 1597-1606.

[10]　Deane K. Smith, Gerald G. Johnson, Alexandre Scheible, Andrew M. Wims, Jack L. Johnson, Gregory Ullmann. Quantitative X-Ray Powder Diffraction Method Using the Full Diffraction Pattern[J]. Powder Diffraction, 06/1987, 2(2), 73-77

[11]　G. S Pawley. Unit-cell refinement from powder diffraction scans[J]. Journal of Applied Crystallography, 1981, 14(6), 357-361

[12]　H. Toraya. Whole-powder-pattern fitting without reference to a structural model: application to X-ray powder diffraction data[J]. Appl. Cryst. (1986). 19, 440-447

[13]　A Le Bail, H Duroy, J. L Fourquet. Ab-initio structure determination of LiSbWO 6 by X-ray powder diffraction[J]. Materials research bulletin, 1988, 23(3), 447-452

[14]　H. Toraya, T. Ochiai. Refinement of unit-cell parameters by whole-powderpattern fitting technique[J]. Powder Diffraction, 12/1994, 9(4), 272-279

[15]　H. Toraya. Quantitative Phase Analysis Using the Whole-Powder-Pattern Decomposition Method: II. Solution Using External Standard Materials[J]. Advances in X-ray Analysis, 1994, 38, 69-73

[16]　A. J. C. Wilson. X-Ray Optics[M]. London, Methuen, 1962

[17]　W A Rachinger. Acorrection for the 1 2 doublet in the measurement of widths of x-ray diffraction lines[J]. Journal of Scientific Instruments, 1948, Vol. 25(7), 254-255

[18]　Ladell, J., Zagofsky, A., Pearlman, S. Cu K α 2 elimination algorithm[J].

Journal of Applied Crystallography, 1975, Vol.8(5), 499-50

[19]　Platbrood. K α 2 elimination algorithm for Cu, Co and Cr radiations[J]. Appl. Cryst.(1983).16,24-27

[20]　F. W. Jones. The Measurement of Particle Size by the X-Ray Method[J]. Proceedings of The Royal Society A Mathematical Physical and Engineering Sciences, 1938, 166(924), 16-43

[21]　H. P. Klug, L. E. Alexander. X-Ray Diffraction Procedures for Polycrystalline and Amorphous Materials[J]. John Wiley and Sons, 1974, Chap.9

[22]　B. E. Warren. X-Ray Diffraction[M]. New Jersey: Addison-Wesley, 1969

[23]　A. R. Stokes. A numerical fourier-analysis method for the correction of widths and shapes of lines on x-ray powder photographs[J]. Proceedings of the Physical Society, 1948, 61(4), 382-391

[24]　马礼敦.近代 X 射线多晶体衍射—实验技术与数据分析[M].北京:化学工业出版社,2004

[25]　梁敬魁.粉末衍射法测定晶体结构(上、下册)[M].北京:科学出版社,2011

[26]　李树堂.X 射线衍射实验方法[M].北京:冶金工业出版社,1993

[27]　Th. De Keijser, E. J. Mittemeijer, H. C. F. Rozendaal. The determination of crystallite-size and lattice-strain parameters in conjunction with the profile-refinement method for the determination of crystal structures[J]. Appl. Cryst.(1983).16,309-316

[28]　H. Toraya. The Determination of Direction-Dependent Crystallite Size and Strain by X-Ray Whole-Powder-Pattern Fitting[J]. Powder Diffraction, 1989, 4(3), 30-136

[29]　Gates-Rector, S. D. and Blanton, T. N., (2019). "The Powder Diffraction File: A Quality Materials Characterization Database" Powder Diffr., "34,352-60 https://doi. org/10.1017/S0885715619000812

[30]　International Centre for Diffraction Data, Newtown Square, PA, USA, PDF-4＋2020

ICS 03.180
Y 51

中华人民共和国教育行业标准

JY/T 0588—2020
代替 JY/T 008—1996

单晶 X 射线衍射仪测定小分子化合物的晶体及分子结构分析方法通则

General rules for crystal and molecular structure determination of small molecules by single crystal X-ray diffractometer

2020-09-29 发布　　　　　　　　　　　2020-12-01 实施

中华人民共和国教育部　　发 布

前　　言

本标准按照 GB/T 1.1—2009 给出的规则起草。

本标准代替 JY/T 008—1996《四圆单晶 X 射线衍射仪测定小分子化合物的晶体及分子结构分析方法通则》。与 JY/T 008—1996 相比,除编辑性修改外主要技术变化如下:

——标准名称及标准内容中的"四圆单晶 X 射线衍射仪"修改为"单晶 X 射线衍射仪"(见标题);

——加入新一代核心部件(二维检测器)、新出现的辅助设备(低温温控装置、可视化对心装置)、新一代集成软件的相关通用操作步骤(见第 5 章和第 7 章);

——JY/T 008—1996 中的部分仪器操作步骤调整为自动化软件和程控化自检的操作步骤(见第 7 章);

——本标准依据通用的晶体结构解析软件,写入通用的解析步骤,代替原有的可操作性差的原则性步骤(见第 8 章);

——加入了学术界通行的 IUCr-checkCIF 涉及的评判指标(见第 9 章)。

本标准由中华人民共和国教育部提出。

本标准由全国教育装备标准化技术委员会化学分技术委员会(SAC/TC 125/SC 5)归口。

本标准起草单位:北京化工大学、北京大学、吉林大学、兰州大学、苏州大学。

本标准主要起草人员:郝戬、张文雄、颜岩、邵永亮、吴冰。

本标准所代替标准的历次版本发布情况为:

——JY/T 008—1996。

单晶 X 射线衍射仪测定小分子化合物的晶体及分子结构分析方法通则

1　范围

　　本标准规定了使用单晶 X 射线衍射仪测定小分子单晶的晶体结构及分子结构的一般方法的测定方法原理、仪器、样品的准备、测试步骤、结构解析、结果报告和安全注意事项。

　　本标准适用于测定各种小分子化合物晶体的晶胞参数、晶系、空间群、晶胞中原子的三维分布、成键和非键原子间的距离和角度、价电子云分布、原子的热运动振幅、分子的构型和构象、手性绝对结构等,在分子和原子水平上提供晶态物质的微观结构信息。

2　规范性引用文件

　　下列文件对于本文件的应用是必不可少的。凡是注日期的引用文件,仅注日期的版本适用于本文件。凡是不注日期的引用文件,其最新版本(包括所有的修改单)适用于本文件。

　　GB/T 6379.2—2004　测量方法与结果的准确度(正确度与精密度)　第 2 部分:确定标准测量方法重复性与再现性的基本方法

　　GB 18871—2002　电离辐射防护与辐射源安全基本标准

3　术语和定义

3.1

小分子化合物　small molecules

本标准所述小分子化合物包括分子、离子化合物、原子晶体及过渡型晶体等无机物,除蛋白质、核酸、有机高分子等大分子化合物之外的有机物。

3.2

晶体　crystal

广义的晶体是有明确衍射图案的固体,其原子、分子或离子在空间按一定规律高度有序地排列,包括传统晶体、准晶体和非公度结构。传统晶体内的原子、分子或离子的排列具有三维空间的周期性,隔一定的距离重复出现,这种周期性规律是传统晶体最基本的结构特征。本标准所述晶体限定于传统晶体。

3.3

单晶和孪晶　single crystal and twin crystal

晶体对称性在整个晶体中都保持一致的晶体为单晶;对传统晶体来说,单晶的原子保持严格的长程周期性排列。某些晶体的晶体对称性保持一致的范围限制于晶体的局部区域,整个晶体被分为这种长程有序的两个(或多个)部分,这样的晶体为孪晶。本标准适用的测试对象一般为单晶,也适用于双组分的孪晶。

3.4

点阵 lattice

用质点来表示晶体中的每个周期性重复的结构单元,得到和晶体结构相对应的一组点。点阵中的每一个点与该点阵中的其他任何点具有完全相同的周围环境。

3.5

晶胞 unit cell

晶体中包含的构成晶体的最小重复单元,是晶体点阵中相邻 8 个点组成的平行六面体。

3.6

晶胞参数 unit cell parameters

描述晶胞几何形状的参数,即为构成晶胞的 3 个不共面矢量的长度 a、b、c(单位为 Å)及它们之间的夹角 α、β、γ(单位为度)。

3.7

空间群 space group

晶体结构所具有的空间对称操作群。空间群共有 230 种不同的类型。

3.8

X 射线衍射 X-ray diffraction

X 射线照射在晶体上,晶体中电子云所散射的相干 X 射线在空间的各方向相互叠加,在一定的方向上互相加强而出现干涉极大,这种现象叫作 X 射线衍射。晶体的 X 射线衍射方向取决于晶胞参数、X 射线的波长以及晶体的空间取向。晶体的 X 射线衍射强度与晶体的大小、晶胞内原子种类、数目、位置及 X 射线波长有关。

3.9

布拉格定律 Bragg's law

晶体点阵发生 X 射线衍射的条件规律,建立起晶面间距和衍射角之间的数学关系。

3.10

结构因子 structure factor

晶体如何发生 X 射线衍射的数学描述,晶胞中所有原子对 X 射线衍射的贡献的向量加和。

4 测定方法原理

4.1 确定晶体点阵

晶体的 X 射线衍射图形的花样,即各衍射点的方向和强度,由晶体内部的周期性结构决定。相关规律由布拉格公式反映,见式(1):

$$2d\sin\theta = n\lambda \qquad \cdots\cdots\cdots\cdots\cdots\cdots\cdots\cdots\cdots(1)$$

式中：

d（hkl）——晶面族的晶面间距（单位为 Å）；

θ（hkl）——衍射角（单位为度）；

n ——衍射级数；

λ ——X 射线波长（单位为 Å）。

通过测定单晶的衍射点的衍射角，就能依照式（1）计算出相应晶面间距。对多个衍射点进行相应的计算就可以获得各个方向的晶面间距，进而还原出整个晶体点阵的排列方式。

4.2 解析晶体结构

衍射强度与结构振幅的关系，见式（2）：

$$I_{hkl} = K(Lp)TA\,|\,F_{hkl}\,|^{2} \qquad \cdots\cdots\cdots\cdots\cdots\cdots\cdots(2)$$

式中：

I_{hkl} ——衍射 hkl 的衍射强度；

K ——比例因子；

L ——Lorentz 因子；

p ——偏振因子；

T ——温度因子；

A ——吸收因子；

$|\,F_{hkl}\,|$ ——衍射 hkl 的结构振幅。

使用衍射仪测得各个衍射点的衍射强度 I_{hkl}，利用式（2）可通过衍射强度计算出相应的结构振幅 $|\,F_{hkl}\,|$。

结构因子 F_{hkl} 与结构振幅 $|\,F_{hkl}\,|$ 的关系，见式（3）：

$$F_{hkl} = |\,F_{hkl}\,|\exp[i\varphi_{hkl}] = \sum_{j} f_{j}\exp[2\pi i(hx_{j} + ky_{j} + lz_{j})] \qquad \cdots\cdots(3)$$

式中：

hkl ——衍射指标；

$|\,F_{hkl}\,|$ ——衍射 hkl 的结构振幅；

φ_{hkl} ——衍射 hkl 的相角；

f_{j} ——原子 j 的原子散射因子（对占有率不足 100% 的原子，需加权处理）；

x_{j}、y_{j}、z_{j}——原子 j 在晶胞中的分数坐标。

结构因子 F_{hkl} 是电子云密度函数 $\rho(xyz)$ 的傅立叶变换，即式（4）：

$$\rho(xyz) = \frac{1}{V_{c}}\sum_{h=-\infty}^{+\infty}\sum_{k=-\infty}^{+\infty}\sum_{l=-\infty}^{+\infty} F_{hkl}\exp[-2\pi i(hx + ky + lz)] \qquad \cdots\cdots\cdots(4)$$

式中：

$\rho(xyz)$——晶胞中电子云密度分布，直接反映出晶胞中原子的位置（单位为 Å^{-3}）；

x、y、z ——晶胞中的任一指定位置，以分数坐标表示；

V_{c} ——晶胞体积（单位为 Å^{3}）。

由公式（3）及公式（4）可得到结构振幅同电子密度之间的关系，见式（5）：

$$\rho(xyz) = \frac{1}{V_c} \sum_{h=-\infty}^{+\infty} \sum_{k=-\infty}^{+\infty} \sum_{l=-\infty}^{+\infty} \{|F_{hkl}| \exp(i\varphi_{hkl})\} \cdot \exp[-2\pi i(hx+ky+lz)]$$

$$\cdots\cdots\cdots(5)$$

结构初解得到衍射点 hkl 的相角 φ_{hkl}，可通过公式（5）求得电子云密度函数 ρ（xyz）进行精修，从而获得原子在晶胞中的位置坐标。

4.3 判断结构测定的准确程度

晶体结构解析的结果，需使用偏离因子 R 和加权偏离因子 wR 判断结构测定的准确程度。偏离因子和加权偏离因子是解得结构与实测数据之间的总体误差，它们各有两种计算方法，见式（6）和式（7）：

$$R = \sum_{hkl} ||F_o| - |F_c|| / \sum_{hkl} |F_o| \quad \text{或} \quad R = \sum_{hkl} ||F_o|^2 - |F_c|^2| / \sum_{hkl} |F_o|^2$$

$$\cdots\cdots(6)$$

$$wR = \sqrt{\frac{\sum_{hkl} w(|F_o| - |F_c|)^2}{\sum_{hkl} w(F_o)^2}} \quad \text{或} \quad wR = \sqrt{\frac{\sum_{hkl} w(|F_o|^2 - |F_c|^2)^2}{\sum_{hkl} w(F_o)^4}}$$

$$\cdots\cdots\cdots(7)$$

式中：

$|F_o|$——结构振幅的实验测试值；

$|F_c|$——根据结构模型得到的结构振幅的理论计算值；

w ——权重方案。

在单晶解析中，偏离因子常用式（6），记作 R_1；加权偏离因子常用式（7），记作 wR_2。

5 仪器

5.1 仪器组成

5.1.1 概述

X 射线单晶衍射仪的组成如图 1 所示，主要包括 X 射线发生装置、测角仪、衍射信号探测装置、冷却系统、设备控制及数据收集处理计算机、低温附件系统（选配）。

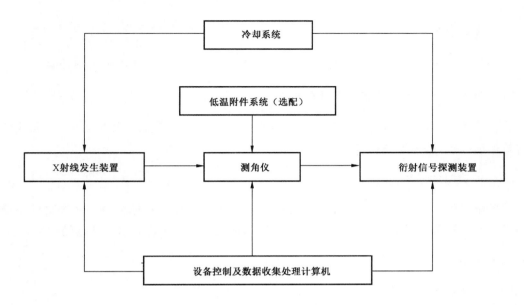

图 1　X 射线单晶衍射仪结构框图

5.1.2　X 射线发生装置

X 射线发生系统由 X 射线管、高压发生器及冷却部件、各种光学器件和保护电路等组成,其作用是发射出稳定的、有足够能量和强度的初级 X 射线。高压发生器向 X 射线管提供高稳定的管电压和管电流,X 射线管目前主要使用的靶材有钼和铜,也有液态金属靶(镓)。准直管、多层膜光学器件(包括单色器或聚焦光镜)、微焦斑技术和旋转阳极靶,均有利于获得高强度具有一定单色性的 X 射线束。

5.1.3　测角仪

测角仪是整个装置的核心部分,衍射仪可分为欧拉(Eulerian)几何体系和卡帕(Kappa)几何体系两大类别。通过测角仪的 φ、χ、ω 3 个圆(欧拉几何体系)或 φ、κ、ω 3 个圆(卡帕几何体系)的联合转动,可调节位于测角仪几何机械中心位置上的单晶样品的取向。装于 2θ 圆上的 X 射线探测器用于接收衍射信号。测角仪上装有显微摄像系统,用于晶体对心和拍摄晶体外观图片。

5.1.4　衍射信号探测装置

衍射信号探测装置把入射的 X 射线信号转化为电脉冲值信号,经放大测量后输出结果给计算机,并按规定的格式存储,作为结构测定用的原始数据。探测装置的性能必须具备增益高,动态范围大,读出速度快,信噪比高等特点。目前常用的衍射信号探测装置有电荷耦合器件探测器(charge couple device detector,简称 CCD 探测器)、成像板探测器(image plate detector,简称 IP 探测器)和互补金属氧化物半导体探测器(complementary metal oxide semiconductor detector,简称 CMOS 面探测器)、混合像素阵列探测器(hybrid pixel array detector,简称 HPAD 面探测器)等。

5.1.5 冷却系统

冷却系统包括空气冷却装置或循环水冷却装置,用于冷却探测器和 X 射线管。

5.1.6 设备控制及数据收集处理计算机

计算机系统通过接口、各种外部设备及应用软件系统来控制各种装置运行,完成衍射数据的收集、数据还原和数据分析,还可进行结构解析计算。

5.1.7 低温附件系统(选配)

低温附件系统有液氮低温附件系统和液氦低温附件系统两种类型。低温附件系统用于测试时对单晶样品的冷却,在不引起相变的情况下有利于提高衍射数据的质量。

5.2 仪器性能

5.2.1 电流电压稳定性

管电流电压变化应小于±0.01%。

5.2.2 角度和距离分辨率

测角仪的角度分辨率: $\varphi \leqslant 0.005°$

$\omega \leqslant 0.001\ 25°$

$\theta \leqslant 0.001\ 25°$

κ 或 $\chi \leqslant 0.002\ 5°$

探测器到样品距离: 精确度$\leqslant 0.1$ mm

5.2.3 整机测量精度

整机测量精度以仪器出厂标准为准。通常标准晶体晶胞参数的测量偏差为:晶轴长度的标准偏差/晶轴长度$\leqslant 0.1\%$,晶轴间夹角 α、β、γ 偏差 $\pm 0.1°$以内。晶胞体积标准偏差/晶胞体积$\leqslant 0.3\%$。

5.3 检定或校准

设备在投入使用前,应采用检定或校准等方式,对检测分析结果的准确性或有效性有显著影响的设备,包括用于测量环境条件等辅助测量设备有计划地实施检定或校准,以确认其是否满足检测分析的要求。检定或校准应按有关检定规程、校准规范或校准方法进行。

6 样品的准备

利用双目体视显微镜(放大倍数 10 倍~40 倍即可)选择合适的单晶作为试样,在必要时可对样品进行切割。合适的单晶样品应该是:

——单晶样品应有光泽的表面,锐利的晶棱晶角,其颜色应当均匀,透明度好(除了黑色晶体),不存在裂纹和瑕疵。不应有微小晶粒或粉末附着在表面上。对于混杂生长在岩石中的矿物单晶(及与之类似的高温烧结物),必须仔细分离选用;

——单晶外观必须满足凸多面体外形,不满足的孪晶可通过切割获取其凸多面体部分;

——单晶的大小尺寸的选取依不同型号仪器对测试样品的尺寸要求进行选取。单晶的三维尺度的上限通常为X射线源的准直管直径,如果单晶过大需切割获取合适大小的晶粒。

7 测试步骤

7.1 外围设备的启动与单晶仪的开机

7.1.1 开启UPS总电源开关(如果配备),开启总电源开关,开启循环水冷却系统。

7.1.2 开启单晶衍射仪,使其正常启动。开启高压发生器,使仪器整体进入预工作状态。根据所使用的X射线管的类型和靶材选择合适的工作电压和管电流值(数值选择以仪器说明书为准)。

7.1.3 启动仪器配套计算机上的数据采集系统。监控仪器的运行状态是否良好及进入预数据采集状态。

7.1.4 如果配备低温系统,并且样品需要通过低温提高测量精度,启动冷却单晶样品的低温系统(选配),根据测试需求,选择合适的测试温度。

7.2 单晶的装载及晶体对心

7.2.1 根据仪器对晶体大小的要求挑选出尺寸合适的单晶,使用黏合剂(要求不含重原子,如环氧树脂、高真空硅脂、凡士林、专用黏合剂等)将该单晶样品固定于支撑纤维(要求对X射线散射微弱,例如硼玻璃纤维、玻璃纤维、空心玻璃纤维、专用有机纤维、loop环、玻璃封管等)的顶端。将带有晶体的纤维按照仪器说明书要求的方法小心固定在载晶台上。

7.2.2 将装有单晶的载晶台小心安置在测角仪的测角头上。并通过仪器配套的数据采集系统中测角仪控制系统及载晶台调节工具,调整晶体的垂直和水平位置,使晶体的中心处于测角仪中心即显微镜十字线中心位置。

7.3 预实验

7.3.1 概述

预实验是通过采集部分衍射数据对单晶进行初步评估。通过对预实验图片的观察和处理,可初步判断晶体的衍射点强弱,空间群的归属及是否存在孪晶现象。预实验还可获得初步的晶胞参数和取向矩阵数据,并以此为基础,进行全面数据收集的策略设计。

7.3.2 预实验的测试

预实验前先应选择合适波长的光源。多数晶体一般采用钼靶光源进行测试,手性晶体测定绝对结构通常采用铜靶测试,如果手性晶体中含有原子序数大于 13 的重原子,也可采用钼靶进行测试。

使用单晶衍射仪安装的特定程序完成若干张衍射图像的测试,程序将自动进行寻峰与指标化衍射点进而决定晶胞参数和取向矩阵。

7.3.3 合格单晶的判断

完美的单晶的指标化率通常能超过 95%,实际测试中很难有完美的单晶,习惯上要求录得衍射峰的指标化率 75%~80% 以上,才可能得到比较好的解析结果。

衍射强度应该达到一定的信噪比要求,不同仪器有不同的设计要求。高角度区域的峰强度通常要求至少能识别出个别的衍射点,否则将造成解析困难或数据完全度不高。

7.3.4 策略设计

对于合格的单晶,根据测试需要和晶体特征确定数据收集的策略。通常仪器的控制软件的建议设置可满足大多数晶体衍射数据的收集。单晶样品测试时晶体与探测器间的距离、扫描步幅、扫描角度、曝光时间、收集数据范围以及扫描方式等均可参照软件建议,按照预实验结果进行合理设置:

——根据晶体的元素组成、大小以及衍射点的强度确定收集过程的曝光时间,使最终获得足够高的平均衍射强度,并保证中高角度区域有足量可信的数据点;同时为避免较多衍射点数据溢出探测器的检测范围,要保证最强衍射点不能过高;

——分析预实验的数据,可确定出待测晶体所属的 Laue 群(即忽略反常散射条件下,对空间群进行归类得到的 11 个类别)。通过 Laue 群、晶体中分子的手性、取向矩阵等三方面信息确定最佳的数据收集范围(某些仪器只能选择收集半球或全球数据)。要求最终数据完全度达到合格要求,且冗余值不低于 2 左右。晶体由于对称性的存在使得衍射球中存在大量的等效点,因而根据晶体的对称性确定衍射球中的数据收集范围。根据 Friedel 定律,三斜晶系的晶体收集半球即可,单斜晶系只需略大于 1/4 球的范围,相应地,正交晶系采集 1/8 球范围,对称性越高,独立衍射区越小,理论上所需收集的范围越小;在此基础上,手性空间群通常需要加倍的测试范围。另外,多测一些数据有利于确定晶体的对称性,提高结构数据的精度,甚至帮助确定非中心对称晶体的绝对结构,因而数据收集方案的选择就需要综合考虑各个影响实验指标的因素,才能得到理想的衍射数据;

——对于需要确定绝对结构的晶体,若含有重原子(原子序数大于 13),用普通方法(即用钼光源)直接测试,也能有较高的成功率确定出绝对结构;如不含重原子,则需要选用铜光源,且根据仪器性能适当提高数据冗余度;

——根据晶胞大小和衍射点的密集程度,设置合适的扫描步幅和探测器距离(某些仪器该距离固定无需调整）。在实际测试过程中如发现衍射点过于密集，可考虑增大工作距离、缩短扫描步幅。但工作距离太大会降低衍射点强度，在实际测试中要综合考虑工作距离的设定。

7.4 数据收集

根据预实验所确定的策略进行数据收集。

按照 GB/T 6379.2—2004 规定的确定标准测量方法重复性与再现性的各项原则方法。

测试过程中随时跟踪数据的指标化率是否发生突发的异常，以确保晶体没发生移动等异常情况。

数据还原通常在数据收集的末尾进行，仪器提供的配套程序可对每个衍射点的原始数据进行处理形成一个带有衍射指标 hkl、衍射强度 F_o^2 值及标准不确定度 $\sigma(F_o^2)$ 等数据的文件。

晶体在测试过程中因晶体的大小、形状以及吸收效应不同等因素导致不同方向的衍射会因路径长度不同而引起透过率的不同。因此需要进行吸收校正。吸收校正采用仪器配套的程序进行，吸收校正的方法有数值吸收校正、基于 φ-扫描的经验吸收校正、多次扫描吸收校正等，应按实际需要选择适当的吸收校正方法获得合适的吸收校正参数。

数据收集完成或者结构解析完成之后，少数晶体的准确的晶胞参数会出现与预实验结果不一致的情况，通常伴随着晶系的改变。这种情况下应该重新检视测试策略，如预实验中错误的确定了空间群的类别，应按照实际的空间群，继续收集数据，以补足缺少的数据。

7.5 测试后仪器的检查

不需每次测试完成后都对仪器进行检查和维护，但每隔 3—6 个月需对仪器进行一次维护和测量精度检查。

8 结构解析

8.1 结构的初解

通过晶胞参数、数据中的消光特征、等效点等判断晶格类型、寻找最高对称性、确定出正确的空间群，然后使用 Patterson 函数法、直接法、charge flipping 法等方法求得晶胞独立区内全部或部分原子坐标。

8.2 结构的精修

结合待测物质的已知信息，把差分电荷密度图中各个电子云峰值指认成合适的原子。通常较高的电子云峰值表明有较重的原子需要指定，但原子存在较大的热运动时会使电子云峰值相对变小，因此需结合待测物质的结构特征作出合理的推测。

把所得结构模型作为输入文件，使用基于 F^2 的 Fourier 合成或差值 Fourier 合成及最小二乘修正方法进行精修。精修过程将调整各个原子的位置和热椭球参数，使得结构模型更符合实测数据。

精修结果中如果找到新的电子云峰值,继续指认为合适的原子。再把新的结构模型作为输入文件再次进行精修。

如此反复精修调整,找到全部非氢原子,并在适当的时候添加各向异性参数和氢原子。最终各原子在精修过程中的移动值收敛至趋于零,从而获取它们的精确坐标。

8.3 无序解析

很多晶体中存在无序结构,即晶体中的重复单元中的原子及其位置并非完全一致,其局部结构有两种或更多的随机出现的相异的原子排列方式。无序分为两种情况,一种是置换无序;另一种是静态或动态位置无序。置换无序通常是相似物质共结晶,结构中局部有不同的原子或基团,这种无序通常会造成最终的分子式中某些原子的个数并非整数简比,而是一个混合物的平均分子式;静态位置无序通常是相同物质在局部存在不同的构象,例如球形基团的旋转无序、链状基团的扭转摆动无序等;动态位置无序主要是结晶溶剂的无序。

晶体中的无序结构需在解析中分别指认,多数情况应同时确保无序的各部分的占比总和为 100%(某些非整比化合物或溶剂无序等特殊情况有可能导致总和小于 100%)。

某些溶剂分子无序(有时也包括抗衡离子无序)太过严重,无法准确拆分出与数据相符的各个无序片段,可采用将无序部分的数据从整体数据中扣除的方法(如采用 squeeze 的方法)。如果采用这种方法,最终获得的分子式和晶体密度等数据需作出合理的修正,以补足被忽略的溶剂分子的质量。

8.4 孪晶解析

简单的孪晶可通过显微镜观察剔除,或者用切割的方法获取其单晶部分。使用偏光显微镜可更清楚地分辨孪晶。但某些孪晶物质的孪晶外观与单晶一样,而内部为两种孪晶方向穿插混杂,此类孪晶无法通过切割的办法分拆,只能通过数据分拆的方法。孪晶分为以下 4 种类型:缺面孪晶、赝缺面孪晶、交错缺面孪晶和非缺面孪晶。实际解析中针对不同类型选择合适的方法对衍射点进行拆分,以获得各组分的晶畴取向和贡献比例。

9 结果报告

9.1 基本信息

结果报告中可包括:委托单位信息、样品信息、仪器设备信息、环境条件、制样方法、检测方法(依据标准)、检测结果、检测人、校核人、批准人、检测日期等。必要和可行时可给出定量分析方法和结果的评价信息。

9.2 结构报告文件

9.2.1 概述

结构分析的数据和结果应按照国际晶体学联合会(International Union of Crystallography,IUCr)的统一规则制成结果报告（CIF 文件，Crystallographic Information File/Framework，晶体信息文件）。这个报告文件应包含综合数据如仪器性能参数、测试条件参数、样品描述、晶体的基本结构参数、解析方法和解析结果的各个判定指标等，也应包含具体结构信息数据如原子的分数坐标、占有率及温度因子，键长-键角-扭角等。该数据报告文件可直接被各类相关软件、数据库读取，也可由国际晶体学联合会提供的 CheckCIF 检查数据的完整性与合理性。

为保证结构检测的精确性和稳定性，结果报告要求通过 CheckCIF 检查，测定结果应没有不可解释的 A 类警告，尽量没有不可解释的 B 类警告。该检查所涉及的一系列指标可以间接地综合判定仪器测角的精度、四圆（或三圆）轨道的精度、检测器的精度、积分精度等四个方面的数据精度。

9.2 带 ∗ 号的指标适用于较完美的单晶（没有或很少无序，没有或很少杂峰，衍射斑较圆而清晰），如果实测晶体因品质原因达不到这些指标，需更换质量更好的单晶（或者重新结晶获得更好单晶）进行测试。个别样品反复重结晶、优化结晶条件都无法达到标准，测得的相对最佳数据也可作为该样品的合理结果。

9.2.2 数据有效性和自洽性检查

可通过以下指标检查数据有效性和自洽性：

——指标化率∗。通常指标化率高于 80% 的数据有利于解析出合格的结构，否则杂峰太强会干扰正常衍射数据。

——分辨率：以仪器说明书的要求为准，通常钼靶不低于 0.80 Å。

——数据完全度。钼靶数据要求 $2\theta \leqslant 52°$，最终数据完全度应高于 99%，铜靶要求 0.83 Å 范围内，数据完全度应高于 95%。数据完全度不足可通过继续测试补足数据达到。

——最后一个壳层有效观测点（可观测点 $I \geqslant 2\sigma(I)$）所占的比例在 35% 以上。

——等效点的等效性∗：R_{int} 通常应小于 10%。

——R_{sigma} 值∗ 为衍射数据的背景强度 $\sigma(F_o^2)$ 之和与峰强度值之和的比值，它是衍射数据整体质量的一种反映。如果 R_{sigma} 大于 0.1，则可能是数据太弱，也可能是衍射数据的处理有错。改善方法：选用质量好、较大的晶体重新收集衍射数据。

——相关描述准确，包括仪器型号，测试波长，测试温度，以及晶体尺寸、颜色、外形等。

9.2.3 解析模型合理性检查

可通过以下指标检查解析模型的合理性：

——偏离因子 R_1∗ 和加权偏离因子 wR_2∗ 是推导出的结构与实测数据之间的总体误差。一般要求：$R_1 \leqslant 0.10$，$wR_2 \leqslant 0.25$。

——最大移动/标准偏差（Δ/σ）值需接近于 0，通常最高不能超过 0.01。若最大移动值过大，可通过反复精修达到合格，对于精修无法收敛的移动可通过添加限制或阻尼促使收敛。

——GOOF 值∗，也叫拟合度 S（goodness-of-fit）。基于 F_o^2 精修时，如果权重方案合

适、结构正确,S 值应该接近于 1.0,如果 S 值超出 1.0±0.2,可以采用更加合理的权重方案加以改善。

—— 残余电子云密度* 通常应 ≤2.0 $e\,Å^{-3}$。距重原子较近的峰和谷(≤1.2 Å),允许更大的值(±0.1Z)。用拆分无序原子的方法可以降低一些残余电子云密度。

—— 原子非正定、无序、热运动异常:用拆分无序原子的方法可以解决一些不合理的原子位置和热运动。在解析模型正确的前提下,可以用限制参数的方法降低原子的各向异性、限定相邻原子的相对运动方向和大小。

—— 测定非中心对称晶体的绝对结构时,可用 Flack 参数* 确定非中心对称晶体的绝对结构。有比较重的原子(原子序数大于 13)时,Flack 参数等于或接近于 0(偏差一般应不大于 0.05)表明此绝对结构是正确的;相反,Flack 参数等于或接近于 1 表示此绝对结构是错误的,其倒反结构才是正确的,此时应反转结构,再次精修。无重原子晶体的绝对结构应使用铜靶测试,其 Flack 参数的精度的要求可大幅放宽,通常要求 Flack 参数的测得值 $a±b$(b 为偏差值)满足 $|a|≤0.2$,且区间 $[a-b, a+b]$ 应包含或靠近 0,且不包含 0.5。还可用 Hooft 参数确定绝对结构,在无重原子的晶体中应用较广,该参数通常应该接近于 0。当采用 η 参数法确定绝对结构时,精修到 +1 时绝对结构正确。

—— 晶体中各原子均有合理的编号。

9.2.4 解析模型与化学常识符合程度检查

可通过以下指标检查解析模型与化学常识符合程度:

—— 分子式准确,所得结构中各原子结合方式合理,正负离子的电荷平衡,金属种类正确,无违反化学原理的加氢。

—— 化学键键长、键角合理。(C—C 单键 1.50±0.05 Å,双键 1.34±0.05 Å,三键 1.20±0.05 Å,芳香环 1.40±0.05 Å,C—N 单键 1.47~1.50 Å,C—O 单键 1.42~1.46 Å,C—F 键 1.32~1.43 Å,C—Cl 键 1.72~1.85 Å,C—Br 键 1.87~1.96 Å 等)。在解析模型正确的前提下,如果仍有不合理的键长键角,可以用限制参数的方法限定相邻原子的相对位置关系。

—— 不成键原子间的相互位置关系合理。例如不同分子间距符合范氏距离,共轭体系各原子具有良好的共面性,具氢键各原子间距和方向合理。在解析模型正确的前提下,如果仍有不合理的原子间位置关系,可以用限制参数的方法限定相关原子的相对位置关系。

—— 原子热运动振幅的相关性合理,即成键原子间键轴方向上的热运动振幅应该相当,共轭面各原子的热运动振幅和方向应该协同。在解析模型正确的前提下,如果仍有不合理的相对振幅,可以用限制参数的方法限定相邻原子的相对热运动振幅。

9.2.5 解析过程中人为因素的控制

以下两个方面相关的人为因素应尽可能降低:

—— 忽略部分数据。在解析过程中,可根据需要忽略一定角度范围、信/噪比、或特定衍射指标的衍射点。在偏离因子符合要求情况下,通过特定命令(如 OMIT)删除或忽略衍射点的数目应尽量少。

——精修过程中,对于数据质量较差的结构,可人为地加入一些限制参数,限定相邻原子间的位置关系和热运动振幅。在解析结果与化学常识相符的前提下,限制参数的数目应尽量少。

9.3 分析结果的保存和表述

9.3.1 需要时(或必要时)可以将 CIF 文件中的数据表格和文字翻译成中文,并按照一定规范整理编排。中文版或英文版,电子版或纸质版的报告都需归类保存。

9.3.2 需要时(或必要时)可以使用适当的晶体学软件读取 CIF 报告中的数据,画出必要的分子结构图、晶胞堆积图、配位多面体图、超分子组装图等。

10 安全注意事项

10.1 辐射安全

10.1.1 单晶 X 射线衍射仪为射线装置,X 射线是一种电离辐射,会危害人体健康,在仪器显著位置应贴有辐射警告标志。使用该设备的人员应进行上机前安全培训,并按放射工作的有关安全条例定期检查辐射造成的影响。使用单晶 X 射线衍射仪时应遵守相关法律法规及使用单位的相关制度和仪器供应商的申明,而且测量时应严格执行 GB 18871—2002 中有关环境与个人的安全防护规定。

10.1.2 单晶 X 射线衍射仪应装有 X 射线防护罩,通常具备防护门被误开时 X 射线发生器自动断电的功能,使用仪器时应确认防护罩完整密闭。应定期检查仪器各个方位的辐射值,确保开机状态下 X 射线散射剂量低于安全标准。

10.2 水电安全

10.2.1 所有冷却水管的连接处必须紧固可靠。

10.2.2 应遵守大功率实验设备安全用电规范。为防止 X 射线管高压发生器的电击,仪器的接地电阻应小于 10 欧姆或遵从仪器制造商规定,并接触良好,高压电缆插头必须保证干净和干燥。如仪器昼夜连续运行,则仪器室内必须安装对室温敏感的控制装置,一旦室温超过预定的警戒线,该装置能自动切断仪器供电电源。供电电源应安装一种当外界供电突然中断后又恢复供电时,须人工重新启动,才能接通电源的一类开关。

10.3 其他安全事项

10.3.1 做低温衍射时,液氮常用作冷却剂,使用时应严格遵守操作规程,避免液氮冻伤。房间宜保持通风,如果在封闭房间内存放、使用液氮,需要对室内氧气浓度进行监控,避免窒息。

10.3.2 衍射仪的探测器和 X 射线光管多安装有铍窗,铍是剧毒物质,应避免直接接触。

10.3.3 本标准未提出使用此标准过程中会碰到的所有安全问题,使用人有责任在使用本标准前,作好一切必要的安全准备。

参 考 文 献

　[1]　International Union of Crystallography (IUCr).International Tables for Crystallography series.Springer & Kluwer Academic Publishers.2001—2005

　[2]　陈小明,蔡继文.单晶结构分析原理与实践(第二版)[M].北京:科学出版社,2011

　[3]　周公度,郭可信,李根培,王颖霞.晶体和准晶体的衍射(第二版)[M].北京:北京大学出版社,2013

　[4]　Peter Müller,Regine Herbst-Irmer,Anthony L.Spek,Thomas R.Schneider, Michael R. Sawaya. Crystal Structure Refinement:A Crystallographer's Guide to SHELXL[M].New York:Oxford University Press,2006

ICS 03.180
Y 51

中华人民共和国教育行业标准

JY/T 0589.1—2020
代替 JY/T 014—1996

热分析方法通则
第 1 部分：总则

General rules of analytical methods for thermal analysis—
Part 1：General principles

2020-09-29 发布　　　　　　　　　　2020-12-01 实施

中华人民共和国教育部　　发　布

前　言

本部分按照 GB/T 1.1—2009 给出的规则起草。

JY/T 0589《热分析方法通则》分为以下部分:

——第 1 部分:总则;

——第 2 部分:差热分析;

——第 3 部分:差示扫描量热法;

——第 4 部分:热重法;

——第 5 部分:热重-差热分析和热重-差示扫描量热法;

——……

本部分为 JY/T 0589 的第 1 部分。

本系列标准中第 1 至 5 部分代替 JY/T 014—1996《热分析方法通则》,本部分代替 JY/T 014—1996 中热分析一般方法部分的内容。与 JY/T 014—1996 相比,本部分除编辑性修改外主要技术变化如下:

——修改了标准的适用范围(见第 1 章);

——增加了规范性引用文件(见第 2 章);

——增加了术语和定义(见 3.1-3.10);

——扩充了"测试方法原理"部分内容,单独介绍了热分析原理(见第 4 章);

——增加了"测试环境要求"部分内容(见第 5 章);

——"试剂或材料"部分,修改了"参比物"和"标准物质"部分的内容,并添加了气氛气体和坩埚部分的内容(见 6.1-6.4);其中"坩埚"部分列举了"坩埚的选择原则"(见 6.4.2);

——"仪器"部分,修改了"热分析仪的结构框图";删除了"计算机系统""记录及显示"部分的内容(见 1996 年版 6.1.5、6.1.6);

——完善了"样品"部分的内容(见第 8 章);

——"分析测试"部分,将原版本中的"温度校正和热量校正"部分内容(见 1996 年版 8.2.1、8.2.3)移至"校准"(见 7.4);增加了"测试条件的选择"部分内容(见 9.2);结合在用仪器的特点和操作流程重新编写了"实施步骤"部分的内容(见 9.3);

——"结果报告"部分,增加了"热分析曲线特征物理量的表示方法""热分析曲线的规范表示"部分的内容(见 10.1、10.4);原版本中"测试报告"(见 1996 年版 9.2)标题改为"分析结果的表述"并完善了内容(见 10.3);

——修改并扩充了"安全注意事项"(见第 11 章);

——增加了参考文献(见参考文献)。

本部分由中华人民共和国教育部提出。

本部分由全国教育装备标准化技术委员会化学分技术委员会(SAC/TC 125/SC 5)归口。

本部分起草单位:中国科学技术大学、南京师范大学、北京大学、西南科技大学、浙江大学。

本部分主要起草人:丁延伟、白玉霞、王昉、章斐、霍冀川、陈林深。

本部分所代替标准的历次版本发布情况为:

——JY/T 014—1996。

引　言

　　物质在一定的温度或时间范围变化时,会发生某种或某些物理变化或化学变化,这些变化会引起物质的温度和热焓等物理性质不同程度的改变,使用热分析技术可以研究这些与温度或时间有关的物理性质的变化。

　　热分析技术是在程序控制温度和一定气氛下,测量物质的物理性质随温度或时间变化的一类技术。按测量的物理性质不同,已发展成为相应的热分析技术。JY/T 0589 的本部分规范了热分析方法分析的一般过程,本部分与本系列标准的其他部分标准结合使用,可作为教育行业实验室使用各种类型热分析仪进行分析测试的标准依据和检验检测机构资质认定的立项依据。

热分析方法通则
第1部分：总则

1 范围

JY/T 0589 的本部分规定了热分析的测试方法原理、测试环境要求、试剂或材料、仪器、测试样品、测试步骤、结果报告和安全注意事项。

2 规范性引用文件

下列文件对于本文件的应用是必不可少的。凡是注日期的引用文件，仅注日期的版本适用于本文件。凡是不注日期的引用文件，其最新版本（包括所有的修改单）适用于本文件。

GB/T 6425—2008 热分析术语
GB/T 8170—2008 数值修约规则与极限数值的表示与判定

3 术语和定义

GB/T 6425—2008 界定的以及下列术语和定义适用于本文件。为了便于使用，以下重复列出了 GB/T 6425—2008 中的某些术语和定义。

3.1

热分析 thermal analysis
在程序控温和一定气氛下，测量物质的某种物理性质与温度或时间关系的一类技术。
[GB/T 6425—2008，定义 3.1.1]

3.2

热分析仪 thermal analyzer
在程序控温和一定气氛下，测量物质的某种物理性质与温度或时间关系的一类仪器，是热分析仪器的总称。常用的热分析仪有热重仪、差示扫描量热仪、热机械分析仪、热膨胀仪、热分析联用仪等。

3.3

热分析曲线 thermal analytical curve
泛指由热分析仪测得的各类曲线。
[GB/T 6425—2008，定义 3.5.1]

3.4

试样支持器 specimen holder
放置试样或坩埚的平台或支架。

3.5

参比物支持器 reference holder

放置参比物或坩埚的平台或支架。

3.6

试样-参比物支持器组件 specimens holder assembly

放置试样和参比物的整套组件。当热源或冷源与支持器合为一体时,则此热源或冷源也视为组件的一部分。

[GB/T 6425—2008,定义 3.4.7]

3.7

校准 calibration

在规定条件下确定测量仪器或测量系统的示值与被测量对应的已知值之间关系的一组操作。

[GB/T 6425—2008,定义 3.4.10]

3.8

温度校正 temperature correction

建立校准用标准物质的转变温度的仪器测量值 T_m 和真实温度 T_{tr} 之间的关系(见式1),通过温度校正使仪器测量值与真实值相一致的操作。

$$T_{tr} = T_m + \Delta T_{corr} \quad\quad\quad\quad\quad\quad (1)$$

式中:

ΔT_{corr}——温度校正值。

3.9

热量校正 heat correction

建立校准用标准物质的转变热的仪器测量值 ΔQ_m 和真实值 ΔQ_{tr} 之间的关系(见式2),通过热量校正使仪器测量值与真实值相一致的操作。

$$\Delta Q_{tr} = K_Q(T) \cdot \Delta Q_m \quad\quad\quad\quad\quad (2)$$

式中:

$K_Q(T)$——用于热量校正的校正因子。

3.10

基线 baseline

无试样存在时产生的信号测量轨迹;当有试样存在时,系指试样无(相)转变或反应发生时,热分析曲线对应的区段。

热分析曲线的基线主要包括以下 3 种:

a) 仪器基线(instrument baseline)

无试样和参比物,仅使用相同质量和材料的空坩埚时测得的热分析曲线。

b) 试样基线(specimen baseline)

仪器装载有试样和参比物,在反应或转变区外测得的热分析曲线。

c) 准基线(virtual baseline)

假定热分析测定的物理量的变化为零,通过实际的温度或时间变化区域绘制的一条虚拟的线。

实际确定准基线时通常假定物理量随温度的变化呈线性,利用一条直线内插或外推试样基线绘制出这条线。如果在此范围内物理量没有明显变化,便可由峰的起点和终点直接连线绘制出基线;如果物理量出现了明显变化,则可采用 S 形基线。

4　测试方法原理

物质在一定的温度范围变化时,会发生某种或某些物理变化或化学变化,这些变化会引起系统温度和热熔不同程度的改变,并伴随有热量形式的吸收或释放,某些变化还涉及物质质量的增加或减少以及形状的变化,使用热分析技术可以研究这些与温度有关的物理性质的变化。

热分析技术是在程序控制温度(升温、降温、等温或其组合)和一定气氛下,使用合适的传感器测定这些变化并转换成电信号并加以采集和分析,得出某物理参数随温度变化的曲线。按测量的物理性质不同,有各种热分析技术。常用的有基于测量试样与参比物之间温度差变化的差热分析,基于测量体系热流速率或热流变化的差示扫描量热法和测量物质质量变化的热重法等。

5　测试环境要求

为了使仪器能在最佳状态下工作,放置仪器的环境应满足以下条件:
a)　远离强磁场、电场以及其他辐射;
b)　无灰尘、腐蚀性气体、振动、异常气流波动等影响;
c)　避免阳光直射;
d)　仪器工作的电压稳定且接地良好;
e)　环境温度 20 ℃±5 ℃,相对湿度≤75%。

6　试剂或材料

6.1　参比物

测试时所选用的参比物在测试温度范围应为热惰性(无任何热效应),通常为煅烧过的 α-Al_2O_3,或测试所需的其他物质。空坩埚也可作为参比物。

6.2　标准物质

所选择的标准物质应在化学性质上有足够的稳定性和惰性,在存储过程中没有变化,升温时不能与坩埚或者支架材料反应,材料易得,所取的特征转变温度足够明显、分立和重复等。

6.3　气氛气体

6.3.1　选用的气氛可以为氧化性、还原性、惰性等性质的气体,还可采用真空或高压气氛。

6.3.2 测试时根据需要选用空气、高纯氮气、氩气或其他气体作为气氛气体。对于单一组成的气氛气体的纯度要求在 99.99％（体积百分比）以上。

6.4 坩埚

6.4.1 热分析仪中常用的坩埚

坩埚是差热分析仪、差示扫描量热仪、热重仪、热重-差热分析仪和热重—差示扫描量热仪测试时用于装载试样或参比物的容器。常用的坩埚主要有铝坩埚、氧化铝坩埚、铂坩埚等。

6.4.2 坩埚的选择原则

6.4.2.1 选择坩埚时应注意坩埚的最高使用温度范围以及是否会与试样、气氛气体、高温下的分解产物发生反应等相关信息，如果坩埚在测试过程中会产生变化，则必须选择其他在测试条件下性质更稳定的坩埚。

6.4.2.2 测试过程中用到加盖（包括是否扎孔）坩埚时，应在报告中详细说明。

7 仪器

7.1 热分析仪的结构框图

热分析仪的结构框图如图 1 所示。

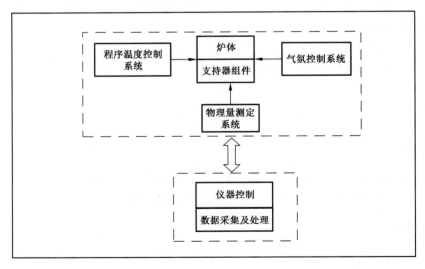

图 1 热分析仪结构框图

7.2 热分析仪的结构组成

热分析仪主要由仪器主机（主要包括程序温度控制系统、炉体、支持器组件、气氛控制系统、物理量测定系统）、仪器辅助设备（主要包括自动进样器、湿度发生器、压力控制装置、光照、冷却装置、压片装置等)、仪器控制和数据采集及处理等部分组成。

7.3 仪器性能

热分析仪器的性能主要包括温度测量精度、温度准确度、物理量检测最大灵敏度等指标,不同类型的热分析仪的指标各有差异。

7.4 校准

7.4.1 基本要求

热分析仪校准的基本要求如下:

a) 检测用的热分析仪应定期进行校准;

b) 校准时,应按照仪器相应的检定规程或校准规范使用相应标准物质分别对仪器的温度和检测物理量进行校正,结果应符合 7.3 所列的技术指标要求;

c) 进行温度和检测物理量校正时,应根据待测物理量发生变化的温度范围选择相应的标准物质。当测试温度范围较宽时,应使用一种以上的标准物质进行校正;

d) 由于校正会受到试样状态及用量、升温速率、试样支持器、坩埚、气氛气体的种类和流量等因素的影响,因此应与测试条件一致。

7.4.2 仪器需校准的几种情形

以下情形应及时对仪器进行校准:

a) 性能相差较大的不同坩埚或支持器类型建议分别做校准;

b) 密度相差较大的不同气氛建议分别做校准;

c) 根据仪器使用频率,在支持器无较大污染、无关键部件更换、仪器没有大修的情况下应定期进行校准。在仪器状态发生较明显变化等异常情况下应及时进行校准;

d) 首次使用或维修更换了新的支持器时,应进行校准。

8 样品

8.1 样品的一般要求

8.1.1 样品应保持均匀和具有代表性,并应与坩埚或支持器有良好的接触。

8.1.2 若使用参比物,其质量、密度、粒度和热传导性能应力求与试样一致。

8.1.3 用于对比的系列试样和重复测试的试样,每次测试所用的试样应有相近的颗粒尺寸、形状和质量,并尽量装填一致、松紧适宜,以得到良好的重现性。

8.2 固体样品

取样前应使样品保持均匀和具有代表性,并使试样的形状和大小适应坩埚(或试样支持器)的要求。

8.3 液体样品

应在搅拌均匀后直接取样,并按仪器要求把试样置于合适的坩埚(或其他实验容器)中。

8.4 特别说明

对分析前进行过热处理的样品,其处理过程及热处理所引起的质量损失及外观变化等须在报告中加以注明。

9 分析测试

9.1 前期准备工作

测试开始前需要对所用热分析仪器的外观和各部件进行工作正常性检查,若检查时发现外观异常、关键部件受到损坏或污染,应及时进行温度和检测物理量的校正。

9.2 测试条件的选择

9.2.1 根据仪器的要求和样品性质选择合适的试样用量进行测试,并确定是否选用参比物和稀释剂。对于系列样品和重复测试的样品,每次使用的试样应尽量装填一致、松紧适宜,以得到良好的重现性。

9.2.2 根据测试需要选用合适的气氛气体的种类、流量或压力、与温度范围相应的冷却附件等。

9.2.3 根据测试要求设定温度范围、升(降)温速率等温度控制程序参数。

9.2.4 坩埚的作用是测试时用于盛载试样的容器,在实验过程中用到的坩埚在测试条件下不得与试样发生任何形式的作用。

9.2.5 对于较快的转变,测试时数据采集的时间间隔应较短;对于耗时较长的测试,数据采集时间间隔宜适当延长。

9.3 实施步骤

9.3.1 开机

按照仪器操作规程开机、启动气氛控制系统以及冷却附件,使仪器处于待机状态。

9.3.2 试样加载

打开炉体,根据所使用的热分析仪器的操作规程加载试样,关闭炉体。

实验时用到参比物时,参比物的称量和加载过程同试样。

9.3.3 设定气氛条件

根据测试需要选择合适的气氛气体和流量,平衡后准备测试。

9.3.4 输入实验信息

在仪器的分析软件中根据需要输入待测试的样品名称、样品编号、试样质量（或尺寸等）、坩埚类型、气氛种类及流速、文件名、送样人（送样单位）等信息。

9.3.5 设定温度控制程序

在软件中根据需要设定温度范围和温度控制程序。

9.3.6 异常现象的处理

9.3.6.1 测试结束后如发现试样与试样坩埚或容器（或支持器）有反应等相互作用迹象，则不采用此数据，需更换合适的坩埚或容器重新进行测试。

9.3.6.2 测试结束后发现试样溢出坩埚或容器，污染到支持器组件时，应停止测试。支持器组件恢复工作后，应进行温度和检测的物理量校正，校正结果符合要求后方可继续进行测试工作。

9.3.7 关机

测试结束后需要关闭仪器时，打开加热炉取出测试后的坩埚或容器。按照仪器的操作规程关闭气氛控制系统以及相关附件、关闭仪器电源。仪器长时间不工作（一般为 2 h 以上）时，应关闭气源。

10 结果报告

热分析曲线的数据处理主要包括对由仪器测量得到的曲线进行特征值标注、数学处理（曲线运算、微分、积分、去卷积等）、曲线对比等，这些过程可通过仪器厂商提供的数据分析软件或常用的数据分析软件进行。

10.1 热分析曲线特征物理量的表示方法

按照所使用热分析仪器的类型，规范表示热分析曲线中台阶、峰的变化。

10.2 热分析曲线数据处理

由热分析曲线可以确定转变过程的特征温度或特征时间以及物理量变化等信息。如果出现多个转变，则分别报告每个转变的特征温度或特征时间。对于多个转变过程，则需由曲线分别确定每个过程的物理量变化。

10.3 分析结果的表述

10.3.1 结果报告应将测试数据结合热分析曲线来表示。

结果报告中可包括以下内容：

a) 标明试样和参比物的名称、样品来源、外观、检测时间、样品编号、委托单位、检测人、校核人、批准人及相关信息；

 b) 标明所用的测试仪器名称、型号和生产厂家;

 c) 列出所要求的测试项目,说明测试环境条件;

 d) 列出测试依据;

 e) 标明制样方法和试样用量,对于不均匀的样品,必要时应说明取样方法;

 f) 列出测试条件,如气体类型、流量、升温(或降温)速率、坩埚类型、支持器类型、文件名等信息;

 g) 列出测试数据和所得曲线;

 h) 必要时和可行时可给出定量分析方法和结果的评价信息。

10.3.2 热分析曲线中,横坐标中自左至右表示物理量的增加,纵坐标中自下至上表示物理量的增加。

10.3.3 对于单条热分析曲线,特征转变过程不多于两个(包括两个)时,应在图中空白处标注转变过程的特征温度或时间、物理量(如质量变化、热量等)等信息;当特征转变过程多于两个时,应列表说明每个转变过程的特征温度或时间、物理量(如质量变化、热量等)等信息。使用多条曲线对比作图时,每条曲线的特征温度或时间、物理量(如质量变化、热量等)等信息应列表说明。

10.4 热分析曲线的规范表示

作图时:

 a) 热分析曲线的纵坐标用归一化后的检测物理量表示;

 b) 对于线性加热/降温的测试,横坐标为温度,单位常用℃表示。进行热力学或动力学分析时,横坐标的单位一般用 K 表示;

 c) 对于含有等温条件的热分析曲线横坐标应为时间,纵坐标中增加一列温度。只需显示某一温度下的等温曲线时,则不需要在纵坐标中增加一列温度。

10.5 数值的表示方法

每种仪器测试的物理量的表示方法应符合要求,数据计算应符合 GB/T 8170—2008 的规定。

11 安全注意事项

11.1 使用高压钢瓶应遵守相应的安全规范。

11.2 在测试进行过程中,若试样产生有毒有害气体,要使用通风设备或者用管路将其导至室外,确保实验者安全。

11.3 易引起爆炸的样品应注意用量,制样时也需注意安全。

11.4 测试前应对样品的热性质有充分的了解,以免在测试过程中可能产生的对测试人员和仪器的损害。对于可能会对仪器产生潜在危害的样品,在测试时应采取相应的保护和预防措施。

11.5 用到液氮时,要防止冻伤。使用和贮存液氮的房间应保持通风良好,以避免空间缺氧,造成人员窒息。

参 考 文 献

[1] GB/T 13464—2008 物质热稳定性的热分析试验方法

[2] GB/T 22232—2008 化学物质的热稳定性测定 差示扫描量热法

[3] GB/T 29174—2012 物质恒温稳定性的热分析试验方法

[4] GB/T 19267.12—2008 刑事技术微量物证的理化检验 第 12 部分:热分析法

[5] GB/T 19466.1—2004 塑料 差示扫描量热法(DSC) 第 1 部分:通则

[6] GB/T 19466.2—2004 塑料 差示扫描量热法(DSC) 第 2 部分:玻璃化转变温度的测定

[7] GB/T 19466.3—2004 塑料 差示扫描量热法(DSC) 第 3 部分:熔融和结晶温度及热焓的测定

[8] GB/T 6297—2002 陶瓷原料 差热分析方法

[9] JIS K 0129—2005 热分析通则

ICS 03.180
Y 51

中华人民共和国教育行业标准

JY/T 0589.2—2020
代替 JY/T 014—1996

热分析方法通则
第 2 部分：差热分析

General rules of analytical methods for thermal analysis—
Part 2：Differential thermal analysis

2020-09-29 发布

2020-12-01 实施

中华人民共和国教育部　　发 布

前　言

本部分按照 GB/T 1.1—2009 给出的规则起草。

JY/T 0589《热分析方法通则》分为以下部分：

——第 1 部分：总则；

——第 2 部分：差热分析；

——第 3 部分：差示扫描量热法；

——第 4 部分：热重法；

——第 5 部分：热重-差热分析和热重-差示扫描量热法；

——……

本部分为 JY/T 0589 的第 2 部分。

本系列标准中第 1 至 5 部分代替 JY/T 014—1996《热分析方法通则》，本部分代替 JY/T 014—1996 中差热分析部分的内容。与 JY/T 014—1996 相比，本部分除编辑性修改外主要技术变化如下：

——修改了标准的适用范围（见第 1 章）；

——增加了规范性引用文件（见第 2 章）；

——增加了术语和定义（见 3.1-3.3）；

——扩充了"测试方法原理"部分内容，单独介绍了差热分析原理（见第 4 章）；

——增加了"测试环境要求"部分内容（见第 5 章）；

——"试剂或材料"部分，修改了"参比物"和"标准物质"部分的内容，并添加了气氛气体和坩埚部分的内容（见 6.1-6.4）；其中"坩埚"部分列举了"坩埚的选择原则"和"DTA 仪坩埚"内容（见 6.4）；

——"仪器"部分，增加了"DTA 仪的结构框图"（见 7.1），删除了"计算机系统""记录及显示"部分的内容（见 1996 年版 6.1.5、6.1.6）；

——完善了"样品"部分的内容（见第 8 章）；

——"分析测试"部分，将原版本中的"温度校正和热量校正"部分内容（见 1996 年版 8.2.1、8.2.3）移至"仪器部分"（见 7.4）；增加了"测试条件的选择"部分内容（见 9.2）；结合在用仪器的特点和操作流程重新编写了"实施步骤"部分的内容（见 9.3）；

——"结果报告"部分，增加了"DTA 曲线特征物理量的表示方法""DTA 曲线的规范表示"部分的内容（见 10.1、10.4）；原版本中"测试报告"（见 1996 年版 9.2）标题改为"分析结果的表述"并完善了内容（见 10.3）；

——修改并扩充了"安全注意事项"（见第 11 章）；

——更新了"附录"部分表格的内容（见附录 A、附录 B）；

——增加了"参考文献"（见参考文献）。

本部分由中华人民共和国教育部提出。

本部分由全国教育装备标准化技术委员会化学分技术委员会（SAC/TC 125/SC 5）

归口。

本部分起草单位：中国科学技术大学、北京大学、西南科技大学、浙江大学、南京师范大学、武汉理工大学。

本部分主要起草人：丁延伟、章斐、霍冀川、陈林深、王昉、杨新亚。

本部分所代替标准的历次版本发布情况为：

——JY/T 014—1996。

引　言

物质在一定的温度或时间范围变化时,会发生某种或某些物理变化或化学变化,这些变化会引起物质的温度和热焓等物理性质不同程度的改变,使用热分析技术可以研究这些与温度或时间有关的物理性质的变化。

热分析技术是在程序控制温度和一定气氛下,测量物质的物理性质随温度或时间变化的一类技术。按测量的物理性质不同,已发展成为相应的热分析技术。JY/T 0589 的本部分规范了热分析方法中常用的差热分析方法,可作为教育行业实验室使用差热分析仪进行分析测试的标准依据和检验检测机构资质认定的立项依据。

热分析方法通则
第2部分：差热分析

1 范围

JY/T 0589 的本部分规定了差热分析的测试方法原理、测试环境要求、试剂或材料、仪器、测试样品、测试步骤、结果报告和安全注意事项。

本部分适用于通用的差热分析仪对物质进行热分析。

2 规范性引用文件

下列文件对于本文件的应用是必不可少的。凡是注日期的引用文件，仅注日期的版本适用于本文件。凡是不注日期的引用文件，其最新版本（包括所有的修改单）适用于本文件。

GB/T 6425—2008 热分析术语

GB/T 8170—2008 数值修约规则与极限数值的表示与判定

JY/T 0589.1—2020 热分析方法通则 第1部分：总则

3 术语和定义

GB/T 6425—2008 界定的以及下列术语和定义适用于本文件。为了便于使用，以下重复列出了 GB/T 6425—2008 中的某些术语和定义。

3.1

差热分析 differential thermal analysis；DTA

在程序控温和一定气氛下，测量试样和参比物温度差与温度或时间关系的技术。

[GB/T 6425—2008，定义 3.2.7]

3.2

差热分析仪 differential thermal analyzer

在程序控温和一定气氛下，连续测量试样和参比物温度差的仪器。

[GB/T 6425—2008，定义 3.3.3]

3.3

差热分析曲线 differential thermal analytical curve

DTA 曲线 DTA curve

由差热分析仪测得的曲线。曲线的纵坐标是试样量归一化后的试样和参比物的温度差（ΔT），横坐标是温度或时间，图中吸/放热效应以曲线吸/放热标识所示方向为准。

4　测试方法原理

差热分析(DTA)是在程序控制温度和一定气氛下,测量物质和参比物之间的温度差与温度(或时间)关系的一种技术。测试时,将盛有试样(S)和参比物(R)的两只坩埚(空坩埚也可作为参比物)分别置于差热分析仪(DTA仪)的试样支持器和参比物支持器上,在程序控制温度和一定的气氛下对试样和参比物同时进行升温、降温或等温测试。在理想情况下,若试样不发生热效应,T_S 和 T_R 相等,即 $\Delta T = 0$。当试样温度达到某一温度而发生热效应时,T_S 和 T_R 不再相等,即 $\Delta T \neq 0$。差示热电偶记录下温度差信号并转换成电信号,加以采集和分析,得到DTA曲线。

5　测试环境要求

为了使DTA仪器能在最佳状态下工作,放置仪器的环境应满足JY/T 0589.1—2020中第5章的要求。

6　试剂或材料

6.1　参比物

使用DTA仪测试时所选用的参比物见JY/T 0589.1—2020中6.1。

6.2　标准物质

用于DTA仪温度和量热校正的标准物质参见附录A。附录B列出了常用的更宽温度校正范围(−40 ℃~2 500 ℃)的标准物质的熔融温度。

6.3　气氛气体

使用DTA仪测试时的气氛气体见JY/T 0589.1—2020中6.3。

6.4　坩埚

常用于DTA测试的坩埚主要有铝坩埚、铂坩埚和氧化铝坩埚。根据需要还可以选择石英坩埚、镍坩埚、铜坩埚、银坩埚、合金坩埚等。坩埚的选择原则见JY/T 0589.1—2020中6.4.2。

7　仪器

7.1　DTA仪的结构框图

常用的DTA仪的结构框图如图1所示。

7.2 DTA 仪的结构组成

DTA 仪主要由仪器主机(主要包括程序温度控制系统、炉体、支持器组件、气氛控制系统、温度及温度差测定系统等部分)、仪器辅助设备(主要包括自动进样器、压力控制装置、光照、冷却装置、压片装置等)、仪器控制和数据采集及处理各部分组成,见图1。

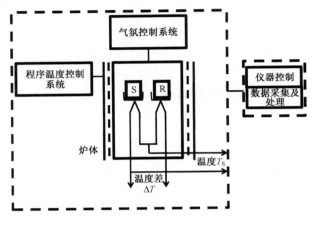

图 1　DTA 仪结构框图

7.3 仪器性能

DTA 仪器性能应满足相关的检定规程或校准规范的要求。

7.4 校准

7.4.1 基本要求

DTA 仪校准的基本要求如下:

 a) 检测用 DTA 仪应定期进行校准;

 b) 校准时,应按照仪器相应的检定规程或校准规范使用相应标准物质分别对仪器的温度和热量进行校正,结果应符合7.3所列的技术指标;

 c) 进行温度和热量校正时,应根据热效应产生的温度范围选择相应的标准物质。测试温度范围较宽时,应使用一种以上的标准物质进行校正;

 d) 由于校正会受到试样状态及用量、升温速率、试样支架、坩埚、气氛气体的种类和流量等因素的影响,因此以下校正应与测试条件一致。

7.4.2 DTA 仪温度校正

7.4.2.1 在仪器的正常工作条件下采用已知转变温度的标准物质(或纯度在99.99%以上的物质)对仪器温度示值进行标定。

7.4.2.2 用标准物质校正仪器的温度时,通常采用一点或多点校正,即在所测定温度范围的上限和下限分别选择一种或多种标准物质进行校正;如果已预先确定的两点间的斜率(S)值充分接近1.000,则可以作一点校正。

7.4.3　DTA 仪热量校正

通常通过对 DTA 曲线的基线或峰面积进行校正得到定量的热效应信息(有时将校正后的 DTA 曲线称为 DSC 曲线),但仍有一些仪器直接提过 DTA 曲线的峰面积得到热效应的数值。校正时用仪器测定已知转变温度和转变焓标准物质的 DTA 曲线,通过仪器生产商提供的分析软件确定单位面积所代表的热量,与标准物质提供者提供的标准值进行比较和校正。

7.4.4　仪器需校准的几种情形

DTA 仪需及时校准的情形见 JY/T 0589.1—2020 中 7.4.2。

8　样品

8.1　样品的一般要求

用于 DTA 仪测试的样品的一般要求见 JY/T 0589.1—2020 中 8.1。

8.2　固体样品

取样前应使样品保持均匀和具有代表性,并使试样的形状和大小适应 DTA 仪坩埚的要求。

8.3　液体样品

应在搅拌均匀后直接取样,并按仪器要求把试样置于合适的 DTA 仪坩埚中。

8.4　特别说明

对分析前进行过热处理的样品需做特别说明,见 JY/T 0589.1—2020 中 8.4。

9　分析测试

9.1　前期准备工作

测试开始前需要对 DTA 仪的外观和各部件进行工作正常性检查,若检查时发现外观异常、关键部件受到损坏或污染,应及时进行温度和热量校正。

9.2　测试条件的选择

使用 DTA 仪进行测试时,测试条件的选择见 JY/T 0589.1—2020 中 9.2。

9.3　实施步骤

9.3.1　开机

按照所用 DTA 仪的操作规程开机、启动气氛控制系统以及冷却附件,使仪器处于待机状态。

9.3.2 试样称量和加载

差减法称取置于试样坩埚内的适量试样的质量（精确到±0.01 mg），使其与试样坩埚紧密接触。打开炉体，将试样坩埚和参比坩埚分别置于试样支持器和参比物支持器上，关闭炉体。

参比物的称量和加载过程同试样。

9.3.3 设定气氛条件

根据DTA测试条件的需要，选择合适的气氛气体和流量，平衡后准备测试。

9.3.4 输入实验信息

在DTA仪的分析软件中根据需要输入待测试的样品名称、样品编号、试样质量、坩埚类型、气氛种类及流速、文件名、送样人（送样单位）等信息。

9.3.5 设定温度控制程序

在软件中根据需要设定温度范围和温度控制程序。

9.3.6 异常现象的处理

9.3.6.1 测试结束后如发现试样与试样坩埚有反应等相互作用迹象，则不采用此数据，需更换合适坩埚重新进行测试。

9.3.6.2 测试结束后发现试样溢出坩埚污染到支持器组件时，应停止测试。支持器组件恢复工作后，应进行温度和热量校正，校正结果符合要求后方可继续进行测试工作。

9.3.7 关机

测试结束后需要关闭仪器时，按照JY/T 0589.1—2020中9.3.7的要求进行关机。

10 结果报告

10.1 DTA曲线特征物理量的表示方法

由DTA曲线所测得的特征变化主要是由热效应引起的，对于所得的DTA曲线而言，主要以吸热峰或者放热峰的形式体现热效应的变化信息。应从以下几个方面描述DTA曲线。

10.1.1 特征温度或时间

主要包括以下几个特征量：

a) 初始温度或时间

由外推起始准基线可确定最初偏离热分析曲线的点，通常以 T_i 或 t_i 表示；

b) 外推始点温度或时间

外推起始准基线与热分析曲线峰的起始边或台阶的拐点或类似的辅助线的最大线性部分所做切线的交点,通常以 T_{eo},t_{eo} 表示;

c) 中点温度或时间

某一反应或转变范围内的曲线与基线之间的半高度差处所对应的温度或时间,通常以 $T_{1/2}$,$t_{1/2}$ 表示;

d) 峰值温度或时间

热分析曲线与准基线差值最大处,通常以 T_p 或 t_p 表示;

e) 外推终点温度或时间

外推终止准基线与热分析曲线峰的终止边或台阶的拐点或类似的辅助线的最大线性部分所做切线的交点,通常以 T_{ef} 或 t_{ef} 表示;

f) 终点温度或时间

由外推终止准基线可确定最后偏离热分析曲线的点,通常以 T_f 或 t_f 表示。

对于已知的转变过程,以上特征温度或时间符号中以正体下角标表示转变的类型,如 g(glass transition),玻璃化;c(crystallization),结晶;m(melting),熔融;d(decomposition)分解等。

图 2 以非等温 DTA 曲线为例,示出了以上特征温度的表示方法。

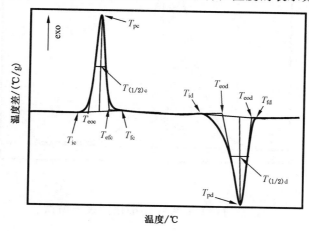

图 2　DTA 曲线的特征温度表示方法

10.1.2　特征峰

热分析曲线所得的特征峰是指曲线中偏离试样基线的部分,曲线达到最大或最小,而后又返回到试样基线。峰主要包括以下几个特征量:

a) 吸热峰

DTA 曲线的吸热峰,是指转变过程中试样的温度低于参比物的温度,相当于吸热转变;

b) 放热峰

DTA 曲线的放热峰,是指转变过程中试样的温度高于参比物的温度,相当于放热转变;

c) 峰高

准基线到热分析曲线出峰的最大距离,峰高不一定与试样量成比例,通常以 H_T 或 H_t 表示;

d) 峰宽

峰的起、止温度或起、止时间的距离,通常以 T_w 或 t_w 表示;

e) 半高宽

峰高度二分之一所对应的起、止温度或起、止时间的距离,通常以 $T_{(1/2)w}$ 或 $t_{(1/2)w}$ 表示;

f) 峰面积

由峰和准基线所包围的面积。

对于 DTA 曲线而言,可以通过峰面积半定量地得到发生的吸热或放热的热效应数值,通常以 Q 表示。

图 3 以由分解引起的非等温 DTA 曲线放热峰为例,示出了以上特征峰的表示方法。

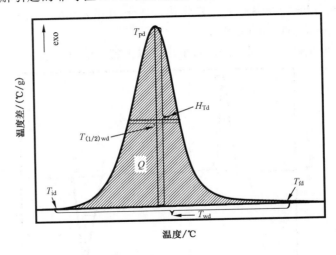

图 3　DTA 曲线的特征峰的表示方法

10.2　DTA 数据处理

由 DTA 曲线可按照图 2 和图 3 的方法确定转变过程的特征温度或特征时间和热量变化等信息。如果出现多个转变,则分别报告每个转变的特征温度或特征时间。对于出现多个峰的转变,需由曲线分别确定每个独立的吸热或放热峰的峰面积,或根据仪器的量热校正系数 K 计算吸热或放热(如熔融或结晶)的 Q 值,或用热分析数据处理软件直接进行 Q 值数据处理。

10.3　分析结果的表述

10.3.1　结果报告应将测试数据结合 DTA 曲线来表示。结果报告中可包括的内容见 JY/T 0589.1—2020 中 10.3.1。

10.3.2　热分析曲线的规范作图方式见 JY/T 0589.1—2020 中 10.3.2。对于 DTA 曲线

而言,曲线中沿吸/放热方向表示温度差的增加(如图 2 和图 3 所示)。

10.3.3　对于单条 DTA 曲线,特征转变过程不多于两个(包括两个)时,应在图中空白处标注转变过程的特征温度或时间、热量等信息;当特征转变过程多于两个时,应列表说明每个转变过程的特征温度或时间、热量等信息。使用多条曲线对比作图时,每条曲线的特征温度或时间、热量等信息应列表说明。

10.4　DTA 曲线的规范表示

作图时:

a)　DTA 曲线的纵坐标用归一化后的温度差表示,常用的单位为℃/mg 或 μV/mg;

b)　对于线性加热/降温的测试,横坐标为温度,单位常用℃表示。进行热力学或动力学分析时,横坐标的单位一般用 K 表示;

c)　对于含有等温条件的 DTA 曲线横坐标应为时间,纵坐标中增加一列温度。只需显示某一温度下 的等温曲线时,则不需要在纵坐标中增加一列温度;

d)　应在图的显著位置(通常为左上角)用向上或向下的箭头注明 DTA 曲线的吸放热方向,通常峰向上表示放热。

10.5　数值的表示方法

DTA 仪测试的物理量的表示方法应符合要求,数据计算应符合 GB/T 8170—2008 的规定。

11　安全注意事项

进行 DTA 实验时的安全注意事项见 JY/T 0589.1—2020 中第 11 章。

附　录　A

（资料性附录）

用于温度和量热校正的标准物质

表 A.1 给出了常用于温度和量热校正的标准物质。表中所列数值为标准物质提供者中国计量科学研究院所提供的参考值。校正时应以所使用的标准物质的数值为准。

表 A.1　用于温度和量热校正的标准物质

标准物质名称	标准物质编号	熔融温度/℃ ($k=2$)	熔融热/(J/g) ($k=2$)	相变温度/℃ ($k=2$)
In	GBW(E)130182	156.52 ± 0.26	28.53 ± 0.30	—
Sn	GBW(E)130183	231.81 ± 0.06	60.24 ± 0.18	—
Pb	GBW(E)130184	327.77 ± 0.46	23.02 ± 0.28	—
Zn	GBW(E)130185	420.67 ± 0.60	107.6 ± 1.3	—
KNO_3	GBW(E)130186	—	—	130.45 ± 0.44
SiO_2	GBW(E)130187	—	—	574.29 ± 0.94
Ga	GBW(E)130443	30.03 ± 0.20	79.90 ± 0.48	—
$C_{13}H_{10}O_3$（水杨酸苯酯）	GBW(E)130444	41.82 ± 0.34	88.66 ± 0.62	—

附　录　B

（资料性附录）

用于温度和量热校正的更宽的温度范围（－40 ℃～2 500 ℃）标准物质的熔融温度

表 B.1 给出了常用于温度和量热校正的更宽温度范围（－40 ℃～2 500 ℃）标准物质的熔融温度，标准物质的纯度应在 99% 以上。表中所列数值为参考值，具体数据以标准物质提供者所赋予的值为准。

表 B.1　更宽的温度范围（－40 ℃～2 500 ℃）标准物质的熔融温度

标准物质	熔融温度/℃
Hg	－36.9
H_2O	0.0
$C_{12}H_{10}O$（二苯醚）	26.9
$C_7H_6O_2$（苯甲酸）	122.4
In	156.6
Bi	271.4
Pb	327.5
Zn	419.6
Sb	630.7
Al	660.4
Ag	961.9
Au	1 064.4
Cu	1 084.5
Ni	1 456
Co	1 494
Pd	1 554
Pt	1 772
Rh	1 963
Ir	2 447

参 考 文 献

[1] GB/T 13464—2008　物质热稳定性的热分析试验方法

[2] GB/T 22232—2008　化学物质的热稳定性测定　差示扫描量热法

[3] GB/T 29174—2012　物质恒温稳定性的热分析试验方法

[4] GB/T 19267.12—2008　刑事技术微量物证的理化检验　第 12 部分:热分析法

[5] GB/T 19466.1—2004　塑料　差示扫描量热法(DSC)　第 1 部分:通则

[6] GB/T 19466.2—2004　塑料　差示扫描量热法(DSC)　第 2 部分:玻璃化转变温度的测定

[7] GB/T 19466.3—2004　塑料　差示扫描量热法(DSC)　第 3 部分:熔融和结晶温度及热焓的测定

[8] GB/T 6297—2002　陶瓷原料　差热分析方法

[9] JIS K0129—2005　热分析通则

ICS 03.180
Y 51

中华人民共和国教育行业标准

JY/T 0589.3—2020
代替 JY/T 014—1996

热分析方法通则
第 3 部分：差示扫描量热法

General rules of analytical methods for thermal analysis—
Part 3：Differential scanning calorimetry

2020-09-29 发布

2020-12-01 实施

中华人民共和国教育部　　发 布

前　言

本部分按照 GB/T 1.1—2009 给出的规则起草。

JY/T 0589《热分析方法通则》分为以下部分：

——第 1 部分：总则；

——第 2 部分：差热分析；

——第 3 部分：差示扫描量热法；

——第 4 部分：热重法；

——第 5 部分：热重-差热分析和热重-差示扫描量热法；

——……

本部分为 JY/T 0589 的第 3 部分。

本系列标准中第 1 至 5 部分代替 JY/T 014—1996《热分析方法通则》，本部分代替 JY/T 014—1996 中差示扫描量热法部分的内容。与 JY/T 014—1996 相比，本部分除编辑性修改外主要技术变化如下：

——修改了标准的适用范围（见第 1 章）；

——增加了规范性引用文件（见第 2 章）；

——增加了术语和定义（见 3.1-3.7）；

——"测试方法原理"部分，增加了"差示扫描量热法原理""热流式 DSC 仪的工作原理"和"功率补偿式 DSC 仪的工作原理"部分内容（见第 4 章）；

——增加了"测试环境要求"部分内容（见第 5 章）；

——"试剂或材料"部分，修改了"参比物"和"标准物质"部分的内容，增加了 DSC 测试"参比物"的内容（见 6.1），增加了"DSC 坩埚"部分内容（见 6.4）；

——"仪器"部分，增加了"热流式 DSC 仪的结构框图"和"功率补偿式 DSC 仪的结构框图"（见 7.1.2、7.2.1），并完善了各组成部分的介绍，增加了"数据采集及处理系统""仪器辅助设备""校准"部分的内容；（见 7.1.2、7.2.2、7.4）；删除了"计算机系统""记录及显示"部分的内容（见 1996 年版 6.1.5、6.1.6）；

——完善了"样品"部分的内容（见第 8 章）；

——"分析测试"部分，将原版本中的"温度校正和热量校正"部分内容（见 1996 年版 8.2.1、8.2.3）移至"仪器部分"（见 7.4）；增加了"测试条件的选择"部分内容（见 9.2）；结合大多数实验室在用仪器的特点和操作流程重新编写了"实施步骤"部分的内容（见 9.3）；

——"结果报告"部分，增加了"DSC 曲线特征物理量的表示方法""DSC 曲线的规范表示"部分的内容（见 10.1、10.4）；原版本中"测试报告"（见 1996 年版 9.2）标题改为"分析结果的表述"并完善了内容（见 10.3）；

——修改并扩充了"安全注意事项"部分的内容（见第 11 章）；

——增加了参考文献（见参考文献）。

本部分由中华人民共和国教育部提出。

本部分由全国教育装备标准化技术委员会化学分技术委员会(SAC/TC 125/SC 5)归口。

本部分起草单位:中国科学技术大学、西南科技大学、北京大学、浙江大学、山东理工大学。

本部分主要起草人:丁延伟、郭宝刚、章斐、陈林深、白玉霞、常伟伟。

本部分所代替标准的历次版本发布情况为:

——JY/T 014—1996。

引　言

物质在一定的温度或时间范围变化时,会发生某种或某些物理变化或化学变化,这些变化会引起物质的温度和热焓等物理性质不同程度的改变,使用热分析技术可以研究这些与温度或时间有关的物理性质的变化。

热分析技术是在程序控制温度和一定气氛下,测量物质的物理性质随温度或时间变化的一类技术。按测量的物理性质不同,已发展成为相应的热分析技术。JY/T 0589 的本部分规范了热分析方法中的常用的差示扫描量热法,可作为教育行业实验室使用差示扫描量热仪进行分析测试的标准依据和检验检测机构资质认定的立项依据。

热分析方法通则
第3部分：差示扫描量热法

1 范围

JY/T 0589 的本部分规定了使用差示扫描量热法的测试方法原理、测试环境要求、试剂或材料、仪器、测试样品、测试步骤、结果报告和安全注意事项。

本部分适用于通用的差示扫描量热仪对物质进行热分析。

2 规范性引用文件

下列文件对于本文件的应用是必不可少的。凡是注日期的引用文件，仅注日期的版本适用于本文件。凡是不注日期的引用文件，其最新版本（包括所有的修改单）适用于本文件。

GB/T 6425—2008 热分析术语

GB/T 8170—2008 数值修约规则与极限数值的表示与判定

JY/T 0589.1—2020 热分析方法通则 第1部分：总则

JY/T 0589.2—2020 热分析方法通则 第2部分：差热分析

3 术语和定义

GB/T 6425—2008 界定的以及下列术语和定义适用于本文件。为了便于使用，以下重复列出了 GB/T 6425—2008 中的某些术语和定义。

3.1

差示扫描量热法 differential scanning calorimetry；DSC

在程序控温和一定气氛下，测量输给试样和参比物的热流速率或加热功率（差）与温度或时间关系的技术。

［GB/T 6425—2008，定义 3.2.9］

3.2

热流式差示扫描量热法 heat flux-type differential scanning calorimetry

按程序控温改变试样和参比物温度时，测量与试样和参比物温差相关的热流速率与温度或时间关系的技术。

3.3

功率补偿式差示扫描量热法 power compensation-type differential scanning calorimetry

在程序控温并保持试样和参比物温度相等时，测量输给试样和参比物的加热功率

（差）与温度或时间关系的技术。

　　[GB/T 6425—2008,定义 3.2.9.2]

3.4

差示扫描量热仪　differential scanning calorimeter

在程序控温和一定气氛下,测量输给试样和参比物的热流速率或加热功率（差）与温度或时间关系的仪器。

　　[GB/T 6425—2008,定义 3.3.4]

3.5

功率补偿式差示扫描量热仪　power compensation-type differential scanning calorimeter

在程序控温下,当出现热效应时,为保持试样和参比物的温度近乎相等需做功率补偿,该仪器是测量输给两者加热功率差的仪器。

　　[GB/T 6425—2008,定义 3.3.4.1]

3.6

热流式差示扫描量热仪　heat flux-type differential scanning calorimeter

在程序控温下,测量与试样和参比物温差成比例流过热敏板的热流速率的仪器。

3.7

差示扫描量热曲线　differential scanning calorimetric curve

DSC 曲线　DSC curve

由差示扫描量热仪测得的输给试样和参比物的热流速率或加热功率（差）与温度或时间的关系曲线图示。曲线的纵坐标为称热流（heat flow）；横坐标为温度或时间。得到的曲线图中吸/放热效应以曲线吸/放热标识所示方向为准。

4　测试方法原理

　　差示扫描量热法（DSC）是在程序控制温度和一定气氛下,测量输给试样（S）和参比物（R）的热流速率或加热功率（差）与温度或时间关系的一种技术。

　　DSC 仪通过测量试样端和参比端的热流速率或加热功率（差）随温度或时间的变化过程来获取试样在一定程序控制温度下的热效应信息。与 DTA 仪相比,DSC 仪具有较高的灵敏度和精确度。常用的 DSC 仪主要有热流式和功率补偿式两种类型。

4.1　热流式 DSC 仪的工作原理

　　热流式 DSC 仪在仪器结构上与 DTA 仪十分相似,不同之处在于前者在程序控制温度下对置于同一均热块上的试样和参比物进行加热,通过气相和匀热片（通常为康铜片）两个途径把热传递给试样坩埚和参比坩埚。由高灵敏度热电偶测试装有试样与参比物的坩埚的温度,测得试样与参比物间的温度差（ΔT）与温度或时间的关系,然后通过热流方程将 ΔT 换算为热流差,获得热流差与时间或温度间的关系,即为热流式 DSC 曲线。

　　热通量式 DSC 利用串接的热电偶（堆）精确测量试样和参比物温度,灵敏度和精确度高,用于精密热量测定,这种 DSC 也属于热流式 DSC。

4.2 功率补偿式 DSC 仪的工作原理

功率补偿式 DSC 仪在工作时保持试样和参比物的温度相同,当试样的温度改变时,测量输给试样和参比物之间的加热功率(差)随温度或时间的变化。仪器的试样和参比物的支持器是各自独立的元件,除仪器的试样端和参比物端均有热电偶外,还各自装有单独的加热器,且存在两个控制回路。其中一个控制回路控制温度,使试样和参比物以预先设定的温度控制程序控温;而另一个控制回路用来补偿二者之间的温度差。仪器测定的是维持试样和参比物处于相同温度所需要的能量。

在功率补偿式 DSC 仪的工作过程中,无论试样产生任何热效应,试样和参比物都处于动态零位平衡状态,即二者之间的温度差 ΔT 等于 0。仪器根据试样发生热效应而形成的试样和参比物间温差的方向来提供电功率,以使温差低于额定值(通常小于 0.01 K)。当试样产生任何热效应时,在试样和参比物之间存在温度差。此时放置于它们下面的一组差示热电偶即产生温差电势,经信号放大后输入功率补偿放大器,功率补偿放大器自动调节补偿加热丝的电流,使试样和参比物之间的温度差趋于零,始终维持两者温度相同,该过程中补偿的功率转换为热量即为试样的热效应。功率补偿式 DSC 仪通过记录补偿的电功率的变化即可得功率补偿式 DSC 曲线。

5 测试环境要求

为了使 DSC 仪器能在最佳状态下工作,放置仪器的环境应满足 JY/T 0589.1—2020 中第 5 章的要求。

6 试剂或材料

6.1 参比物

DSC 测试时所选用的参比物通常为空白(即直接使用空坩埚),也可根据需要使用其他物质作为参比物。使用 DSC 仪测试时所选用的参比物见 JY/T 0589.1—2020 中 6.1。

6.2 标准物质

6.2.1 DSC 仪标准物质

用于 DSC 仪温度和热量校正的标准物质与 DTA 仪相同,见 JY/T 0589.2—2020 中 6.2。

6.3 气氛气体

使用 DSC 仪测试时的气体见 JY/T 0589.1—2020 中 6.3。

6.4 坩埚

常用于 DSC 测试的坩埚主要有铝坩埚和铂坩埚。还可以根据需要选用氧化铝坩埚、

石英坩埚、镍坩埚、铜坩埚、银坩埚、合金坩埚等。坩埚的选择原则见 JY/T 0589.1—2020
中 6.4.2。

　　DSC 测试中常用铝坩埚,使用时在加入试样后通常要加盖密封。对于在测试前后以
及测试过程中始终为固态且在测试过程中没有气体产生的试样,通常使用固体铝坩埚;
对于在测试前或测试过程中为液态的试样,通常使用液体铝坩埚;对于在测试中有挥发
气体产生的试样,则需要在坩埚密封后在盖子上扎孔。

7　仪器

　　常用 DSC 仪主要分为热流式 DSC 仪和功率补偿式 DSC 仪两种。

7.1　热流式 DSC 仪

7.1.1　热流式 DSC 仪的结构框图

　　热流式 DSC 仪的结构框图如图 1 所示。

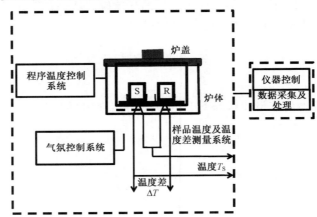

图 1　热流式 DSC 仪结构框图

7.1.2　热流式 DSC 仪的结构组成

　　热流式 DSC 仪主要由仪器主机(主要包括程序温度控制系统、炉体、支持器组件、气
氛控制系统、试样温度及温度差测定系统等部分)、仪器辅助设备(主要包括自动进样器、
压力控制装置、光照、冷却装置、压片装置等)、仪器控制和数据采集及处理各部分组成。

7.2　功率补偿式 DSC 仪

7.2.1　功率补偿式 DSC 仪的结构框图

　　功率补偿式 DSC 仪的结构框图如图 2 所示。

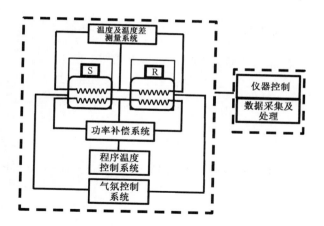

图 2　功率补偿式 DSC 仪结构框图

7.2.2　功率补偿式 DSC 仪的结构组成

功率补偿式 DSC 仪主要由仪器主机(主要包括程序温度控制系统、炉体、支持器组件、气氛控制系统、温度及温度差测定系统、功率补偿系统等部分)、仪器辅助设备(主要包括自动进样器、压力控制装置、光照、冷却装置、压片装置等)、仪器控制和数据采集及处理各部分组成。

7.3　仪器性能

DSC 仪器性能应满足相关的检定规程或校准规范的要求。

7.4　校准

7.4.1　基本要求

a)　应定期对检测用 DSC 仪进行校准。

b)　校准时,应按照仪器相应的检定规程或校准规范使用相应标准物质分别对仪器的温度和热量进行校正,结果应符合 7.3 所列的技术指标。

c)　进行温度和热量校正时,应根据热效应产生的温度范围选择相应的标准物质。测试温度范围较宽时,通常使用一种以上的标准物质进行校正。

d)　由于校正会受到试样状态及用量、升温速率、坩埚、气氛气体的种类和流量等因素的影响,因此以下校正应与测试条件一致。

7.4.2　DSC 仪温度校正

DSC 仪的温度校正方法同 DTA 仪,见 JY/T 0589.2—2020 中 7.4.2。

7.4.3　DSC 仪热量校正

DSC 仪的热量校正方法同 DTA 仪,见 JY/T 0589.2—2020 中 7.4.3。

7.4.4 仪器需校准的几种情形

需及时对 DSC 仪校准的情形见 JY/T 0589.1—2020 中 7.4.2。

8 样品

8.1 样品的一般要求

用于 DSC 仪测试的样品的一般要求见 JY/T 0589.1—2020 中 8.1。

8.2 固体样品

取样前应使样品保持均匀和具有代表性，并使试样的形状和大小适应 DSC 仪坩埚的要求。

8.3 液体样品

应在搅拌均匀后直接取样，并按仪器要求把试样置于合适的 DSC 仪坩埚中。

8.4 特别说明

对分析前进行过热处理的样品需做特别说明，见 JY/T 0589.1—2020 中 8.4。

9 分析测试

9.1 前期准备工作

测试开始前需要对 DSC 仪的外观和各部件进行工作正常性检查，若检查时发现外观异常、关键部件受到损坏或污染，应及时进行温度和热量校正。

9.2 测试条件的选择

9.2.1 根据 DSC 仪的要求和样品性质，选择合适的试样用量进行测试，并确定是否选用参比物和稀释剂。对于系列样品和重复测试的样品，每次使用的试样应尽量装填一致、松紧适宜，以得到良好的重现性。DSC 仪在测试时一般用空坩埚作为参比物，参比坩埚的状态(主要指坩埚材质、性状、是否加盖、是否扎孔等)应与试样坩埚相同。

9.2.2 根据测试需要选用合适的气氛气体的种类、流量或压力以及与温度范围相应的冷却附件等。

9.2.3 根据测试要求设定温度范围、升(降)温速率等温度控制程序参数。进行温度调制 DSC 测试时，应根据所用仪器的控制软件的要求，输入温度调制的参数。

9.2.4 坩埚的作用是测试时用于盛载试样的容器，在实验过程中用到的坩埚在测试条件下不得与试样发生任何形式的化学作用。坩埚的选择原则见 JY/T 0589.1—2020 中 6.4.1。DSC 测试的铝坩埚为一次性使用，不宜重复使用。

9.2.5 对于较快的转变，测试时数据采集的时间间隔应较短；对于耗时较长的测试，数据采集时间间隔宜适当延长。

9.3 实施步骤

9.3.1 开机

按照所用 DSC 仪的操作规程开机、启动气氛控制系统以及冷却附件,使仪器处于待机状态。

9.3.2 试样称量和加载

根据需要和样品性质用差减法称取置于试样坩埚内的适量试样的质量(精确到±0.01 mg),加盖后用密封装置密封坩埚,使试样与坩埚紧密接触。在特殊需求下也可不加盖密封(如光固化、氧化诱导期等)。打开炉体,将试样坩埚和参比坩埚分别置于试样支持器和参比物支持器上,关闭炉体。

用到参比物时,参比物的称量和加载过程同试样。

9.3.3 设定气氛条件

根据 DSC 测试条件的需要,选择合适的气氛气体和流量,平衡后准备测试。

9.3.4 输入实验信息

在 DSC 仪的分析软件中根据需要输入待测试的样品名称、样品编号、试样质量、坩埚类型、气氛种类及流速、文件名、送样人(送样单位)等信息。

对于带有自动进样装置的 DSC 仪,需要输入试样坩埚和参比坩埚的编号信息。

9.3.5 设定温度控制程序

在软件中根据需要设定合适的温度范围和温度控制程序。温度调制程序设定参考本部分标准中 9.2.3。

9.3.6 异常现象的处理

DSC 实验过程中的异常现象处理按照 JY/T 0589.2—2020 中 9.3.6 的要求。

9.3.7 关机

测试结束后需要关闭仪器时,按照 JY/T 0589.1—2020 中 9.3.7 的要求进行关机。

10 结果报告

10.1 DSC 曲线特征物理量的表示方法

由 DSC 曲线可确定转变过程的特征温度或特征时间和热量变化等信息。应从以下几个方面描述 DSC 曲线:

10.1.1　特征温度或时间

特征温度或时间的表示方法同 DTA 曲线,见 JY/T 0589.2—2020 中 10.1.1。

图 3 以非等温 DSC 曲线为例,示出了特征温度的表示方法。对于已知的转变过程,图 3 中的特征温度或时间符号中以正体下角标表示转变的类型,如 g (glass transition),玻璃化;c (crystallization),结晶;m (melting),熔融;d (decomposition)分解等。

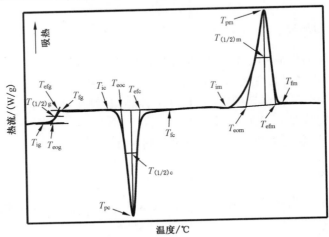

图 3　DSC 曲线的特征温度表示方法

10.1.2　特征峰

表示方法同 DTA 曲线,见 JY/T 0589.2—2020 中 10.1.2。

图 4 以由结晶引起的非等温 DSC 曲线的放热峰为例,示出了特征峰的各物理量的表示方法。

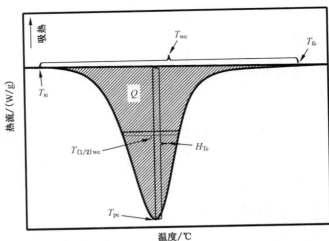

图 4　DSC 曲线的特征峰表示方法

10.2 DSC 数据处理

由 DSC 曲线可按照图 3 和图 4 的方法确定转变过程的特征温度和热量变化等信息。如果出现多个转变,则分别报告每个转变的特征温度或特征时间。对于出现多个峰的转变,需由曲线分别确定每个独立的吸热或放热峰的峰面积,或根据仪器的量热校正系数 K 计算吸热或放热(如熔融或结晶)的 Q 值,或用热分析数据处理软件直接进行 Q 值数据处理。

10.3 分析结果的表述

10.3.1 结果报告应将测试数据结合 DSC 曲线来表示。结果报告中可包括的内容见 JY/T 0589.1—2020 中 10.3.1。

10.3.2 DSC 曲线中,横坐标中自左至右表示物理量的增加,纵坐标中自下至上表示物理量的增加。对于 DSC 曲线而言,曲线中沿吸/放热方向表示热流的增加(见图 3 和图 4)。

10.3.3 对于单条 DSC 曲线,特征转变过程不多于两个(包括两个)时,应在图中空白处标注转变过程的特征温度或时间、热量等信息;当特征转变过程多于两个时,应列表说明每个转变过程的特征温度或时间、热量等信息。使用多条曲线对比作图时,每条曲线的特征温度或时间、热量等信息应列表说明。

10.4 DSC 曲线的规范表示

作图时:

a) DSC 曲线的纵坐标用归一化后的热流的常用单位为 mW/mg 或 W/g。

b) 对于线性加热/降温的测试,横坐标为温度,单位常用℃表示。进行热力学或动力学分析时,横坐标的单位一般用 K 表示。

c) 对于含有等温条件的 DSC 曲线横坐标应为时间,纵坐标中增加一列温度。只需显示某一温度下的等温曲线时,则不需要在纵坐标中增加一列温度。

d) 应在图的显著位置(通常为左上角)用向上或向下的箭头注明 DSC 曲线的吸放热方向。

10.5 数值的表示方法

DSC 仪测试的物理量的表示方法应符合要求,数据计算应符合 GB/T 8170—2008 的规定。

11 安全注意事项

进行 DSC 实验时的安全注意事项见 JY/T 0589.1—2020 中第 11 章。

参 考 文 献

［1］ GB/T 13464—2008 物质热稳定性的热分析试验方法

［2］ GB/T 22232—2008 化学物质的热稳定性测定 差示扫描量热法

［3］ GB/T 29174—2012 物质恒温稳定性的热分析试验方法

［4］ GB/T 19466.1—2004 塑料 差示扫描量热法（DSC） 第 1 部分：通则

［5］ GB/T 19466.2—2004 塑料 差示扫描量热法（DSC） 第 2 部分：玻璃化转变温度的测定

［6］ GB/T 19466.3—2004 塑料 差示扫描量热法（DSC） 第 3 部分：熔融和结晶温度及热焓的测定

［7］ GB/T 19267.12—2008 刑事技术微量物证的理化检验 第 12 部分：热分析法

［8］ JIS K0129—2005 热分析通则

ICS 03.180
Y 51

中华人民共和国教育行业标准

JY/T 0589.4—2020
代替 JY/T 014—1996

热分析方法通则
第 4 部分：热重法

General rules of analytical methods for thermal analysis—
Part 4：Thermogravimetry

2020-09-29 发布
2020-12-01 实施

中华人民共和国教育部　发布

前　言

本部分按照 GB/T 1.1—2009 给出的规则起草。

JY/T 0589《热分析方法通则》分为以下部分:

——第 1 部分:总则;

——第 2 部分:差热分析;

——第 3 部分:差示扫描量热法;

——第 4 部分:热重法;

——第 5 部分:热重-差热分析和热重-差示扫描量热法;

——……

本部分为 JY/T 0589 的第 4 部分。

本系列标准中第 1 至 5 部分代替 JY/T 014—1996《热分析方法通则》,本部分代替 JY/T 014—1996 中热重法部分的内容。与 JY/T 014—1996 相比,本部分除编辑性修改外主要技术变化如下:

——修改了标准的适用范围(见第 1 章);

——增加了规范性引用文件(见第 2 章);

——增加了术语和定义(见 3.1-3.6);

——扩充了"测试方法原理"部分内容,单独介绍了热重法原理(见第 4 章);

——增加了"测试环境要求"部分内容(见第 5 章);

——"试剂或材料"部分,修改了"标准物质"的定义,并添加了"气氛气体"和"坩埚"部分的内容(见6.1-6.3);其中"坩埚"部分列举了"坩埚的选择原则"和"TG 坩埚"内容(见 6.3);

——"仪器"部分,增加了"TG 仪的结构框图"(见 7.1),并完善了各组成部分的介绍,增加了"数据采集及处理系统""仪器辅助设备""校准"部分的内容;(见 7.2、7.4);删除了"计算机系统""记录及显示"部分的内容(见 1996 年版 6.1.5、6.1.6);

——完善了"样品"部分的内容(见第 8 章);

——"分析测试"部分,将原版本中的"TG 的温度校正"和"TG 称量校正"部分内容(见 1996 年版8.2.2、8.2.4)移至"仪器部分"(见 7.4);增加了"测试条件的选择"部分内容(见 9.2);结合大多数实验室在用仪器的特点和操作流程重新编写了"实施步骤"部分的内容(见 9.3);

——"结果报告"部分,增加了"特征物理量的表示方法""曲线的规范表示"部分的内容(见 10.1、10.4);原版本中"测试报告"(见 1996 年版 9.2)标题改为"分析结果的表述"并完善了内容(见 10.3);

——修改并扩充了"安全注意事项"(见第 11 章);

——更新了"附录"部分表格的内容(见附录 A、附录 B);

——增加了参考文献(见参考文献)。

本部分由中华人民共和国教育部提出。

本部分由全国教育装备标准化技术委员会化学分技术委员会(SAC/TC 125/SC 5)归口。

本部分起草单位:中国科学技术大学、北京大学、西南科技大学、浙江大学、苏州大学、南京大学。

本部分主要起草人:丁延伟、章斐、霍冀川、陈林深、孙建平、袁钻如。

本部分所代替标准的历次版本发布情况为:

——JY/T 014—1996。

引　言

　　物质在一定的温度或时间范围变化时,会发生某种或某些物理变化或化学变化,这些变化会引起物质的温度和质量等物理性质不同程度的改变,使用热分析技术可以研究这些与温度或时间有关的物理性质的变化。

　　热分析技术是在程序控制温度和一定气氛下,测量物质的物理性质随温度或时间变化的一类技术。按测量的物理性质不同,已发展成为相应的热分析技术。JY/T 0589 的本部分规范了热分析方法中常用的热重法,可作为教育行业实验室使用热重仪进行分析测试的标准依据和检验检测机构资质认定的立项依据。

热分析方法通则
第4部分：热重法

1 范围

JY/T 0589 的本部分规定了使用热重法的测试方法原理、测试环境要求、试剂或材料、仪器、测试样品、测试步骤、结果报告和安全注意事项。

本部分适用于通用的热重仪对物质进行热分析。

2 规范性引用文件

下列文件对于本文件的应用是必不可少的。凡是注日期的引用文件，仅注日期的版本适用于本文件。凡是不注日期的引用文件，其最新版本（包括所有的修改单）适用于本文件。

GB/T 6425—2008　热分析术语

GB/T 8170—2008　数值修约规则与极限数值的表示与判定

JY/T 0589.1—2020　热分析方法通则　第1部分：总则

JY/T 0589.2—2020　热分析方法通则　第2部分：差热分析

3 术语和定义

GB/T 6425—2008 界定的以及下列术语和定义适用于本文件。为了便于使用，以下重复列出了 GB/T 6425—2008 中的某些术语和定义。

3.1

热重法　thermogravimetry；TG

热重分析　thermogravimetric analysis；TGA

在程序控温和一定气氛下，测量试样的质量与温度或时间关系的技术。

［GB/T 6425—2008，定义 3.2.1］

3.2

热重仪　thermogravimeter

在程序控温和一定气氛下，连续称量试样质量的仪器，是实施热重法的仪器。早期称为热天平（thermobalance）。

3.3

热重曲线　thermogravimetric curve

TG 曲线　TG curve

由热重仪测得的以质量（或质量分数）随温度或时间变化的关系曲线。曲线的纵坐

标为质量 m（通常以质量分数表示），向上表示质量增加，向下表示质量减小；横坐标为温度 T 或时间 t，自左向右表示温度升高或时间增加。

3.4

微商热重曲线 derivative thermogravimetric curve

DTG 曲线 DTG curve

由测得的 TG 曲线，以质量变化速率与温度（温度扫描型）或时间（恒温型）的关系曲线。当试样质量增加时，DTG 曲线峰向上；质量减少时，峰应向下。

［GB/T 6425—2008，定义 3.2.6］

3.5

控制速率热重分析法 controlled-rate thermogravimetry；CRTG

在温度达到或者高于设定的质量变化速率时，仪器自动降低温度变化速率或者等温，而当质量变化速率低于设定的速率时，试样继续按照温度变化程序改变温度，从而达到质量变化台阶自动分步的解析效果的一类技术。CRTG 是热重法的一种。

3.6

居里温度 Curie temperature

由铁磁性向顺磁性（或铁磁相向顺磁相）转变的温度。

［GB/T 6425—2008，定义 3.4.10.4］

4 测试方法原理

热重法是在程序控制温度和一定气氛的条件下，测量试样的质量与温度或时间连续变化关系的一种热分析方法。

用于热重法的热重仪（TG 仪）是连续记录质量与温度或时间变化关系的仪器，它把加热炉与天平结合起来进行质量与温度测量。测试时将装有试样的坩埚置于与 TG 仪的质量测量装置相连的试样支持器中，在预先设定的程序控制温度和一定气氛下对试样进行测试，通过质量测量系统实时测定试样的质量随温度或时间的变化情况。

TG 仪常用的质量测量方式主要有变位法和零位法两种。变位法是根据天平梁倾斜度与质量变化成比例的关系，用差动变压器等检知倾斜度，并自动记录所得到的质量随温度或时间的变化得到 TG 曲线。零位法是采用差动变压器法、光学法测定天平梁的倾斜度，通过调整安装在天平系统和磁场中线圈的电流，使线圈转动恢复天平梁的倾斜。由于线圈转动所施加的力与质量变化成比例，该力与线圈中的电流成比例，通过测量并记录电流的变化，即可得到质量随温度或时间变化的曲线。

5 测试环境要求

为了使 TG 仪能在最佳状态下工作，放置仪器的环境应满足 JY/T 0589.1—2020 中第 5 章的条件要求。

6 试剂或材料

6.1 TG 仪标准物质

采用居里温度作为 TG 温度校正的标准物质参见附录 A;采用特征分解温度作为 TG 温度校正的标准物质参见附录 B。标准物质的选择原则见 JY/T 0589.1—2020 中 6.2。

6.2 气氛气体

使用 TG 仪测试时的气氛气体见 JY/T 0589.1—2020 中 6.3。

6.3 坩埚

常用于 TG 测试的坩埚主要有氧化铝坩埚和铂坩埚。根据需要还可以选择石英坩埚、镍坩埚、铜坩埚、银坩埚、合金坩埚等。由于铝坩埚在高温下易与分解产物发生作用,TG 测试一般不用铝坩埚的选择原则见 JY/T 0589.1—2020 中 6.4.2。

7 仪器

7.1 TG 仪的结构框图

按试样与天平刀线之间的相对位置划分,常用的 TG 仪有下皿式、上皿式和水平式 3 种,这 3 种结构类型的仪器的结构框图如图 1～图 3 所示。

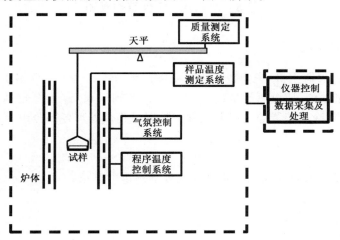

图 1 下皿式 TG 仪结构框图

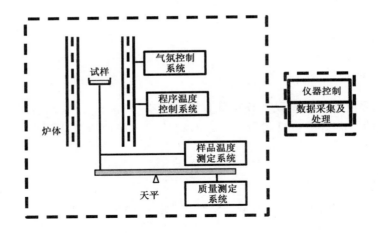

图 2　上皿式 TG 仪结构框图

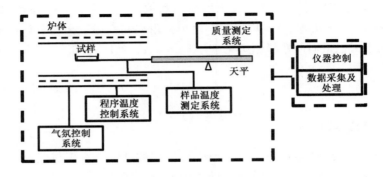

图 3　水平式 TG 仪结构框图

7.2　TG 仪的结构组成

TG 仪主要由仪器主机(主要包括程序温度控制系统、炉体、支持器组件、气氛控制系统、样品温度测量系统、质量测量系统等部分)、仪器辅助设备(主要包括自动进样器、压力控制装置、光照、冷却装置等)、仪器控制和数据采集及处理各部分组成。

7.3　仪器性能

TG 仪器性能应满足相关的检定规程或校准规范的要求。

7.4　校准

7.4.1　基本要求

TG 仪校准的基本要求如下:
a)　检测用 TG 仪应定期进行校准;
b)　校准时,应按照仪器相应的检定规程或校准规范使用相应标准物质分别对仪器的温度和质量进行校正,结果应符合 7.3 所列的技术指标;
c)　进行温度和质量校正时,应根据质量变化产生的温度范围选择相应的标准物

质。测试温度范围较宽时,应使用一种以上的标准物质进行校正;

d) 由于校正会受到试样状态及用量、升温速率、试样支架、坩埚、气氛气体的种类和流量等因素的影响,因此以下校正应与测试条件一致。

7.4.2 TG仪温度校正

采用标准物质的居里温度或特征分解温度进行校正。将仪器测得标准物质的特征分解温度或居里温度与标准物质提供者提供的标准值进行比较和校正。通常采用两点或多点温度校正法,应做到工作温度在已校正的温度区间内。

7.4.3 TG仪质量校正

按照仪器操作规程的要求,放入在仪器质量计量范围内的标准砝码(或分析化学用的砝码),读取所测质量值并进行校正。也可使用标准物质的特征分解量与标准物质提供者提供的标准值进行校正。

7.4.4 仪器需校准的几种情形

TG仪需及时校准的情形见JY/T 0589.1—2020中7.4.2。

8 样品

8.1 样品的一般要求

用于TG仪测试的样品的一般要求见JY/T 0589.1—2020中8.1。

8.2 固体样品

取样前应使样品保持均匀和具有代表性,并使试样的形状和大小适应TG仪坩埚的要求。

8.3 液体样品

应在搅拌均匀后直接取样,并按仪器要求把试样置于合适的TG仪坩埚中。

8.4 特别说明

对分析前进行过热处理的样品需做特别说明,见JY/T 0589.1—2020中8.4。

9 分析测试

9.1 测试前准备

测试开始前需要对仪器的外观和各部件进行工作正常性检查,若检查时发现外观异常、关键部件受到损坏或污染,应及时进行温度和质量校正。

9.2 测试条件的选择

9.2.1 根据仪器的要求和样品性质,选择合适的试样用量进行测试,并确定是否选用稀释剂。对于系列样品和重复测试的样品,每次使用的试样应尽量装填一致、用量接近、松紧适宜,以得到良好的重现性。试样量一般不宜超过坩埚体积的三分之一,对仪器有潜在损害的样品,试样量应根据需要适当减少。

9.2.2 根据 TG 测试需要选用合适的气氛气体的种类、流量或压力、以及与温度范围相应的冷却附件等。

9.2.3 根据 TG 测试要求设定温度范围、升(降)温速率等温度控制程序参数。进行温度调制 TG 测试或 CRTG 测试时,应根据所用仪器的控制软件的要求,输入相应的参数。

9.2.4 坩埚的作用是测试时用于盛载试样的容器,在实验过程中用到的坩埚在测试条件下不得与试样发生任何形式的化学作用。

9.2.5 对于较快的转变,测试时数据采集的时间间隔应较短;对于耗时较长的测试,数据采集时间间隔宜适当延长。

9.3 实施步骤

9.3.1 开机

按照所用 TG 仪的操作规程开机、启动气氛控制系统以及冷却附件,使仪器处于待机状态。

9.3.2 根据需要选择合适的气氛气体和流量,平衡后准备测试。

9.3.3 试样称量和装样

9.3.3.1 打开炉体,将空试样坩埚置于试样支持器上,关闭炉体。平衡后将天平归零,扣除坩埚的质量。

9.3.3.2 打开炉体,取出坩埚,取适量试样放入试样坩埚中并置于试样支持器上(位置应接近),关闭炉体。平衡后,由 TG 仪读取试样的初始质量。

9.3.3.3 特殊情况下,可选择在样品坩埚上加带孔的盖子或加盖密封。

9.3.4 输入实验信息

在 TG 仪的分析软件中根据需要输入待测试的样品名称、样品编号、试样质量、坩埚类型、气氛种类及流速、文件名、送样人(送样单位)等信息。对于带有自动进样装置的 TG 仪,需要输入试样坩埚的编号信息。

9.3.5 设定温度控制程序

在软件中根据需要设定温度范围和温度控制程序。

9.3.6 异常现象的处理

9.3.6.1 测试结束后如发现试样与试样坩埚或容器有反应等相互作用迹象,则不采用此数据,需更换合适的坩埚重新进行测试。

9.3.6.2 测试结束后发现试样溢出坩埚或容器污染到支持器组件时,应停止测试。支持器组件恢复工作后,应进行温度和质量校正,校正结果符合要求后方可继续进行测试工作。

9.3.7 关机

测试结束后需要关闭仪器时,按照 JY/T 0589.1—2020 中 9.3.7 的要求进行关机。

10 结果报告

10.1 特征物理量的表示方法

10.1.1 TG 曲线特征物理量的表示方法

由 TG 曲线可确定变化过程的特征温度和质量变化等信息。应从以下几个方面描述 TG 曲线:

  a) 初始温度或时间见 JY/T 0589.2—2020 中 10.1.1 a)。
  b) 外推始点温度或时间见 JY/T 0589.2—2020 中 10.1.1 b)。
  c) 外推终点温度或时间见 JY/T 0589.2—2020 中 10.1.1 e)。
  d) 终点温度或时间见 JY/T 0589.2—2020 中 10.1.1 f)。
  e) 预定质量变化百分数温度或时间
     预定质量变化百分数(假定以 $x\%$ 表示)所对应的温度或时间,通常以 $T_x\%$ 或 $t_x\%$ 表示。
  f) 质量变化率
一定温度或时间范围内的质量变化百分数,通常以 $M\%$ 表示。
图 4 以非等温 TG 曲线为例,示出了以上特征物理量的表示方法。

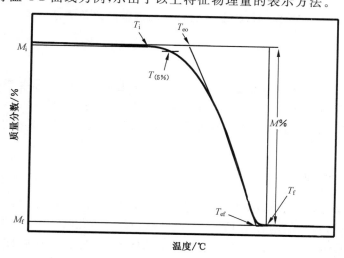

图 4　TG 曲线的特征物理量的表示方法

10.1.2 DTG 曲线特征物理量的表示方法

由 DTG 曲线可确定变化过程的特征温度或特征时间和质量变化速率等信息。
应从以下几个方面描述 DTG 曲线:

  a) 最大质量变化速率
     试样在质量变化过程中,质量随温度或时间的最大变化速率,即 DTG 曲线的峰值所对应的质量变化速率,常用 r_T 或 r_t 表示。

b) 最大质量变化速率温度或时间

质量变化速率最大时所对应的温度或时间,即 DTG 曲线的峰值所对应的温度或时间,通常以 T_p 或 t_p 表示。

图 5 以由图 4 中 TG 曲线得到的 DTG 曲线为例,示出了 DTG 曲线的各物理量的表示方法。图中的峰面积对应于图 4 中的失重百分比 $M\%$。

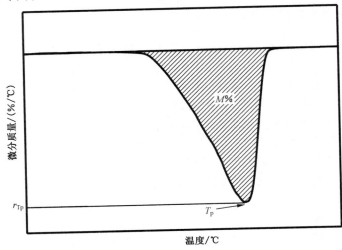

图 5　DTG 曲线的特征物理量的表示方法

10.2　数据处理

由 TG 曲线确定试样在测试过程中每一质量变化阶段的起始温度或时间、外推起点温度或时间、终止温度或时间和质量变化百分数 $M\%$ 等信息(见图 4)。

通过 DTG 曲线可以得到质量变化速率与温度(线性温度扫描型)或时间(恒温型)的关系(见图 5)。

10.3　分析结果的表述

10.3.1　结果报告应将测试数据结合 TG 曲线和/或 DTG 曲线表示。

结果报告中可包括的内容见 JY/T 0589.1—2020 中 10.3.1。

10.3.2　对于 TG 曲线而言,由下至上表示质量的增加(见图 4)。对于 DTG 曲线而言,通常由下至上表示质量变化速率的增加(见图 5)。

10.3.3　对于单条 DTG 曲线,质量变化过程不多于两个(包括两个)时,应在图中空白处标注每个过程的特征温度或时间、质量变化速率等信息;当质量变化过程多于两个时,应列表说明每个变化过程的特征温度或时间、质量变化速率等信息。使用多条曲线对比作图时,每条曲线的特征温度或时间、质量变化速率等信息应列表说明。

10.4　曲线的规范表示

列出由曲线确定的试样随温度或时间变化过程中每一质量变化阶段的温度或时间

范围、质量变化百分数和特征温度。

作图时：

a) TG 曲线的纵坐标用归一化后的质量分数表示，常用％表示。对于线性升温/降温的测试，横坐标为温度，单位常用 ℃ 表示（见图 4）。热力学或动力学分析时，横坐标的单位一般用 K 表示。对于含有等温条件的测试曲线横坐标常为时间，纵坐标中增加一列温度。只需显示某一温度下的等温曲线时，则不需要在纵坐标中增加一列温度。

b) DTG 曲线的纵坐标的名称为微分质量（见图 5），对于线性升温/降温的 TG 测试，DTG 曲线的纵坐标的单位为％/℃或％/K；对于等温 TG 测试，DTG 曲线的纵坐标的单位常用％/min 表示。也可根据测试时间的长短，时间的单位可以为 s、min 或者 h。

10.5 数值的表示方法

TG 仪测试的物理量的表示方法应符合要求，数据计算应符合 GB/T 8170—2008 的规定。

11 安全注意事项

进行 TG 实验时的安全注意事项见 JY/T 0589.1—2020 中第 11 章。

附　录　A
（资料性附录）
用于 TG 仪温度校正的标准物质的转变温度

表 A.1 给出了常用于 TG 仪温度校正的标准物质的转变温度。

表 A.1　TG 仪温度标准物质

标准物质	转变温度/℃
Monel	65
Alumel	152.6±1
Nickel	358.2±1.1
Numetal	393
Nicosal Deep Draw	438
Perkalloy	596
Iron	780
Hisat 50	1 000
$Ni_{0.83}Co_{0.17}$	554.4±2.2
$Ni_{0.63}Co_{0.37}$	746.4±1.6
$Ni_{0.37}Co_{0.63}$	930.8±1.9
Cobalt	1 116±3.7

表 A.2 以常用于 TG 仪的温度校正的标准物质 GM761 为例，给出了每种标准物质的磁性转变温度的转变温度。表中所列数值为参考值，具体数据以标准物质提供者所赋予的值为准。

表 A.2　GM761 的磁性转变温度

标准物质	转变温度/℃		温度偏差/℃
	实验值	文献值	
合金 permanorm3	259.6±3.7	266.4±6.2	−6.8
镍	361.2±1.3	354.4±5.4	6.8
镍铁合金	403.0±2.5	385.9±7.2	17.1
合金 permanorm5	431.3±1.6	459.3±7.3	−28.0
合金 prafoperm	756.2±1.9	754.3±11.0	2.2

附　录　B
（资料性附录）
用于 TG 仪的温度校正的标准物质的特征分解温度

表 B.1 给出了用于 TG 仪的温度校正的标准物质的特征分解温度,标准物质的纯度应在 99% 以上。表中所列数值为参考值,具体数据以标准物质提供者所赋予的值为准。

表 B.1　用于 TG 仪温度校正的标准物质的特征分解温度

标准物质	特征分解温度/℃	标准物质	特征分解温度/℃
$K_2C_2O_4 \cdot 2H_2O$	80	$KHC_6H_4(COO)_2$	245
$K_2C_2O_4 \cdot H_2O$	90	$Cd(CH_3COO)_2 \cdot H_2O$	250
H_3BO_3	100	$Mg(CH_3COO)_2 \cdot 4H_2O$	320
$H_2C_2O_4$	118	$KHC_6H_4(COO)_2$	370
$Cu(CH_3COO)_2 \cdot H_2O$	120	$Ba(CH_3COO)_2$	445
$Ca(C_2O_4) \cdot H_2O$	154	$Ca(C_2O_4) \cdot H_2O$	476
$NH_4H_2PO_4$	185	$NaHC_4H_4O_4 \cdot H_2O$	545
$(CHOHCOOH)_2$	180	$KHC_6H_4(COO)_2$	565
蔗糖	205	$Ca(C_2O_4) \cdot H_2O$	688
$KHC_4H_4O_6$	260	$CuSO_4 \cdot 5H_2O$	1 055

参 考 文 献

[1]　GB/T 27761—2011　热重分析仪失重和剩余量的试验方法

[2]　GB/T 27762—2011　热重分析仪质量示值校准的试验方法

[3]　GB/T 19267.12—2008　刑事技术微量物证的理化检验　第 12 部分:热分析法

[4]　JIS K0129—2005　热分析通则

ICS 03.180
Y 51

中华人民共和国教育行业标准

JY/T 0589.5—2020
代替 JY/T 014—1996

热分析方法通则
第 5 部分：热重-差热分析和热重-
差示扫描量热法

General rules of analytical methods for thermal analysis—
Part 5：Simulateneous thermogravimetric-differential thermal analysis
and thermogravimetric-differential scanning calorimetry

2020-09-29 发布

2020-12-01 实施

中华人民共和国教育部   发 布

前　言

本部分按照 GB/T 1.1—2009 给出的规则起草。

JY/T 0589《热分析方法通则》分为以下部分：

——第 1 部分：总则；

——第 2 部分：差热分析；

——第 3 部分：差示扫描量热法；

——第 4 部分：热重法；

——第 5 部分：热重-差热分析和热重-差示扫描量热法；

——……

本部分为 JY/T 0589 的第 5 部分。

本系列标准中第 1 至 5 部分代替 JY/T 014—1996《热分析方法通则》，本部分代替 JY/T 014—1996 中热重-差热分析和热重-差示扫描量热法部分的内容。与 JY/T 014— 1996 相比，本部分除编辑性修改外主要技术变化如下：

——修改了标准的适用范围（见第 1 章）；

——增加了规范性引用文件（见第 2 章）；

——增加了术语和定义（见 3.1-3.8）；

——扩充了"测试方法原理"部分内容，单独介绍了热重-差热分析和热重-差示扫描量热法原理（见第 4 章）；

——增加了"测试环境要求"部分内容（见第 5 章）；

——"试剂或材料"部分，修改了"标准物质"的定义，并添加了"气氛气体"和"坩埚"部分的内容（见6.1-6.3）；其中"坩埚"部分列举了"坩埚的选择原则"和"TG-DTA 和 TG-DSC 坩埚"内容（见 6.3.1）；

——"仪器"部分，增加了"TG-DTA 仪的结构组成""TG-DTA 仪的结构框图"和"TG-DSC 仪的结构组成"（见 7.1.1、7.1.2），并完善了各组成部分的介绍，增加了"数据采集及处理系统""仪器辅助设备""校准"部分的内容；（见 7.1-7.3）；删除了"计算机系统""记录及显示"部分的内容（见 1996 年版 6.1.5、6.1.6）；

——完善了"样品"部分的内容（见第 8 章）；

——"分析测试"部分，增加了"测试条件的选择"部分内容（见 9.2）；结合大多数实验室在用仪器的特点和操作流程重新编写了"实施步骤"部分的内容（见 9.3）；

——"结果报告"部分，增加了"特征物理量的表示方法""曲线的规范表示"部分的内容（见 10.1、10.4）；原版本中"测试报告"（见 1996 年版 9.2）标题改为"分析结果的表述"并完善了内容（见 10.3）；

——修改并扩充了"安全注意事项"（见第 11 章）；

——增加了参考文献（见参考文献）。

本部分由中华人民共和国教育部提出。

本部分由全国教育装备标准化技术委员会化学分技术委员会(SAC/TC 125/SC 5)归口。

本部分起草单位:浙江大学、中国科学技术大学、北京大学、西南科技大学、山东理工大学、华南理工大学。

本部分主要起草人:陈林深、丁延伟、章斐、霍冀川、王丽娜、曾小平。

本部分所代替标准的历次版本发布情况为:

——JY/T 014—1996。

引　言

物质在一定的温度或时间范围变化时,会发生某种或某些物理变化或化学变化,这些变化会引起物质的温度、质量和热焓等物理性质不同程度的改变,使用热分析技术可以研究这些与温度或时间有关的物理性质的变化。

热分析技术是在程序控制温度和一定气氛下,测量物质的物理性质随温度或时间变化的一类技术。按测量的物理性质不同,已发展成为相应的热分析技术。JY/T 0589 的本部分规范了热分析方法中常用的热重-差热分析和热重-差示扫描量热法,可作为教育行业实验室使用热重-差热分析仪和热重-差示扫描量热仪进行分析测试的标准依据和检验检测机构资质认定的立项依据。

热分析方法通则
第5部分：热重-差热分析和热重-
差示扫描量热法

1 范围

JY/T 0589 的本部分规定了使用热重-差热分析和热重-差示扫描量热法的测试方法原理、测试环境要求、试剂或材料、仪器、测试样品、测试步骤、结果报告和安全注意事项。本部分适用于通用的热重-差热分析仪和热重-差示扫描量热仪对物质进行热分析。

2 规范性引用文件

下列文件对于本文件的应用是必不可少的。凡是注日期的引用文件,仅注日期的版本适用于本文件。凡是不注日期的引用文件,其最新版本(包括所有的修改单)适用于本文件。

GB/T 6425—2008　热分析术语
GB/T 8170—2008　数值修约规则与极限数值的表示与判定
JY/T 0589.1—2020　热分析方法通则　第1部分：总则
JY/T 0589.2—2020　热分析方法通则　第2部分：差热分析
JY/T 0589.3—2020　热分析方法通则　第3部分：差示扫描量热法
JY/T 0589.4—2020　热分析方法通则　第4部分：热重法

3 术语和定义

GB/T 6425—2008 界定的以及下列术语和定义适用于本文件。为了便于使用,以下重复列出了 GB/T 6425—2008 中的某些术语和定义。

3.1

热分析联用技术　**multiple thermal analytical techniques**
在程序控温和一定气氛下,对一个试样采用两种或多种热分析技术。

3.2

热分析同时联用技术　**simultaneous thermal analytical techniques**
在程序控温和一定气氛下,对一个试样同时采用两种或多种热分析技术,是一种常见的热分析技术。

3.3

热重-差热分析　**thermogravimetric-differential thermal analysis；TG-DTA**
在程序控温和一定气氛下,同时测量试样的质量和输入到试样与参比物的温度差随温度或时间关系的技术。

3.4

热重-差示扫描量热法 thermogravimetric-differential scanning calorimetry；TG-DSC

在程序控温和一定气氛下，同时测量试样的质量和输入到试样(S)与参比物(R)的热流差随温度或时间关系的技术。

3.5

热重-差热分析仪 thermogravimetric-differential thermal analyzer

TG-DTA 仪

在程序控温和一定气氛下，同时测量试样的质量和输入到试样与参比物的温度差随温度或时间关系的一类热分析仪器。

3.6

热重-差示扫描量热仪 thermogravimetric-differential scanning calorimeter

TG-DSC 仪

在程序控温和一定气氛下，同时测量试样的质量和输入到试样与参比物的温度差，通过定量标定，将温度变化过程中两侧热电偶实时量到的温度差信号转换为热流信号差的一类热分析仪器。

3.7

热重-差热分析曲线 thermogravimetric-differential thermal analytical curves

TG-DTA 曲线 TG-DTA curves

由 TG-DTA 仪测得的试样的质量和试样与参比物的温度差随温度或时间变化的多条热分析曲线。

3.8

热重-差示扫描量热曲线 thermogravimetric-differential scanning calorimetric curves

TG-DSC 曲线 TG-DSC curves

由 TG-DSC 仪测得的试样的质量和试样与参比物的热流差随温度或时间变化的多条热分析曲线。

4 测试方法原理

TG-DTA 和 TG-DSC 方法是在程序控温和一定气氛下，对一个试样同时进行 TG 和 DTA、TG 和 DSC 的技术，在同一次测量中利用同一试样可同时得到试样的质量与热效应等相关的信息。

4.1 TG-DTA 法原理

将 TG 与 DTA 结合为一体，在同一次测量中利用同一样品可同步得到试样的质量变化及试样与参比物的温度差的信息。常用的 TG-DTA 仪主要有水平式和上皿式两种结构形式。测试时将装有试样和参比物的坩埚置于与称量装置相连的支持器组件中，在预先设定的程序控制温度和一定气氛下对试样进行测试，在测试过程中通过热天平实时测定试样的质量，同时通过支持器组件的温差热电偶测量试样与参比物的温度差随温度或时间的变化信息，获得 TG-DTA 曲线。

4.2 TG-DSC 法原理

在仪器构造和原理上与 TG-DTA 联用相类似。将 TG 与 DSC 结合为一体,在同一次测量中利用同一试样可同步得到试样的质量变化及试样与参比物的热流差的信息。常用的 TG-DSC 仪主要有水平式和上皿式两种结构形式。试样坩埚与参比坩埚(一般为空坩埚)置于同一导热良好的传感器盘上,两者之间的热交换满足傅立叶热传导方程。通过程序温度控制系统使加热炉按照一定的温度程序进行加热,通过定量标定,将温度变化过程中两侧热电偶实时量到的温度差信号转换为热流差信号,对温度或时间连续作图后即得到 DSC 曲线。同时整个传感器(样品支架)连接在高精度的天平上,参比端不发生质量变化,试样本身在升温过程中的质量由热天平进行实时测量,对温度或时间作图后即得到 TG 曲线。

5 测试环境要求

为了使 TG-DTA 仪和 TG-DSC 仪能在最佳状态下工作,放置仪器的环境应满足JY/T 0589.1—2020 中第 5 章的条件要求。

6 试剂或材料

6.1 参比物

使用 TG-DTA 仪和 TG-DSC 仪测试时所选用的参比物见 JY/T 0589.1—2020 中 6.1。

6.2 标准物质

用于温度校正和量热校正标准物质见 JY/T 0589.2—2020 中 6.2。
用于质量校正的标准物质见 JY/T 0589.3—2020 中 6.2。

6.3 气氛气体

使用 TG-DTA 仪和 TG-DSC 仪测试时的气氛气体见 JY/T 0589.1—2020 中 6.3。

6.4 坩埚

常用于 TG-DTA 仪和 TG-DSC 仪测试的坩埚主要有氧化铝坩埚和铂坩埚。根据需要还可以选择石英坩埚、镍坩埚、铜坩埚、银坩埚、合金坩埚等。铝坩埚一般不用于 TG-DTA 和 TG-DSC 测试。坩埚的选择原则见 JY/T 0589.1—2020 中 6.4.2。

7 仪器

7.1 TG-DTA 仪的结构

7.1.1 TG-DTA 仪的结构框图

图 1 为上皿式 TG-DTA 仪的结构框图。

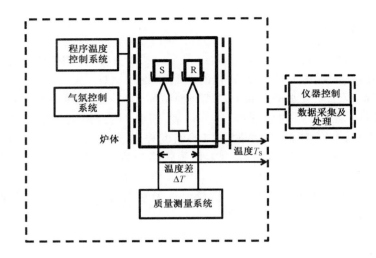

图 1　上皿式 TG-DTA 仪结构框图

7.1.2　TG-DTA 仪的结构组成

TG-DTA 仪主要由仪器主机(主要包括程序温度控制系统、炉体、支持器组件、气氛控制系统、温度及温度差测定系统、质量测量系统等部分)、仪器辅助设备(主要包括自动进样器、压力控制装置、光照、冷却装置等)、仪器控制和数据采集及处理各部分组成,支持器组件平衡地置于加热炉中间,以保持热传递条件一致。

7.2　TG-DSC 仪的结构

TG-DSC 仪与 TG-DTA 仪相似,主要由仪器主机(主要包括程序温度控制系统、炉体、支持器组件、气氛控制系统、温度及温度差测定系统、质量测量系统等部分)、仪器辅助设备(主要包括自动进样器、压力控制装置、光照、冷却装置等)、仪器控制和数据采集及处理各部分组成,支持器组件平衡地置于加热炉中间,以保持热传递条件一致。仪器输出的温度差信号通过定量标定,将测量过程中两侧热电偶实时量到的温度信号差转换为热流信号差,得到 DSC 曲线。

7.3　仪器性能

7.3.1　TG-DTA 仪的仪器性能

TG-DTA 仪的仪器性能应满足相关的检定规程或校准规范的要求。

7.3.2　TG-DSC 仪的仪器性能

TG-DSC 仪的仪器性能应满足相关的检定规程或校准规范的要求。

7.4　校准

7.4.1　基本要求

校准的基本要求如下:

a) 检测用 TG-DTA 仪和 TG-DSC 仪应定期进行校准。

b) 校准时，应按照仪器相应的检定规程或校准规范使用相应标准物质分别对仪器的温度、热量和质量进行校正，结果应符合 7.3 所列的技术指标。

c) 进行温度、热量和质量校正时，应根据质量变化产生的温度范围选择相应的标准物质。测试温度范围较宽时，应使用一种以上的标准物质进行校正。

d) 由于校正会受到试样状态及用量、升温速率、试样支架、坩埚、气氛气体的种类和流量等因素的影响，因此以下校正应与测试条件一致。

7.4.2 温度校正

TG-DTA 仪和 TG-DSC 仪的温度校正方法同 DTA 仪，见 JY/T 0589.2—2020 中 7.4.2。

7.4.3 热量校正

TG-DTA 仪和 TG-DSC 仪的热量校正方法同 DTA 仪，见 JY/T 0589.2—2020 中 7.4.3。

7.4.4 质量校正

TG-DTA 仪和 TG-DSC 仪的质量校正方法同 TG 仪，见 JY/T 0589.3—2020 中 7.4.3。

7.4.5 仪器需校准的几种情形

TG-DTA 仪和 TG-DSC 仪需及时校准的情形见 JY/T 0589.1—2020 中 7.4.2。

8 样品

8.1 样品的一般要求

用于 TG-DTA 仪和 TG-DSC 仪测试的样品的一般要求见 JY/T 0589.1—2020 中 8.1。

8.2 固体样品

取样前应使样品保持均匀和具有代表性，并使试样的形状和大小适应 TG-DTA 仪和 TG-DSC 仪坩埚的要求。

8.3 液体样品

应在搅拌均匀后直接取样，并按仪器要求把试样置于合适的 TG-DTA 仪和 TG-DSC 仪坩埚中。

8.4 特别说明

对分析前进行过热处理的样品需做特别说明，见 JY/T 0589.1—2020 中 8.4。

9 分析测试

9.1 前期准备工作

测试开始前需要对 TG-DTA 仪和 TG-DSC 仪的外观和各部件进行工作正常性检

查,若检查时发现外观异常、关键部件受到损坏或污染,应及时进行温度、热量和质量校正。

9.2 测试条件的选择

9.2.1 根据 TG-DTA 仪和 TG-DSC 仪的要求和样品性质,选择合适的试样用量进行测试,并确定是否选用参比物和稀释剂。对于系列样品和重复测试的样品,每次使用的试样应尽量装填一致、松紧适宜,以得到良好的重现性。试样量一般不宜超过坩埚体积的三分之一,对仪器有潜在损害的样品,试样量应根据需要适当减少。TG-DTA 仪和 TG-DSC 仪参比坩埚的状态(主要指坩埚材质、性状、是否加盖、是否扎孔等)应与试样坩埚相同。

9.2.2 根据测试需要选用合适的气氛气体的种类、流量或压力、以及与温度范围相应的冷却附件等。

9.2.3 根据测试要求设定温度范围、升(降)温速率等温度控制程序参数。

9.2.4 坩埚的作用是测试时用于盛载试样的容器,在实验过程中用到的坩埚在测试条件下不得与试样发生任何形式的化学作用。坩埚的选择原则见 JY/T 0589.1—2020 中 6.4.1。

9.2.5 对于较快的转变,测试时数据采集的时间间隔应较短;对于耗时较长的测试,数据采集时间间隔宜适当延长。

9.3 实施步骤

9.3.1 开机

按照所用 TG-DTA 仪和 TG-DSC 仪的操作规程开机、启动气氛控制系统以及冷却附件,使仪器处于待机状态。

9.3.2 设定气氛条件

根据 TG-DTA 仪和 TG-DSC 仪测试条件的需要,选择合适的气氛气体和流量,平衡后准备测试。

9.3.3 试样称量和加载

按照以下步骤完成试样称量和加载:
a) 打开炉体,将空试样坩埚和参比坩埚分别置于试样和参比支持器上,关闭炉体。平衡后,并将天平归零扣除坩埚的质量。对于只有试样支架的同步热分析仪,不需要参比坩埚。
b) 打开炉体,取出坩埚,取适量试样放入试样坩埚中并置于试样支持器上(位置应接近),关闭炉体。平衡后,由 TG-DTA 和 TG-DSC 仪读取试样的初始质量。
c) 特殊情况下,可选择在样品坩埚上加带孔的盖子或加盖密封。

9.3.4 输入实验信息

在 TG-DTA 和 TG-DSC 仪的分析软件中根据需要输入待测试的样品名称、样品编号、试样质量、坩埚类型、气氛种类及流速、文件名、送样人（送样单位）等信息。

对于带有自动进样装置的 TG-DTA 仪和 TG-DSC 仪，需要输入试样坩埚和参比坩埚的编号信息。

9.3.5 设定温度控制程序

在 TG-DTA 和 TG-DSC 仪的软件中根据需要设定温度范围和温度控制程序。

9.3.6 异常现象的处理

9.3.6.1 测试结束后如发现试样与试样坩埚或容器有反应等相互作用迹象，则不采用此数据，需更换合适的坩埚重新进行测试。

9.3.6.2 测试结束后发现试样溢出坩埚或容器污染到支持器组件时，应停止测试。支持器组件恢复工作后，应对 TG-DTA 仪和 TG-DSC 仪进行温度和质量校正，校正结果符合要求后方可继续进行测试工作。

9.3.7 关机

测试结束后需要关闭仪器时，按照 JY/T 0589.1—2020 中 9.3.7 的要求进行关机。

10 结果报告

TG-DTA 曲线和 TG-DSC 曲线的分析结果的表述与单一的 TG 曲线、DTA 曲线和 DSC 曲线相同。

10.1 特征物理量的表示方法

10.1.1 TG 曲线特征物理量的表示方法

TG-DTA 曲线和 TG-DSC 曲线中的 TG 曲线特征物理量的表示方法见 JY/T 0589.4—2020 中 10.1。

10.1.2 DTA 曲线特征物理量的表示方法

TG-DTA 曲线中的 DTA 曲线特征物理量的表示方法见 JY/T 0589.2—2020 中 10.1。

10.1.3 DSC 曲线特征物理量的表示方法

TG-DSC 曲线中的 DSC 曲线特征物理量的表示方法见 JY/T 0589.3—2020 中 10.1。

10.2 数据处理

10.2.1 TG-DTA 曲线和 TG-DSC 曲线中的 TG 曲线的数据处理见 JY/T 0589.4—2020 中 10.2。

10.2.2 TG-DTA 曲线中的 DTA 曲线的数据处理见 JY/T 0589.2—2020 中 10.2。

10.2.3 TG-DSC 曲线中的 DSC 曲线的数据处理见 JY/T 0589.3—2020 中 10.2。

10.3 分析结果的表述

10.3.1 TG-DTA 曲线和 TG-DSC 曲线中的 TG 曲线的分析结果表述见 JY/T 0589.4—2020 中 10.3。

10.3.2 TG-DTA 曲线中的 DTA 曲线的分析结果表述见 JY/T 0589.2—2020 中 10.3。

10.3.3 TG-DSC 曲线中的 DSC 曲线的分析结果表述见 JY/T 0589.3—2020 中 10.3。

10.4 TG-DTA 和 TG-DSC 曲线的规范表示

10.4.1 TG-DTA 曲线和 TG-DSC 曲线中的 TG 曲线的规范表示见 JY/T 0589.4—2020 中 10.4。

10.4.2 TG-DTA 曲线中的 DTA 曲线的规范表示见 JY/T 0589.2—2020 中 10.4。

10.4.3 TG-DSC 曲线中的 DSC 曲线的规范表示见 JY/T 0589.3—2020 中 10.4。

10.5 数值的表示方法

TG-DTA 和 TG-DSC 仪测试的物理量的表示方法应符合要求,数据计算应符合 GB/T 8170—2008 的规定。

11 安全注意事项

使用 TG-DTA 和 TG-DSC 仪进行实验时的安全注意事项见 JY/T 0589.1—2020 中第 11 章。

参 考 文 献

［1］ GB/T 13464—2008 物质热稳定性的热分析试验方法

［2］ GB/T 22232—2008 化学物质的热稳定性测定 差示扫描量热法

［3］ GB/T 29174—2012 物质恒温稳定性的热分析试验方法

［4］ GB/T 19267.12—2008 刑事技术微量物证的理化检验 第 12 部分:热分析法

［5］ GB/T 19466.1—2004 塑料 差示扫描量热法(DSC) 第 1 部分:通则

［6］ GB/T 19466.2—2004 塑料 差示扫描量热法(DSC) 第 2 部分:玻璃化转变温度的测定

［7］ GB/T 19466.3—2004 塑料 差示扫描量热法(DSC) 第 3 部分:熔融和结晶温度及热焓的测定

［8］ GB/T 27761—2011 热重分析仪失重和剩余量的试验方法

［9］ GB/T 27762—2011 热重分析仪质量示值校准的试验方法

［10］ JIS K0129—2005 热分析通则

ICS 03.180
Y 51

中华人民共和国教育行业标准

JY/T 0590—2020

旋转流变仪测量方法通则

General rules of rheometry for rotational rheometer

2020-09-29 发布   2020-12-01 实施

中华人民共和国教育部   发 布

前　　言

本标准按照 GB/T 1.1—2009 给出的规则起草。

本标准由中华人民共和国教育部提出。

本标准由全国教育装备标准化技术委员会化学分技术委员会（SAC/TC 125/SC 5）归口。

本标准起草单位：东华大学、中国科学院宁波材料所、西南科技大学、海南大学。

本标准主要起草人：闫伟霞、张若愚、张红平、刘艳凤、杨明、霍冀川。

旋转流变仪测量方法通则

1 范围

本标准规定了旋转流变仪测量方法的原理、仪器、环境条件、样品、操作方法、结果报告和安全注意事项。

本标准适用于使用具有各种测量转子系统的旋转流变测量仪对固体、液体（溶液、熔体等）物质进行流变性能的测试。

2 规范性引用文件

GB/T 2035—2008　塑料术语及其定义

3 术语和定义

GB/T 2035—2008 界定的以及下列术语和定义适用于本文件。

3.1

流变仪　rheometer

在设定的参数条件下（如：温度、剪切速率、剪切应力、角频率、应变、时间等），测量物质流变学性质的仪器。

3.2

流变测量法　rheometry

在设定温度、剪切速率或剪切应力（应变）等条件下，测量物质的黏度、储能模量、损耗模量、力学损耗等流变函数随温度、时间、剪切速率或剪切应力（应变）变化的技术方法。

3.3

稳态流变测试　steady rheological test

对样品施加恒定的剪切速率，在剪切流动达到稳态即应力响应对时间基本不变时，测量维持该稳态流动产生的应力。

3.4

动态流变测试　dynamic rheological test

对样品施加周期性振荡应变或应力并测量响应的应力或应变，进而得到储能模量、损耗模量和损耗角正切等粘弹性参数。

3.5

剪切应力　shear stress

在简单剪切流动中，样品剪切面单位面积上的应力，以 τ 表示，其单位为 Pa。

3.6

剪切速率　shear rate

在简单剪切流动中,垂直流动方向的速度梯度,以 $\dot{\gamma}$ 表示,其单位为 s^{-1}。

3.7

法向应力　normal stress

垂直于流体作用面的应力分量,以 S 表示,单位为 Pa。

3.8

屈服应力　yield stress

对于某些非牛顿流体,施加的剪切应力较小时流体只发生变形,不产生流动,当剪切应力增大到某一定值时流体才开始流动。流体发生流动的临界剪切应力,称为屈服应力。

3.9

黏度　viscosity

流体剪切应力 τ 对剪切速率 $\dot{\gamma}$ 的比值为黏度,以 η 表示,单位为 Pa·s。

3.10

牛顿黏度　Newtonian viscosity

牛顿型流体的黏度,为常数,与剪切速率无关。

3.11

表观黏度 apparent viscosity

非牛顿流动剪切应力与剪切速率的比值,不为常数,随剪切速率变化。

3.12

剪切应变　shear strain

样品在剪切应力作用下产生的单位形变,以 γ 表示。

3.13

线性粘弹行为　linear viscoelastic behavior

当对样品施加的应变或应力在一定范围内时,样品的结构不发生变化,形变结构是完全可逆的。在动态测量模式下,其应变、应力符合式(1)、式(2)所示正弦波规律。

$$\gamma(t) = \gamma_A \cdot \sin\omega t \quad \cdots\cdots\cdots\cdots\cdots\cdots\cdots\cdots(1)$$
$$\tau(t) = \tau_A \cdot \sin(\omega t + \delta) \quad \cdots\cdots\cdots\cdots\cdots\cdots\cdots(2)$$

式中:

$\gamma(t)$——施加的应变信号;

$\tau(t)$——反馈的应力信号;

ω　——角频率;

δ　——应力与应变之间的相位差;

γ_A　——应变幅度;

τ_A　——应力幅度。

3.14

非线性粘弹行为　nonlinear viscoelastic behavior

当对样品施加的应变或应力超出一定的范围,样品会产生不可逆的结构破坏。在动态测量模式下,样品响应的应力或应变信号不会再符合式(1)、式(2)的正弦波规律。

3.15

复数剪切模量 complex shear modulus

剪切应力与剪切应变的比值,常用 G^* 表示,单位为 Pa。

3.16

储能模量 storage modulus

与剪切应变同相位的应力与应变值之比,常用 G' 表示,单位为 Pa。

3.17

损耗模量 loss modulus

与剪切应变相位相差 90° 的应力与应变值之比,常用 G'' 表示,单位为 Pa。

3.18

损耗因子(损耗角正切) tanδ

损耗模量与储能模量的比值,无量纲。

3.19

复数剪切黏度 complex shear viscosity

复数剪切应力与复数剪切应变的比值,常用 η^* 表示,单位为 Pa·s。

3.20

动态剪切黏度 dynamic shear viscosity

复数剪切黏度的实数部分,常用 η' 表示,单位为 Pa·s。

3.21

虚数剪切黏度 out of phase component of the complexshear viscosity

复数剪切黏度的虚数部分,常用 η'' 表示,单位为 Pa·s。

3.22

应力松弛 stress relaxation

保持材料应变恒定,应力随时间的延长而减小。

3.23

蠕变 creep

对材料施加恒定应力时,应变随时间的延长而增加。

3.24

重复性 repeatability

在相同条件下(同一操作者、相同仪器、同一实验室和短的时间间隔内),对同一受试材料用相同试验方法测得的连续多次试验结果之间接近一致的程度。

［GB/T 2035—2008,定义 2.844］

3.25

再现性 reproducibility

在同一或不同的实验室,由不同的操作人员使用相同类型的不同设备,按相同的测试方法,对同一被测定量独立进行多次测定的精密度;在同一实验室,由同一操作人员使用同一设备或相同类型的不同设备,按相同的测试方法,在不同时间内对同一被测定量独立进行多次测定的精密度,也视为再现性。

4 旋转流变仪测量原理

4.1 旋转流变仪分类

旋转流变仪一般是通过一对测量转子系统的相对运动来使其中间的样品产生流动。根据控制方式不同,旋转流变仪通常可以分为应力控制型旋转流变仪和应变控制型旋转流变仪。

4.2 应力控制型旋转流变仪测量原理

应力控制型旋转流变仪的驱动马达与扭矩传感器都在样品的上方。它通过直接控制驱动马达使样品达到一定扭矩并产生法向应力。应力控制型流变仪的结构和测量原理见图1。对于应力控制型旋转流变仪,使用应力控制指令,需要不断反馈应力大小给控制中心,不断调整应变大小直至达到某个应力为止。

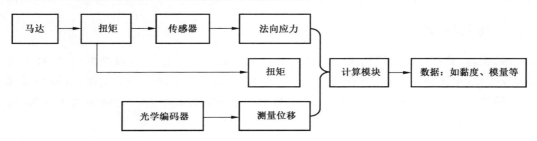

图 1　应力控制型旋转流变仪的结构和测量原理

4.3 应变控制型旋转流变仪测量原理

应变控制型旋转流变仪的驱动马达在样品下方,而扭矩传感器在样品的上方。它通过直接控制驱动马达的旋转使样品产生一定的应变并产生扭矩和法向应力。应变控制型流变仪的结构和测量原理见图2。对于应变控制型旋转流变仪,使用应变指令,会让流变仪直接准确地达到所需应变。

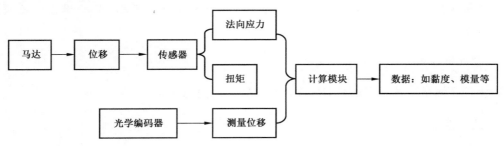

图 2　应变控制型旋转流变仪的结构和测量原理

5 仪器

5.1 流变测量系统

流变测量系统主要包括变形驱动马达、轴承、扭矩传感器、光学编码器、法向力传感器和测量转子系统等。

5.1.1 变形驱动马达

变形驱动马达的作用是对测量样品施加间歇变形或连续变形。

5.1.2 轴承

轴承的作用是将流变仪驱动轴杆固定于特定位置并保证其能自由转动,为了保证驱动切换更为快捷且噪音尽可能最小,通常采用磁浮或压缩空气做支撑。

5.1.3 光学编码器

由光源、光栅和接收器组成。激光光源发出的光线经聚光后,穿过光栅,然后被接收器接收。其中光栅与马达主轴相连,当马达发生转动时,光栅产生同步位移,由接收器读取光栅的位移数据。光栅精度非常高,可解析到纳弧度(nano-radian)级别的角位移,从而精确计算应变和剪切速率。

5.1.4 法向力传感器

测量轴向上样品对轴承的作用力。

5.1.5 扭矩传感器

扭矩传感器用来测量样品形变下产生的扭矩。

5.1.6 测量转子系统(样品台或夹具)

用于放置测试样品的部件,常见的测量转子系统包括平行平板、平板-锥板以及同心圆筒等。

5.2 空气压缩机

为流变测量系统提供压缩空气以供空气轴承的刚性支撑。

5.3 温控系统

温控系统可选强制空气对流炉加热控温、液氮控温、半导体控温、流体浴控温等。

5.4 数据处理系统

数据处理系统包括控制流变仪工作电脑、仪器操作软件和必要的数据处理软件。

5.5 保护气体

流变测试实验过程中根据测试需要(通常对容易氧化或降解样品)进行气体(常用氮气)保护。

5.6 仪器检定或校准

旋转流变仪在使用前及使用过程中,应采用检定或校准等方式,对检测分析结果的准确性或有效性有显著影响的部件(如马达和传感器等)有计划地实施检定或校准,以确认其是否满足测量的要求。检定或校准应按有关检定规程、校准规范或校准方法进行。

6 环境条件

6.1 仪器工作的环境温度和湿度应符合各仪器使用说明书的要求。

6.2 应避免外部振动对仪器的干扰。仪器室应保持良好的通风,实验过程中挥发的溶剂或高温分解的组分应及时排除。

7 样品

7.1 液体样品

一般情况下,制备好的液体样品需经过脱泡后装入流变仪测量转子系统进行测试,应保证样品均匀性和代表性。若液体样品含溶剂,测试过程中应尽可能减少溶剂挥发,可在样品边缘涂覆与样品不混溶且不反应的低黏度、高沸点硅油等物质。测量转子系统可以选择平行平板、平板-锥板或同心圆筒。为保证测量时产生的扭矩在仪器测定范围,通常黏度大或剪切速率高的样品应选择使用有效剪切表面小的转子系统;黏度小或剪切速率低的样品应选择有效剪切表面大的转子系统。

7.2 熔体样品

熔体样品测试时一般采用平行平板或平板-锥板测量转子系统,样品制备建议采用加热模压或注塑法制成与流变仪测量转子系统同尺寸的均匀样片(对于易吸水或易分解样品需预先真空干燥)。样片测试前需再次根据样品特点进行干燥或真空干燥。

7.3 胶体和固体样品

胶体和固体样品要根据样品台尺寸制备,胶体样品取样时尽量不要破坏样品,对于难以取样的样品可以直接在样品台上凝胶成型。

7.4 特殊样品

对于不稳定样品,如发泡样品、悬浮体系等,应尽可能保证样品的均匀性。对于腐蚀性样品需要使用专用样品台。对于打滑样品可以选用表面锯齿状的特制样品台。

8 操作方法

8.1 测量准备

按照仪器使用说明书使用仪器。仪器开启前,应确保空气压力达到标注值,确认没有异常后,接通电源,开启仪器。

8.2 测量步骤

8.2.1 安装实验需要的测量转子系统,设定测量转子系统的几何和物理参数。

8.2.2 选择温控方式,设定起始温度。待温度稳定后,确认样品台无任何样品,手动或自动调节上下样品台(夹具)刚好接触,设定为零位。

8.2.3 根据需要选择实验气氛,开启马达。

8.2.4 装载测试样品,调整间距,确保测量系统间隙中样品完全填充,(平行平板或锥板夹具)刮掉边缘多余样品(对于溶液样品,为减少样品挥发可对样品液封)。

8.2.5 根据加工、使用条件或研究需要,选择如下测量模式:

    a) 稳态测量模式,用连续的旋转方式以得到恒定的剪切速率,在剪切流动达到稳态应力响应对时间基本不变时,测量由于形变而产生的应力和黏度等参数。

    b) 动态(振荡)测量模式,在固定的或线性升降温过程中,对样品施加周期振荡应变或应力,测量样品、模量、损耗角等参数。动态测量模式常用的测量方式有:动态应变(应力)扫描、动态频率扫描、动态温度扫描、动态时间扫描等。

    c) 瞬态测量模式,通过施加瞬时改变的应变(速率)或应力,来测量样品的应力或应变响应随时间的变化。常用的测量方式有:阶跃应变速率测试、应力松弛实验、蠕变实验、触变实验等。

8.2.6 设定测量参数(如温度、时间、剪切速率、应变、应力、频率等),根据需要设定恒温等待时间和预剪切,选择线性采点或对数采点。

8.2.7 通过操作软件开始实验,自动或手动保存数据。

8.2.8 实验结束后,卸载样品,清理样品台,关闭流变仪主机。

8.3 数据处理

8.3.1 稳态测量数据

稳态测量数据如下:

    a) 稳态黏度 η;

    b) 剪切应力 τ 等。

8.3.2 动态、瞬态测量数据

通常动态、瞬态测量数据如下:

    a) 储能(弹性)模量 G';

    b) 损耗(黏性)模量 G'';

c) 损耗因子 $\tan\delta$；

d) 复数剪切模量 G^*；

e) 复数剪切黏度 η^*；

f) 动态剪切黏度 η'，虚数剪切黏度 η''，等。

8.3.3 作图

根据需要，将模量、损耗因子、黏度等流变参数对所需的控制参数（如：频率、应变、温度或时间等）作图。

9 结果报告

9.1 基本信息

至少应包括：委托单位信息、样品信息、仪器设备信息、环境条件、检测方法（标准）、检测人、检测日期等。

9.2 测量结果

包括所选测量转子系统、测量模式和设定参数及其相应的数据和曲线。

10 安全注意事项

10.1 使用高压气体钢瓶及杜瓦瓶应遵守压力容器安全操作的相关规定。

10.2 操作时应注意不要施加过大的作用力，避免传感器和马达受到损坏。

10.3 测量转子系统要轻拿轻放，避免表面损伤。

10.4 高温操作时应佩戴隔热手套，避免烫伤。

ICS 03.180
Y 51

中华人民共和国教育行业标准

JY/T 0591.1—2020

物性测量系统方法通则
第 1 部分：直流磁性测试

General rules for the measurement of the physical property system—
Part 1：DC magnetic properties

2020-09-29 发布

2020-12-01 实施

中华人民共和国教育部　　发 布

前　　言

本标准按照 GB/T 1.1—2009 给出的规则起草。

JY/T 0591《物性测量系统方法通则》分为以下部分：

——第 1 部分：直流磁性测试；

——第 2 部分：交流磁性测试；

——第 3 部分：电输运测试；

——第 4 部分：热输运测试；

——……

本部分为 JY/T 0591 的第 1 部分。

本标准由中华人民共和国教育部提出。

本标准由全国教育装备标准化技术委员会化学分技术委员会（SAC/TC 125/SC 5）归口。

本标准起草单位：北京科技大学、上海交通大学、上海科技大学、浙江大学。

本标准主要起草人：乔祎、邹志强、王立锦、冯春木。

物性测量系统方法通则
第1部分:直流磁性测试

1 范围

本部分规定了各种类型物性测量系统中直流磁性测试的测试方法原理、测试环境要求、仪器、测试样品、测试步骤、结果报告和安全注意事项等。

本部分适用于各种类型物性测量系统中的直流磁性测试。

2 规范性引用文件

下列文件对于本文件的应用是必不可少的。凡是注日期的引用文件,仅注日期的版本适用于本文件。凡是不注日期的引用文件,其最新版本(包括所有的修改单)适用于本文件。

GB/T 2900.60—2002 电工术语 电磁学

GB/T 9637—2001 电工术语 磁学材料与元件

3 术语和定义

GB/T 2900.60—2002 和 GB/T 9637—2001 界定的下列术语和定义适用于本部分。

3.1

磁偶极子 magnetic dipole

一个实体,它在距离充分大于本身几何尺寸的一切点处产生的磁通密度都和一个有向平面电流回路所产生的相同。

[GB/T 2900.60—2002,定义 121.11.47]

3.2

基本磁偶极子 elementary magnetic dipole

有向平面电流回路具有原子或分子尺寸的磁偶极子。

[GB/T 2900.60—2002,定义 121.11.48]

3.3

磁矩 magnetic moment

m,矢量。对于某一区域内的物质,m 等于包含在该区域内所有基本磁偶极子磁矩的矢量和:

$$m = \int_v M dV \qquad \cdots\cdots\cdots\cdots\cdots\cdots\cdots\cdots\cdots (1)$$

式中：

m ——物质的磁矩；

M ——磁化强度；

V ——区域体积。

[GB/T 2900.60—2002,定义121.11.50]

3.4

磁化强度 magnetization

M,矢量。在准无限小体积V区域内的给定点上,M等于该区域内包含物质的磁矩m除以体积V：

$$M = \frac{m}{V} \qquad\qquad\cdots\cdots\cdots\cdots\cdots\cdots\cdots\cdots（2）$$

式中：

M ——磁化强度；

m ——物质的磁矩；

V ——准无限小体积。

[GB/T 2900.60—2002,定义121.11.52]

3.5

磁极化强度 magnetic polarization

J,矢量。磁极化强度J等于磁化强度M与磁常数μ_0之乘积：

$$J = \mu_0 M \qquad\qquad\cdots\cdots\cdots\cdots\cdots\cdots\cdots\cdots（3）$$

式中：

J ——磁极化强度；

μ_0——磁常数；

M——磁化强度。

[GB/T 2900.60—2002,定义121.11.54]

3.6

磁通密度 magnetic flux density（磁感应强度 magnetic induction）

B,矢量。矢量场量B作用在具有速度v的带电粒子上的力F等于矢量积$v \times B$与粒子电荷Q的乘积：

$$F = Qv \times B \qquad\qquad\cdots\cdots\cdots\cdots\cdots\cdots\cdots\cdots（4）$$

式中：

F ——作用在带电粒子上的力；

Q ——粒子电荷；

v ——带电粒子速度；

B ——磁通密度（磁感应强度）。

[GB/T 2900.60—2002,定义121.11.19]

3.7

磁场强度 magnetic field strength；magnetizing field strength

H,矢量。在给定点,H等于磁通密度B除以磁常数μ_0并减去磁化强度M：

$$H = \frac{B}{\mu_0} - M \qquad \cdots\cdots\cdots\cdots\cdots\cdots\cdots (5)$$

式中：

H —— 磁场强度；

B —— 磁通密度；

μ_0 —— 磁常数；

M —— 磁化强度。

[GB/T 2900.60—2002,定义 121.11.56]

3.8

磁导率　permeability

μ,标量或张量。在介质中该量与磁场强度 H 之积等于磁通密度 B：

$$B = \mu H \qquad \cdots\cdots\cdots\cdots\cdots\cdots\cdots (6)$$

式中：

B —— 磁通密度；

μ —— 磁导率；

H —— 磁场强度。

[GB/T 2900.60—2002,定义 121.12.28]

3.9

磁化率　magnetic susceptibility

χ,标量或张量。该量与磁常数 μ_0 和磁场强度 H 之积等于磁极化强度 J：

$$J = \mu_0 \chi H \qquad \cdots\cdots\cdots\cdots\cdots\cdots\cdots (7)$$

式中：

χ —— 磁化率；

J —— 磁极化强度；

μ_0 —— 磁常数；

H —— 磁场强度。

[GB/T 2900.60—2002,定义 121.12.37]

3.10

磁化曲线　magnetizing curve

表示物质的磁通密度、磁极化强度或磁化强度作为磁场强度的函数的曲线。

[GB/T 2900.60—2002,定义 121.12.58]

3.11

磁饱和　magnetic saturation

铁磁性物质或亚铁磁性物质处于磁极化强度或磁化强度不随磁场强度的增加而显著增大的状态。

[GB/T 2900.60—2002,定义 121.12.59]

3.12

饱和磁化强度　saturation magnetization

M_s,在给定温度下给定物质所能达到的磁化强度最大值。

［GB/T 9637—2001,定义 221-01-04］

3.13

磁滞　magnetic hysteresis

在铁磁性或亚铁磁性物质中,磁通密度或磁化强度随磁场强度的变化而发生的且与其变化率无关的不完全可逆的变化。

［GB/T 2900.60—2002,定义 121.12.60］

3.14

磁滞回线　（magnetic）hysteresis loop

当磁场强度周期性变化时,表示铁磁性物质或亚铁磁性物质磁滞现象的闭合磁化曲线。

［GB/T 2900.60—2002,定义 121.12.61］

3.15

矫顽磁场强度　coercive field strength

使一磁性物质的磁通密度或磁极化强度和磁化强度降为零所需施加的磁场强度。

［GB/T 2900.60—2002,定义 121.12.68］

3.16

矫顽力　coercivity

通过单调降低外加磁场强度,物质的磁通密度或磁极化强度和磁化强度从磁饱和状态值降为零时,物质中的矫顽磁场强度。

注：应当说明降为零的参数,并使用相应的符号：H_{cB}、H_{cJ} 和 H_{cM} 分别表示与磁通密度、磁极化强度和磁化强度对应的矫顽力。这里,$H_{cJ} = H_{cM}$。

［GB/T 2900.60—2002,定义 121.12.69］

3.17

居里温度　Curie temperature

T_c,磁状态转变的一个温度。低于此温度,物质表现出铁磁性或亚铁磁性,而高于此温度,则表现出顺磁性。

［GB/T 2900.60—2002,定义 121.12.51］

3.18

奈尔温度　Neel temperature

T_N,磁状态转变的一个温度。低于此温度,物质表现出反铁磁性,而高于此温度,则表现出顺磁性。

［GB/T 2900.60—2002,定义 121.12.52］

3.19

自退磁场强度　self-demagnetization field strength

磁体中与磁化强度反向的无旋磁场强度。

［GB/T 2900.60—2002,定义 121.12.62］

3.20

退磁因数　demagnetization factor

对于均匀磁化的物体,自退磁场强度与磁化强度之比。

[GB/T 2900.60—2002,定义 121.12.63]

3.21

剩余磁化强度　remanent magnetization

M_r,在没有自退磁场强度的情况下,外加磁场强度减小到零时,物质中剩余的磁化强度。

[GB/T 2900.60—2002,定义 121.12.66]

4　测试方法原理

4.1　直流磁性测试原理

物性测量系统(Physical Property Measurement System,PPMS)直流磁性能测试主要依赖于系统中的提拉样品磁强计(Extracting Sample Magnetometer,ESM)或振动样品磁强计(Vibrating Sample Magnetometer,VSM)组件,它们通过电磁感应准确测量样品的磁矩 m,由比较法求得材料的磁性参数。

尺寸较小的样品在均匀磁场中被磁化后可近似为一个磁矩为 m 的磁偶极子,当样品在磁场中运动时,探测线圈感应这磁偶极子场的变化,得到感应电动势 ε。

当其他条件都固定时,使用标准样品进行标定后,采用比较法,通过直接测量感应电动势的大小得出被测样品的磁矩,见式(8):

$$m_{样品} = m_{标样} \times \frac{\varepsilon_{样品}}{\varepsilon_{标样}} \quad\cdots\cdots\cdots\cdots\cdots\cdots\cdots\cdots\cdots (8)$$

式中:

$m_{样品}$——样品的磁矩;

$m_{标样}$——标样的磁矩;

$\varepsilon_{样品}$——样品的感应电动势;

$\varepsilon_{标样}$——标样的感应电动势。

4.2　基本功能

直流磁性能测试组件可以测量材料的饱和磁化强度 M_s、剩余磁化强度 M_r、矫顽力 H_c、居里温度 T_c、奈尔温度 T_N 等磁性参数。

5　测试环境要求

5.1　环境温度:10 ℃～40 ℃。

5.2　相对湿度:≤75%。

5.3　电源电压:单相电源为 220 V±22 V,50 Hz±0.5 Hz,三相电源则为 380 V±38 V,50 Hz±0.5 Hz。

6 仪器

6.1 仪器组成

6.1.1 温度控制系统

物性测量系统 PPMS 通过精确连续控制液氦流量和线绕加热器来实现快速精准的温度控制。系统样品仓内有多个温度测试计,用以监控样品仓内的温度梯度分布,同时控制液氦流量,夹层真空度和线绕加热器,使得系统能够快速精确地控制样品所在区域内的温度变化,并能实现样品温度无限长时间的稳定。

6.1.2 磁场控制系统

磁场控制系统通过对浸泡在液氦里的超导磁体励磁获得磁场,磁场强度可以由超导磁体的电流乘以磁体常数计算获得。

6.1.3 直流磁性测量系统

6.1.3.1 提拉样品磁强计(ESM)

提拉样品磁强计(ESM)通过准确测量样品的磁矩 m,用比较法求得材料的 M_s、M_r、H_c、T_c 和 T_N 等磁性参数。尺寸较小的样品在均匀磁场中被磁化后可近似为一个磁矩为 m 的磁偶极子,在超导磁体中有上下两个串联反绕-几何因子相同的探测线圈,当步进电机拉动样品杆,使样品在两个探测线圈之间运动时,探测线圈两端的感应电动势对运动时间的积分与样品磁矩成正比。通过与标准样品比较,从而可以得到样品的磁矩数值。

6.1.3.2 振动样品磁强计(VSM)

振动样品磁强计(VSM)通过准确测量样品的磁矩 m,用比较法求得材料的 M_s、M_r、H_c、T_c、T_N 等磁性参数。尺寸较小的样品在均匀磁场中被磁化后可近似为一个磁矩为 m 的磁偶极子,当样品在磁场中作固定频率的小振幅振动时,依照法拉第电磁感应规律,样品外的探测线圈因此产生相同频率的电压信号。通过锁相技术,锁相放大器将其他频率(包括直流)滤掉,而只将该频率信号放大并检测出来。此交流信号的振幅,对应于样品的磁矩大小。通过与标准样品比较,从而可以得到样品的磁矩数值。

6.2 检定或校准

仪器在投入使用前,包括用于测量环境条件等辅助测量的仪器,应采用检定或校准等方式以确认其是否满足测试的要求。仪器及辅助测量的仪器在投入使用后,应有计划地实施检定或校准,以确认其是否满足测试的要求。检定或校准应按有关检定规程、校准规范或校准方法进行。

7 测试样品

7.1 样品的性状

7.1.1 液体样品

用无磁材料进行封装并使得样品形状接近直径为 2 mm 的球形。

7.1.2 固体样品

7.1.2.1 粉末样品

用无磁材料进行封装并使得样品形状接近直径为 2 mm 的球形。

7.1.2.2 薄膜样品

尺寸小于 4 mm×4 mm,薄膜平行叠加,厚度小于 0.5 mm,用无磁材料包裹。

7.1.2.3 片状样品

尺寸小于 4 mm×4 mm,厚度小于 0.5 mm。

7.1.2.4 块状样品

尺寸小于 2 mm 的不规则块状固体。

7.1.2.5 柱状样品

ϕ3 mm×3 mm 柱状固体。

7.1.2.6 立方体样品

尺寸为 3 mm×3 mm×3 mm 的立方体状固体。

7.2 样品的称量

样品应用检定分度值不低于 0.1 mg 的天平称量。

8 测试步骤

8.1 前期准备工作

8.1.1 仪器的准备

在实验开始前,应检查氦气有无异常消耗,确保氦气使用正常无泄漏并且余量充足,避免超导磁体失超危险。按照仪器说明书的要求,设置系统温度为 300 K,磁场强度为零并安置 ESM 或 VSM 系统:首先退激活原来状态;然后放置 ESM 或 VSM 线圈,压紧;放置引导杆,安装马达;连接连线:包括 ESM 或 VSM 探测线,马达驱动接线,打开 ESM 或

VSM 控制器,检查线路并确定线路正确;从主菜单激活 ESM 或 VSM。

8.1.2 标样与定标方式的确定

8.1.2.1 Ni 标样材料纯度

Ni 标样材料纯度:≥99.99％。

8.1.2.2 Ni 球定标

标样:直径不大于 3 mm 的 Ni 球;

适用样品范围:液体、薄膜、粉末、尺寸小于 2 mm 块状固体、厚度小于 0.5 mm 的薄片状固体。

8.1.2.3 Ni 柱定标

标样:ϕ3 mm×3 mm 的 Ni 柱;

适用样品范围:ϕ3 mm×3 mm 柱状固体。

8.1.2.4 Ni 立方体定标

标样:尺寸为 3 mm×3 mm×3 mm 的 Ni 立方体;

适用样品范围:尺寸为 3 mm×3 mm×3 mm 的立方体状固体。

8.2 实施步骤

8.2.1 开机

按照仪器操作说明书规定的开机程序进行。

8.2.2 标样磁性中心的确定

将 Ni 标样放入系统,对标样施加低值磁场,磁场强度≤0.02 T;移动标样,在竖直方向(平行于磁场方向)寻找磁矩最大值,在水平方向(垂直于磁场方向)寻找磁矩最小值,两者交汇点对应的位置即为磁性中心;确定标样磁性中心后,选择振荡模式降低磁场强度至零。

8.2.3 定标

对标样施加磁场,磁场强度为 0.5 T,记录磁矩值,选择振荡模式降低磁场强度至零;重复操作 5 次,取 5 次记录的磁矩平均值为定标值;根据理论值对定标值进行修正。

8.2.4 样品的放置

根据样品的性状,将做好前期准备的样品粘接固定在样品槽的中心位置。

8.2.5 系统状态的检查

取放样品杆前,应确认系统温度在 295 K～305 K,系统内气压在 101 kPa 左右,系统磁场强度设置为零。

8.2.6 样品杆的放置

将样品杆垂直放入样品腔,盖好顶盖。

8.2.7 参数的设置

选择数据存储名称和存储路径;根据样品性状输入样品质量、密度或体积等样品参数。

8.2.8 样品磁性中心的确定

依据标样磁性中心的确定方法,确定样品的磁性中心。

8.2.9 腔压的调节

将样品腔内气压降至净化(Purged)状态,此时气压应在 500 Pa～700 Pa。

8.2.10 程序的设置

选择需要检测的项目,包括磁滞回线、磁化曲线、直流退磁曲线和热磁曲线等;设置检测所需的外场、温度范围、磁场加载速度、加载模式、结束模式、数据点间隔或数目、重复测试次数以及升降温速率等;并可设置程序结束时的设备状态参数如磁场为零、温度为 300 K;保存程序。

8.2.11 测试运行

运行程序,系统自动测量。设置数据结果表达,在数据选择(Data Selection)中,选择 X、Y 轴坐标对应的参数和单位,实时输出测量结果。

8.2.12 测试结束

测量结束后,保存结果,此时的气压值应仍在 500 Pa～700 Pa。将系统状态恢复至换样状态,即系统温度在 295 K～305 K,系统内气压在 101 kPa 左右。

8.2.13 关机

按照仪器操作说明书规定的关机程序进行,平时应处在待机状态。

9 结果报告

9.1 基本信息

至少应包括:委托单位信息、样品信息、仪器设备信息、环境条件、检测方法(标准)、检测人和检测日期等。

9.2 测试结果

测试结果以测量曲线和测量数据的形式提供,根据进行检测的项目,提供磁滞回线、磁化曲线、直流退磁曲线等曲线和磁场强度、饱和磁化强度、剩余磁化强度、矫顽力、磁导率等数据;同时应提供标样描述、退磁修正描述、磁场范围和温度范围等信息。

10 安全注意事项

10.1 使用高压钢瓶应遵守相应安全规范。

10.2 真空泵从样品室抽出的气体应排到室外。

10.3 使用氦气时应保持室内通风良好,避免失氧危险。

10.4 应注意观察样品腔液氦面高度,使超导磁体浸泡在液氦中,避免超导磁体失超危险。

10.5 测试前应对试样的性质有所了解,防止检测时直接接触有毒样品,避免酸性、腐蚀性样品直接上机检测,对仪器造成损坏。

10.6 注意易磁化物品(如金属工具、手表等)不得接近磁体。

10.7 体内有金属部件(如金属支架、骨骼等)的人员不得进行操作。

参 考 文 献

[1] GB/T 13012—2008 软磁材料直流磁性能的测量方法
[2] GB/T 13888—2009 在开磁路中测量磁性材料矫顽力的方法
[3] GB/Z 26082—2010 纳米材料直流磁化率(磁矩)测量方法

策划编辑：赵璞

责任编辑：王培　赵璞

封面设计：田小萌

销售分类建议：教育

ISBN 978-7-5066-9797-2

9 787506 697972 >

定价 265.00 元